不懂程式也能學會的

大數據分析術

使用 **RapidMiner**

感謝您購買旗標書，
記得到旗標網站
www.flag.com.tw
更多的加值內容等著您…

<請下載 QR Code App 來掃描>

1. FB 粉絲團：旗標知識講堂
2. 建議您訂閱「旗標電子報」：精選書摘、實用電腦知識搶鮮讀；第一手新書資訊、優惠情報自動報到。
3. 「更正下載」專區：提供書籍的補充資料下載服務，以及最新的勘誤資訊。
4. 「旗標購物網」專區：您不用出門就可選購旗標書！

買書也可以擁有售後服務，您不用道聽塗說，可以直接和我們連絡喔！

我們所提供的售後服務範圍僅限於書籍本身或內容表達不清楚的地方，至於軟硬體的問題，請直接連絡廠商。

● 如您對本書內容有不明瞭或建議改進之處，請連上旗標網站，點選首頁的 讀者服務，然後再按右側 讀者留言版，依格式留言，我們得到您的資料後，將由專家為您解答。註明書名(或書號)及頁次的讀者，我們將優先為您解答。

學生團體　訂購專線：(02)2396-3257 轉 362
　　　　　傳真專線：(02)2321-2545

經銷商　　服務專線：(02)2396-3257 轉 331
　　　　　將派專人拜訪
　　　　　傳真專線：(02)2321-2545

國家圖書館出版品預行編目資料

不懂程式也能學會的大數據分析術 - 使用 RapidMiner / 黃柏崴、李童宇 作. -- 臺北市：旗標，2019.02 面；公分

ISBN 978-986-312-585-3 (平裝)

1. 資料探勘 2. 電腦軟體

312.74　　107023953

作　　者／黃柏崴、李童宇

發 行 所／旗標科技股份有限公司

台北市杭州南路一段15-1號19樓

電　　話／(02)2396-3257(代表號)

傳　　真／(02)2321-2545

劃撥帳號／1332727-9

帳　　戶／旗標科技股份有限公司

監　　督／陳彥發

執行企劃／張根誠

執行編輯／張根誠

美術編輯／林美麗

封面設計／古鴻杰

校　　對／張根誠

新台幣售價：550 元

西元 2022 年 9 月 初版 4 刷

行政院新聞局核准登記-局版台業字第 4512 號

ISBN 978-986-312-585-3

資料驅動的時代

筆者第一次接觸資料領域是在＜哈佛商業評論＞形容「資料科學家是 21 世紀最性感的職業」不過幾個月的時間後。和多數在這個領域深耕已久的專家相比，接觸的時間和知識累積的程度算是粗淺，不過卻樂於分享資料科學所學給大家。在資料驅動的時代來臨時，我們只是一群比較幸運即時接觸到資料科學領域的人，筆者認為此發展趨勢不應該只是少數人知道，即便不太接觸這個領域的人也應該搭上這波潮流，成為資料驅動潮流的受益者。

被神化而不得其門而入的資料科學

很多人神化了資料科學，過度膨脹的謠傳使得資料科學與普羅大眾之間築起了一道牢不可破的高牆。要不覺得非得是程式天才或是數學神童才有能力踏進資料科學領域、要不報章雜誌三不五時報導資料科學預測出誰會當選美國總統、機器學習和人工智慧又一次打敗人類棋王等等…的新聞，對此領域產生出一些半信半疑的幻想。

大家都在談，但卻沒有人真的知道它是什麼。想必有許多人曾經躍躍欲試想稍加了解，卻又因為上述光怪陸離的說法讓資料科學在心裡變成接近玄學般不切實際，然後望之卻步…其實，想開始只需要一點點好奇心跟傻勁就夠了。搜尋資料科學，找一段教學影片、瀏覽一個已經完成的競賽看看別人的做法，然後找份資料動手試試看，幾十個、幾百個長度的小小資料，從 excel 開始也無所謂，**資料科學就只是一種用資料解決問題的方法罷了**。

資料科學的用途

受益於雲端化的普及，當今的企業幾乎都能輕鬆存取資料，而就因為資料夠多夠齊全，我們便能試著從這些資料中用一些科學化的方法產生可以被公司利用的價值，進而將資料轉化為知識。

也許是預測公司下一季的財報，幫助財務部門編列預算。也許是分析生產線機台的工作數據，預測出未來一周內可能故障的機台，提早一步檢修以降低產品良率不佳的風險。甚至是分析客戶資料將不同特徵的客戶分類，並進一步針對不同分類的客戶給予適合的行銷手段等等。當然，筆者絕對同意上述例子不見得需要資料科學也可以完成，資料科學只是一種讓公司策略不全然依靠主觀意識判斷的方法而已，它一樣是一種提出問題、驗證問題進而解決問題的方法，和多數方法唯一的不同只是它的載體可以是公司中的任何資料罷了。

鑽研資料科學領域的專家們或許需要高深的數學底蘊與技術能力才能開發細微的演算法內容，但初接觸者想了解這個領域的概念和脈絡，完全可以透過生活周遭或工作內容為出發，用一些現成的工具來實現，進而養成以大數據思維模式來思考的習慣。而這也是本書希望做到的，希望能對入門的朋友們有所啟發。

目錄

» Part 1 基礎篇

第 1 章 起手式：先搞懂資料領域熱門關鍵字

第 2 章　資料分析五大流程 概念解說

第 3 章　資料分析五大流程 實戰提示

第 4 章 不會寫程式也可以玩 Data！RapidMiner 簡介與安裝

» Part 2 實作篇

第 5 章 分類問題 - 誰是有潛力的 NBA 新秀？

第 6 章 迴歸問題 - 如何買到最合理價格的中古車？

第 7 章 群集分析 - 如何找出擁有相似喜好的客群？

第 8 章 時間序列分析 - 預測未來一年每月出生率

Part 1 基礎篇

本篇將帶您紮穩資料分析 (資料科學) 的基礎觀念。一開始先帶您釐清當今最紅 - 資料領域常見的關鍵字，確保您對相關領域有最基礎的理解。接著介紹本書首創**資料分析雙鑽石模型**所歸納出的資料分析五大流程，每個流程該做什麼、可以應用的資源有哪些都會完整說明。基礎篇最後則帶您備妥「無痛學資料分析」的關鍵工具 - RapidMiner，Part2 實作篇將利用它來實際動手玩資料。

CHAPTER

1

起手式：先搞懂資料領域熱門關鍵字

你會翻開這本書，筆者相信一定有某些原因驅使你想了解**大數據**或**資料分析**方面的知識。也許是職涯發展需要、也許是個人學習目的、也許接觸過想進一步了解、或是嗅到這個領域很熱門想一探究竟。

筆者認為，**資料分析**是進入大數據領域一個很好的出發點。然而除了大數據，你可能還聽過**人工智慧**、**機器學習**、**深度學習**、或是**資料科學**等熱門關鍵字，在切入資料分析的主軸之前，本書的第一章希望帶你簡單認識大數據和幾個資料相關領域的關鍵名詞，以及為什麼筆者認為**資料分析**是相較之下較好切入的領域。

1-1 大數據 (Big Data)

土地是農業時代的原料，鐵是工業時代的原料，**資料 (數據)** 則是資訊時代的原料，就像農業時代或工業時代一樣，將土地轉換為農作物、將鐵精煉成工具，**資料**就跟這些舊時代徹底扭轉人類行為模式的原料一樣，已經在無形之中改變我們的生活。

你知道嗎？全世界 90% 的數位資料是在過去兩年產生，每天我們上網購物、看影集、聽音樂，都無形中產生各式各樣的資料，如何用有效的方法將這些稱為**大數據**的巨量資料轉換成知識、創新、或是企業價值，早已是各企業發展的目標，而其中最重要的關鍵就在於**如何分析大數據**。

大數據的定義：從量及複雜度來看

大數據發展多年來有許多不同的定義，先來看看維基百科的定義：「資料處理應用軟體不足以處理它們的大或複雜的資料集的術語。」有點繞口，簡言之就是當數據龐大或複雜的程度超過我們可以處理的範圍，就稱為大數據。

圖 1-1 維基百科

美國經濟學家 Dan Ariely 說：「大數據就像青少年之於性：每個人都在說，但卻沒人真的知道怎麼做；每個人都覺得其他人在用大數據，所以每個人都說他們在用大數據。」近年來不論任何產業，針對大數據的討論非常頻繁，但似乎也沒有一個完全公認的定義。

剛才我們提到，大數據就是足夠大量的資料集合，已經超出我們可以處理的範圍，然而怎麼樣的資料會超過我們可以處理的範圍？這便是可以仔細探討的地方。

從資料的本質來看，可以分為兩個面向：

- **資料量**：當資料的容量大到需要以特殊的方式運算、儲存時，這樣累積的數量就可以稱做大數據。例如我們常用的 Facebook 社群網站要儲存全世界超過二十億的用戶資料，這樣的資料規模就需要用特殊的技術處理。

- **複雜度**：舉凡文字、數字、影像、聲音等存在於當今網路上多樣化的**結構化**與**非結構化**資料（資料格式難以用行列式的資料表呈現資料），只要資料的繁瑣程度難以用一般的方式處理時，也同樣可以稱之為大數據。同樣舉 Facebook 的資料為例，我們可以在 Facebook 上面上傳圖片、影片、文字、聲音或是打卡，每一種資料的性質都不同，其中有些無法存入資料表儲存，根本無從打理起，這些資料就稱為高複雜度的非結構化資料。

不過，大數據的定義也必須視資料被使用的**角色**而定，當資料量超過個人電腦可以儲存處理的程度，對於一般使用者而言就是大數據；但是對於企業而言，企業擁有高效能的伺服器設備，超過個人電腦可以儲存處理的程度不見得企業無法負荷。也就是說，大數據廣義的概念並沒有一個準則，而是隨著資料被使用的角色而定。

大數據的定義 - 從 5V 來看

狹義來說，大數據也有一些可以依循的定義。例如 IBM 提出的 5V，即**資料數量**(Volume)、**資料多樣性**(Variety)、**資料存取速度**(Velocity)、**資料真實性**(Veracity)和**資料帶來的價值**(Value)。筆者認為前兩項資料數量與資料多樣性可以歸納為資料的本質；接下來兩個資料存取速度與資料真實性可歸類為資料來源，而最後一個資料的價值則是前四項結合所產生。

再提出同樣的問題：對於絕大多數的使用者甚至中小企業來說，所擁有的資料量可能都遠遠沒辦法滿足大數據的狹義定義，是否意味著對多數人而言，所謂大數據就是無稽之談？其實跟前面提到的一樣，要視資料被使用的**角色**而定。想像我們只有負責經營一間小餐廳，可以輕易的安排食材的數量(Volume)、菜單的豐富度 (Variety)、食材的新鮮度 (Velocity)，但是當我們是麥當勞的老闆需要掌控數百家餐廳時，食材的數量、豐富度和新鮮度的量級都會難以計數地成長，將這些食材對應成資料時就能稱為大數據。

圖 1-2 大數據 5V

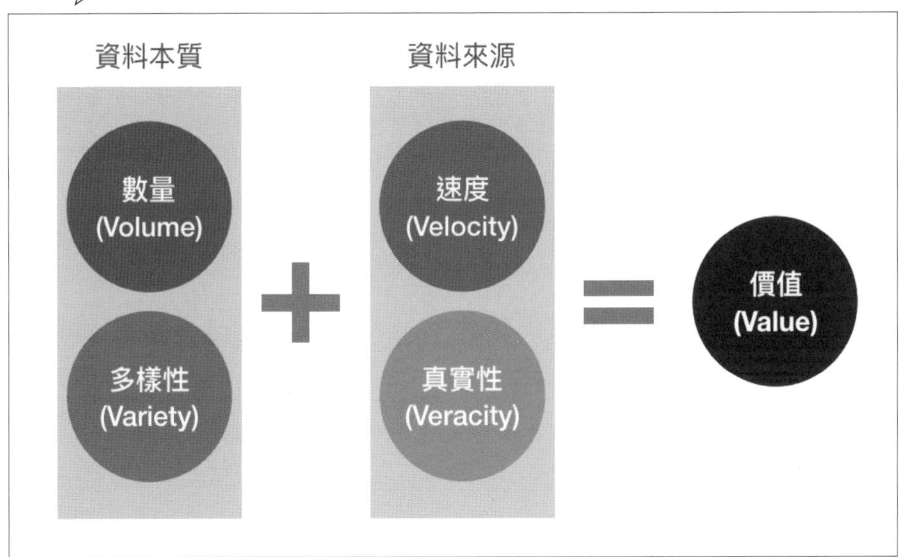

「大」從來就不是重點

以本書主軸 - 資料分析的角度來看，再大的資料量如果品質很差，不能產生好的分析結果，倒不如分析品質高卻能產生價值的小量資料。因此，對於一般使用者或企業來說，其實不需要聚焦於如何產生極大量的資料，小量資料產生的優勢也是非常顯著的。所謂大數據，也可以被定義為**能創造大量商業價值的數據**。

如圖 1-3 所示，品質差的資料在實務上絕對會嚴重影響分析過程。畢竟，擁有一卡車過期食材所調理出的食物，絕對不會比一個冷藏室的高品質新鮮食材來得更美味吧！

圖 1-3 品質差的資料導致繞遠路

＊出處 (Feature Engineering for Machine Learning by Amanda Casari; Alice Zheng)

有了基本的數據就像是有了一整個冰箱的備料，提供我們烹調出一桌好菜；有了大數據代表著擁有一整間超市，源源不絕的的生鮮、熟食、乾貨供我們準備美味的料理。因此，**將目光聚焦在如何利用現有的資源產生美味的佳餚，再針對料理的需要去思考如何蒐集更多適合的食材，才是大數據的精髓**。

1-2 開放資料 (Open Data)

開放資料是指免費提供大眾自由使用的資料，對於初學資料分析的讀者而言，這是很好的運用材料，我們不必花太多心力蒐集可用的資源，同時有機會接觸到各種領域的資料。在後續的章節中我們會示範以任何人都可以輕易取得的開放資料來實作完整的資料分析過程。但在這之前，讓我們稍微對開放資料多了解一些。

開放資料的用途

開放資料可以是大數據的一種，但開放資料強調的是資料的「開放」而不像大數據強調資料的本質。開放資料的來源可以是私人企業、個人、政府機關等任何單位，同時這些資料不受著作權的控制，任何人都能加以應用。

你有沒有想過，為什麼資料開放者會選擇開放自身擁有的資料？

無論開放資料的發起者是誰，開放資料的目的都是希望避免閉門造車，讓資料取用者能有創新發想與應用的機會，創造雙贏的結果。例如住宿共享業者 Airbnb 就曾釋出公司內部資料在知名的資料科學競賽平台 Kaggle 上，並期望預測出新辦帳號的用戶第一次訂房的區域為何，預測最準確的用戶可以獲得加入 Airbnb 的獎勵。

對於**政府**而言，開放政府資料的目的是落實開放政府、公民參與與數位民主，著名的公民團體台灣零時政府 (http://g0v.tw) 就是這方面的重要推手。例如 2016 年經濟部資訊中心依照房屋稅籍資料與台電的用戶用電資料產生一套台北市的空屋地圖，協助判斷都市更新的計畫進行與檢討政府的房屋政策。

圖 1-4 經濟部資訊中心的台北市空屋地圖

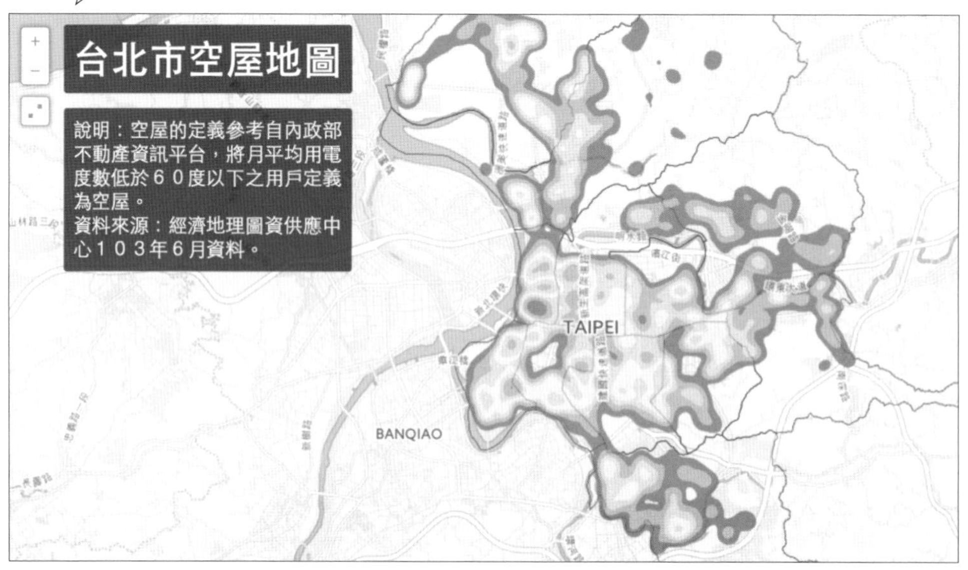

對於**私人企業**而言，將資料開放出來能幫助企業加深資料應用的想像，發展創新的資料應用。目前企業開放資料的方式通常是透過辦競賽或是在資料競賽平台釋出的方式吸引參賽者和企業一同應用 (如前述的 Airbnb)。有些競賽企業會預先設定好目標，有些則是完全開放給參賽者自行發揮。透過這樣的方式，企業能徵求更多民眾共同解決現有問題，也能透過徵才、獎金等方式創造雙贏。

開放資料的概念和開放原始碼 (Open Source) 軟體其實是相近的，在特定條件下開放自由創作，會比關起門自己開發來得更有幫助。

1-3 資料分析（Data Analytics）

資料本身是沒有價值的，需要透過適當的方式進行分析，才會產生價值。而這也是本書想帶給讀者的內容，我們除了帶領各位描述、診斷資料外，更會實際操作如何預測資料產生洞見，最終產生指示。本節先來做個簡單認識。

四個資料分析階段

知名顧問公司顧能（Gartner）將資料分析依據不同難度分為四個階段，分別為：**描述型分析**、**診斷型分析**、**預測型分析**和**指示型分析**。

圖 1-5 資料分析四階段

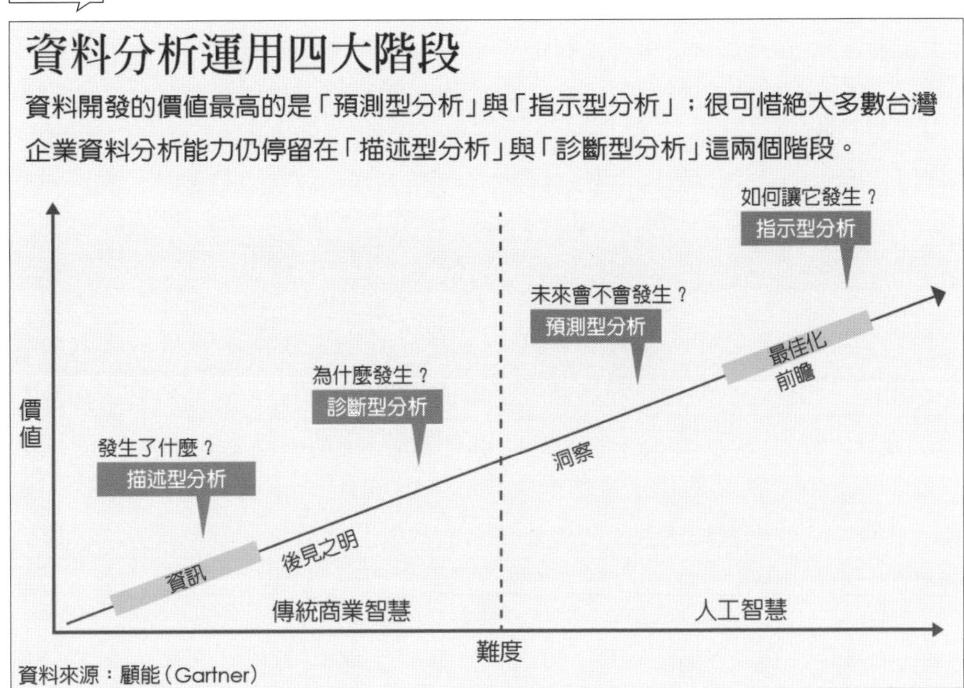

傳統商業智慧中聚焦於**描述型分析**和**診斷型分析**，強調分析歷史資料來解釋現在狀況的發生，而**預測型分析**和**指示型分析**除了解釋「現在」的狀況之外，進一步透過資料發現「**洞見 (Insight)**」(下面會提到)，預測未來可能發生的狀況，甚至影響人類的決策過程。

舉大家都很熟悉的 YouTube 來看，YouTube 可以經由四個不同的資料分析階段來回答幾個關鍵問題：

- **描述型分析**：YouTube 不同年齡層的觀影時間長度為何？觀眾通常早上更偏向觀看什麼類型的影片？
- **診斷型分析**：為什麼有些影片點擊率高？什麼樣的影片類型比較容易有更高的點擊率？
- **預測型分析**：預測觀眾在不同時間點會想看的影片類型、預測新影片的點閱數 ... 等。
- **指示型分析**：針對新影片預測的點閱數決定廣告投放的價格、如何隨時彈性調整每個人的首頁影片推薦？

資料分析就是一門強調將**資料**轉換為→**資訊**、再接著轉換為→**洞見**，最終協助最佳化建議的領域，可以被落實在各種產業中。

資料的洞見

從資料分析過程中，發現以前所不知道、甚至誤解真相的訊息稱為**洞見** (Insight)，洞見是資料得以發揮被利用價值的關鍵，同時也是資料分析和傳統商業智慧、行銷管理系統最大的差異。商業智慧 (Business Intelligence, BI)、行銷管理系統等傳統的作法是提供資料的「統整」，產生**儀表板** (用視覺效果說故事) 以協助企業決策者進行營運資料的監測、評估等。而資料分析提供的**洞見**能協助決策者解讀行為、預測和輔助決策。

例子

串流音樂服務 KKBOX 會分析付費會員資料，將不同音樂收聽嗜好的族群加以分類，解讀會員在不同的時間收聽什麼類型的音樂，進一步隨著不同族群分類、不同時間的音樂收聽紀錄產生一套**推薦系統**。甚至預測會員的續訂行為，早一步得知潛在退訂的用戶，輔助決策者制定相關的配套措施。

圖 1-6　KKBOX 使用者輪廓

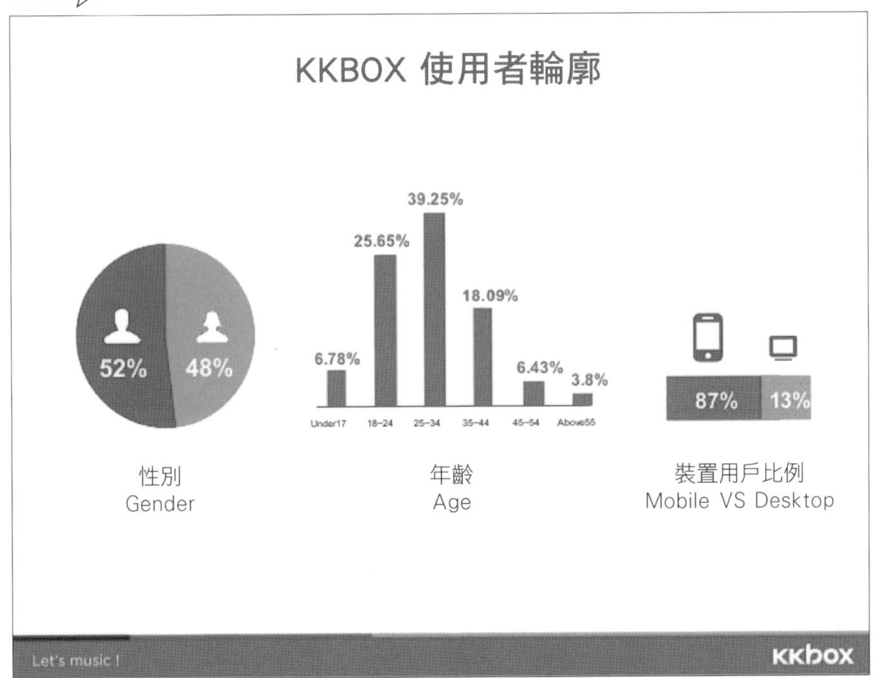

過去的商業智慧系統雖然可得知古典音樂、爵士音樂的收聽年齡、性別分佈等，但這樣的傳統族群劃分方式並不夠精準。例如同樣是 25 歲男性的用戶並不見得都喜歡聽搖滾樂，同樣的，喜歡聽搖滾樂的 30 歲女性用戶也可能在某些時機點喜歡聽抒情樂。**心情、場合、朋友推薦**都是相較之下更能影響收聽行為的關鍵。分析音樂的節奏、曲風、歌曲重複播放的次數等等更細緻的資料、解讀用戶的收聽習慣和行為、以個人用戶和適當的時間點為單位推薦合適的音樂，正是洞察資料所帶來的洞見之價值所在。

圖 1-7 kkbox 推薦系統和情境電台

1-4 資料科學 (Data Science)

資料科學與前一節提到的**資料分析**向來沒有一個非常明確定義上的差別，兩者可以說是孿生兄弟，有非常多的相似處和模糊地帶，甚至衍生了一種有趣的說法：「**資料科學家就是住在加州的資料分析師**」。

但其實以筆者自己的經驗來說，資料科學和資料分析還是有一些細微的差異，本節就來介紹。

資料科學與資料分析的差異

從資料層面來說，資料科學更強調在大數據生態的靈活運用，也就是更熟悉於處理第 1-1 節的大數據 5V；而資料分析通常不會特別聚焦在數據量、數據複雜度等等的問題，而是更專注在比較小量和完整的資料運用。但**兩者都同時強調資料的理解和目標的定義**。

從技術面來說，兩者同樣都需要具備處理資料的能力與設計模型的能力，不過資料科學有著處理較複雜資料的需求，因此會應用更多複雜的模型、程式能力來協助處理。

「模型」是我們在針對問題建置分析時所使用的方法總稱。

因此也可以說，資料科學某種程度上是進階版的資料分析，學習資料分析的技巧能幫助我們之後想進一步研究資料科學時具備更多基礎。

細談資料科學

資料科學是所有資料相關領域的總稱，和絕大多數的科學領域一樣，資料科學也是透過一系列的觀察、假設、驗證，進而達到解決問題的方法。不同的是，資料科學更著重在資料本身所能帶來的價值，「**用資料說話**」是資料科學的關鍵。過去，我們制定策略大部分是透過主觀意識、經驗法則、歷史報表等，資料科學則是以資料為媒介，講求流程化與科學化的實驗方法來輔助、驗證，甚至主導如何更有效率且更準確的達成目標。

例子

假設一家網路商城想要促銷某些 3C 產品的銷售，最直覺的促銷方式無非就是特價拍賣、限時降價、投放網頁廣告、寄電子折價券給用戶等等，透過降低毛利或是盡可能最大化瀏覽量以換取購買量。

另一種方式則是透過市場調查來找出可能的潛在購買用戶，但是傳統的方式是利用電話、填寫問卷表單、資料庫等方式進行抽樣分析，這樣找出潛在購買用戶的限制是僅能透過亂槍打鳥的方式找出合適的人選。

圖 1-8 傳統行銷方式

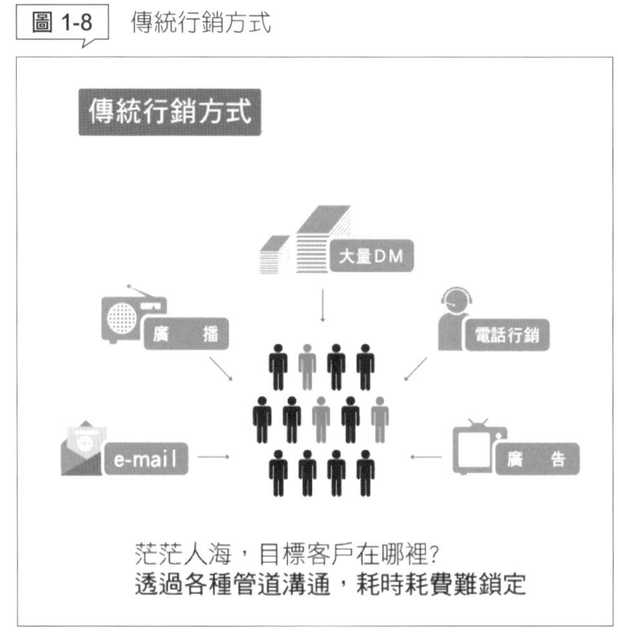

從資料科學的角度來說，由於更多結構化與非結構化資料（如：網頁瀏覽點擊行為、影片、照片 .. 等資料）的出現，加上資料的取得更多元（手機、平板、電腦、智慧家電等），使得資料科學能做更多元的變化，也更能全面了解與顧客的往來訊息，蒐集完整的顧客「**數位足跡**」。有了這些大量的數位足跡，就更有機會掌握不同客戶的屬性，針對不同類型的客戶精準預測需求，產生像是推薦系統 (Recommender System)、精準行銷 (Precision Marketing) 等等的應用。

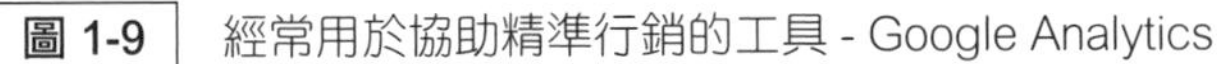

圖 1-9 經常用於協助精準行銷的工具 - Google Analytics

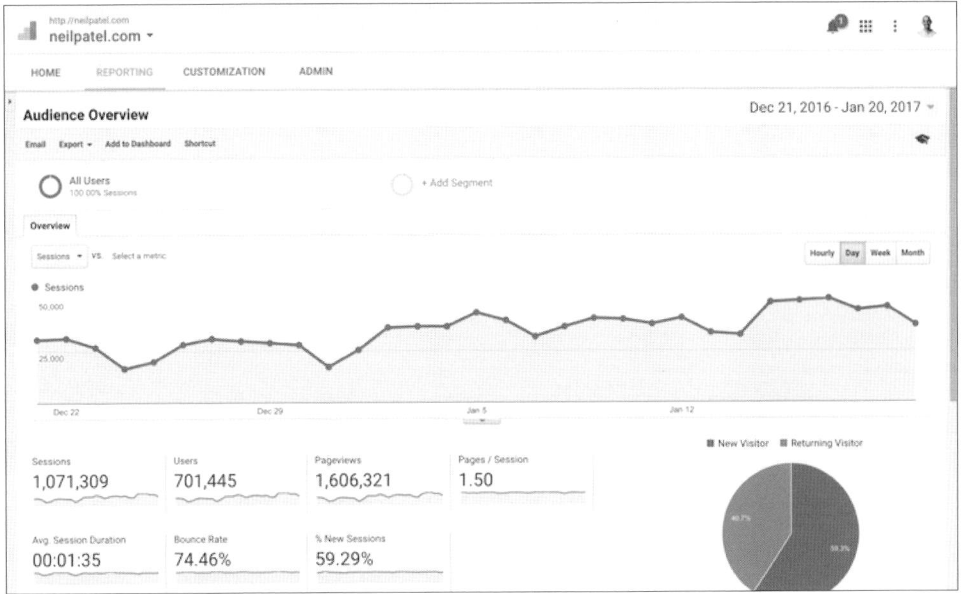

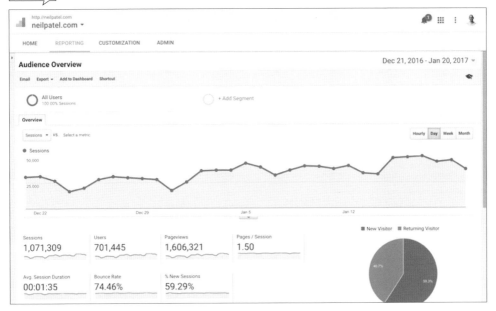

也就是說，資料科學和資料分析一樣是一門「運用科學化方法解釋資料之間的因果與關連、推論演繹資料之間的各種可能並產生解釋，進而預測未來」的學問。而本書後續的實作專案，核心概念都是如此，至於要稱為資料科學專案或是資料分析專案，其實都是可以的。

資料科學需要哪些能力？

從個人學習的觀點來說，資料科學的能力培養是橫跨多種領域的。其中，最主要的三個大項目分別是**電腦科學**（Computer Science）、**統計**（Statistics）和**領域知識**（Domain Expertise）。對於初學者而言，從任一個方向為出發點都是可行的，並沒有一定的依循模式。

首先是**電腦科學**，學習開發電腦程式 (Program) 有其必要性和數不清的優勢，不過如果壓根不熟悉編寫程式，現行有非常多分析工具可以使用（如本書介紹的 RapidMiner)，可以依靠這些分析工具學習。這也是撰寫本書最大的目的，希望提供有心認識資料科學、資料分析的夥伴們能有一個更簡單的方式學習。

接著，**統計和數學的能力**是了解並靈活運用資料科學、資料分析各種模型的核心技能。對初學者來說，培養願意接觸統計和數學的心態——至少不能害怕是必要的。數學和統計對於資料科學來說，能協助了解模型背後的意涵，進而開發相對應適合的模型，避免只是盲目的跑模型、換模型（話雖如此，筆者認為初學資料科學其實只需要好奇心和願意動手嘗試就夠了）。

最後，**領域知識**是資料科學的載體，分析金融數據就需要理解金融業的知識、分析電子商務數據就需要熟稔電子商務產業，這樣才能真正的將分析過程深入應用，解決真正有意義的問題。

圖 1-10 資料科學定義圖

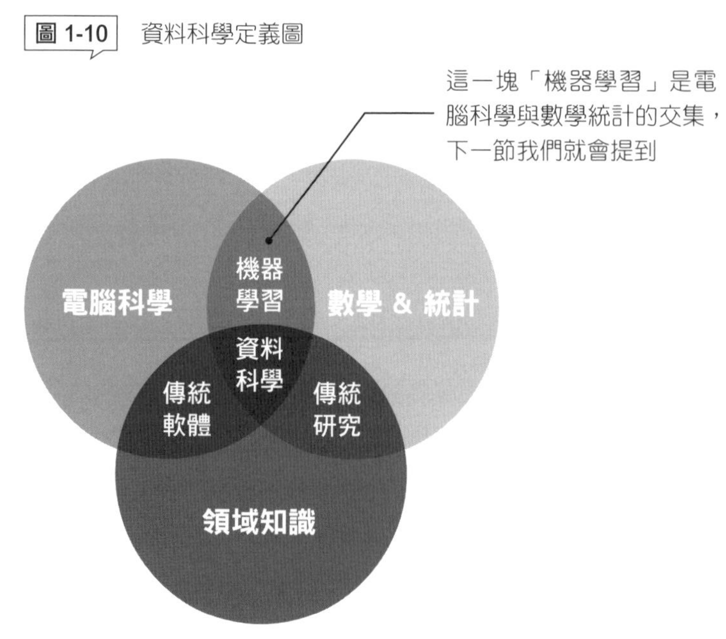

資料科學團隊的成員

從企業組織成員的角度來說，一個完整的資料科學團隊通常具備的成員有**資料工程師、資料分析師、領域專家、資料專案經理**，若更完整一點的團隊則可能有額外的**資料視覺化設計師、資料架構師、後端工程師 ....** 等等。一個完整的資料科學團隊需要具備快速溝通修正、接受失敗、創意、數據敏感度、跨領域學習等等的能力。在一個企業當中，資料科學團隊需要花費很多的時間和其他不同的團隊、部門溝通協調，證明分析結果確實能帶來改變。

圖 1-11 資料科學角色圖

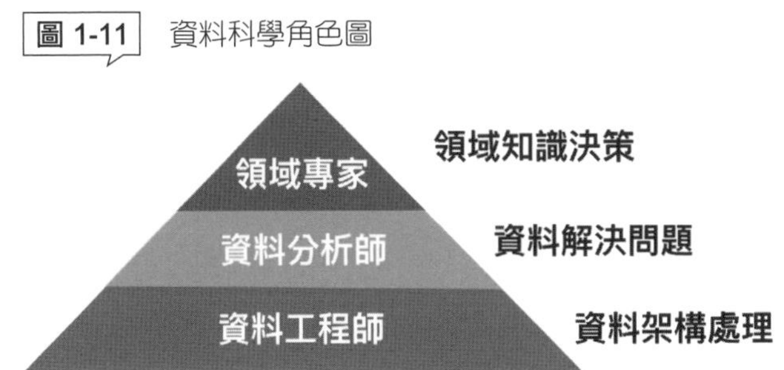

上圖是一個簡略版資料科學團隊的主要角色，金字塔型的設計並不代表人數的多寡或是工作層級的高低，而是**資料工程師**負責企業整體架構面底層的資料流處理串接，**資料分析師**則是基於大量資料專注於資料分析流程設計、演算法設計等，而**領域專家**則是針對資料分析師的專案協助該領域的專業知識導入。

通常一個體質完善的**資料驅動**（Data Driven）企業，會擁有一個獨立作業的資料科學團隊，而不僅僅是隸屬於某個單位底下的小組。這樣的獨立單位和一般單位最大的不同是它不是一個垂直劃分的單位，不像業務單位是企業有力的矛，刀槍劍雨爭取訂單；也不像營運單位是企業可靠的盾，盡力維護產品的一切穩定。資料科學在企業中扮演的角色比較類似**跨部門的居中協調角色**，協助各部門發現他們沒有發現的 know-how，讓各部門有更多的發揮空間，也協助用更數據化的方法驗證一些方法的可行性與可信度，使部門間少一些繞遠路的機會，另一方面跨越部門的藩籬，整合不同部門的資料產生創新的應用機會。

「資料驅動企業」意味著以擁有的資料為資產，驅使企業進行決策和創造利潤的公司。

1-5 機器學習（Machine Learning）

簡單來說，**機器學習**就是提供電腦大量歷史數據資料，讓電腦找尋出一些可以遵循的法則提供給人們參考。有別於傳統的統計分析，機器學習可處理多維度資訊，並能發掘多元資料之間的關聯性，因此相當適合運用於資料分析。

機器學習到底在學什麼？

可能有些人很難想像「讓電腦學習」這件事，事實上電腦也並沒有真的像科幻電影劇情那樣在洞悉人類的行為模式。認識機器學習，需要先了解人腦和電腦的差別。

人類學習是透過聲音、圖像、文字等等資訊輸入進我們的大腦，再透過和過去經驗法則的連結、想像等方式理解輸入的訊息，將這些訊息轉化成知識。

相較之下，電腦的強項是能快速的完成**大量重複性**的作業、**有效率**的運算被定義的問題。依照電腦的專長，電腦科學家試著將大量資料作為輸入，透過一些被事先被定義的演算方式交給電腦運算，看看能否找出某種規則 (稱作模型)。舉例來說，假設我們想知道哪些信用卡用戶是賒欠卡費的高危險群，同時手上有眾多積欠卡費的用戶消費資料，科學家就可以將這些資料交給電腦運算，分析積欠卡費的用戶有哪些相似處。在這樣的過程中，電腦的演算方式就是機器學習領域的精髓，不同的問題會需要相對應的演算方法，這就好比不同的食材要用不同的料理方式一樣。

圖 1-12 機器學習 vs 人類思考

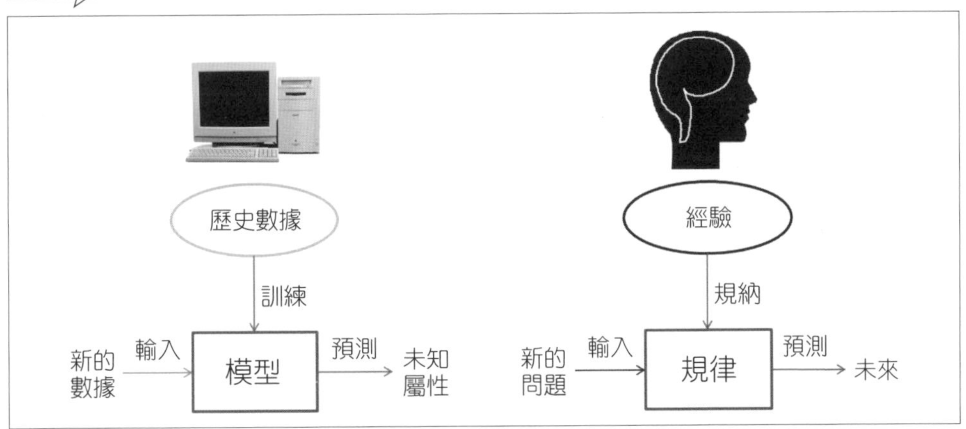

本書也會利用一些機器學習的方法來實現我們想要預測的目標，後續章節會針對這些方法多做說明，但不用擔心，會儘可能不涉及艱澀的數學函數和程式指令來解釋。

其他相關名詞：人工智慧（Artificial Intelligence）

人工智慧也是近來相當熱門的關鍵字，上文提到的機器學習就涵蓋在人工智慧領域內，此外還包含更多技術領域，例如：影像辨識、自然語言處理等等。

人工智慧顧名思義就是讓人類創造的機器能實現如人一般的智慧。科幻小說常見的人工智慧是所謂的「**強人工智慧**」，也就是人工智慧能有與人類相同甚至超越人類的智慧，也能完全自主地控制自己的思緒與行為。目前發展的人工智慧仍然以「**弱人工智慧**」為主，也就是只處理特定問題，並不具備全面性的人類認知能力。例如 DeepMind 的圍棋人工智慧 AlphaGo 便是被設計來解決圍棋問題，並不具備下圍棋之外解決其他事情的能力。

雖說我們在學習資料分析的過程中會學習到一些機器學習的技巧，而人工智慧也大量的引入很多機器學習算法為基礎，但其實人工智慧和資料分析並沒有太過直接的關聯，但也許可以透過學習資料分析的過程中更容易想像人工智慧的脈絡。

圖 1-13 人工智慧涵蓋領域非常的廣

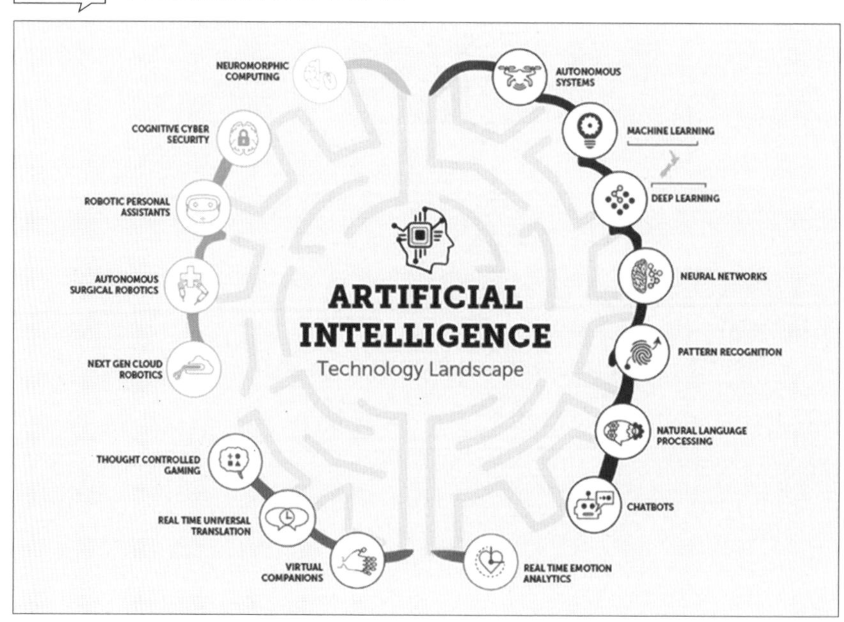

其他相關名詞：深度學習（Deep Learning）

除了機器學習、人工智慧外，你可能還聽過**深度學習**這個名詞。Google 的資深創意工程師 Jason Mayes 認為機器學習是人工智慧的一個子集合，而**深度學習**則是機器學習的一個子集合。早在 1950 年代就已經開始有人工智慧的相關研究，直到 1980 年代機器學習領域開始發展協助了人工智慧的進程，而直到 2010 年代深度學習的蓬勃發展驅動了機器學習並最終協助人工智慧的發展。

圖 1-14 人工智慧、機器學習與深度學習的關係

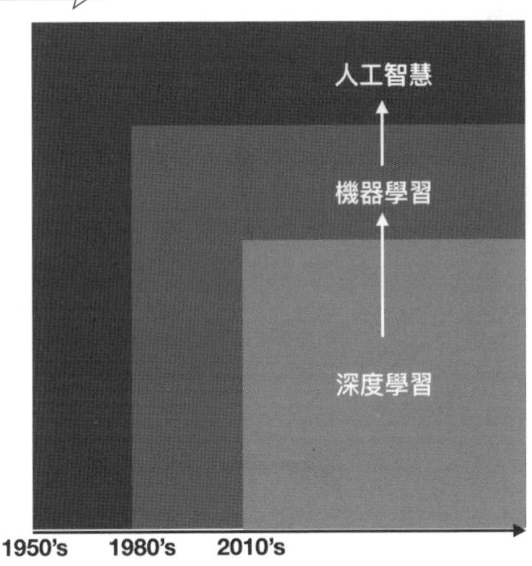

深度學習是實踐人工智慧的一門學問，也是機器學習的一個分支，起源於**類神經網路 (Neural Network)**。類神經網路就是電腦模擬人類神經元的運作模式，從輸入層開始堆積許多層（Layer），而每個層裡面是由許多神經元（Neuron）組成，這些難以計數的神經元之間相互串連就是類神經網路最基本的架構（下頁圖）。透過研究者給予一些遊戲規則和非常大量的資料，讓機器自主學習產生神經元，產生最後的結果。

接下頁

圖 1-15 類神經網絡基本架構

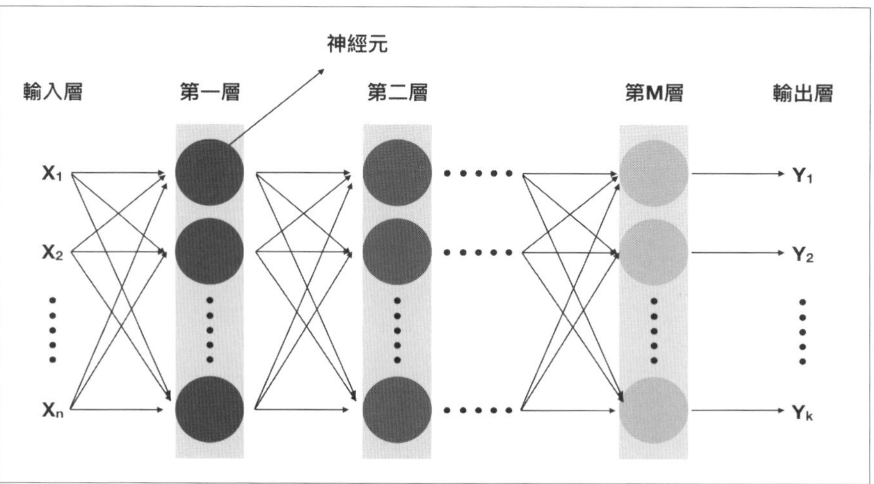

不過，深度學習涉及許多複雜的網路結構，一方面相對於機器學習更難實現和優化，二方面需要更大量的資料源才能滿足深度學習的目的，導致深度學習在商業領域的資料分析並不見得有大的優勢，因此本書將不會著墨於探討深度學習的內容。

小結

第一章透過釐清近幾年時常出現在新聞媒體、報章雜誌的資料領域關鍵字來介紹大數據領域之間不同類別的異同。雖然有些領域和資料分析乍看沒太多關連，但分清楚這些內容有助於了解資料分析在整個大數據生態圈所佔的地位和面向。在後續的章節聚焦於資料科學 / 資料分析**整體流程設計**和**實際操作演練**時，更能幫助入門者建立完整的思路，培養利用數據思考的思維。

CHAPTER

2

資料分析五大流程

<<概念解說>>

不論個人研究資料分析或企業導入資料科學專案都有一定的流程，以資料分析這樣講究量化研究方法和注重邏輯性的領域來說，完整的分析流程除了能幫助整體運作更有效率之外，也能更容易聚焦於問題的核心，減少繞遠路的機會。本章先將資料分析流程介紹給大家，後續章節的實際操作都會依循這樣的流程。

圖 2-1 資料分析雙鑽石模型

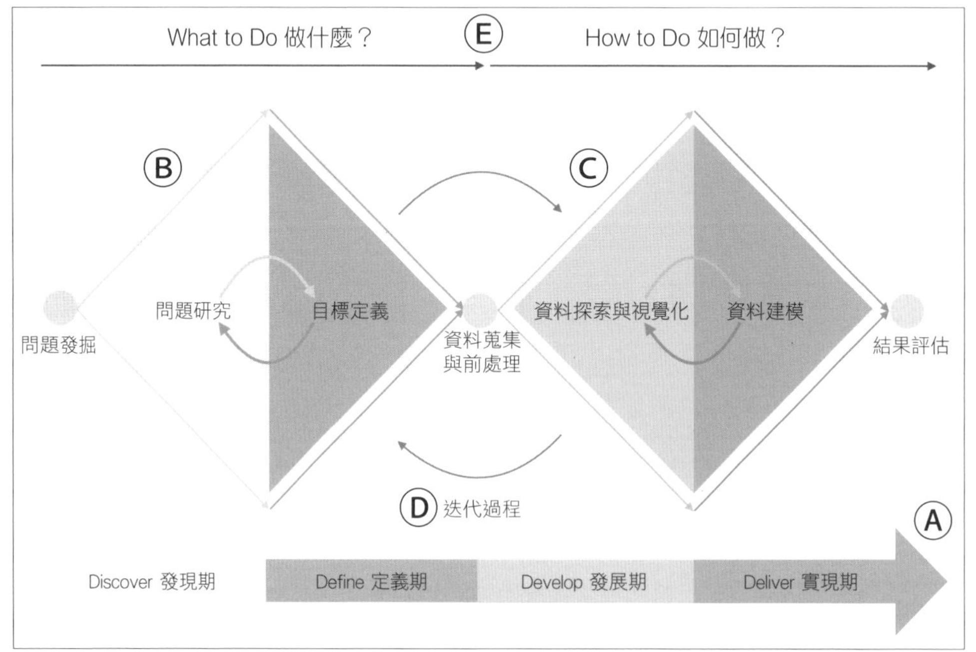

英國設計協會（British Design Council）首先提出的**雙鑽石模型**是一套使用者體驗設計領域廣為人知的設計模型，提供設計從業人員一套建構設計的程序。此模型將設計流程分成稱為 4D 的四大步驟 Ⓐ，筆者認為這樣的模型同樣適用資料科學 / 資料分析的流程。

❶ 發現期（Discover）

深入洞察存在的問題，並研究探討發現的問題為何。此時期為**第一次思考發散期**，應盡可能的多方了解問題的本質，思考任何可能。

❷ 定義期（Define）

此時期為**第一次收斂期**，聚焦問題的核心，將存在的問題界定清楚，並定義出所要解決的問題。

❸ 發展期（Develop）

此時期為**第二次發散期**，針對明確的目標(問題)思考各種可能的解決方法。

❹ 實現期（Deliver）

第二次收斂期，從各種可能的解決方法中設計最終的解決方案，並聚焦於解決方案的實現。

這四大步驟被歸納為兩套**發散**與**收斂**的迭代過程 Ⓑ Ⓒ，這裡提到的**發散**與**收斂**代表「思考方式」的設定。首先，「**發散**」的過程應該讓思路越廣越好，如左圖兩顆鑽石左側的**問題研究**與**資料探索與視覺化**，都是需要將思緒盡可能的發散，產生越多內容愈能幫助我們不會過度侷限後續的程序。而「**收斂**」的過程則應該試著將發散後的內容收斂，如左圖兩顆鑽石右側的**目標定義**與**資料建模**，根據問題研究或資料探索與視覺化後的發散結果收斂，找出相較之下較適合的幾個項目。「**迭代**」Ⓓ 則代表整套歷程都是可以隨著需求不斷重複反饋的，每一次的迭代結果都會被用於在下一次迭代前的初始。

這四個步驟又將發現期、定義期分為**做什麼**（What to do），將發展期、實現期分為**如何做**（How to do）兩大方向 Ⓔ。

筆者認為雙鑽石模型強調**用戶導向**的核心思想同樣是大數據分析設計流程的關鍵，畢竟沒有需求的資料分析專案不可能真正的解決問題。在資料分析的各階段也需要將自己的思考模式與設計方式究竟需要發散或收斂定義清楚，才能更精準的將各步驟具體化呈現。接下來 2-1 ～ 2-5 節將按照雙鑽石模型將資料分析流程做進一步介紹。

	簡述	具體作法
問題研究與目標定義	2-1 節	第 3 章 (3-1 節)
資料蒐集與資料前處理	2-2 節	第 3 章 (3-2 節)
資料探索與視覺化	2-3 節	第 3 章 (3-3 節)
資料建模	2-4 節	4 ～ 8 章
結果估算	2-5 節	4 ～ 8 章

2-1 問題研究與目標定義

此為資料分析雙鑽石模型的發現期與定義期，在開始任何資料分析專案前都應該有一個預期方向，廣泛的思考遭遇了什麼問題，而問題是否可能透過資料分析解決，再接著依據預期方向設定目標。定義問題的方式可以 ① **透過現有的資料為發想，思考可以運用的方向**，也可以 ② **針對想要解決的困難，再接著尋找資料**。從現有資料著手的優勢是更能聚焦於特定的主題也較不需要花太多時間探討資料該如何取得；至於先定義問題再著手蒐集資料的優勢則是有更大的彈性針對需求著手，但同時也需要注意資料的取得是否困難。

一般來說，定義目標的過程通常會產生兩種不同的定義，一種是**商業目標**（Business goal），另一個則是**資料分析目標**（Analytics goal）。一定要同時將這兩個目標定義清楚，原因是資料科學 / 資料分析終究是一門「解決問題」的學問，如果偏廢其中一項目標，容易造成分析就只是分析，結果沒有辦法真的被徹底實現（即解決問題）。

商業目標

希望用資料分析解決什麼樣的問題？時程規劃、分析的對象是誰？有了清楚的**商業目標**定義，在後續的流程才會有實際的方向。除此之外，明確的商業目標也能加強分析團隊和需求單位的連結。一方面需求單位能更了解整個資料分析專案能有什麼實質效益，一方面也能讓分析團隊具備更多的預備知識，避免產生出需求單位早就已知或沒有幫助的結果。

圖 2-2 SMART 商業目標定義

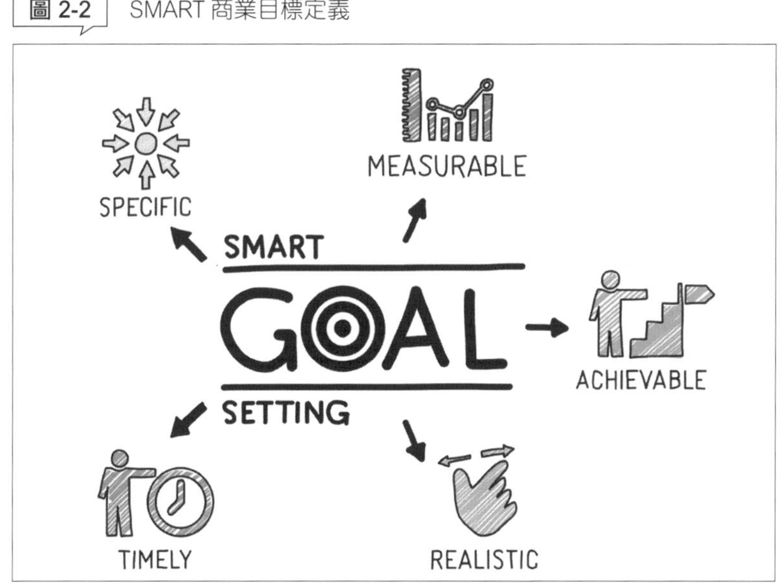

SMART 提供了一種定義商業目標時可以參考的方向，分別為**精確的**(Specific)、**可衡量的**(Measurable)、**可達成的**(Achievable)、**真實的**(Realistic)與**及時的**(Timely)。轉成白話來說，在設定商業目標時不妨從這幾個方向檢視：目標是否夠明確？有沒有辦法衡量最終結果？是否有辦法透過資料科學達成？目標是否符合現實需求？以及是否能在設定時間內完成。

資料分析目標

資料分析目標則聚焦於分析方法的訂定，例如：這個問題是以分類為目標？還是以排序為目標？倘若是以分類為目標，是二元分類？還是多維度分類？聚焦資料分析的目標能讓整個團隊的運作更有共識，也能配合商業目標設計出相契合的模型。

> **二元分類**：指的是輸出結果只會有兩種選擇，例如：預測訂房網站的顧客明天是否會訂房、預測音樂串流的顧客是否會續訂服務 ... 等只有**是**或**否**兩種結果的分類。

> **多維度分類**：多維度分類的輸出會有兩種以上的類別，例如：分析求職網站的職缺，描述預測職缺屬於哪個類別。

兩種目標的定義

博客來和中研院陳昇瑋老師的資料洞察實驗室合作，希望用三個月的時間從 2014 年 12 月到 2016 年 3 月的銷售資料結合開放資料，更深入了解網路書店購書者的輪廓。對資料洞察實驗室的成員來說，這樣的定義就非常明確。首先**商業目標**定義出分析對象是博客來的內部成員，他們的需求是希望透過自家網路書店擁有的大量資料了解購書者更全面性的族群樣貌；而**資料分析目標**也能定義為著墨於「探索性資料分析（Explanatory data analysis）」以協助博客來全面性的剖析顧客樣貌。

> 「探索性資料分析」指的是運用視覺化、基本的統計等工具來探索資料；在進行複雜或嚴謹的分析之前，能夠對資料有更多的認識。

圖 2-3 博客來網路書店探索性資料分析

男生的最愛

女生的最愛

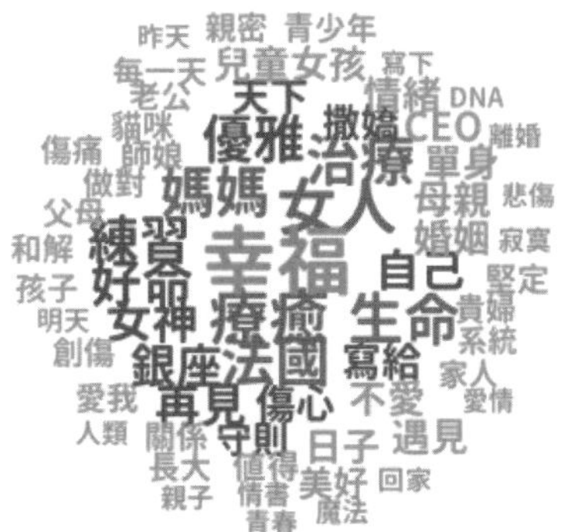

- 把妹達人
- 正妹心理學
- 心理學家的專業把妹術
- 搭訕聖經
- 正妹沒告訴你的事

- 寫給女人的生命啓動書
- 法國女人：寫給女人的 30天愛自己計畫
- 下一站，幸福：女孩的必修12堂課
- 真愛絕非運氣，被愛是種實力!：女人受益
- 一生的12堂幸福課
- 貼心的女人，幸福無敵：改變男人的賀爾蒙，從貼心做起

總之，在學習資料分析的過程中，定義一個完整明確的問題與目標能協助後續的分析以一個比較高的視野審視流程是否達成預期，避免落入過度斟酌模型訓練、估算結果等微觀細節。一個「好」的資料科學家能設計一套成功解決問題的方法，而一個「優秀」的資料科學家除了設計解決問題的方法外，**更重要的是能夠提出一個好的問題**。

本節簡單為您說明問題研究與目標定義的概念，3-1 節會為您進一步說明此階段的具體作法以及參考資源。

2-2 資料蒐集與資料前處理

有了目標，就可以著手蒐集資料，關鍵在於如何得到真正切中分析目標的資料，避免**垃圾進垃圾出**（Garbage In Garbage Out, GIGO）的狀況發生。此階段同時也是圖 2-1 雙鑽石模型中從定義完做什麼（What to do）後，接著到怎麼做（How to do）的進程。

大型團隊對於蒐集資料的分工

針對資料的蒐集，若身處一個陣容完整的資料科學團隊，在面對專業領域時，需要**該領域的專家**介入協助了解哪些資料的取得能對後續的分析有幫助，例如透過大數據分析預測信用卡盜刷交易的主題，就需要相關專家協助提供專業的盜刷行為模式建議，以及哪些資料的特徵對這樣的主題具有高度影響力。得到資料來源的需求後，後續的資料獲得、資料基礎建設建構、資料合併、自動化、甚至模組化，就需要**資料工程師**來協助。不同的資料來源、不同的資料結構呈現方式、資料來源從每秒到每個月分別不同的更新時間，這些都需要完整的規劃與營運方式，才能將資料處理成後續分析可用的狀態。

而從個人學習資料分析的角度來說，**蒐集資料**意味著找到分析目標中可以實作的資料來源，一般常見的做法不外乎**自己撰寫爬蟲程式爬取資料**、或是**從政府公開資料、資料科學網站或競賽平台獲取**，再將資料處理成需要的格式。

而**資料前處理**可以想像是一個將資料轉換為有用資訊的階段，這同時也是工作歷程中耗時最長也最重要的步驟，通常是一個好的資料分析專案的基石。例如 2-1 節目標定義階段所定義的目標是「想要預測顧客在電子商務網站的購買行為」，而資料欄位有每個使用者的「廣告曝光數（包含點擊與未點擊）」和「廣告點擊數」我們就可以將這兩個欄位運算得到每個顧客的『點擊率』，倘若不經過這樣的工程產生新的點擊率特徵，就僅能得知廣告的曝光程度。

另外如資料中可能出現 " 台灣積體電路 "、" 台積電 "、"TSMC"、" 台積 " 等等意義一樣但表達方式不同的內容，當這類型資料非常大量且發生頻率相當頻繁時，就需要配合專業的領域知識和前處理技術來整理資料。其他前處理內容如**遺失值處理、異常值處理、資料表合併拆解、資料轉換**等，都對後續的分析建模有關鍵性的影響。圖 2-4 取材自 <<Feature Engineering for Machine Learning>> 一書，內文提及資料來源從原始數據（Raw Data）轉換為特徵（Features）的過程就是本節所提及的**資料處理與資料轉換（Clean and transform）**。後續在實作資料分析專案時，一定也免不了進行這樣的工程。

圖 2-4 資料清理與轉換

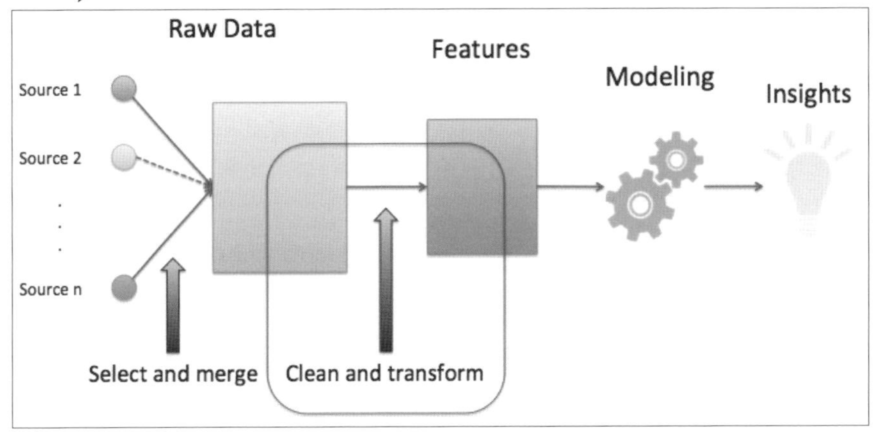

例子

2008 年 Google 研發人員利用使用者在網路搜尋流感的資料開發一套預測流感發生率的系統，並和美國疾病預防管制局的評估結果相當接近，甚至將研究結果發表於知名期刊 Nature 轟動一時，但在 2009 年卻因為明顯低估預測流感發生率而瀕臨失敗。而後 Google 團隊調整了原先預測的 45 個變數和刪除無用的欄位後又重新在 2011 年成功預測流感發生率，並在另一研究期刊 PloS One 發表修正結果，雖然兩年後這個專案仍舊宣告失敗，但僅僅是重新審視調整了資料欄位就能在 2011 年重新修正失敗的結果，可看出即便是處理資料、調整資料欄位，都有可能直接影響專案的成敗。

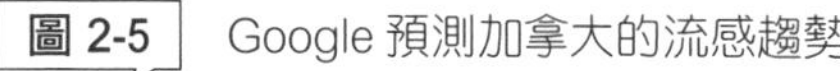
圖 2-5 Google 預測加拿大的流感趨勢

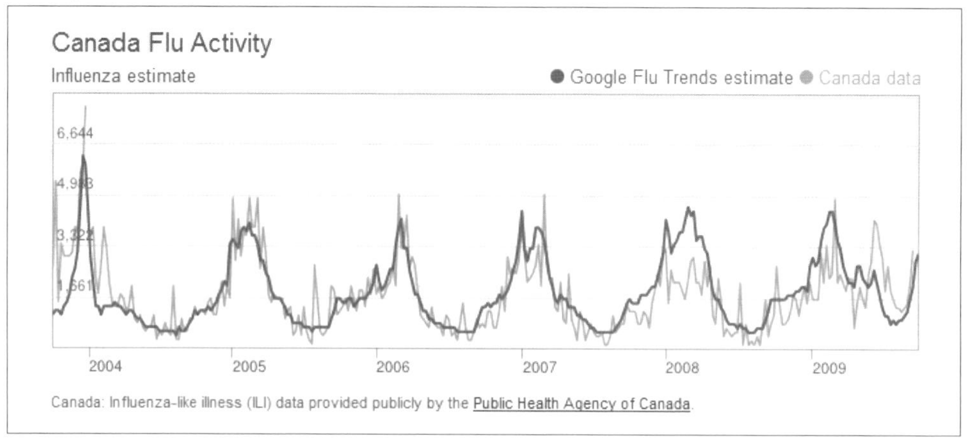

本節簡單為您說明資料蒐集與前處理的概念，以個人學習資料分析來說，第 3-2 節將進一步介紹有哪些管道可以免費獲取資料來實作。

2-3 資料探索與視覺化

完成資料蒐集與前處理階段，在開始建模前分析者需要對資料有更深層的認識，以便設計合適的模型來配合資料的特性，此時為資料分析雙鑽石模型的第二次發散期，此階段的最大目標是：**廣泛的探索資料的特性、加深對資料的認識，盡可能的多方發展任何可能的作法**。

> 經過第一個鑽石的發散與收斂過程決定 " 做什麼 " 後，接著就進入第二個鑽石，著手設計 " 怎麼做 "，第二次發散應該盡可能的依照第一個鑽石決定的目標有方向性的發散。

至於如何**探索**、加深對資料的認識？就需要經由了解資料間隱含的模式（Hidden pattern）。再者，若資料量非常龐大，**資料視覺化**（Data visualization）也在此階段扮演舉足輕重的角色。

> 「隱含的模式」代表大量資料各特徵間的關係，例如年齡與某些類別產品呈現正相關。而這樣隱含的模式需要透過一些探索與資料視覺化的方式來觀察。

資料視覺化的用途

資料探索是協助開發者審視資料是否合乎目標需求，決定流程是否需要重新調整的重要方法。而資料視覺化的內涵包括重新檢視資料的狀況是否合乎最開始的預期目標、是否成功處理異常值 ... 等。

很多人以為「資料視覺化」主要是專案後期利用圖表呈現最終分析結果，但其實在資料分析前期它就是探索資料不可或缺的技巧。資料視覺化意味著透過圖表呈現資料中各個欄位間的關係、分布狀況 ...... 等，以協助資料分析者找尋大量數據集中的洞見。例如將購物網站的顧客購買資料以視覺化呈現，就可能看出不同產品和性別、年齡與購買率間的關係。

圖 2-6 資料視覺化

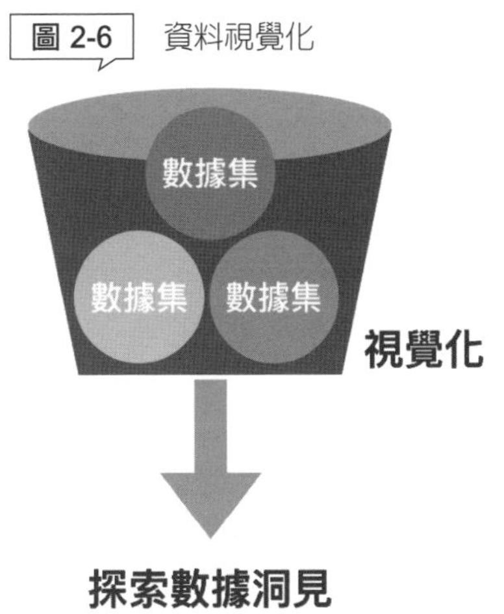

一圖解千文

資料視覺化為什麼重要？這其實和人類大腦吸收訊息的方式有關。根據 3M 公司的研究，人類大腦吸收圖像的速度是吸收文字的 60,000 倍。尤其在資料爆炸的時代裡，如何將大量資料透過合適的圖表呈現在不同螢幕大小的裝置、不同的需求者面前是相當重要的議題。例如種類繁多的咖啡就可以透過一張視覺化的圖示讓人馬上了解不同種類的區別。

圖 2-7 咖啡種類圖

視覺化呈現的類別

專精於簡報技巧與資料呈現的 Andrew Abela 博士將不同的圖表依據展示的目的歸納成四種不同的類別，分別是**比較**（Comparison）、**分佈**（Distribution）、**組成**（Composition）及**關係**（Relationship）。

2

圖 2-8 資料選擇圖表（Dr. Andrew Abela, 2009）

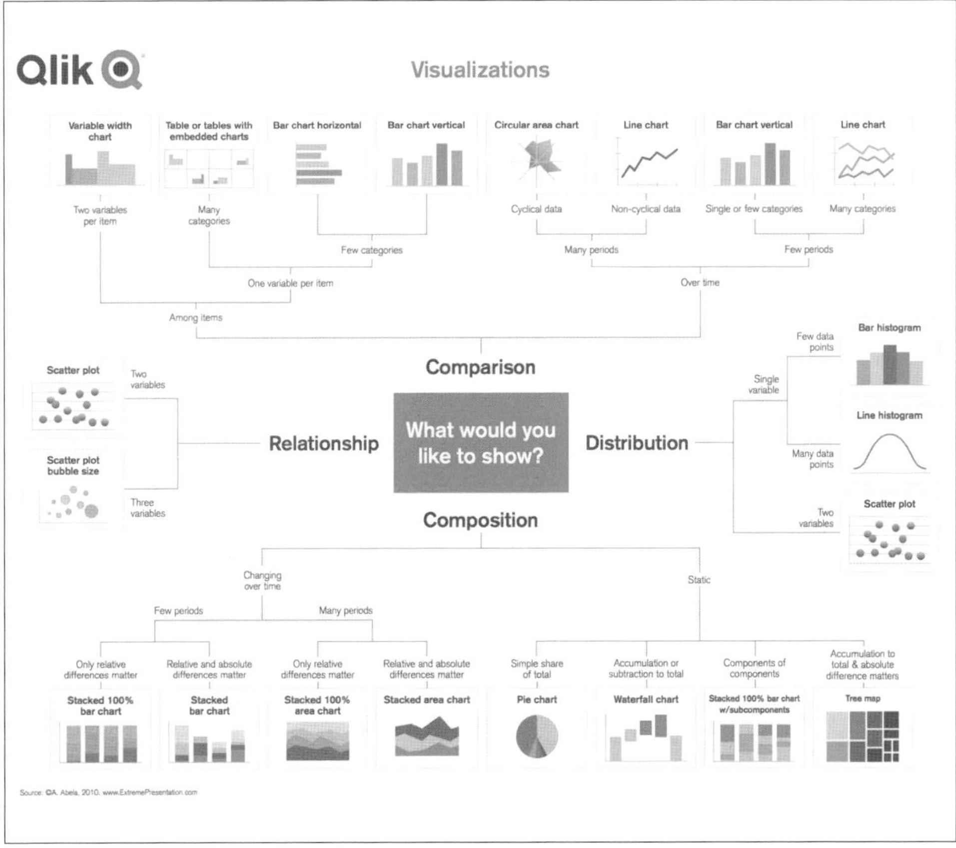

- **比較**：比較某些特徵和其他特徵之間的關係，或者是特徵和時間之間的關係，常見的形式有**長條圖、折線圖**。例如比較幾種不同咖啡品項的價位關係、比較餐廳在不同月份的訂位量等。

- **分佈**：探索資料特徵的分佈狀況，通常單一資料欄位會用**線圖**或**直方圖**、兩個資料欄位分佈比較則會用**散點圖**。例如比較音樂串流平台爵士樂和搖滾樂類別中不同歌曲的重複收聽次數和收聽次數的分佈狀況。

- **組成**：探索不同資料欄位的不同類別在該欄位的組成狀況，統計不同類別的百分比組成常會用到**圓餅圖**；展示隨著時間改變的組成狀況常會用到面**積圖** ...。例如銀行了解不同信用卡產品的市佔率。

- **關係**：呈現不同欄位之間的關係，常見的如**散點圖、泡泡圖**。例如性別和不同類別書籍的銷量關係。

利用資料視覺化探索資料時要先思考究竟預計產出的視覺化圖表想要傳達什麼，也就是說，重點並不在圖表的美觀與否，而在於是否使用正確的圖表探索資料。

例子

g0v 零時政府在 2014 年發表的**全國急診即時看板**就是一個資料視覺化帶動資訊整合的最佳案例。過去病患無從得知自己附近的醫院急診病床是否滿床，也不知道有哪些醫院的病床還有空床，透過一個整合性的視覺化儀表板，每 15 分鐘更新一次台灣 31 家重度級急救責任醫院的病床使用狀況，除了能幫助民眾更清楚醫院的病床安排狀況外，也能輔助醫院急診人員或災難中心更了解如何配置資源，因此好的視覺化應用除了能幫助專業人員釐清、探索、整合大量的資料來源之外，更有可能直接解決當前問題。

圖 2-9 g0v 重症儀表板

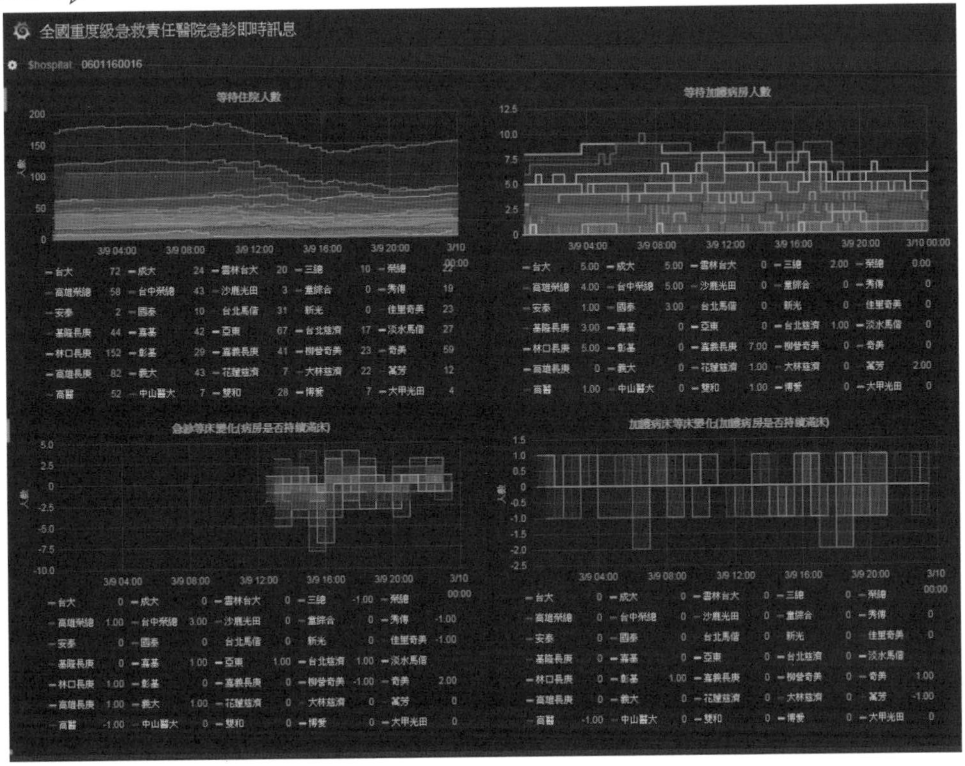

本節簡單為您說明資料探索與視覺化的概念，以個人學習資料分析來說，第 3-3 節將進一步介紹更具體的作法，以及各視覺化圖表的類型。

2-4 資料建模

在討論**建模**(Modelling)之前，我們先來理解什麼是**模型**(Model)。模型是一個被廣泛使用的詞，但在資料分析的領域中，模型意味著**以資料為媒介，透過統計或數學方法歸納出一套公式來客觀解釋或預測複雜的真實狀況**。建模是資料分析過程中，針對目標需求和探索後，將整理設計完成的特徵加以兌現並驗證是否真的有達到預期目標的階段。

建模基本概念

在建模的過程中，通常會將資料分成**訓練資料集**（Training set）和**測試資料集**（Testing set），常見的方式如隨機抽樣（Random sampling）、交叉驗證（N-folds cross validation）。將完整的資料區分成兩種不同的資料集最主要的目的在於以**訓練資料集**做分析，並在**測試資料集**驗證及確認建模後的分析模型是否會「**過度配適**（Overfitting）」，至於什麼是過度配適？我們接下來用一個生活化的例子說明。

例子

想像老師給學生一份習題（訓練集）教導學生上課內容，然後再用考試（測試集）來確認學生是否真的學會上課內容，如果習題得到滿分，考試卻考不及格，我們可以很清楚的斷定學生並沒有真的通盤學會上課內容（過度配適）。

稍微深入一點說，就是因為調整過多的參數數量使得模型過度配適 (或稱**過度擬合**) 當前的資料，一旦資料更新後，模型便無法適合更新後的資料。過度配適的模型過度訓練於適應解決當前狀況，無法一般化的解決問題。

要驗證模型是否過度配適就需要將資料分為訓練集和測試集來進行。下圖的右邊就是一個標準的過度配適現象，圖中的線條在學習如何解釋圓點時過度配適當前的圓點。

圖 2-10　過擬合範例

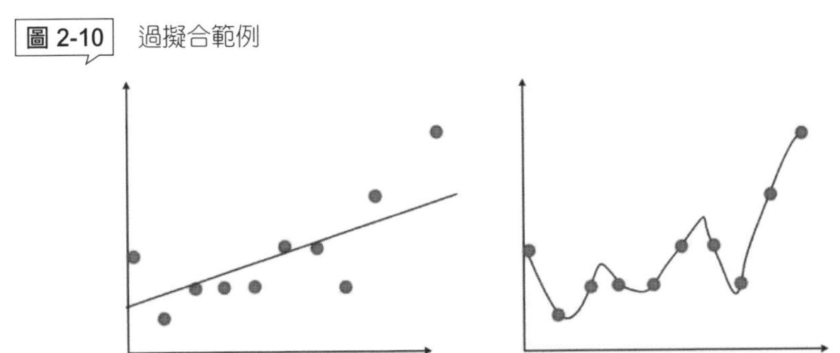

資料建模是將預期目標正式變現的階段，也是數據分析雙鑽石模型的「第二次收斂期」，科學家 / 分析師透過自己的專業背景針對預期目標設定幾個相對合適的模型，並分別嘗試不同模型產生的結果是否符合預期，產生最終決定的模型。在後續 4 ～ 8 章我們將用一套開放原始碼軟體 RapidMiner（圖 2-11）實際演練從讀取資料、處理資料、再到實際建模等階段。

圖 2-11　RapidMiner 建模畫面

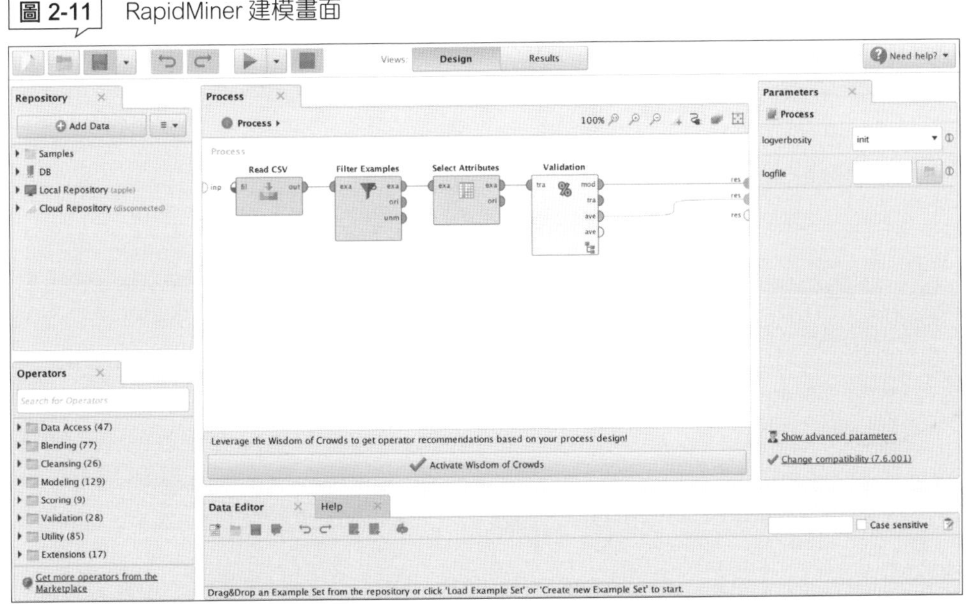

模型的種類

很多人會誤解資料科學家 (資料分析師) 的優劣取決於建模的能力，然而這樣的想法並不全然正確，一個好的分析者其實不能只專注在各種眼花繚亂的模型上，而應盡可能的用最簡單的模型解決問題，尤其近期機器學習、深度學習的各種演算法越來越多樣，如何化繁為簡，不陷入選擇模型的漩渦反倒是資料建模階段的重要課題。

在難以計數的模型學習的方式中，可以簡單分為**監督式學習**（Supervised Learning）和**非監督式學習**（Unsupervised Learning）。

- **監督式學習**：將已知問題、答案資料輸入，透過模型的建構得到可預期或有預測能力的輸出結果。也就是說，模型學習的是有答案的目標，例如學習什麼樣的因素會影響用戶會不會回購，就需要找到一群「已知有回購」和「已知沒有回購」的資料來訓練模型。
- **非監督式學習**：將已知的問題資料輸入，透過模型的自我訓練產生結果，而對於輸出結果無法預測，也就是模型自己產生答案。

兩者最大的差異就是模型在訓練過程中，監督式學習可以透過其他被標籤過的正確資料 " 對答案 " 確認模型的訓練是否合乎預期；非監督式學習則是沒有被標籤的資料，也就是沒有正確解答可以讓模型對答案。舉例來說，如果想藉由模型知道眾多複雜內裝、性能的汽車款式能如何分類，這時我們並沒有將汽車分類的標準答案，就稱為非監督式學習。

> 非監督學習中資料並不需要事先準備好 " 範例 "，也就是說我們沒有辦法將非監督學習模型產生的結果 " 對答案 "，而是模型會自己依照特徵產生答案。

常見的監督式學習模型有**迴歸模型**(Regression)、**分類模型**(Classification)等。**迴歸模型**的輸出資料為「連續」資料，**分類模型**的輸出資料為「離散」資料，至於如何判斷什麼是連續資料與離散資料？直覺的方式是連續資料的數值可以比較大小，而離散資料的數值則沒有辦法比較。例如年齡 30 歲小於 35 歲、價格 100 元大於 50 元、氣溫 35 度大於 30 度 ... 等屬於連續資料；而血型、性別、晴天雨天 ... 等屬於離散資料。而模型的輸出是連續或離散，就決定該模型為何種模型。

而常見的非監督式學習模型有**分群**（Clustering）、**異點偵測**（Anomaly Detection）等。

這裡先對模型有簡單的認識即可，後續 4～8 章實作時會詳細介紹各模型的內涵。

補充》

曾任職於財星 500 大之一的金融控股公司 CapitalOne 的金融大數據專家傅曉敏認為，可以關注和追蹤新技術的發展，但不要一味跟風模仿。如果發現有用的方法，可以先試著做出一些成果，充分掌握現有訊息的基礎後，再加強對新技術的認知。因此在**建模階段最重要的任務仍然是以最快的速度依據現有的資源加以收斂，找到適合的模型達成預期目標**。

2-5 結果估算

結果估算最大的目的不難想像，就是透過一些量化的方式評斷建模的結果是否合乎預期，也是雙鑽石模型中實現期的最後階段－**衡量專案實現後的整體結果**。但針對不同模型要採取什麼樣的估算方式其實很容易存在陷阱和死角，例如通常最直覺的想法會認為**分類**問題透過**準確度**（Accuracy）評估是一個簡單有效的方式，但這個方式其實可能存在準確性悖論（Accuracy Paradox）(後述)。

「準確度」是在分類問題中最常見的估算方式，也就是結果答對的比率。假設總共有十題是非題，模型答對了其中九題，就可以說準確度為 90%。

準確度悖論：在預測非均衡資料時，利用準確度來當作衡量依據就會存在**準確度悖論**。想像我們的目標是預測火災發生率為 " 發生 " 或 " 不發生 "，但因為火災在所有一百萬筆的資料中只有其中的 100 筆，比例極小，因此即便模型預測的所有的輸出都為 " 發生 "，這樣的準確率並不具備任何意義，因為其實模型並沒有充份學習到發生火災時的特徵。

例如一家資訊安全公司希望透過資料科學的方式偵測個人電腦的檔案是否為惡意攻擊檔案，但在所有上百支檔案中可能只有其中的一兩支檔案為惡意攻擊檔案，極少數的惡意檔案可能僅佔所有檔案的不到百分之一，這種存在**非均衡資料**（Imbalance data）的準確度評估並不是個理想的作法，因為即便準確度為 99%，也不能證明成功偵測惡意檔案。此時除了重新設計解決資料失衡的策略之外，就需要其他估算方式來驗證結果。

「非均衡資料」是解決分類問題常見的狀況，例如火災、信用卡違約、信用卡盜刷等特殊情形在絕大多數時間都不會發生，導致我們擁有的資料源幾乎沒有發生這些狀況的資料，而當我們需要透過模型來預測這些特殊情形時就會產生非均衡資料的問題。

除了確認結果估算方式是否存在陷阱之外，針對預期目標設計對應的估算結果也同樣重要。例如一個**推薦系統**專案的評估標準，就會隨著這套推薦系統的預期目標是增加顧客點擊率、增加顧客滿意度、增加顧客驚喜度（Serendipity）、商品覆蓋率（Coverage）等等有所不同。也就是說，即便分析過程滿足需求，沒有設計正確的結果評估方式，也可能使得整個流程被誤解，進而使得專案被引導至不符合預期的方向。

「**推薦系統**」可預測用戶對於物品的評分或喜好，在許多購物網站都可看到，常見的方法有**協同過濾**和**基於內容推薦**兩種。**協同過濾**方法根據用戶歷史行為（例如其購買的、選擇的、評價過的物品等）結合其他用戶的相似決策建立模型。**基於內容推薦**則利用有關物品的離散特徵，推薦出具有類似性質的相似物品。

小結

本章介紹資料分析專案在實作過程中必經的幾個階段，輔以**雙鑽石模型**勾勒實作過程中需要或發散或收斂的思考模式，協助讀者了解自己當前所在的階段需要用什麼方式思考。下一章會進一步介紹當中幾個階段的具體作法。

MEMO

CHAPTER

3

資料分析五大流程 <<實戰提示>>

初步了解資料分析的 5 大流程後，本章針對其中前 3 個流程作些實戰面的經驗補充，例如發掘問題具體上該怎麼做 (3-1 節)？關於蒐集資料有哪些管道 (3-2 節)？資料探索聽起來很虛無縹緲、實際上究竟該怎麼做 (3-3 節)？…希望更加深您對於資料分析流程的認識。

3-1 如何培養發掘問題的能力？

即便是身經百戰的資料科學家也需要花大量的時間了解需求、閱讀學術論文、蒐集相關研究分析方法與定義問題等，在這個過程中經常會遇到方向錯誤或定義問題的困境。筆者認為這個階段中，要同時兼顧天馬行空的創意發想和縝密的定義問題是最大的挑戰。因此對於剛入門的人來說，這個階段可能是最需要抽象思考的階段，但不用擔心，我們仍然能從生活周遭的例子著手，試著練習找尋、定義問題。

第二章提到需要定義的問題可以粗分為兩種，分別是**商業目標**和**資料分析目標**，本節先從如何訓練發掘問題出發，再接著分享一些實用的資源，幫助入門者在**發掘問題→定義商業目標、資料分析目標**的過程中能更有方向，探索到問題的核心。

問題發掘

從行銷、管理學角度來發想

問題發掘是最需要創意的階段，此階段是資料分析流程的起點，不過卻也是最沒有一套標準流程可以依循的階段。

世界著名的管理大師大前研一在剛進入麥肯錫工作時，經常利用搭電車通勤的時間觀察電車上一則則的平面廣告訓練思考，他從電車上選一則廣告並思考如果自己身處這間公司，要如何讓公司的產品更受歡迎。

例如一家手機公司，就可以思考要如何增加手機的通路，可以採取什麼樣的行銷活動等。有了問題後，就可以著手思考如何利用數據解決問題，例如從公司的顧客資料做客戶樣貌分析協助公司行銷活動，深入了解這款手機實體通路和線上通路的銷售狀況，並藉由分析銷售狀況瞭解銷售主力客群與消費習慣。我們也可以協助公司分析產線機台的參數和環境參數了解生產狀況，及早預期可能出狀況的機台。或者爬取各大手機評論網站對該款手機的評論，全面性的剖析手機評價等。

思考的過程應盡可能的以多種不同面向切入，如果熟悉一些管理學知識也可以**企業內部**及**企業外部**等構面來思考。「企業內部」環境包括生產、銷售、人力資源、研發、財會 ... 等面向，至於「企業外部」就如麥可 ‧ 波特在**產業五力分析模型** (Michael Porter's Five Forces Model) 中所提到包括**新進入者、購買者、替代品、供應商**與**現存競爭者 ...** 等，可以從這些角度思考如何透過數據來解決問題。

圖 3-1 五力分析

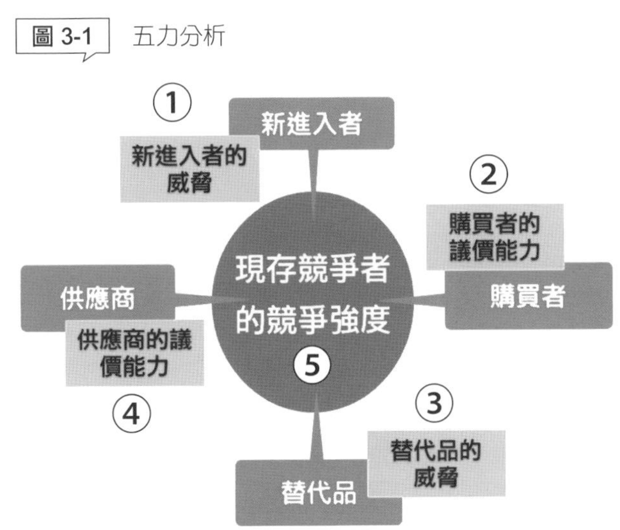

此外，甚至可以思考傳統的理論基礎在大數據時代是否有被顛覆的可能，例如知名顧問公司顧能（Gartner）的副總裁 Kimberly Collins 就認為行銷領域奉行數十年的 4P 理論：產品（Product）、價格（Price）、促銷（Promotion）、通路（Place）在大數據時代下應該有不同的可能，因此創造出一個新的 4P 理論：人（People）、成效（Performance）、步驟（Process）和預測（Predict）。

圖 3-2 大數據時代新 4P 理論

新 4P 理論是因應現代顧客意識抬頭而生的理論基礎，傳統產品導向的削價競爭思維已經不再適用新型態的大數據商業模式，反而是以人為核心的服務導向更適合大數據的商業型態，例如重視顧客行為、回購率或滿意度 ...... 等，在尋找問題、定義問題的過程中不妨多思考這些角度。

從生活經驗發現問題

大多數沒有接觸過管理學、行銷學的讀者也不必擔心，這些都只是輔助思考的一種方式，不了解這些領域完全不會影響我們發現身邊有趣的議題，只要從自己熟悉的領域著手，搭配一些好奇心，仍然能藉由自己的生活經驗和熟悉的興趣產生一些天馬行空的想法。

例子

舉個天馬行空的例子，最近公司尾牙抽獎，從小到大中獎率一直很差的我就在想**抽獎箱抽中每個人的機率究竟是不是一樣的**？假設因為每個人到會場的先後順序不同使得投遞彩券的順序會影響彩券在抽獎箱中的位置，像是越早投遞彩券越容易被放在摸彩箱底層的位置，而公司主管在抽獎時似乎有無意識的習慣動作使得抽獎箱有所謂的 "熱區"，造成越底部和越角落的彩券被抽中的機率會比中間的彩券來得低一些，這時候就可以思考**尾牙摸彩的投遞策略是否可能影響中獎機率？**試想，是否可能分析大量的中獎名單和每張彩券在摸彩箱的位置（當然可能要借重高科技了，天馬行空怎麼想都行），驗證以上假設是否為真，這就轉變成一個透過數據來解決問題的概念不是嗎？

從這個例子筆者想強調的是，在這個數據無所不在的時代裡，雖然不是任何事都能依賴數據完全解決，但總是會有一兩個方法是可以透過數據的角度切入的。而這個思考的過程並無對錯，也沒有任何限制，我們應該盡可能的多方觀察。底下就來推薦筆者在定義商業目標和資料分析目標、需要蒐集想法或思考遇到瓶頸時會參考的資源。

定義商業目標參考資源

商業目標的定義需要先思考要解決什麼樣的問題，而此問題在現實社會中是否真有需求。需要特別注意的是商業目標並不一定是商業領域的目標，可以是醫療、社會、音樂、體育等任何領域，這裡指的商業是想像能把這個目標實際商業化成為一套服務或應用原則。

因此，參考的資源可以多方涉略社會問題、科技創新、商業場景、產品服務等等，端看自己對於什麼領域的問題有興趣。以筆者本身喜歡涉略科技創新和商業領域的新知而言，經常專注的資源有以下這些：

- 經理人 (http://www.managertoday.com.tw)
- 科技爆橘 (http://buzzorange.com/techorange)
- 數位時代 (http://www.bnext.com.tw)
- 科技新報 (http://technews.tw)
- 天下雜誌 (http://www.cw.com.tw)
- 商業週刊 (http://www.businessweekly.com.tw)
- 36 氪 (http://36kr.com)

> 培養商業敏感度是能在商業世界中找出需求最重要的能力，筆者培養商業敏感度的方式其實沒什麼特別訣竅，就是經常性的瀏覽一些商業資源，並動腦思考內容的前因後果。

定義資料分析目標參考資源

資料分析目標的定義需要思考需要用哪些方法來解決問題，專注在思考解決問題的方法，例如第 6 章案例實作我們所訂定的資料分析目標為「找出影響中古車價最重要的指標，並且預測合理售價」，就會涉及分析方法的思考，例如要使用監督式學習中的分類模型亦或迴歸模型？

關於資料分析目標的定義，在 5 ～ 8 章實作篇中您可以參考筆者的發想內容，在此想強調的是，由於解決問題的方法日新月異，新的需求也會不斷產生，這時就需要透過閱讀資料科學或大數據相關的資源定期了解資料科學領域的演進。底下就為您推薦幾個閱讀參考資料。

> 在設定目標的時候建議不要一開始就依賴這些網路資源查詢，應該至少先自己試著徹頭徹尾思考問題核心幾次，再經由搜尋網路資源的過程獲取靈感。

參考資料	介紹
機器之心 (http://www.jiqizhixin.com) 	機器之心是中國大陸一個人工智慧與機器學習的媒體，對於不習慣閱讀英語資源的讀者們是一個很好的管道，除了有趨勢報告、產業研究等大環境的文章之外，也有很多中文翻譯的論文，更新速度相當迅速。唯一的小缺點是相對聚焦於人工智慧和神經科學的領域，因此在商業領域應用的資源比較少。
數據科學網 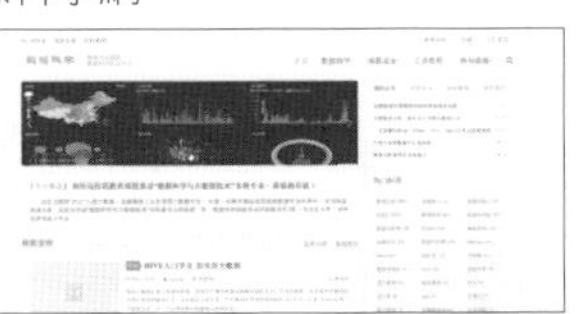	數據科學網提供一個資料科學家在實際開發過程中需要的各種類別，例如：數學和統計、電腦科學、資料視覺化、數據化運營等等，各項分類的內容都淺顯易懂，足以讓一個入門者輕易理解不同類別的脈絡。
數據分析網 (http://www.afenxi.com) 	數據分析網的幾項大類別同樣相當適合入門者吸收所需，包含大數據新聞、人物觀點、技術文章和數據報告。

3-2 到哪蒐集資料？

要培養對不同領域的資料敏銳度，第一步就是要看過、試過、玩過多樣化的資料，**蒐集資料**就是動手實作的第一步。

不過，想找到符合目標設定的資料往往需要耗費大量人力和時間成本，因為現實世界的資料通常會有很多缺陷，例如資料來源不一、找不到真正需要的資料等等。而在這過程也需要不斷運用各領域的專業知識，或依對資料的敏感度驗證資料正確性 ....

筆者認為初學資料分析階段不應該浪費太多時間在這些相對較繁瑣的內容，這會導致我們更難全面性的學習一整套分析過程。因此本節將分享一些後續章節的範例中將會用到、同時也是筆者在初學的過程中經常練習的實用資源，教您有效率的應用這些資源。

Kaggle

Kaggle (https://www.kaggle.com/) 是在資料科學領域最廣為人知的競賽平台，除了各式各樣的競賽之外，也有提供各種公開資料可以下載，以及較初階的競賽供初學者實際演練。

圖 3-3 Kaggle 頁面 (https://www.kaggle.com/)

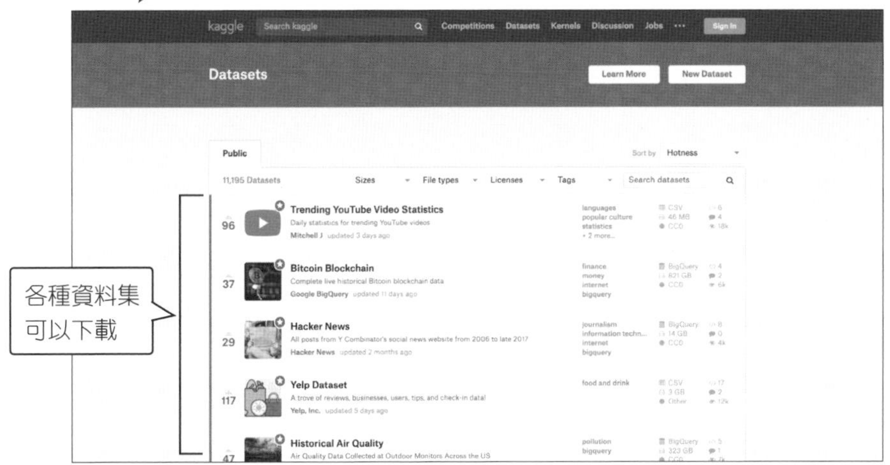

通常在找到感興趣的資料後應該先仔細檢視**資料描述**（Data Description），這能幫助我們快速理解所擁有的資料欄位、檔案內容，這是尋獲資料後重要的第一步。通盤性的理解現有的資源，除了能更清楚可能的限制之外，也能讓我們更清楚設想該如何針對問題下手。有時甚至可能需要反過來修正問題以配合資料，後續章節實作篇時我們會實際示範作法。

圖 3-4 資料描述頁面

Data Description

Data Set

The labeled data set consists of 50,000 IMDB movie reviews, specially selected for sentiment analysis. The sentiment of reviews is binary, meaning the IMDB rating < 5 results in a sentiment score of 0, and rating >=7 have a sentiment score of 1. No individual movie has more than 30 reviews. The 25,000 review labeled training set does not include any of the same movies as the 25,000 review test set. In addition, there are another 50,000 IMDB reviews provided without any rating labels.

File descriptions

- **labeledTrainData** - The labeled training set. The file is tab-delimited and has a header row followed by 25,000 rows containing an id, sentiment, and text for each review.
- **testData** - The test set. The tab-delimited file has a header row followed by 25,000 rows containing an id and text for each review. Your task is to predict the sentiment for each one.
- **unlabeledTrainData** - An extra training set with no labels. The tab-delimited file has a header row followed by 50,000 rows containing an id and text for each review.
- **sampleSubmission** - A comma-delimited sample submission file in the correct format.

Data fields

- **id** - Unique ID of each review
- **sentiment** - Sentiment of the review; 1 for positive reviews and 0 for negative reviews
- **review** - Text of the review

Code

Full tutorial code lives in this github repo.

借鏡 Kaggle 網站的資料競賽內容

圖 3-5 Kaggle 上的初階競賽

筆者在自我學習的階段，除了查找各式各樣的資料之外，也經常仔細探討競賽的目標，思考競賽提供的資料和定義的目標之間可能的因果關係。例如 Airbnb 在 Kaggle 上提供的競賽是預測新客戶的第一次訂房會在什麼地點，這時就可以花一點時間思考，之所以定義目標為預測新客戶第一次訂房的原因是什麼？如果可以準確預測後，又可以透過這樣的結果產生什麼應用？

圖 3-6 Airbnb 在 Kaggle 上的競賽

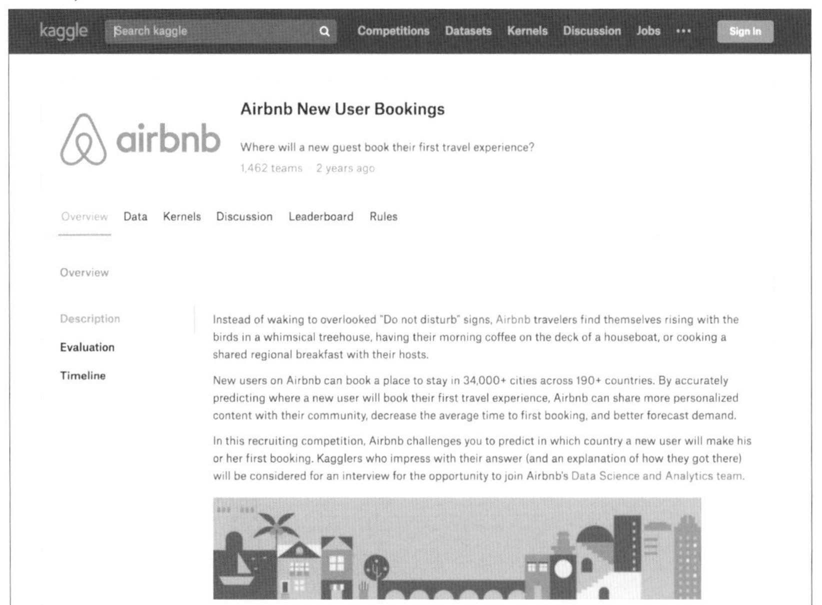

簡言之，試著思考現成的這些資料能不能有其他的發揮，能幫助我們避免思緒被限縮，協助培養創意思考，將資料的價值發揮到最大。

DataCastle

如果不熟悉閱讀英文資料也不用擔心，**DataCastle (http://www.pkbigdata.com)** 是和 Kaggle 相似的簡體中文競賽平台，裡面同樣有相當多的競賽資料可以參考下載，不論是金融、科技、食品、交通等等競賽類型相當多元，除了實際下載這些資料外，您也同樣可以像前一頁 Kaggle 網站提到的從重新定義問題開始練習。

圖 3-7 DataCastle

DataCastle 提供三種不同主題分別是 **DC 學院**、**DC 競賽**和 **DC 共享**，DC 學院提供很多線上課程，DC 競賽提供各式各樣領域的資料科學競賽，DC 共享則有許多相關的共享文獻、資料和程式碼。在實作的過程中可以先挑自己有興趣的競賽，先自己試著思考，再參考 DC 共享中網友分享的競賽經驗。

圖 3-8 DataCastle 競賽頁面

data.world

data.world (https://data.world/) 是另一個資料共享平台，除了開放資料分享之外，論壇中也有許多同好分享各種資料科學領域的主題可以參考，後續章節我們會詳細的介紹如何透過 data.world 找到實作的範例資料。

圖 3-9 data.world 頁面

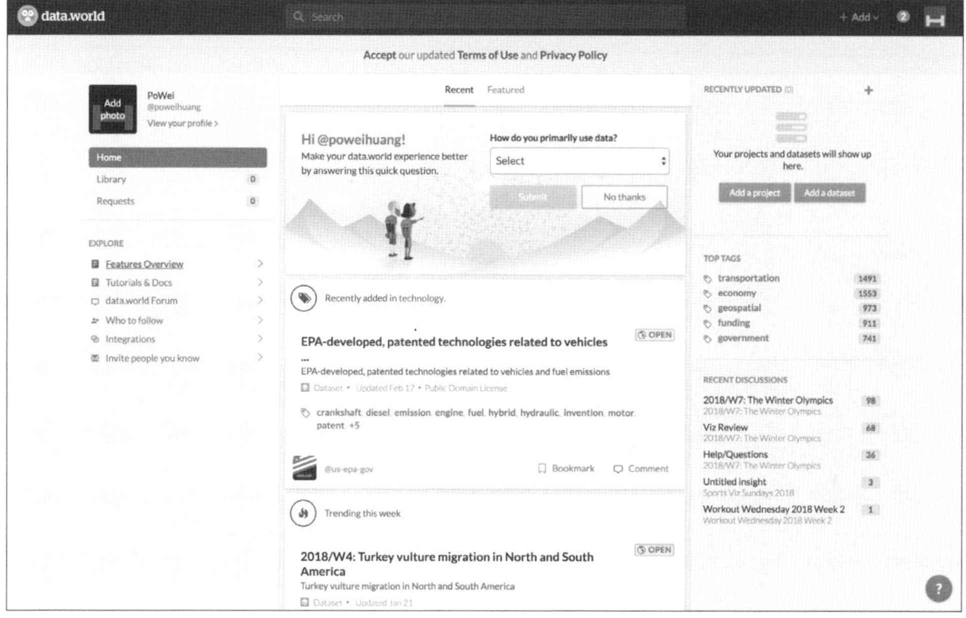

OODATA

oodata (https://www.oodata.com.tw) 是台灣本土的資料分析網站，裡面的數據庫提供了九種不同類別的資料種類，多數的資料來源都是來自台灣的政府機構或新聞媒體，另外也提供了圖表工具的功能可以讓我們簡單的直接用內建的圖表工具繪製選擇的資料。友善的操作介面不會有使用門檻過高的問題，相當適合初學者嘗試。

圖 3-10 OODATA

政府開放資料平台（Data.gov.tw）

2017 年台灣在全球開放資料排名拿下第一名，資料的種類多元也幾乎都和我們的生活息息相關，雖然目前此網站的資料都是以將原始資料經過統計後的資料為主，比較難讓我們在學習資料分析的過程有太多發揮，但是透過瀏覽各種不同的資料集仍然可以學習用資料導向的角度思考。

圖 3-11 政府開放資料平台

補充》

瀏覽政府開放資料的過程可以同時瀏覽「**g0v 零時政府 (https://g0v.tw)**」的成果列表，因為經由政府開放資料，g0v 零時政府開發了許多跟開放資料相關的專案，例如中央政府總預算編列視覺化、圖形化農產品交易行情站等等。

圖 3-12　g0v 零時政府成果列表頁面

例如在瀏覽了中央政府總預算的專案後，我們就可以回到政府開放資料平台的頁面思考這個視覺化可能運用到的資料有哪些。練習逆向思考能幫助我們在實際執行時更了解何時該回頭檢視專案的進行。

圖 3-13　中央政府總預算

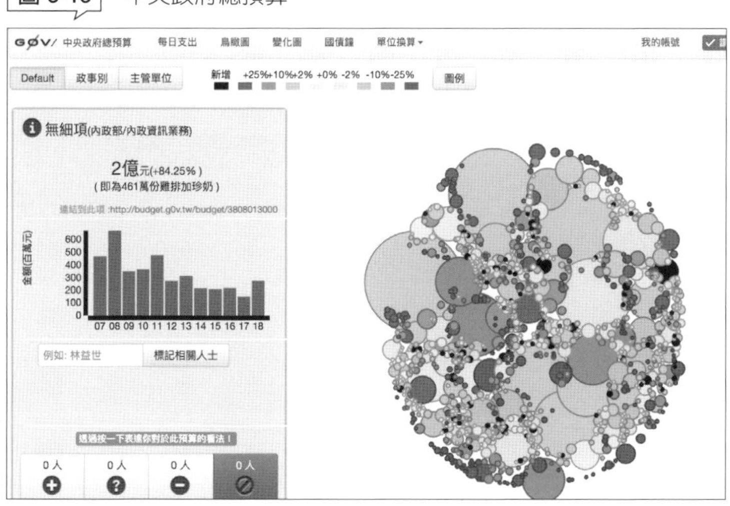

小結

在第二章介紹的雙鑽石模型中，**蒐集資料**是兩個鑽石之間的轉折點，也就是「發想問題、定義目標，**決定做什麼**」後邁入第二個鑽石「資料探索與視覺化和建模，**要怎麼做**」的轉折階段，此階段必須找到切中目標的資料，也需要讓蒐集到的目標資料具備一定的豐富度和多元性，供後續的階段發揮。

至於如何在蒐集的階段就知道豐富程度是否合適，如同前述需要透過理解資料分享網站上各資料的**資料描述**（Data Description）來判斷。從簡單的資料量、欄位量，再到逐一理解各個檔案、欄位代表的意義，就能初步理解資料的豐富程度。

在本書後續實作篇中，我們將帶領各位在上述介紹的網站中下載資料、並理解資料描述將如何協助我們進行後續的資料探索與視覺化階段。

3-3 資料探索與視覺化

在大數據資料分析的過程中，很多人會習慣在獲得資料後的第一步就急著開始建構各種模型，但這對於理解整個分析的脈絡並沒有幫助。即便我們真的成功透過一個模型預測某個結果，也無從得知其中的原因，這對於解析整個分析過程是沒有幫助的。

筆者認為**資料探索**之所以在整個資料分析的流程中佔據舉足輕重的地位，因為我們必須極盡可能的了解我們手上所擁有的資源。著名的電腦科學家，1974 年圖靈獎得主 Donald Knuth 有句名言：『**過早的最佳化是萬惡的根源**（Premature optimization is the root of all evil）』。在大數據的世界中，Donald Knuth 的話依然成立，**資料探索階段**是我們在第二章雙鑽石模型中提到的第二次發散期，如果太早收斂蒐集到的資料甚至直接忽略探索資料的階段，在大數據分析前期這個原本就已經類似瞎子摸象的過程，就像是跳過仔細觸摸的程序，直接要求瞎子猜出結果。

圖 3-14 著名電腦科學家 Donald Knuth

清楚了解資料的所有特性除了能幫助我們修正資料本身的問題、移除不需要的內容外，也能幫助我們驗證還有哪些不足需要回過頭重新設定，接著才能對症下藥，找到合適的方法進行建模。這些程序我們都會在後續的章節帶領大家實際操作。但在實作前，還是要不厭其煩說明為什麼 " 探索 " 是資料分析的重要過程。

資料探索的用途

透過探索，我們可以驗證資料是否過度傾向於呈現某種特定狀況、遺失和重複的資料該如何處理等等。學習探索資料，就是要學會質疑自己的資料，反覆不斷查驗自己的資料。

例如當我們手上的資料有重複值時，需要學著停下來琢磨為什麼會有重複值，而不是直截了當的將重複資料移除，因為這無益於更了解手中的資料，要知道很多時候資料都是相互關聯的，讓重複資料發生的原因極有可能使資料有其他缺陷存在。

以上工作在雙鑽石模型中看似被歸類在**資料前處理**的階段，但這就是資料分析的特性，每個階段都是環環相扣的，明確的探索資料也能幫助我們更有品質的釐清目標定義和處理資料。

例子

假設我們是一家線上訂電影票的平台，想預測某家電影院的線上訂位量，在資料蒐集階段發現一年之間有某幾天的訂位量是零，這時可以有幾種做法：一是直接將這些欄位當作「**遺失值**(如同字面的意思，其詳細意義之後會再介紹)」移除，但如果仔細探究訂位量為零發生的原因，發現因為電影院會在特定的時間關閉線上訂位的選項，將訂位數量留給現場排隊的客人，那其實光從探索資料就可以協助這些電影院經營者調整他們的作業模式。

從上述的案例不難發現，探究資料各種缺陷和不尋常也能幫助我們更理解這筆資料，甚至發現可用的資訊。

如何初步探索資料？

探索資料的第一步，筆者習慣從了解**資料筆數**、**欄位數量**和**欄位的資料型態** (Data type) 開始，因為這決定了我們擁有多少資源可以運用。當資料量足夠多時，我們可以直接選擇將有空值的資料刪除，但當資料量不足時，就必須選擇其他方法來填補空資料的問題，例如如果是「數值型」欄位有空資料，簡單的做法有用欄位的平均值、眾數來填補空值，「類別型」欄位有空白則可以透過填 '其他' 來解決。

圖 3-15 檢視資料數量和欄位數量

7 features

34,403 members

user_id	city	age	gender	registered_via	registration_date	expiration_date
Ro4esuhkwPIVgArTpe7MIGJhIJy9MW7mFEWxuM5dSXE=	1	0		7	20160119	20161227
1XjK/MwTOEShVHyWLZN3cXjwfW4QCGjWuCAszXkjLHw=	5	16	female	4	20151109	20170708
t2K3zE/WEI84LuZDshjmzCXmdCP5L1eDCavjrCm0vGU=	1	0		7	20161213	20170913
vyoxo0c6XWEPvhndjGPS1unkM5HiCCFyl0wvXISSBek=	8	21	female	9	20161124	20180115
NNm80OCBAO6WHxJSWVhXII8TAsd9HjFXTa3uSgbDG2c=	4	16	male	3	20170218	20170221
9n7Yef1vL3Z8ZN7IDCOCBzKmLuVW/viQIFSu/7DdKdU=	1	0		4	20160822	20160825
zrPEmpkTqgI3MmbtKQ6gtmfI5df8JskI4NC/A6bI6iU=	4	24	male	3	20150502	20170911
bA2m/XPUtYDVjqjP9QIpY4YJ+Lbcx+4xcxb390JU+uI=	1	0		9	20150721	20170717
FtCJaSTuuhthFdPUkx6916iNmrGRw/mLDR3doFj/NCw=	1	0		7	20151112	20170926
D9dD56KuXsMxkWsYw/o1FgNwBopA2KO4qN662hNwKo8=	1	0		3	20130614	20170127

⋮

欄位的「資料型態 (Data type)」是指該欄位是字串（String）、整數（Integer）、時間（Datetime）或浮點數（Float）等。我們需要將錯誤的資料型態改變為正確的型態，例商品金額如果被誤植為字串，就需要將其更正為整數或浮點數。

接著還可以初步探索欄位是否有異常狀況發生，例如檢視後發現年齡欄位的最大值是 2018，這就很明顯是填錯欄位，誤植了西元年。不要覺得這看起來有點蠢，當資料量一大這真的很有可能發生。

資料視覺化

資料視覺化的類型

之前提到，很多人以為「資料視覺化」主要是專案後期利用圖表呈現最終分析結果，但其實在資料分析前期它也是探索資料不可或缺的技巧。一般而言視覺化分為兩種類型，分別是**探索型視覺化**與**敘事型視覺化**，**探索型視覺化**是研究資料的特性、以正確的呈現資料完整樣貌為目標，也是我們這裡要探討的類型。

「敘事型視覺化」則是強調用圖表表達想要說的故事，以讓閱聽者印象深刻為目標，讓閱聽者產生連結與共鳴。

補充 》

屬於哪一種類型可以依底下三個方向來思考：

- **目的**：視覺化的目的是探索資料、還是尋找使用者需求？
- **資料**：資料的正確性為何、資料有哪些限制？
- **讀者**：目標讀者是誰、讀者想要從視覺化做什麼、讀者會想知道什麼？

探索型視覺化

當我們需要更細節地了解資料時，就需要透過視覺化的方式探索無法從數值面得到的狀況。

例子

舉個例子，當資料量過於龐大時，無法短時間從資料的統計值中得知是否有**離群值（Outlier）**，這時就需要藉由繪製盒鬚圖（Box plot）、散點圖（Scatter plot）或直方圖（Histgram）來輔助判斷，如圖 3-16、圖 3-17 和圖 3-18。

> 「**離群值**」意指某些少量資料和絕大多數的資料有顯著的差別，例如某間學校只有一位學生身高超過 220 公分，其他人身高都在 180 公分以下。通常離群值的發生會有兩種狀況，一是資料本身就有的極端現象，二是資料在轉換或計算的過程中誤植。

圖 3-16 以盒鬚圖呈現異常值

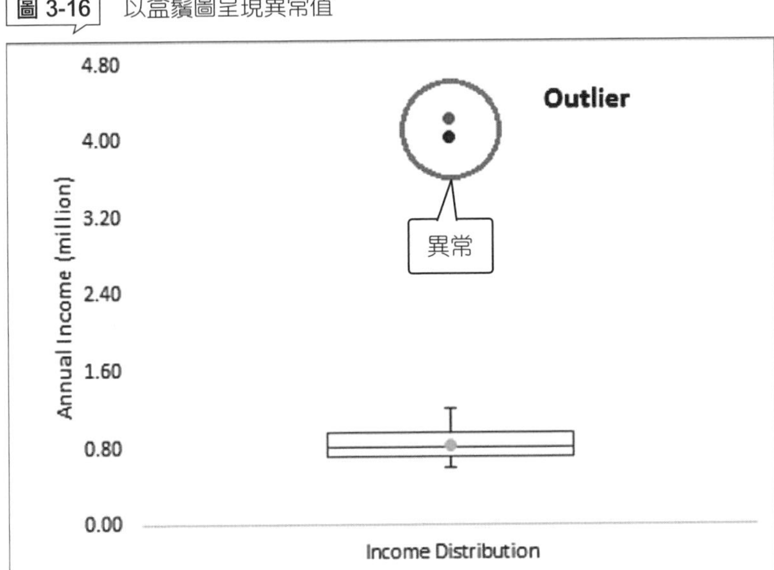

圖 3-17 以散點圖呈現異常值

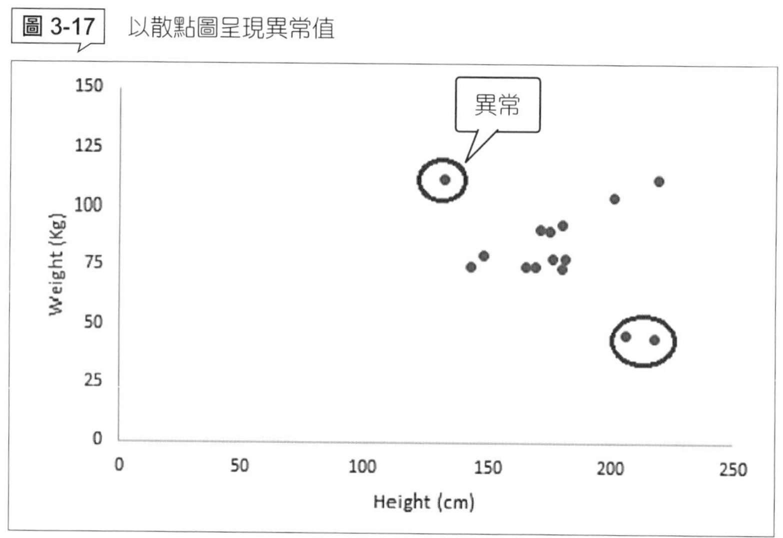

圖 3-18 以直方圖呈現異常值

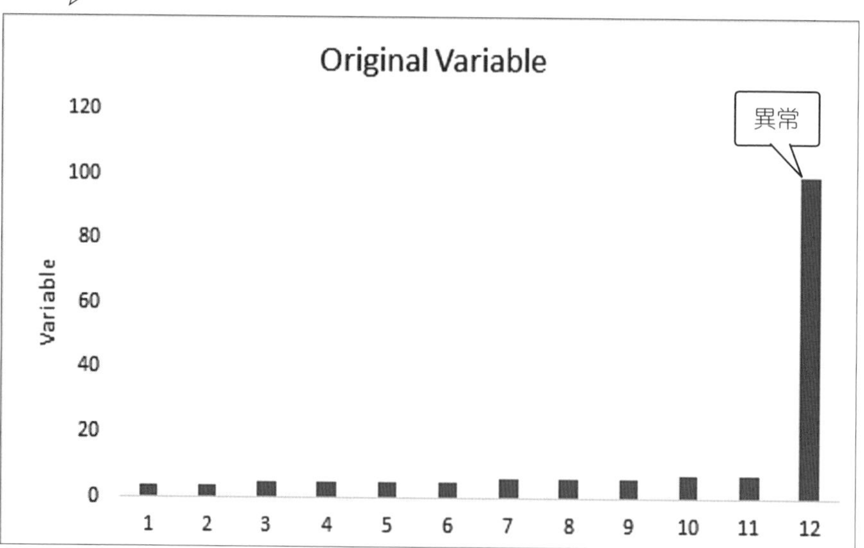

視覺化情境設計

在 2-3 節中，我們提到視覺化時可以依據想要呈現的類別是屬於**比較**、**分佈**、**組成**或者是**關係**，來產生對應的圖表。接著就說明什麼時候該採用什麼樣的設計，這也稱為**視覺化情境（Context）設計**。

人類對不同特性圖像的判斷力會有所不同，例如對**形狀**的判斷力會優於**長度**或是**角度**，而對**色階**(Color hue-saturation-density) 的判斷力則更低（如圖 3-19 最後一項），這種特性也是我們在設計過程中可以注意的。

圖 3-19 人類比較不同圖形的準確度 (愈上面愈準確)

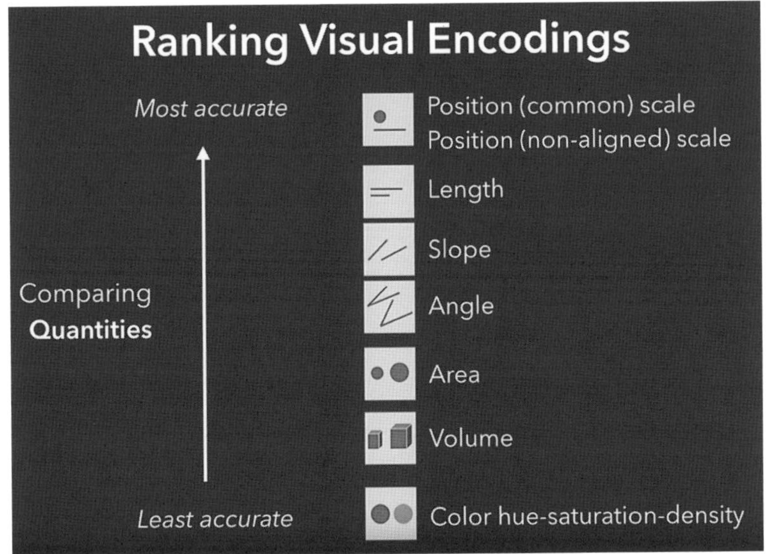

例子

舉例來說，常見的圓餅圖在資料視覺化領域其實不是一個理想的呈現方式。像下頁圖 3-20 上面 3 個色塊如果不仔細看圖中的標示，我們很難直觀的判斷哪一個色塊佔的比例較大。

圖 3-20 圓餅圖

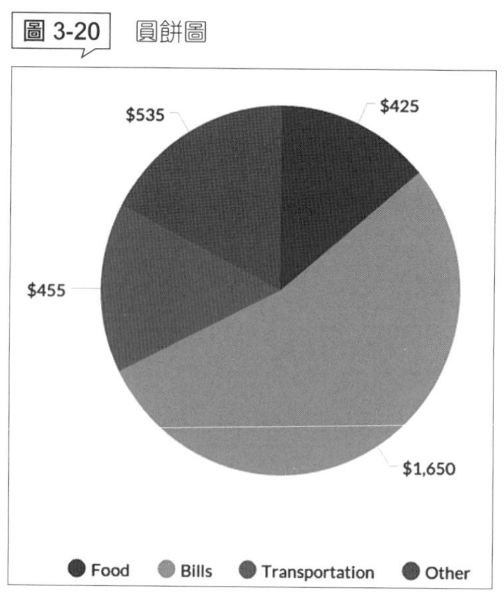

當這樣的狀況發生時，就可以思考是否有更好的視覺化圖表？圖 3-21 中的內容和圖 3-20 完全相同，但僅僅是將圓餅圖更改成**長條圖**，就能輕易的判斷每個項目的大小。

圖 3-21 長條圖

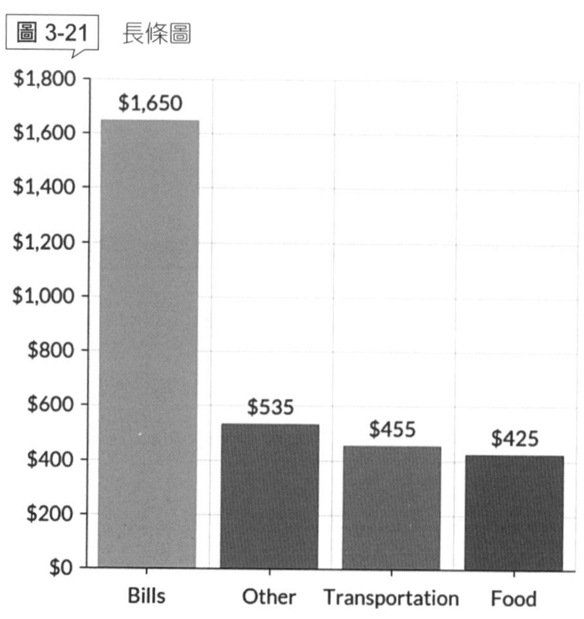

圖 3-22 進一步將長條圖調整為水平狀，提高閱讀圖表時的直觀程度，因為英文類別和數字都必須水平閱讀，將圖表也改成水平更能輕鬆閱讀。當長條圖的類別一定程度的增加，這樣微幅的調整就會大幅度的影響我們對圖表的認知 (圖 3-23)。

圖 3-22 水平長條圖

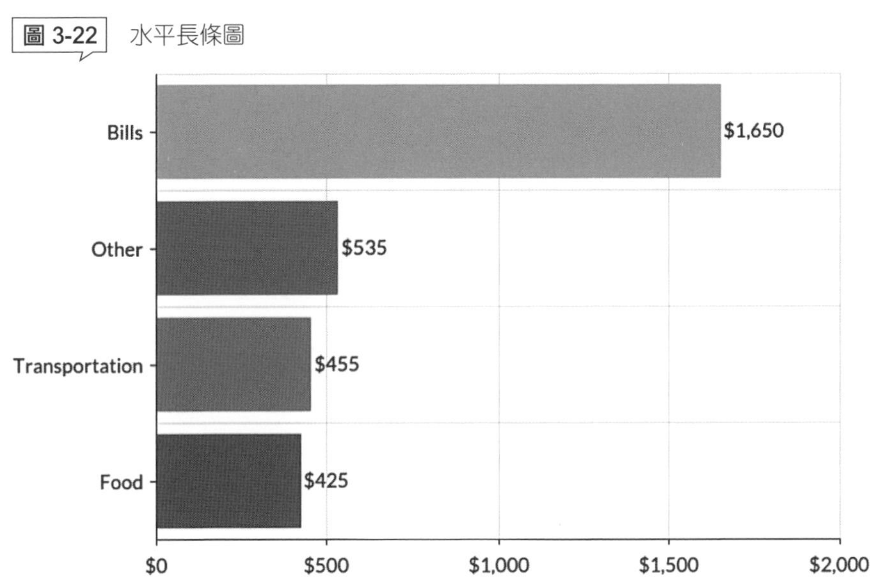

圖 3-23 水平長條圖 vs 垂直長條圖

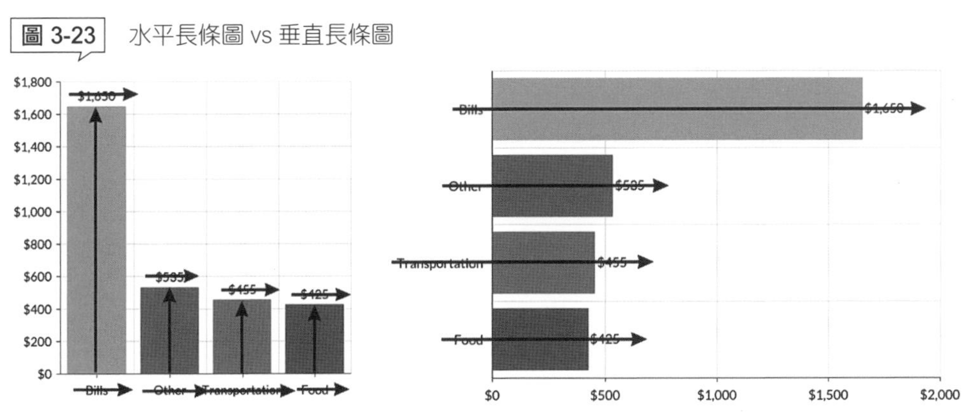

發現洞見後的視覺化呈現

當我們在探索的過程中找到特殊的發現或想要傳達特定的理念，也應該思考如何用最有效率且直觀的方式展現想要表達的內容。也就是我們在前文中提到的敘事型視覺化。

例子

舉例來說，圖 3-24 的直方圖是美國一家名為皮尤研究中心（Pew Research Center）展示了 2008 年到 2012 年間的人口普查，研究發現：『**美國擁有大學學歷 (Bachelor's degree) 人口的新婚比例有增加的趨勢**。』

圖 3-24 美國新婚比例和教育程度關係

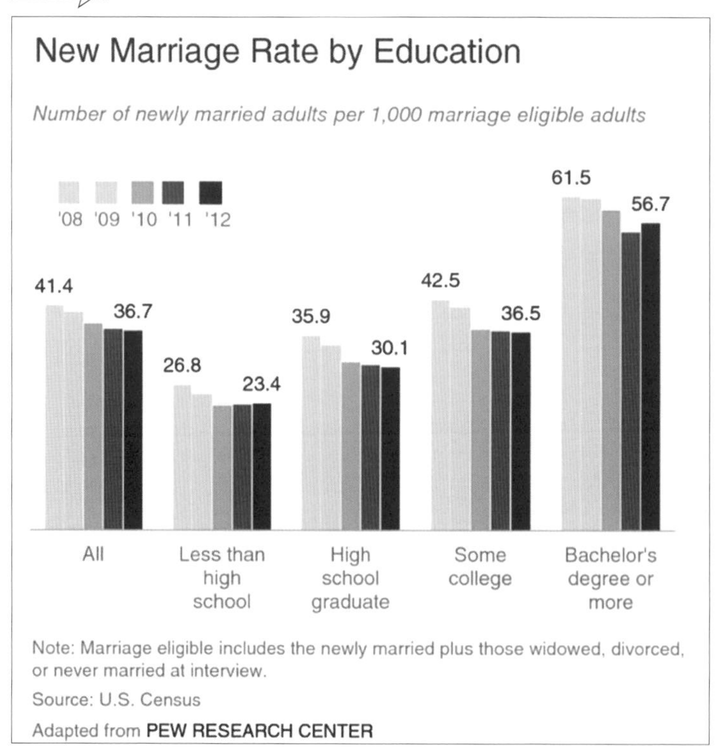

這樣的圖有什麼問題？首先，皮尤研究中心的內文強調了**大學學歷**的新婚人口比例，但是在圖中卻是依照**年份 (2008~2012)** 將不同學歷別的人口區分，雖然圖表清楚的呈現研究結果，但呈現的方式和想要傳達的想法並不吻合，有沒有更好的方式可以協助突顯在資料中發現的洞見？

圖 3-25 針對研究中心的發現調整了圖片的呈現方式，將其他學歷別的圖以淡色呈現，並以顯著色塊 (最右側) 強調大學學歷的新婚人口比例。

圖 3-25 強調美國大學學歷新婚比例

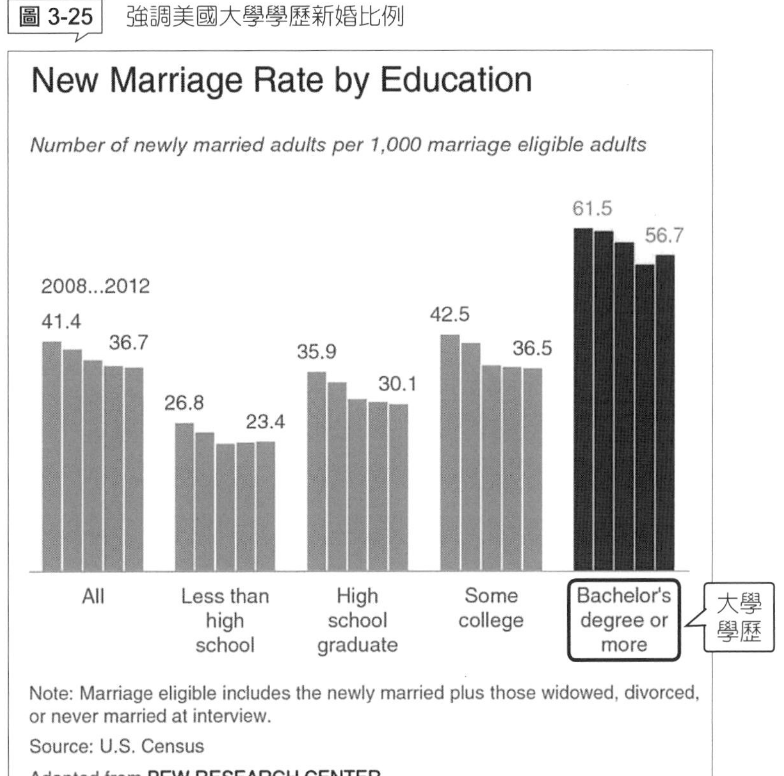

透過這些簡單的範例，可以發現即便是相同的視覺化圖表，只要調整呈現方式，就能大幅增加理解程度，也能更切中主題。

本節我們示範了視覺化圖表如何輔助尋找資料中的特性，在後續實作的章節中也將帶領讀者透過視覺化探索更多資料。

MEMO

CHAPTER

4

不會寫程式也可以玩 Data！RapidMiner 簡介與安裝

4-1 RapidMiner 簡介

RapidMiner Studio（以下簡稱 RapidMiner）是一套專門用於資料分析的軟體，我們在第二章介紹的資料分析雙鑽石模型，包含：資料前處理、資料視覺化、建立分析模型、模型評估，都可以在 RapidMiner 中完成操作。

我們以第 5 章即將介紹的分析案例來簡述 RapidMiner 可以做到哪些事情。請看底下的圖 4-1，這是在 RapidMiner 中間的 **Process 區塊**所進行的資料分析流程，圖中的範例在進行：**資料前處理、建立兩個分類模型（決策樹模型、邏輯迴歸模型）、模型評估** ...... 等作業，分析的主題是「預測 NBA 新秀球員未來是否能在 NBA 有好的表現」，這裡的細節先不多解釋，請見第 5 章的內容。在本書後續章節，我們還會接觸到更多案例，像是：如何區隔不同消費習慣的顧客進而做出客製化行銷、消費者要如何預測商品未來售價 ...... 等。

圖 4-1　在 RapidMiner 中所建立的分類預測流程（第 5 章）

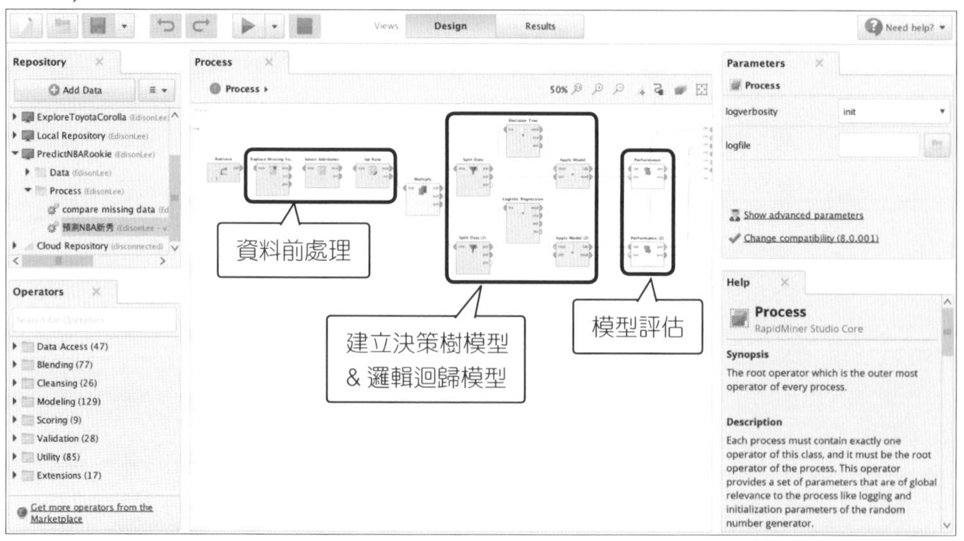

從圖 4-1 也可以看到，RapidMiner 的一大特色就是擁有**圖形化操作介面**，除了按鈕、下拉式選單外，像是圖 4-1Process 區塊中也只需透過「滑鼠拖拉」的方式就可以建立分析模型。不同於許多分析作業往往需要仰賴程式語言來實作，RapidMiner 的學習門檻相對來說是低很多的。

RapidMiner 是一套開放原始碼的軟體，有提供免費以及付費的版本供使用者選擇，大致是依照處理效能和可分析的資料量來劃分版本 (圖 4-2)。對一般非專業用戶或是非企業級用戶來說，免費的版本就足以使用，它能讓使用者分析一萬筆的資料量而且沒有使用期限。在本書中我們就是以免費的版本進行操作與說明。

圖 4-2 RapidMiner Studio 免費 / 付費版本

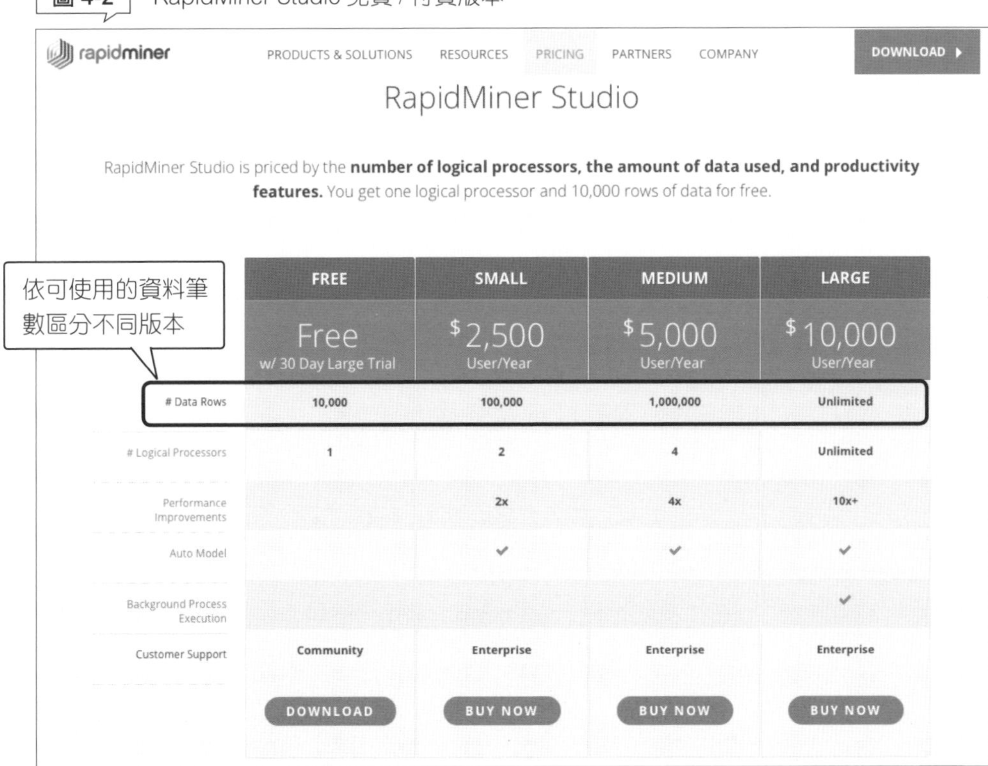

	FREE	SMALL	MEDIUM	LARGE
	Free w/ 30 Day Large Trial	$2,500 User/Year	$5,000 User/Year	$10,000 User/Year
# Data Rows	10,000	100,000	1,000,000	Unlimited
# Logical Processors	1	2	4	Unlimited
Performance Improvements		2x	4x	10x+
Auto Model		✔	✔	✔
Background Process Execution				✔
Customer Support	Community	Enterprise	Enterprise	Enterprise
	DOWNLOAD	BUY NOW	BUY NOW	BUY NOW

根據 RapidMiner 的官方數據，RapidMiner 已經擁有超過 30 萬名的使用者，並且許多知名的企業 (BMW、CISCO、達美樂……) 也採用 RapidMiner 當做他們內部的資料分析工具，所以讓我們一起來認識 RapidMiner 該如何使用吧！

圖 4-3 使用 RapidMiner 的企業列表

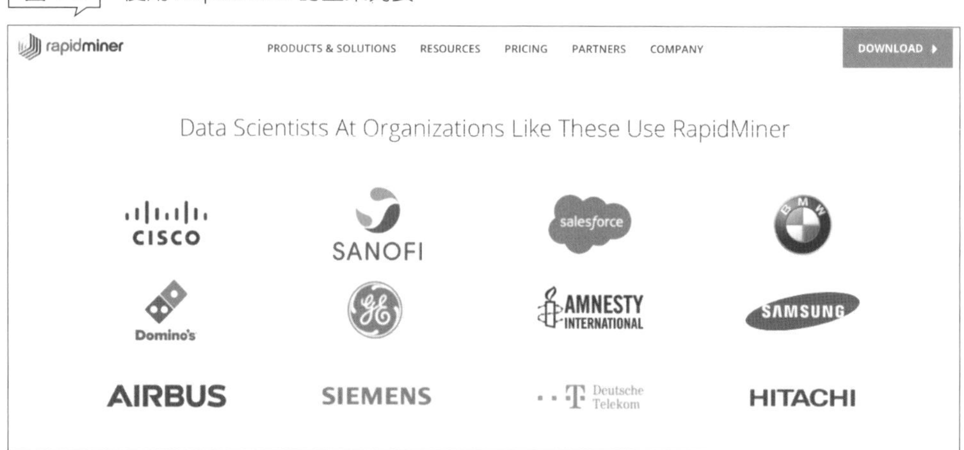

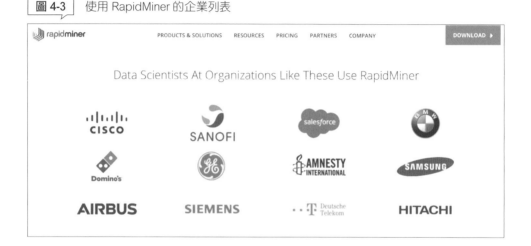

4-2 RapidMiner 下載與安裝教學

在本節中，我們將帶您下載 RapidMiner Studio（之後簡稱 RapidMiner）並安裝到電腦中，接著引導您註冊一個 RapidMiner 帳號，以便能夠免費使用。

先進入 RapidMiner 的官方網站首頁 (https://rapidminer.com)，點選右上角的 **Download** 按鈕。

圖 4-4

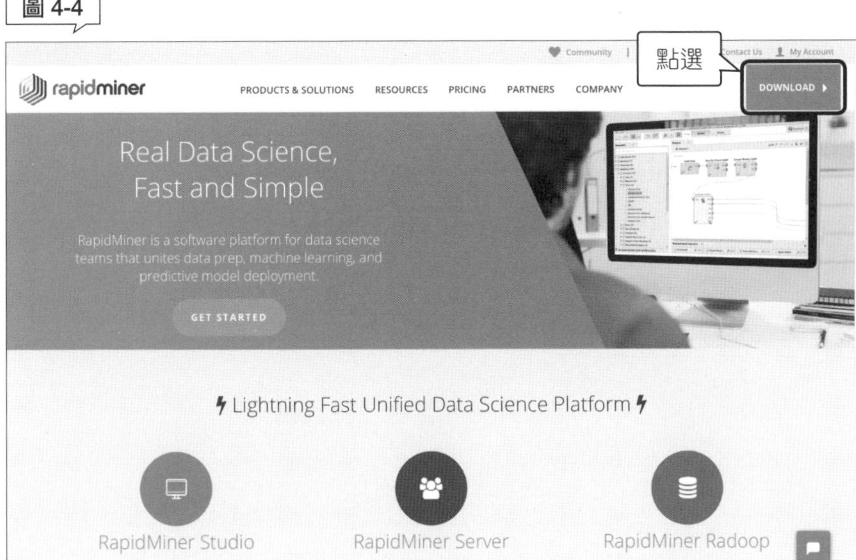

進入 Download 頁面後，請選擇與自己電腦系統對應的版本來下載。Windows 或 Mac 版都可以，筆者撰稿時測試過 9.0 或 8.0 都可順利操作，倘日後版本更新而有不同時，請參閱 RapidMiner 官方說明。

圖 4-5　下載 Windows 版本

Downloads

Click on a RapidMiner product of your choice to download it.

RapidMiner Studio 8.0

Click on your operating system to start the download:

Windows
32bit

Windows
64bit

Mac
Requires: Mac OS 10.8+

Linux
Requires: Java 8

下載完成後，請依循軟體的指示（都選預設值即可）安裝至電腦。

成功安裝後請開啟 RapidMiner，第一次會出現如下圖的帳號註冊畫面：

圖 4-6 選擇註冊 RapidMiner 帳號或直接登入

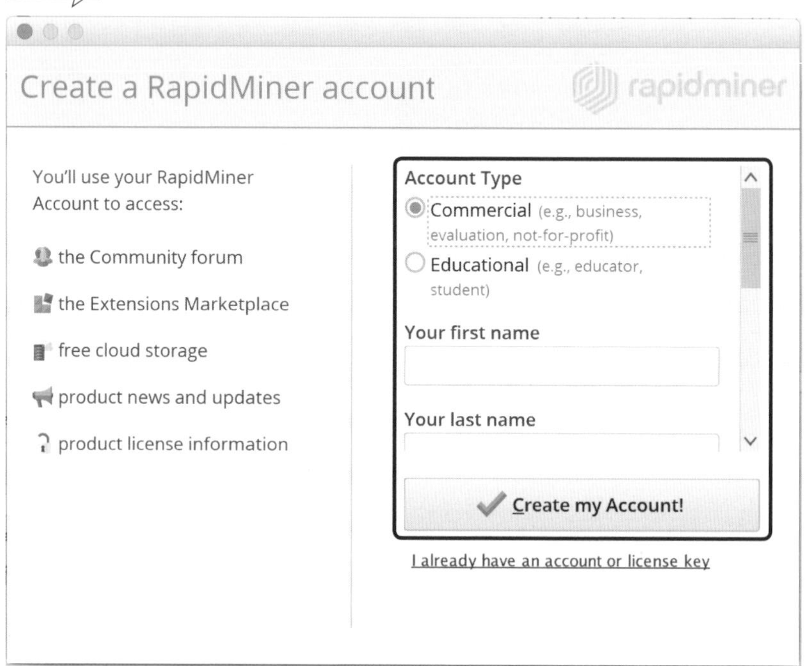

如果您尚未擁有 RapidMiner 帳號：請在圖 4-6 中框選的區塊內輸入你的個人資訊，輸入完成後，按下「**Create my Account!**」。接著，系統會寄一封認證信到你註冊的電子信箱中，如圖 4-7，點選信件中的認證連結之後 (confirm your email address)，會回到 RapidMiner。此時就會出現如圖 4-9 的成功畫面。點擊「**I'm ready!**」後，就能正式使用 RapidMiner 了！

圖 4-7 RapidMiner 帳號註冊成功認證信件

如果您已經擁有 RapidMiner 帳號或是軟體註冊碼 (license key): 直接點選框選區塊下方的「**I already have an account or license key**」，在如圖 4-8 的視窗中，輸入你的帳號及密碼後，按下「**Login and Install**」，進行登入。登入成功後，你將看到如圖 4-9 的成功畫面。點擊「**I'm ready!**」後，就能正式使用 RapidMiner 了！

圖 4-8 使用 RapidMiner 帳號登入軟體

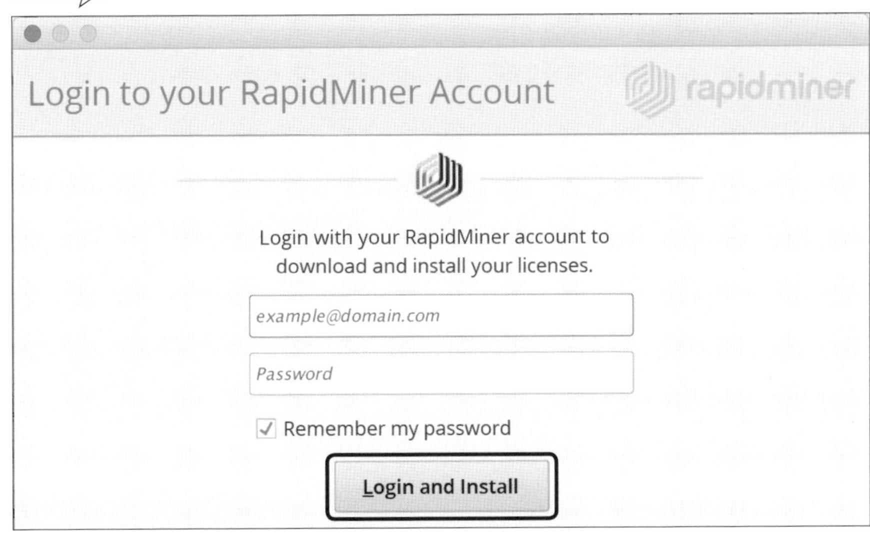

圖 4-9 RapidMiner 安裝成功畫面

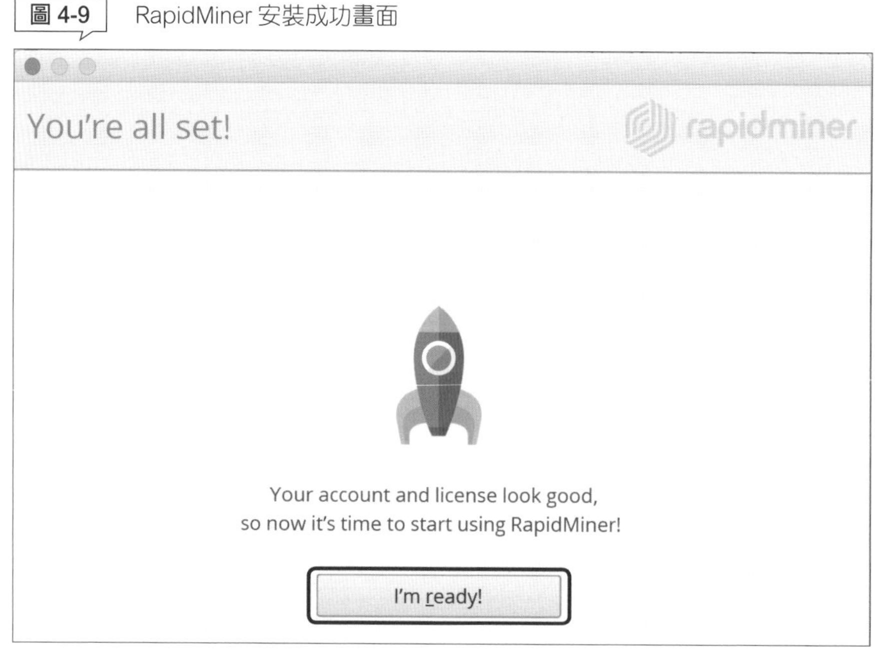

解說到這邊，您已經可以使用 RapidMiner 的免費版本，緊接著我們要正式介紹 RapidMiner 的一些重要基本操作。

4-3 新增空白流程專案

本節介紹如何在 RapidMiner 中建立一個全新的資料分析專案。開始之前有個重要概念必須知道：**在 RapidMiner 中，我們是以「流程 (Process)」來當作一個檔案單位**，就像在使用 Microsoft Word 時是以文件 (document) 當作一個檔案的單位。而所謂的流程就像前面圖 4-1 中 Process 區塊所示，由許多的色塊工具互相連接而成，色塊間是互相連動的，因而稱為「**流程**」。

前面圖 4-1 就展示了「一個」流程，而流程中執行了「三個」動作 (資料前處理、建立兩個分類模型、模型評估)。流程的長度可長可短，取決於使用者怎麼設計。設計流程的部分，我們在後續實際演練案例的章節中就會充分說明。

先來了解最基本的操作，如何在 RapidMiner 中新增一個空白流程吧！

Step 1 當我們開啟 RapidMiner 時，首先出現的是如圖 4-10 的視窗，在畫面左上角有三個選項，分別是 **LEARN**、**NEW PROCESS**、**OPEN PROCESS**。請點選 **NEW PROCESS**，這代表我們要新增一個全新的流程。(如果是開啟舊有的流程，則點選 **OPEN PROCESS**)

Step 2 此時圖 4-10 的右方畫面會呈現相對應的選項，在這裡選擇 **Blank**，表示要新增一個空白的流程。

圖 4-10 點選 NEW PROCESS 和 Blank 新增一個空白流程

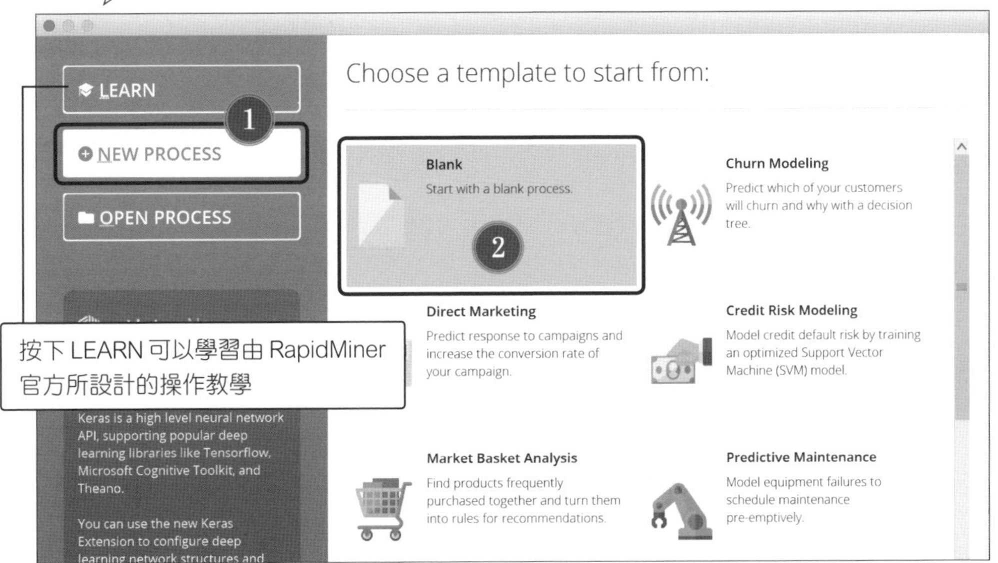

如同使用簡報軟體（如 Microsoft PowerPoint），除了空白簡報外，還有一些模板可供使用者直接使用。RapidMiner 也提供了數種流程模板，如圖 4-10 的 Churn Modeling、Direct Marketing……等，有關該模板的說明會註明在模板旁協助您使用。不過本書後面的章節不會使用到這些模板，我們都是用空白流程，一步一步說明該如何建立符合需求的流程。

接著，就會進入 RapidMiner 正式的操作介面，如圖 4-11 中間的 Process 區塊是空白的。在之後的章節，我們會在這個區塊花上大量的時間，設計各種不同的資料分析流程。

圖 4-11 成功新增一個空白流程

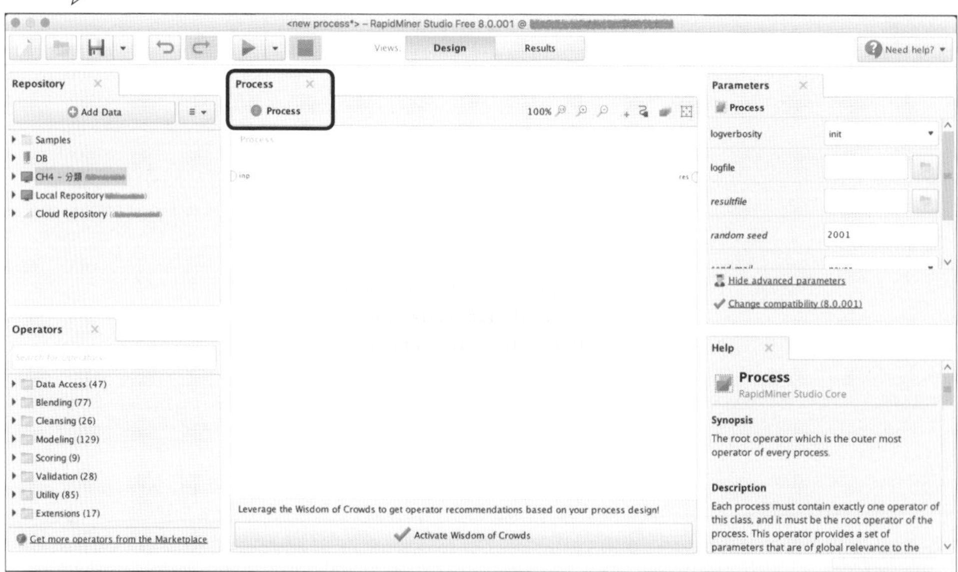

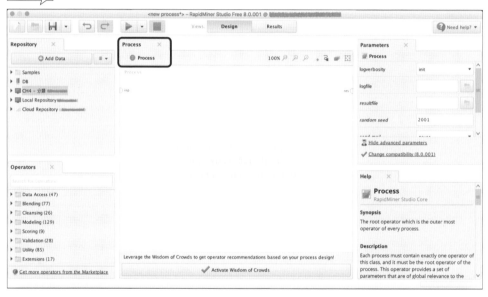

在之後實作篇的案例演練中（第 5 ～ 8 章），每個章節都會設計各自的流程來建模，也就是每個章節一開始都會新增一個空白流程，因此當您閱讀到這些章節時，別忘了依照本節所說明的「新增空白流程」的步驟來操作。接下來，為您說明 RapidMiner 介面上各個區塊、按鈕、選單大致的用途。

4-4 RapidMiner 介面說明

上一節學會新增空白流程的操作，但是該如何從一個空白流程變成完整的資料分析流程呢？所謂工欲善其事，必先利其器，本節先帶您了解 RapidMiner 介面上各個區塊和按鈕的功能，便於後續學習建立流程。

圖 4-12　RapidMiner 主介面六大區塊

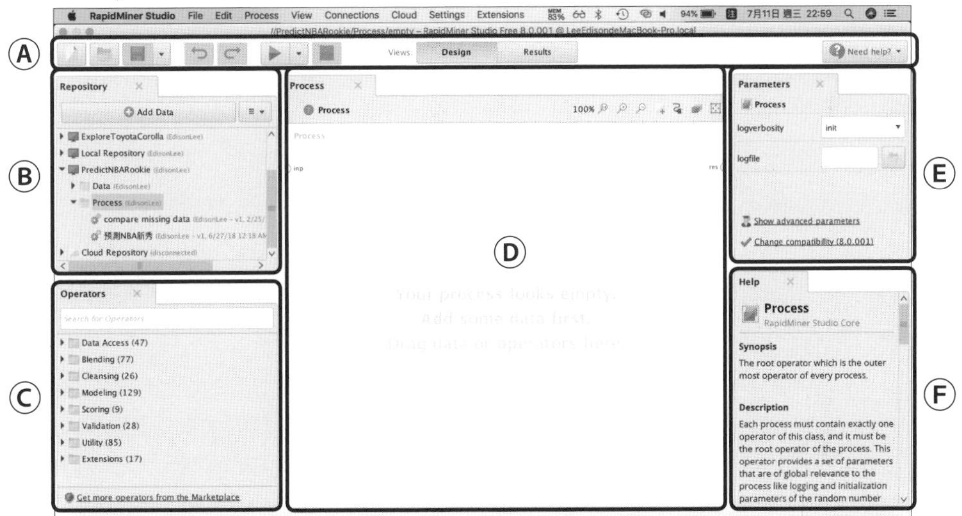

延續前一節，當您成功新增一個空白流程之後，進入軟體看到的會是如上圖的畫面，我們大致可以區分成六大區塊 (A~F)，分別是：Ⓐ 功能列、Ⓑ Repository、Ⓒ Operators、Ⓓ Process、Ⓔ parameters 以及 Ⓕ Help，以下針對各個區塊做詳細的介紹。

> 若您打開軟體後呈現的畫面和圖 4-12 有所差異，您可經由最上方的狀態列點選：View >> Show Panel，在之中勾選您所需要的區塊。此外，針對 B~F 區塊，當滑鼠移動到區塊邊緣會出現移動或縮放圖示，您可以任意移動、縮放大小，調整成您想要的呈現方式。

區塊 A｜功能列

圖 4-13　RapidMiner 功能列介紹

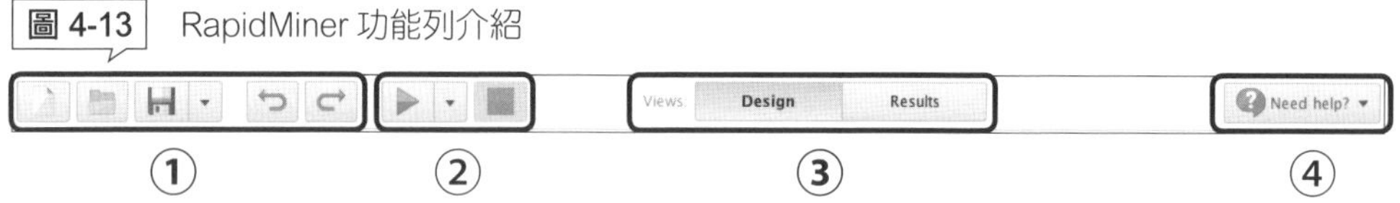

我們大致可以將功能列區分成四個部分，這些功能都是會大量使用到的。① 是基本的新增流程、開啟舊流程、儲存流程以及動作復原。

② 與 ③ 是 RapidMiner 的重要功能。② 是執行、停止流程；③ 的話請先想像你正要準備一道美食，首先需要的是準備食材，然後清洗、料理、調味，最後端上桌享用，此時你可能會欣賞精緻的擺盤，但是淺嚐之後，發現味道淡了一些，因此在下一次料理時，可能會嘗試將鹽巴多灑一些。同樣地，你也能將資料分析想像成在做一道菜。清洗、料理食材就像是「準備資料、整理資料、選擇演算法……」，這些動作在 RapidMiner 中都是在 ③ 的「**Design**」介面操作。而品嚐菜色味道好壞就像是「了解、評估分析結果的優劣」，這些是在 ③ 的「**Results**」介面操作。

在圖 4-14 中，筆者已經預先在「Design」介面設計了一個流程 (在此先忽略流程的產生過程)，當筆者想要瞭解看看這個流程是否能運作、結果如何時，就要移動到「Results」介面查看，但方式並不是直接切換 ③ 的兩個按鈕，而是在「Design」介面時，按下 ② 的「▶」Run (執行) 按鈕，它的功能就像一個開關，按下去後流程就會啟動，然後 RapidMiner 就會自動轉換到「Results」介面 (圖 4-15)，依據流程設計的內容產生相對應的結果，這部分您到後續的案例操作章節時，就會更加了解了。

> 每當您在「Design」介面有進行任何更動，都要按下「▶」按鈕，「Results」介面才會呈現更動後的結果。

如果要從「Results」介面回到「Design」介面，直接按下 ③ 的 Design 按鈕就可以了。

圖 4-14 Design 介面 - 設計要對資料進行哪些操作

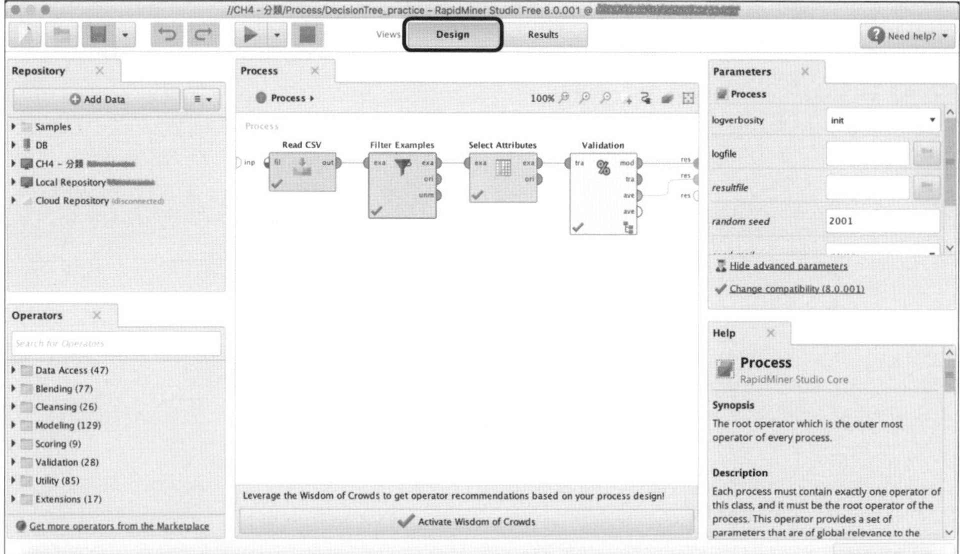

圖 4-15 按下 ▶ 按鈕即會顯示 Results 介面

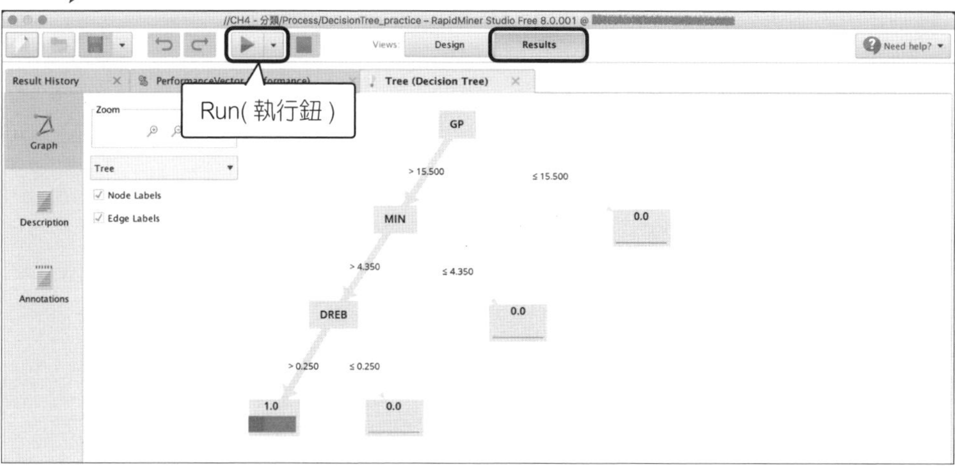

最後的 ④ Need help? 就像 RapidMiner 的客服區，裡面提供了許多操作教學影片以及完整的說明文件，在其官方網站上，還有線上客服協助解決問題，因此若操作上遇到本書沒有提及的問題，可以透過這個部分尋找解決方案。

區塊 B | Repository

圖 4-16 Repository 區塊 - 用來儲存檔案的地方

Repository 區塊就像一個大書架，在書架中可以放入任何我們想要儲存的東西。請看到圖 4-16，前面有「電腦螢幕」符號 的項目就稱為「一個 Repository」。我們可以將 Repository 當作是一個專案，因此只要跟專案有關的東西，都可以儲存在內方便管理。如圖 4-16 中，筆者新增了一個名為「**CH4 - 分類**」的 Repository，之中又根據自己的需要，分別新增了兩個資料夾 (Data、Process) 來儲存不同性質的檔案。

此外在圖 4-17 可以看到 RapidMiner 提供了許多樣本資料集和資料分析流程的模板，這些是儲存在 **Samples** 資料夾供用戶使用。由於本書旨在帶領讀者們一起經歷思索問題、搜集資料的過程，所以書中不會用到 RapidMiner 內建提供的樣本。另外，RapidMiner 也提供您連接到外部的資料庫 (如：MySQL、PostgreSQL)，或是將要儲存的東西放到 RapidMiner 的雲端儲存空間，本書都是將檔案儲存本地端電腦，這部份留待各位讀者去摸索。

圖 4-17 可以使用內建的 Samples 和使用雲端儲存空間

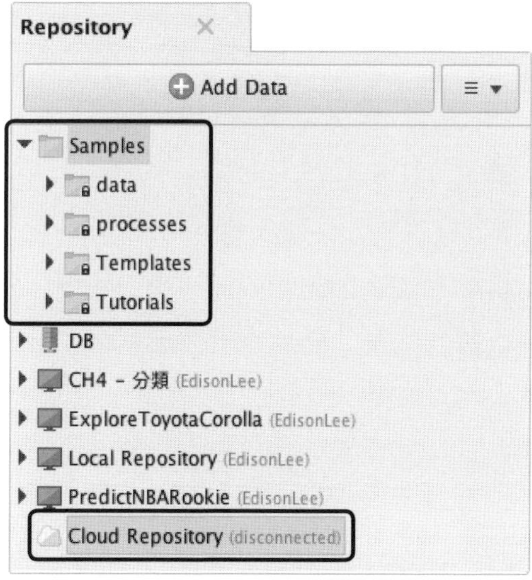

區塊 C | Operators

圖 4-18 資料分析流程中會使用到的各種工具

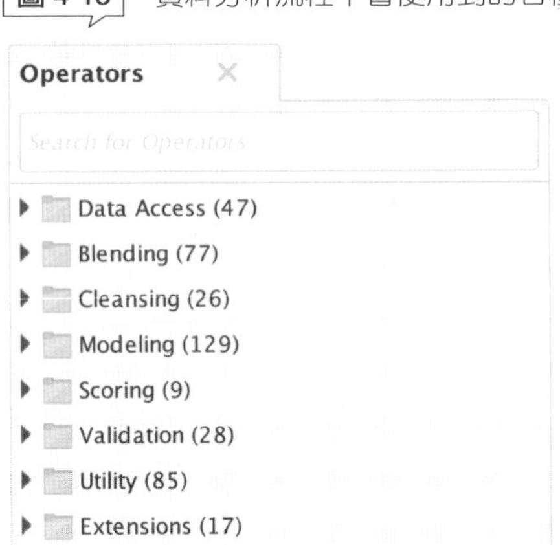

Operators **區塊**可以說是最為重要的地方，我們可以稱它為「百寶箱」或「工具箱」。為什麼如此稱呼呢？因為如同先前提過的資料分析雙鑽石流程中，會使用到的資料整理、建立模型、評估模型……等動作，都可以在 Operators 區塊中找到對應的「工具」幫助我們完成。

例子

舉例來說，當我們想要讀取一個 CSV 的檔案，如果是用程式語言，就需要寫一段程式碼將 CSV 檔案載入。但在 RapidMiner 中，我們不需要碰觸到任何程式碼，只需在這堆 RapidMiner 幫我們設計好的工具中，找到符合需求的那一個。

怎麼找呢？一步步在各分類資料夾中尋找、或者用搜尋的方式都可以。如圖 4-19 所示，本例**讀取 CSV 資料**是跟資料存取有關，因此選擇 Data Access 的資料夾，之中又看到多種選項，我們要讀取單一檔案，所以選擇 Files，這邊終於看到有關讀取 (Read) 的資料夾，點進去後，就可以找到幫助我們讀取 CSV 檔案的小工具了。

圖 4-19　在 Data Access >> Files >> Read 資料夾中找到 Read CSV 工具

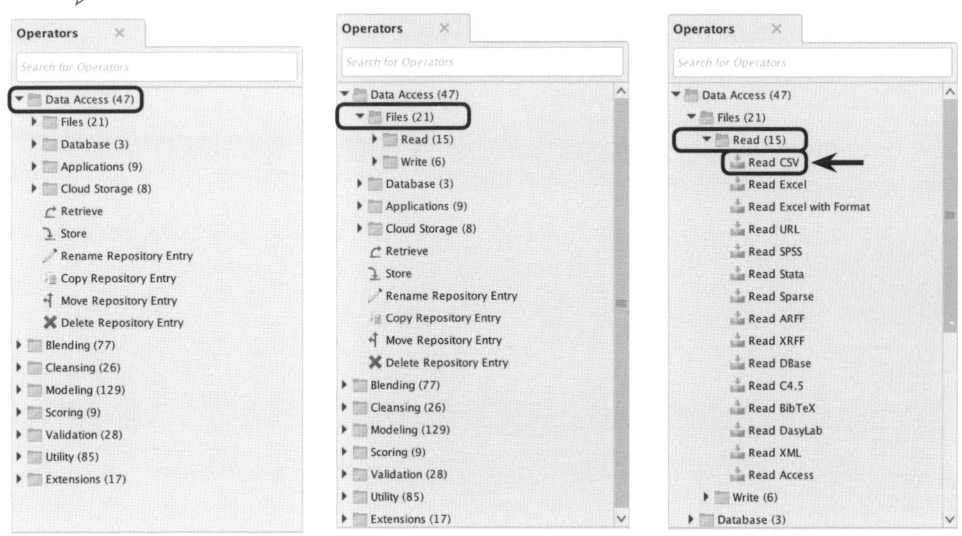

此外，也可以善用搜尋的功能，在搜尋欄的地方打上關鍵字如：csv，RapidMiner 就會幫我們過濾出相關工具，如圖 4-20 搜尋到讀取跟寫入 CSV 檔案的兩個工具。

圖 4-20　直接使用搜尋功能尋找 Read CSV 工具

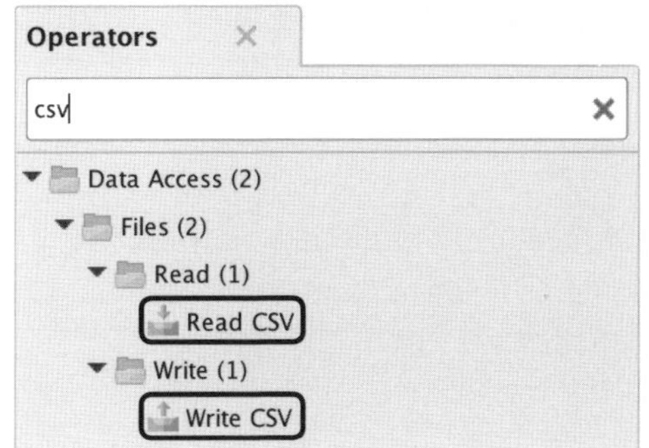

本書中我們沒有辦法介紹到每一個工具，但是跟隨著書中的腳步，當您學習完所有內容後，相信會認識不少實用的工具。在稍後介紹區塊 (F) Help 時，也會告訴您當碰到一個新工具時，要如何去理解工具的使用方法。

區塊 D | Process

剛剛介紹了要在哪邊尋找 RapidMiner 內建的小工具，但是到底該如何使用呢？在 RapidMiner 的「Design」介面中，有一個很大塊的空白 Process 區塊，這個區塊就是讓我們放置各種小工具的地方。

再一次使用讀取 CSV 檔案的例子，請用滑鼠左鍵點選 Operators 區塊中的 Read CSV，然後用**拖曳**的方式，將它拉到 Process 這個大區塊中。當您將 Read CSV 工具放到 Process 區塊後，就會在 Process 區塊中看到一個 Read CSV 的圖示。

> 執行資料分析時，CSV 是一種很常見的檔案格式，在書中的案例中我們也會接觸到。

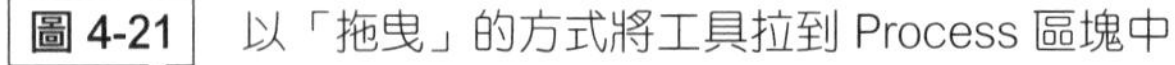

圖 4-21 以「拖曳」的方式將工具拉到 Process 區塊中

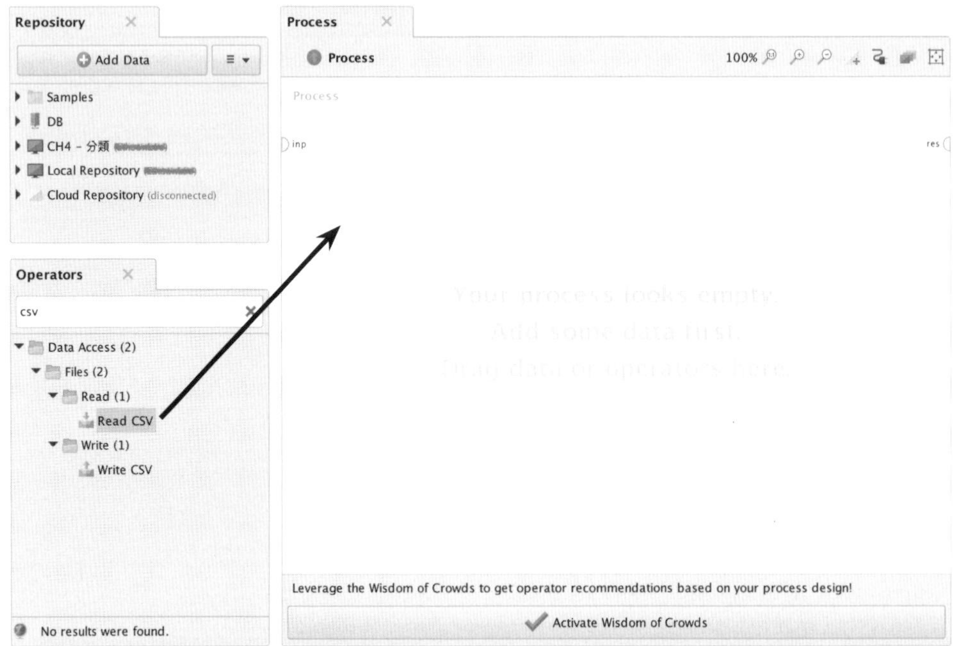

圖 4-22 成功將 Read CSV 工具加入 Process 區塊

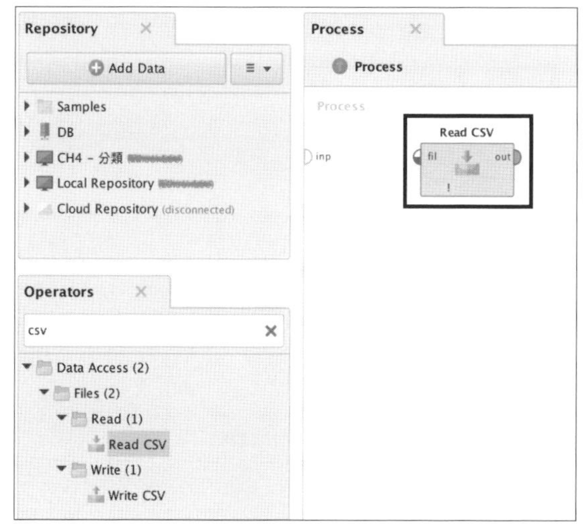

在 Operators 區塊中，找到目標的工具，以滑鼠左鍵連點兩下，也可以將工具新增到 Process 區塊之中。

在先前的圖 4-1 中，相信您有看到 Process 區塊中有很多工具，且彼此間有「線」將它們相連 (**只要依序點選兩個點，就可以用線把兩者連起來**)。沒有錯，這部分是 RapidMiner 很重要也很有趣的地方，一定不能忽略。

放大 Process 區塊來看 (圖 4-23)，可以看到無論是最大的 Porcess 區塊左右兩側或是單一工具的左右兩側，都有「半圓形」的圖示，每一個半圓形都可以視為一個**連接點**。基本來說，◖左半圓形（b、d）是負責「**吃 (輸入)**」資訊，例如前一個工具產生的結果。◗右半圓形（a、c）是負責「**吐 (輸出)**」資訊，如：經過處理要傳給下一個工具使用的資料。在本書後續的案例中，我們會看到每個工具對於輸入、輸出會有不同的要求，到時候會一一做解說。

圖 4-23 輸入與輸出的連接點

回到讀取 CSV 檔案的範例，由於「Read CSV」這個工具本身就是「輸入」的角色，因此不需要將「Read CSV」的左側接點連結到 Process 區塊左方的 inp 接點，但是我們得將「Read CSV」的右側輸出接點，連到整個 Process 區塊的右方 res 接點，如此一來，在按下「▶」按鈕後，RapidMiner 才會知道該如何執行我們設計的流程。

> 只要是接到 Process 區塊右方的 res 接點，當按下「▶」按鈕後，就會呈現在 Results 介面中。因此如果有兩條線連到 res 接點，Results 介面就會有兩個產出，依此類推。

我們再用一個稍微複雜的流程來說明「**工具與工具之間相連運作**」的概念 (圖 4-24)，可以將整個 Process 區塊想成一個「工廠」，最左邊的 inp 接點就像原料輸入的地方，最右邊的 res 接點則是成品輸出的地方。之中看到的三個工具就像三個不同的「機台」，各自負責不同的事情，透過「線」連接，就可以知道他們負責做事情的順序。第一個工具 (Read CSV) 處理過的東西，會交給第二個工具 (Set Role)，第二個工具處理後交給第三個 (Select Attributes)，而第三個工具產生了兩個成品 (有兩條線) 輸出到工廠之外。

圖 4-24 RapidMiner 執行流程的邏輯

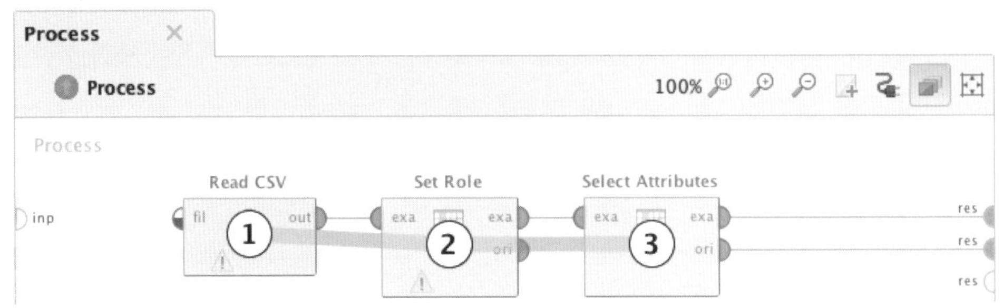

以上帶您對流程的運作有個概念，先大致了解這些就可以，等到後續的案例操作，您會更加清楚的。

區塊 E | Parameters

相信讀者都有使用新手機的經驗，當您第一次開啟時，免不了要有一些設定的程序，這些程序中有些需要你親自設定、有些可以直接採用預設值。

這個概念也可套用在 RapidMiner，存在於 **Operators** 中的工具有些需要使用者設定一些「**參數**」，有些則可直接採用它的預設參數。例如我們在前面使用的 Read CSV 例子，當您在 Process 區塊中，以滑鼠左鍵點一下 Read CSV 工具，此時在 **Parameters** 的區塊就會出現 Read CSV 工具可以輸入的眾多參數設定。

圖 4-25 參數設定

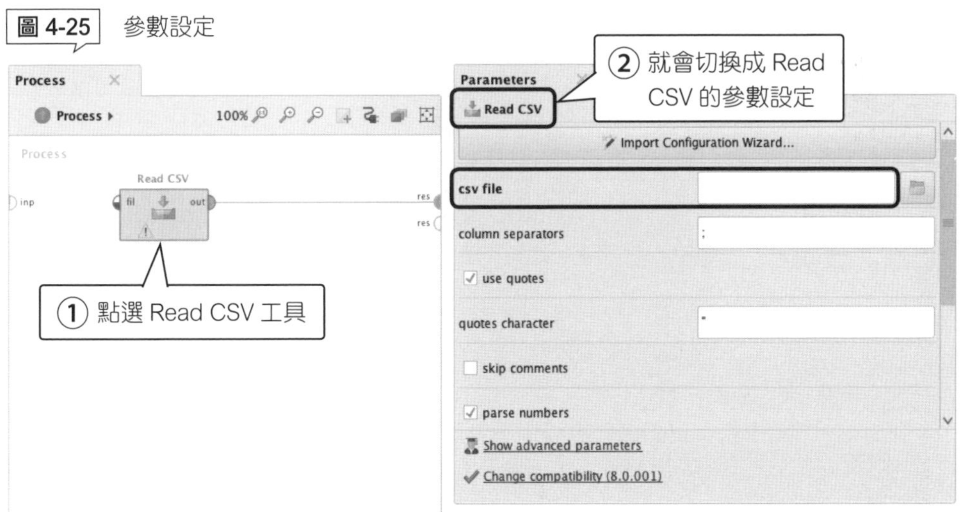

以 Read CSV 工具來說，就需要在上圖 **csv files** 這個 (參數) 欄位中輸入檔案的路徑，這樣它才能找到正確的檔案並且載入到軟體中。

區塊 F | Help

這是 RapidMiner 很貼心也很實用的小幫手，由於 RapidMiner 提供了數百個小工具，要每個使用者熟悉每個小工具絕非一件容易的事情。當我們遇到問題時，就可以直接在軟體中的 **Help 區塊**尋找答案。

只要「在 Operators 中點選工具」或是「在 Process 中點選工具的圖示」，Help 區塊就會呈現該工具的詳細說明，例如工具的功能、接點的說明、甚至還有提供範例的流程 ... 等，幫助讓使用者更理解該如何使用。因此當您未來使用遇到問題時，千萬不要忘記 Help 是您的第一選擇！

圖 4-26　在 Help 區塊顯示使用說明

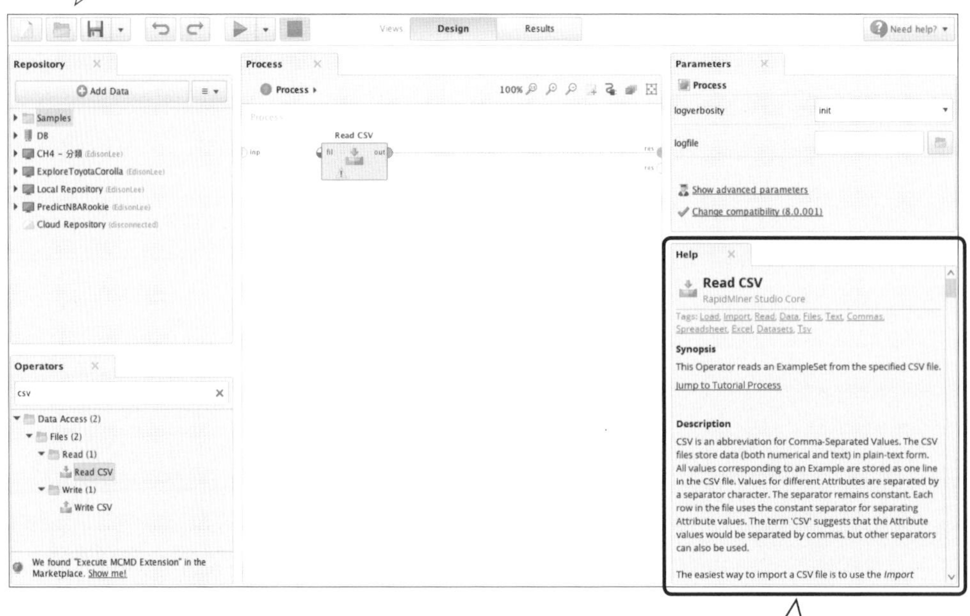

小結

本章我們帶您認識了 RapidMiner 這個全圖形化介面的資料分析軟體，從下載、安裝、到介面操作的介紹，當中的 **Process 區塊**是 RapidMiner 中最重要的部分。後續章節針對案例設計分析流程時，會大量在 Process 區塊進行操作，因此相信您對於此區塊的操作會愈來愈熟悉的。

從下一章開始，我們就會真正進入「執行資料分析專案」的實戰演練，除了 RapidMiner 軟體操作之外，您還會接觸到關於**問題探索、資料蒐集、挑選分析模型**······等有趣但具挑戰性的過程，您也會嘗試解決不同類型的問題，像：**分類問題、迴歸問題、分群問題、時間序列問題**。在下一章，我們就從「監督式學習中的分類問題」開始展開實戰演練之旅。

Part 2 實作篇

接下來五到八章我們將開始用 RapidMiner 實作資料分析專案，這 4 個章節會接觸資料科學領域中常見的 4 種分析類型 (**分類**模型、**迴歸**模型、**分群**模型、**時間序列**模型)，每種類型都會搭配一個案例進行說明，您會看到不一樣的應用情境、資料型態、資料前處理方式、並且使用不同的演算法進行分析，體驗到截然不同的分析思維。而每個章節的案例都會依循第二章所介紹的**資料分析雙鑽石模型** (圖 2-1) 來進行。在說明的過程中，我們會經歷許多反覆的迭代修正過程，因此當您在操作過程中感到迷失時，不要忘記隨時翻閱第二章的內容，確保自己清楚每個動作在執行什麼事情。

CHAPTER

5

分類問題 - 誰是有潛力的 NBA 新秀？

本章我們會帶您接觸**監督式學習** (Supervised Learning) 中的**分類** (Classification) **模型**。監督式學習前面已介紹過，而分類模型主要用來區別「**類別**」，像是：想預測台北市的房價明年會不會漲？這就有兩個類別 -「會漲」跟「不會漲」；或是銀行透過資料分析來辨別貸款人是否會準時還款，同樣的可以分成兩個類別 -「會準時還款」和「不會準時還款」。又或者，判斷顧客「會」、「不會」再回來消費？使用串流服務的使用者「會」、「不會」成為付費會員？計程車業者想找出哪個時段、哪個地點「有」、「沒有」人要搭車？ ......

其實各行各業都可以運用分類模型來解決所遇到的問題，重點在於當得到模型計算出的結果後，要怎麼轉化成實際的策略。假設有兩家企業使用同樣的資料、同樣的模型，得出同樣的結果，但是他們將結果轉化成不同的策略，最後對公司的成效也會不同，這部分也是進行資料分析之前要傳達給您的重要概念。

那麼，就開始一起動手玩資料吧！本章將以比較生活化的案例帶您認識、學習建立**分類**模型。

5-1 探索、定義問題

分類問題中常見的兩種問題為：**二元問題**（只有兩個類別，例如：某個新上市的產品「是」、「否」會熱銷？）和**多維度問題**（多於兩個類別，例如：預測學生成績會落於「A」、「B」、「C」、「D」哪一個等第？）本章我們介紹的是較基本的二元分類問題。我們會透過模擬一位 NBA 美國職籃球隊老闆的角色協助您理解二元問題的分析流程。

5-1-1 探索問題

身為一個忠實籃球迷，肯定不會錯過最精彩、最刺激的籃球殿堂 -「NBA」，每當你在欣賞比賽、心中熱血沸騰的同時，是否曾想過：哪支隊伍會獲得這場比賽勝利？哪個球員會在比賽中脫穎而出？哪些球隊可以晉級季後賽？本季總冠軍會是誰？

現在請試想：如果我們身為 NBA 球隊的老闆，會想得到什麼資訊？若目標是打造一個強大的球隊，那麼「擁有明星球員」是重要的一個要素，但是礙於經費與球權分配，不可能全部雇用明星級球星，所以**如何找到 CP 值高的球員便是很重要的環節，但是該如何尋找呢**？

尋找 CP 值高的球員有許多種方法，可以透過現役球員在聯盟中的歷史數據來斷定他們的能力；又或是慧眼識英雄，與具有潛力的新秀簽約，培養他在未來成為球隊的招牌球星，但是**該如何判斷他是否能在 NBA 這個世界籃球殿堂有好的表現呢？**

5-1-2 定義問題

剛才我們站在球隊老闆的立場思考了該如何為球隊帶來好戰績，過程中針對了一個「**領域**」(贏得總冠軍) 去「**探索不同問題**」(雇用明星球員、尋找二線球員、培養新秀)，這個過程稱為「**發散**」的階段。

在這一小節，我們要走向「**收斂**」的階段，也就是**定義出一個問題**。以筆者學習資料科學 / 資料分析的經驗，許多人經常想要一次解決很多個問題，但是這樣的結果常常導致專案的失敗，因為在執行專案的過程時，常會迷失自己，搞不清楚現在的這個動作是要回答哪一個問題。因此對於任何一個資料科學家來說，**定義問題**是最重要但是也最困難的階段。

實際定義問題

我們假設球隊的老闆想知道：**如何判斷新秀球員是否能在 NBA 籃球殿堂有好的表現？**乍看之下好像是一個完整的問題，但如果就按照這個問題去規劃專案會碰到很大的難題。請試著想像在你心中「好的表現」有幾種可能性？有可能是場均可以得 25 分以上，或每場搶 15 個籃板，又或是保持身體健康打完整個球季？由於有太多種衡量的標準，會導致這個專案沒有明確的目標，也就是說我們還需要繼續「收斂」這個問題。

此時球隊老闆又補充說明：「我想要培養一名球員，讓他在未來兩～三個賽季後，可以帶領球隊贏得總冠軍。」根據老闆的補充，我們可以嘗試將問題敘述改為：**如何判斷新秀球員是否能在 NBA 世界籃球殿堂有好的表現奮鬥三個賽季以上？**此時的問題敘述，就給了我們更明確的目標來執行專案。

有了問題敘述後，我們就要尋找方法來回答這個問題，而這裡的方法便是專案的目標。請回憶我們在第 2-1 節所介紹的，在定義問題時要透過兩個方向來定義目標，一個是**資料分析目標**(Analytics Goal)、一個是**商業目標**(Business Goal)，這兩個目標與問題是要互相呼應的 (見圖 5-1)。當要思考目標時，沒有硬性規定先後順序，從哪個角度先切入都可以，但是請切記，兩個目標定義完成後，一定要檢驗是否有確實回答到問題，並且兩個目標是否互相呼應。以下就來示範如何定義目標。

圖 5-1 問題與專案目標間的關係

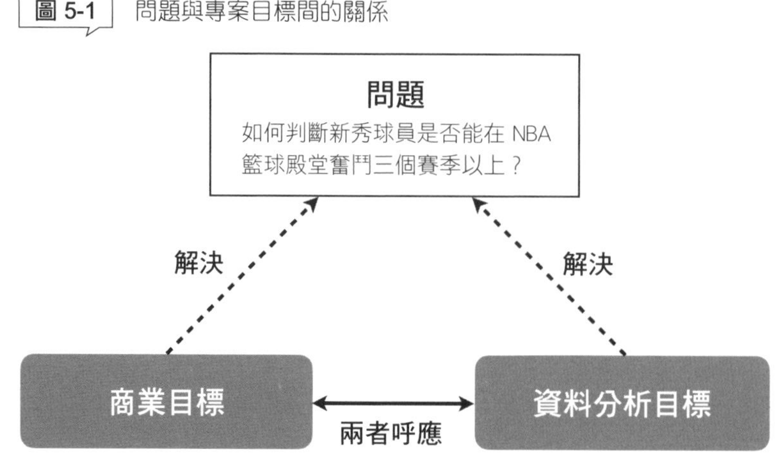

資料分析目標

我們的問題是想知道球員「是」、「否」能奮鬥三個賽季以上，所以這個問題可以定義為**監督式學習中的分類問題**，而「三個賽季」對於任何球員來說都是未來式，這裡就是希望透過資料分析來**預測結果**。

雖然在定義目標的這個時間點我們還沒有著手收集資料，但是先「設想要找怎樣的資料」這件事可以協助我們定義出目標。**「收集近 4~10 年間所有投入選秀會的球員的大學數據，並且標記他們是否在 NBA 奮鬥三年以上。」**這段話為我們大致框出一個**資料範圍**(捨棄過於久遠的資料，採用接近現在的資料)，並且點出收集資料的**標的**(是大學數據，而不是高中)。這樣的設想也讓我們得以定義出「**以近 4~10 年間的選秀球員資料，預測球員能不能在 NBA 奮鬥三年以上**」這個資料分析目標。

> 這裡出現一個做資料科學專案常會忽略但是極為重要的概念。請特別留意這邊強調收集「近 4 年」以上的資料，而不是近 10 年全部的資料，原因是我們想判斷球員能否待在聯盟超過三年。假設我們也採納去年的球員數據，但是他有可能根本還沒有待超過三年，這樣的球員數據，是無法當作訓練資料集的。總言之我們要非常留意蒐集的資料是不是可以合理用來訓練預測模型。

回頭檢驗以上的敘述是不是可以回答我們的問題，如果可以的話，便先採用這個目標，等到後續收集資料時，再來確認收集的資料是不是可以精準達成目標，若是不行，重新修正目標也是常見的情況。

商業目標

這個專案牽涉到的利害關係人 (Stakeholders) 主要有球隊老闆、教練、球員，這個案例我們選擇球隊老闆為專案的客戶，因此在設定商業目標時，就要思考可以帶給球隊老闆什麼商業價值，例如將目標設為：**「提供有效的選秀指標，讓球隊老闆以較低的成本逐漸打造一支頂尖球隊。」**換句話說，我們的專案是屬於一種長期的投資，在大家都還不敢保證哪位新秀球員在未來會脫穎而出之前，先和球員用較低的薪資簽約，然後經過兩三個賽季的磨練，培養他成為優秀的球員。

完成商業目標定義後，我們可以一併與原本定義的問題和資料分析目標一起做檢驗，如圖 5-2 中將問題與目標填入對應的位置，我們可以清楚看出三者間是互相匹配的。確定問題與目標都是在處理同一件事情之後，才能進入下一個階段，開始蒐集適用的資料。

圖 5-2 檢驗問題與商業目標、資料分析目標

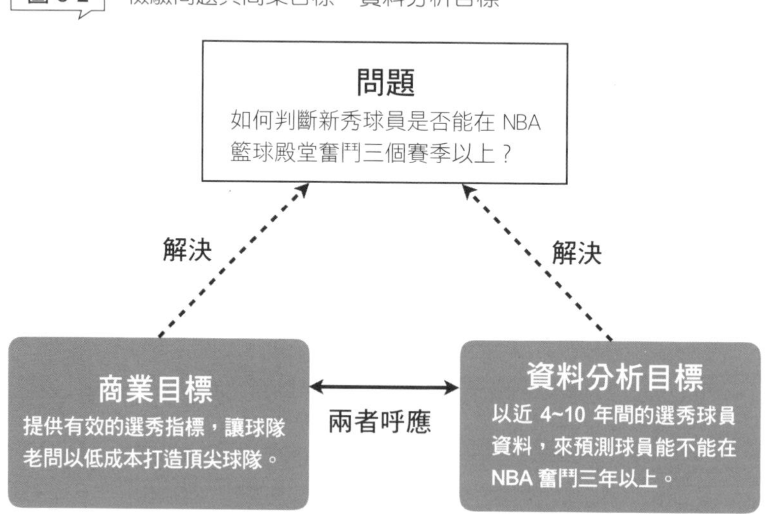

檢驗時如果發現資料分析目標或商業目標任一個不能解決問題、或資料分析目標與商業目標無法對應，千萬別急著往下走！一定要重新修正目標，避免做出來的分析模型無法解決問題。千萬不要害怕反覆修正的過程，這在資料科學專案中是不可避免的，但也會讓專案變得更好。

5-2 蒐集資料

定義出問題與目標後，這一節會示範如何蒐集可用的資料。在 3-2 節介紹了許多種蒐集資料的資源，這個案例所使用的是 data.world 網站中的資料集，其他的免費資料資源在後續案例中也會看到。

5-2-1 下載資料集

data.world 網站需要使用者註冊成會員之後，才可以瀏覽網站內容，因此請進入 data.world 的首頁 (https://data.world)，並且進行會員登入 (Sign in)，如果你還沒有註冊，請先進行會員註冊 (Join)。

圖 5-3 登入或註冊 data.world 網站會員

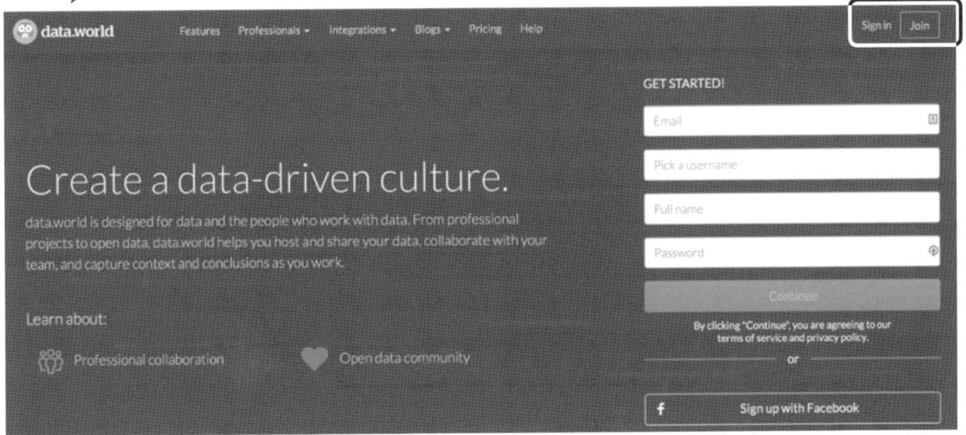

Step 2

登入網站之後，會看到個人的首頁，我們的資料分析目標是和 NBA 新秀球員有關，所以搜尋相關的資料，在上方搜尋欄打上：「predict NBA rookie」。

圖 5-4 搜尋與 NBA 新秀有關的資料集

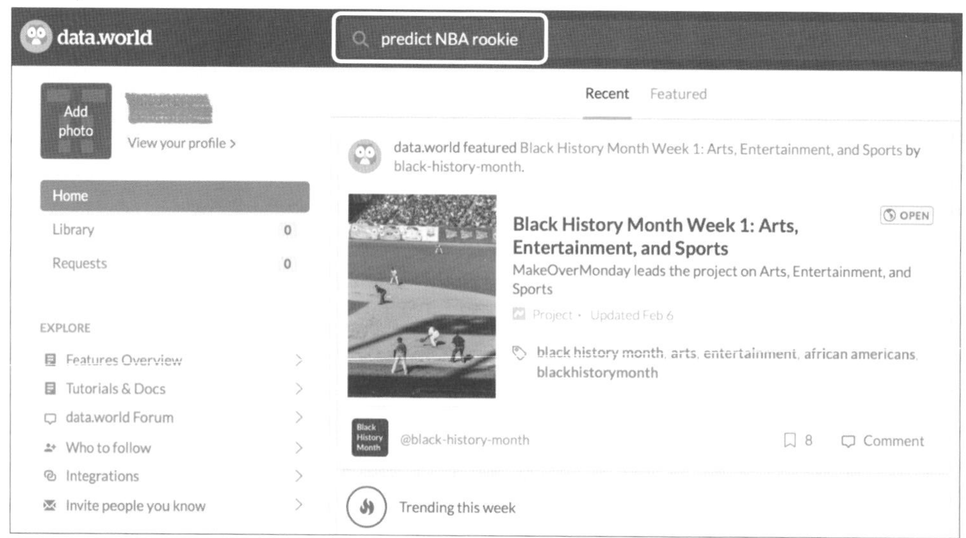

Step 3

從圖 5-5 中，可以看到找到了三百多筆與關鍵字相關的資料集，在一般執行專案時，常會需要蒐集數個不同資料集，再自行合併資料。由於合併資料的操作稍微複雜，因此本書選用已經由他人大致整理過的資料集來示範操作。這裡選擇的是「**exercises/Binary Classification Exercise Dataset**」這個資料集，內容整理的相對完善，欄位也容易理解，我們將在下個步驟認識這筆資料。

圖 5-5 NBA 新秀球員相關資料搜尋結果

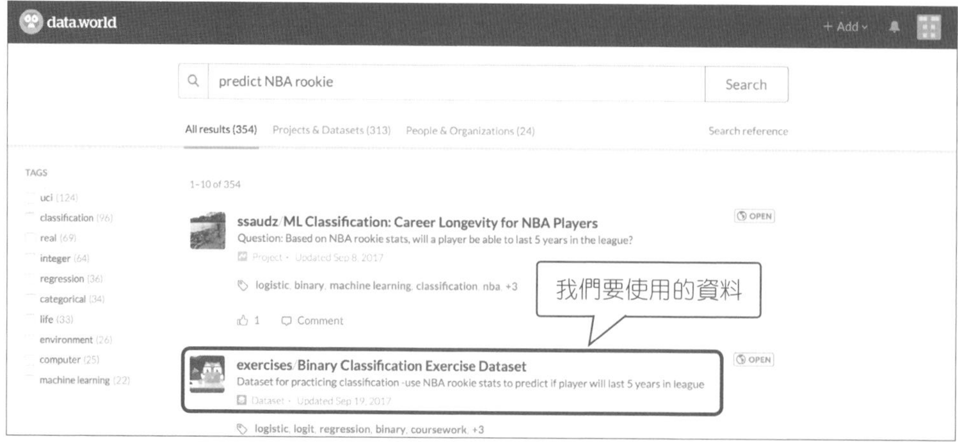

註：如果搜尋結果畫面與本書不同，可直接使用以下的連結：https://data.world/exercises/logistic-regression-exercise-1

閱讀完本章後，讀者也可以回頭試試看別的關鍵字，看能不能找到其他有趣的資料。

接著要認識資料集的外貌。資料集的介紹頁面是很重要的，因為通常會描述資料的「外貌」，外貌指的是資料集的大小、欄位說明、應用目的、資料來源等，而非資料的分佈、欄位間的相關性等細節的資訊。一般在執行專案時，透過資料頁面我們就可以快速篩選出可能可以使用的資料。

從圖 5-6 中我們可以得知這個資料集的目的是用球員新人球季的數據來預測球員能不能在聯盟中持續生存五年以上，透過網頁內**資料字典 (Data Dictionary)** 的說明，很輕易可以得知資料中有哪些變數。像這個範例就有球員姓名 (Name)、上場次數 (GP)、平均上場時間 (MIN)、平均每場得分 (PTS) 等 21 個變數。萬一資料提供者沒有撰寫資料字典供人參考的話，我們也可以直接查看**資料預覽視窗** (圖 5-7)，在此視窗的下方就會顯示該筆資料是由 1340 個球員資料組成 (1,340 rows)，並且擁有 21 個變數 (21 columns)。

進行到這個步驟，如果我們對於這筆資料的「外貌」感興趣，才會進行後續更仔細的視覺化探索。假如對於資料不滿意，則需重新從 Step 2 或 3 尋找其他資料。但這邊我們為了方便說明，省去了反覆尋找資料的過程。

圖 5-6 NBA 新秀球員數據的資料頁面

Dataset for practicing classification -use NBA rookie stats to predict if player will last 5 years in league

Classification Exercise: Predict 5-Year Career Longevity for NBA Rookies

y = 0 if career years played < 5
y = 1 if career years played >= 5

Extra Credit! Improve your model by locating and adding data from players' college careers.

Data Dictionary 資料字典

	Description
Name	Name
GP	Games Played
MIN	MinutesPlayed
PTS	PointsPerGame
FGM	FieldGoalsMade
FGA	FieldGoalAttempts
FG%	FieldGoalPercent
3P Made	3PointMade
3PA	3PointAttempts
3P%	3PointAttempts
FTM	FreeThrowMade
FTA	FreeThrowAttempts
FT%	FreeThrowPercent
OREB	OffensiveRebounds
DREB	DefensiveRebounds
REB	Rebounds
AST	Assists
STL	Steals
BLK	Blocks
TOV	Turnovers
TARGET_5Yrs	Outcome: 1 if career length >= 5 yrs, 0 if < 5...

21 個變數

Hat tip to data.world user @gmoney for posting the NBA datasets used to create this exercise.

Solutions

- [https://data.world/exercises/logistic-regress-1-solution]
- Submissions. Showcase your work and help others. We are accepting exemplary scripts, visualizations, and explanations to add to the exercises' solutions. Reach us on our community Slack or at exercises@data.world for submissions or inquiries about featuring your work here for posterity!

圖 5-7 資料預覽視窗

nba_logreg.csv
Request more info
Explore

	name	# gp	# min	# pts	# fgm	# fga	# fg	# 3p_made
1	Brandon Ingram	36	27.4	7.4	2.6	7.6	34.7	
2	Andrew Harrison	35	26.9	7.2	2.0	6.7	29.6	
3	JaKarr Sampson	74	15.3	5.2	2.0	4.7	42.2	
4	Malik Sealy	58	11.6	5.7	2.3	5.5	42.6	
5	Matt Geiger	48	11.5	4.5	1.6	3.0	52.4	

Showing 1-5 of 1,340 rows, 21 columns See all
Switch to column overview

確認要用的資料後，請點選資料集預覽畫面右上角的「下載」圖示 ，之後點選 **Download**，檔案儲存位置可由您自行決定。

圖 5-8 Download NBA 球員資料集

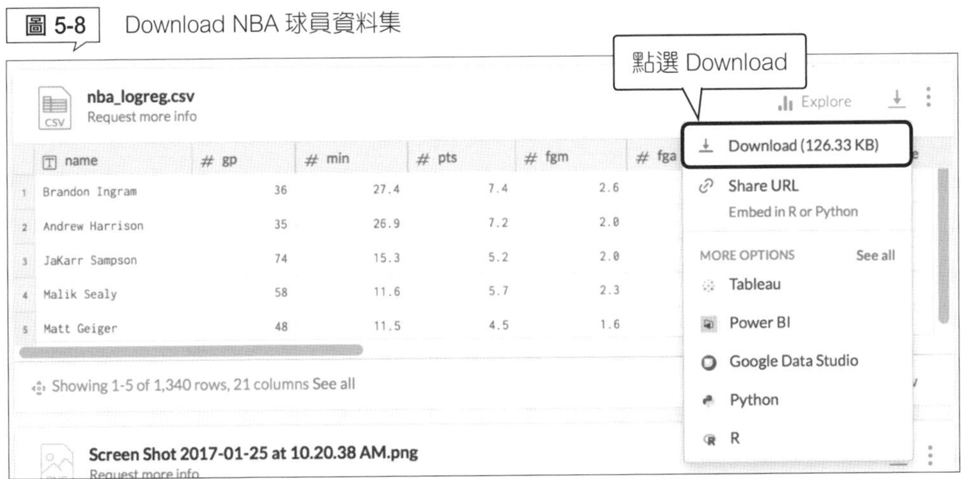

經過以上五個步驟，我們完成了資料蒐集的階段，但是在這一節的最後，我們還要執行一個**迭代**的確認動作，將這個資料與第 5-1-2 小節定義出的問題與目標進行比對，確定彼此是否對應。

5-2-2 迭代：修正問題與目標

請回頭看圖 5-2 的問題與目標，可以發現我們的資料不能 100% 回答問題，一個很明顯的差異是我們想知道球員是否能奮鬥「三個球季」以上，但是資料所設定的卻是「五個球季」，可能有些讀者會覺得五個球季比三個球季長，只要大於三，我們的問題也順道解決了。但假如我們在這邊比較的不是時間長短，而是危險監測呢？如果你的銀行帳戶可以讓別人測試 5 次密碼，才會通知你帳戶可能被入侵，我想大多數人對於數字就會非常敏感，甚至希望不用等那麼多次系統就能夠通知我們吧！因此回到做專案的立場，再次強調，**絕對需要確定使用的資料與目標和問題保持一致**。

由於本書希望讓讀者了解修改問題與目標的過程，所以底下示範將問題與目標修正成這個範例資料所能夠解決的。

> 不過在正式執行資料科學專案時，修正絕非兒戲，勢必需要經過縝密的討論與評估。

圖 5-9 調整過的問題與目標

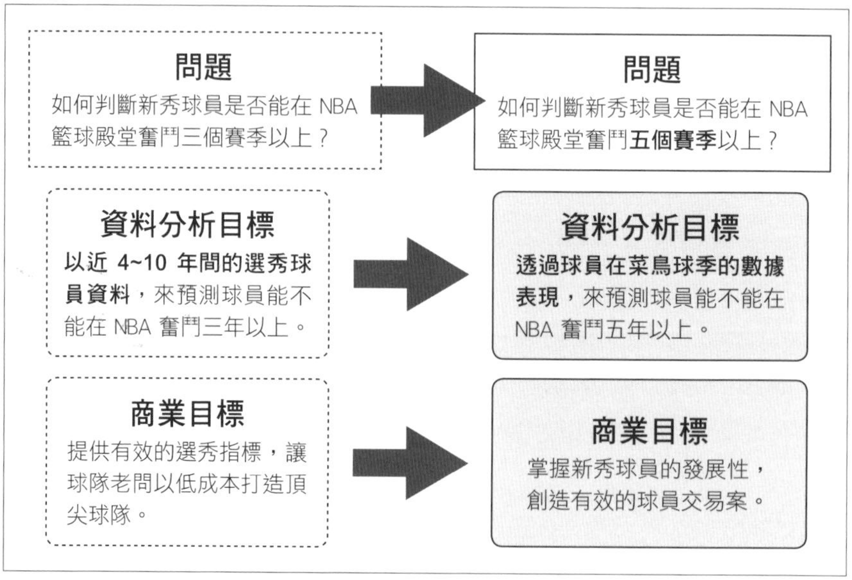

問題
如何判斷新秀球員是否能在 NBA 籃球殿堂奮鬥三個賽季以上？
→
問題
如何判斷新秀球員是否能在 NBA 籃球殿堂奮鬥**五個賽季**以上？

資料分析目標
以近 4~10 年間的選秀球員資料，來預測球員能不能在 NBA 奮鬥三年以上。
→
資料分析目標
透過球員在菜鳥球季的數據表現，來預測球員能不能在 NBA 奮鬥五年以上。

商業目標
提供有效的選秀指標，讓球隊老闆以低成本打造頂尖球隊。
→
商業目標
掌握新秀球員的發展性，創造有效的球員交易案。

首先在**問題**的部分，我們將原本的三個賽季改為五個賽季 (如圖 5-9)。在**資料分析目標**方面，我們原本設想是採用球員的大學時的數據，但是這筆資料提供的是球員在菜鳥球季的數據，與當初的設想有出入，所以我們可以練習將目標改成「透過球員在菜鳥賽季的數據，來預測球員能不能在 NBA 奮鬥五年以上」。最後**商業目標**也要跟著調整，因為資料的限制，我們沒辦法讓球隊老闆在選秀會的時候，就得知要投資在哪位球員身上，所以只能退一步思考，等球員在 NBA 表現了一年後，再透過分析去找到有潛力的球員，創造一筆好的交易。

5-3 資料前處理與視覺化探索

在上一小節中，我們蒐集到想要的資料集，並且初步地透過資料頁面來認識這個資料集，但是不能光這樣就直接將資料拿去建立模型，更不能將結果拿去做後續的策略應用，因為這個資料集中或許藏了瑣碎的錯誤，不事先處理的話最後一定作白工。

> 舉例來說，如果我們想要跟「哆啦 A 夢 (小叮噹)」借任意門去環遊世界，剛好你的朋友跟你說，他在玉山上看到哆啦 A 夢，於是你花費兩天的時間與力氣爬上了玉山，開心地跑過去一看，才發現是穿著藍色外套的雪人，盲目的結果讓一切的努力都白費了 ......

因此，在進入建立模型的階段前必須確保資料的正確性、詳細地去瞭解資料，可以運用的就是「**將資料視覺化**」，而在視覺化的過程，如果發現不合理或是異常的情況發生，就要進行「**前處理**」的動作，以下將說明如何在 RapidMiner 中做到資料前處理以及視覺化。

5-3-1 新增一個 Repository

首先要新增一個 Repository 來存放專案中會用到的資料，以及過程中產出的各種分析流程。

Step 1 啟動 RapidMiner，並且新增一個新流程 (參考第 4-3 節的介紹)。

Step 2 為了統一儲存在這個案例中所用到的資料集、分析流程，我們會新增一個獨立的 Repository，並將這個 Repository 命名為「PredictNBARookie」。

Step 2.1 點選如圖 5-10 的右上角選單 ≡ ▾ ，選擇「**Create repository**」。

圖 5-10 新增 Repository

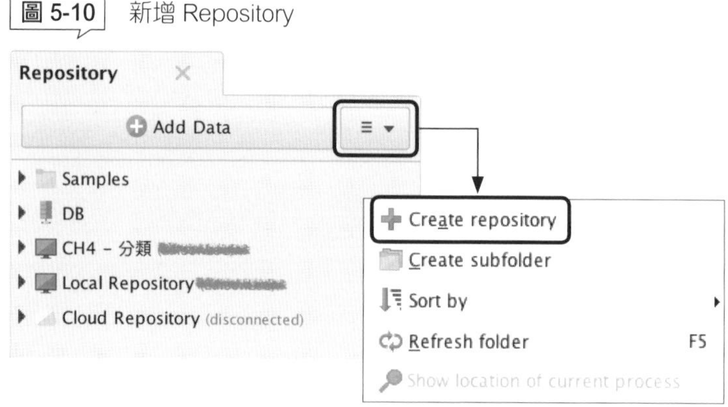

在跳出的視窗中，點選「**New local repository**」，此選項代表將檔案存在電腦硬碟中，接著點選 **Next**。

圖 5-11　建立本地端 (Local) 的 Repository

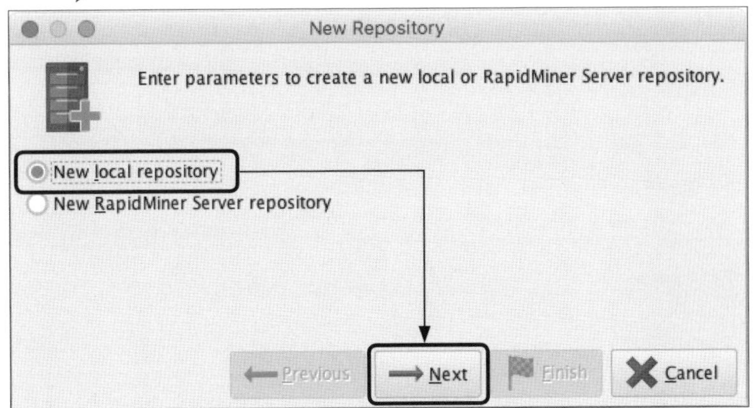

設定 repository 的名稱（您可以自行設定想要的名稱），按下 **Finish**，即可新增完成。

圖 5-12　設定 repository 名稱並按下 Finish

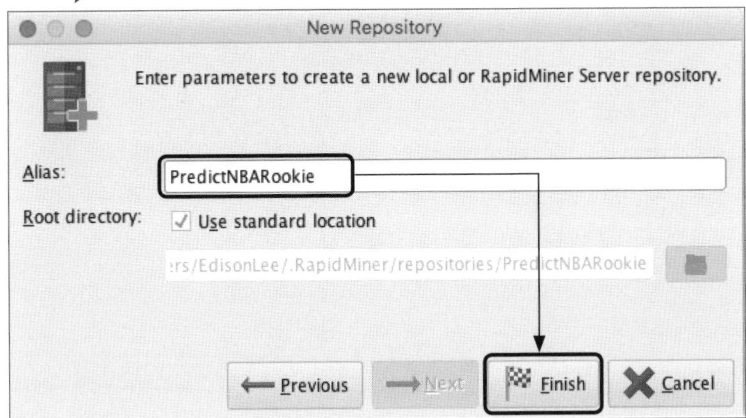

若您想更改 repository 的儲存路徑，可以在 Step 2.3 中的 Root directory 更改。

Step 3 由於做資料分析專案的過程中，我們會不斷產生更改過的資料集 (如：前處理前、後的資料集就有所不同) 和不同的分析流程 (如：採用不同演算法解決分類問題)，因此為了方便管理，筆者建議在同一個 repository 路徑下，新增**「資料」**以及**「流程」**兩個資料夾。

Step 3.1 在 Repository 的窗框中，點選剛剛新增的 PredictNBARookie repository，然後透過 (1) 按下滑鼠右鍵叫出選單、或是 (2) 按下右上角選單，接著點選**「Create subfolder (建立子資料夾)」**。

圖 5-13 在指定的 Repository 路徑下新增資料夾

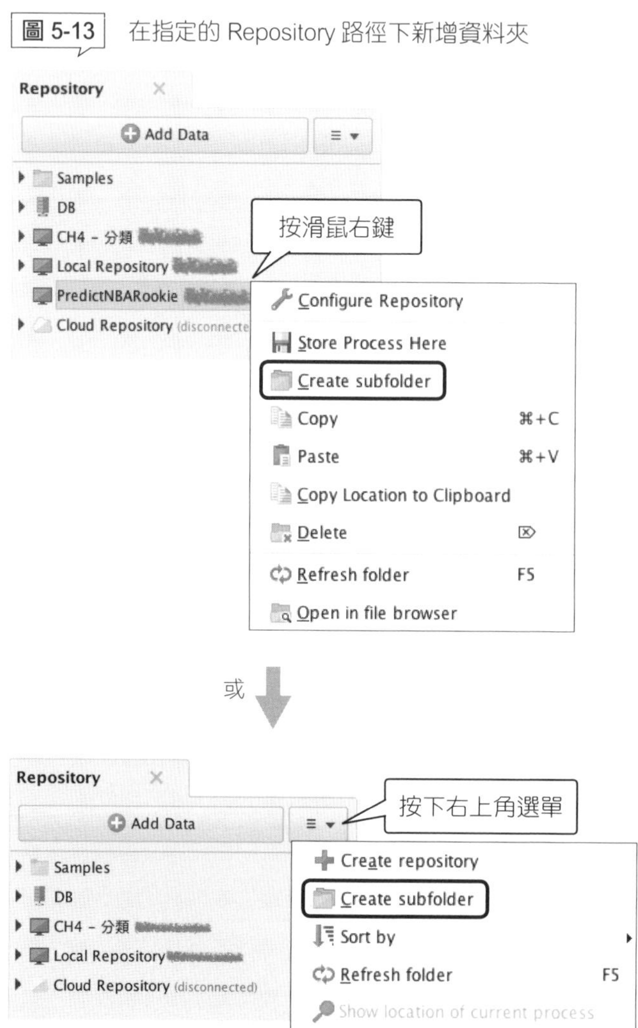

在跳出的視窗中，輸入「Data」，按下 **OK**。

圖 5-14 新增「Data(資料)」資料夾

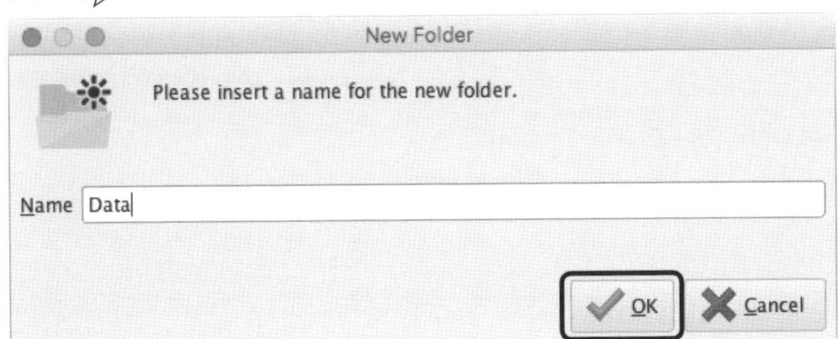

重複執行一遍 step 3.1，此次輸入「Process」，再按下 **OK**。

圖 5-15 新增「Process(流程)」資料夾

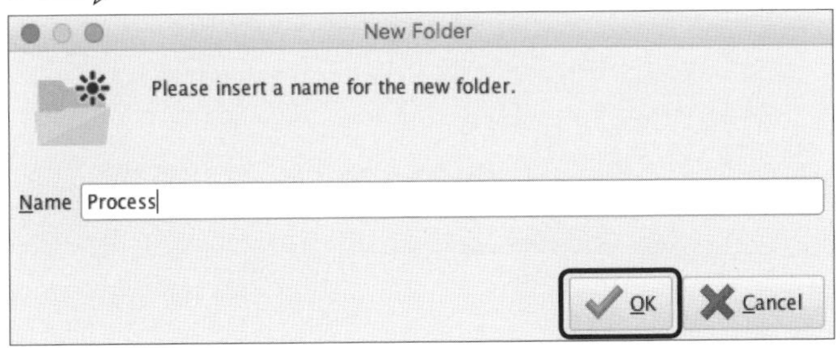

3.4 檢查 PredictNBARookie 中是否出現「**Data(資料)**」和「**Process(流程)**」兩個資料夾。

圖 5-16 確認新增 Data 和 Process 資料夾

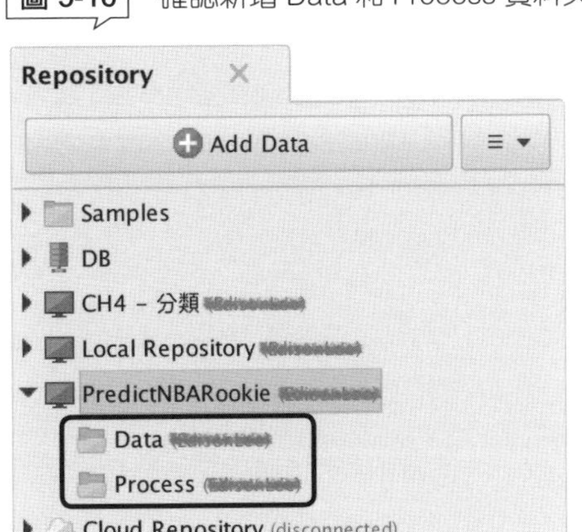

5

5-3-2 匯入資料到 RapidMiner

在這一小節我們要將剛剛從 data.world 網站上下載的資料，匯入到 RapidMiner 軟體中，當我們要分析任何資料之前，都要將資料匯入軟體，才能使用軟體內建的各種演算法進行分析。

在 Repository 視窗中按下上方的「**Add Data**」。(有的版本會寫 Import Data)

圖 5-17 點選 Add Data 匯入資料到 RapidMiner

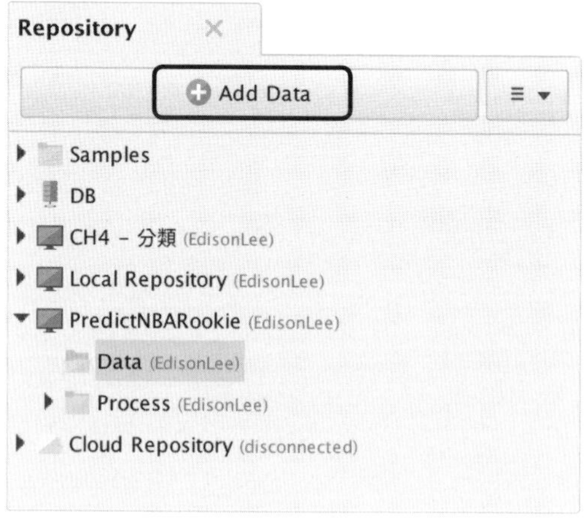

在跳出的視窗中選擇「**My Computer**」，代表要匯入儲存在電腦中的檔案，也就是我們剛才下載回來的 *.csv 資料集。

圖 5-18 選擇從 My Computer 匯入資料

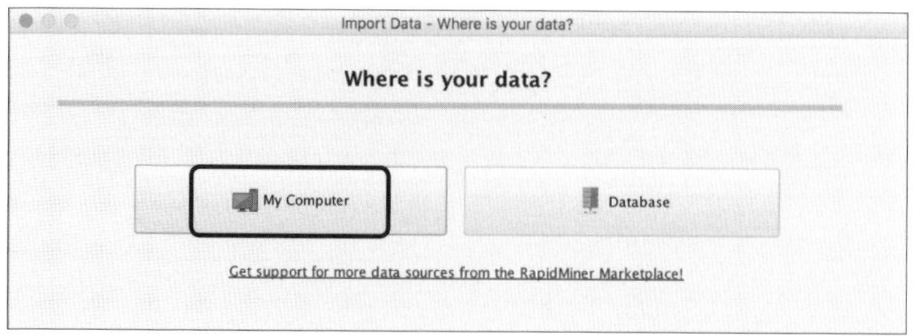

移動到 data.world 網站下載資料時存放的資料夾，選擇 nba_logreg.csv。之後按下「**Next**」。

圖 5-19 選定資料集

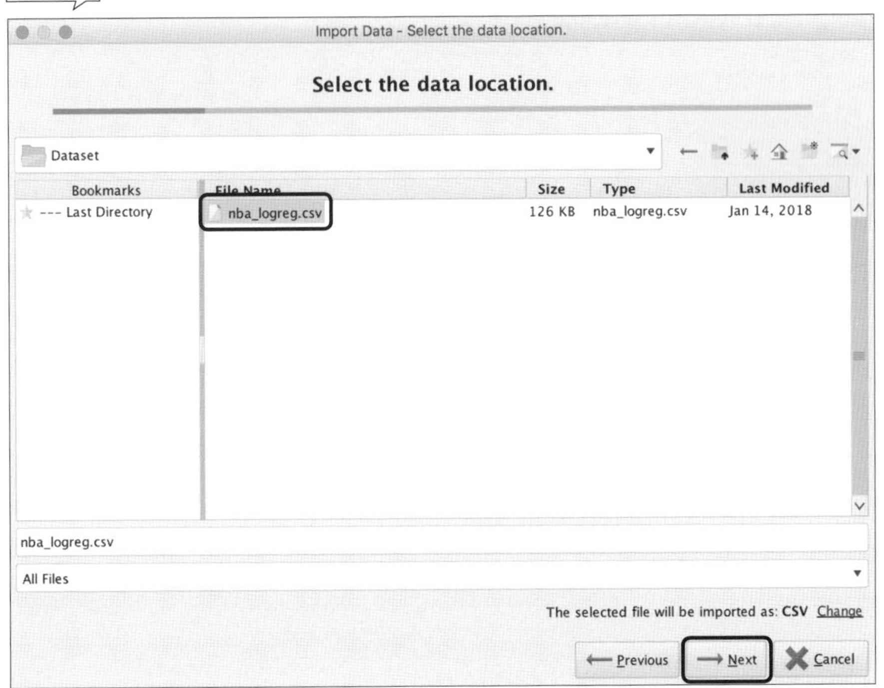

在此步驟，我們可以針對整個檔案的格式進行設定，一般來說，讀取 csv 檔案時，需要確定是否有勾選**標頭列 (Header Row)**，還有就是**欄位區分符號 (Column Separator)** 是否選擇正確（這個檔案是用 ,（逗號）做區分）。選擇欄位區分符號項目後，您可以查看底下的預覽視窗，看資料有沒有正常顯示，看起來沒問題的話即可點選 **Next**。

5

圖 5-20 設定資料格式

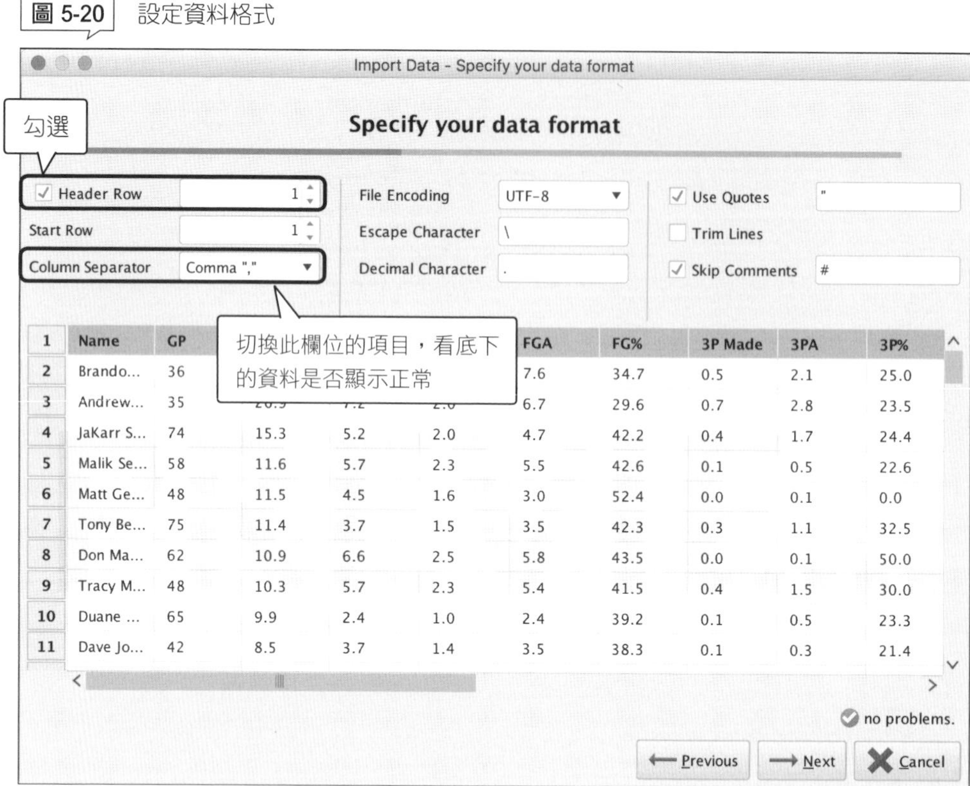

「標頭列」通常代表欄位的名稱(如：Name、GP)，如果我們沒有勾選 Header Row 的選項，那麼軟體就會把這些欄位名稱也當做要用來分析的資料了。

CSV 檔案常會以逗號(,)、分號(;)、空格符號來做為欄位與欄位間的分隔符號，因此遇到不同 CSV 檔案時，都要在 Column Separator 選擇正確的分隔符號，如果欄位沒有正確的分隔，我們就沒辦法進行後續的分析。

有時會需要針對個別欄位進行設定，以此例來說要特別注意最後的 **TARGET_5Yrs** 欄位，我們必須將此欄位改成「**二元 (binominal)**」型態。之後按下 **Next**。

> TARGET_5Yrs 欄位的意義代表「可以」在 NBA 生存五年以上或「不可以」在 NBA 生存超過五年，也就是說只會有 1 或是 0 這兩種可能性，屬於「二元型態」，因此我們變更為 binominal。

圖 5-21 設定個別欄位屬性

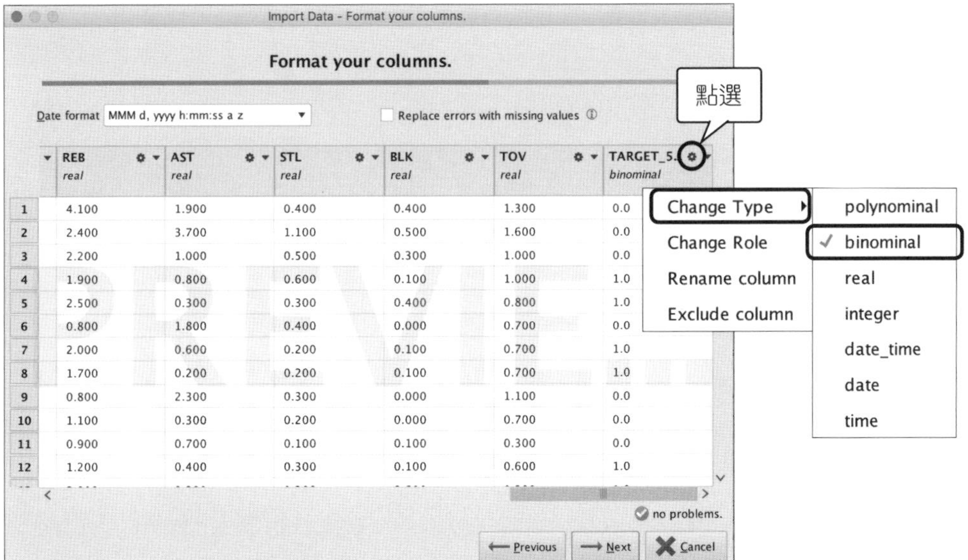

將資料儲存在 PredictNBARookie / Data 的路徑之下，檔名延用原本的名稱即可，最後按下 **Finish** 即可完成資料匯入的動作。

圖 5-22 將資料儲存在 Data 資料夾中

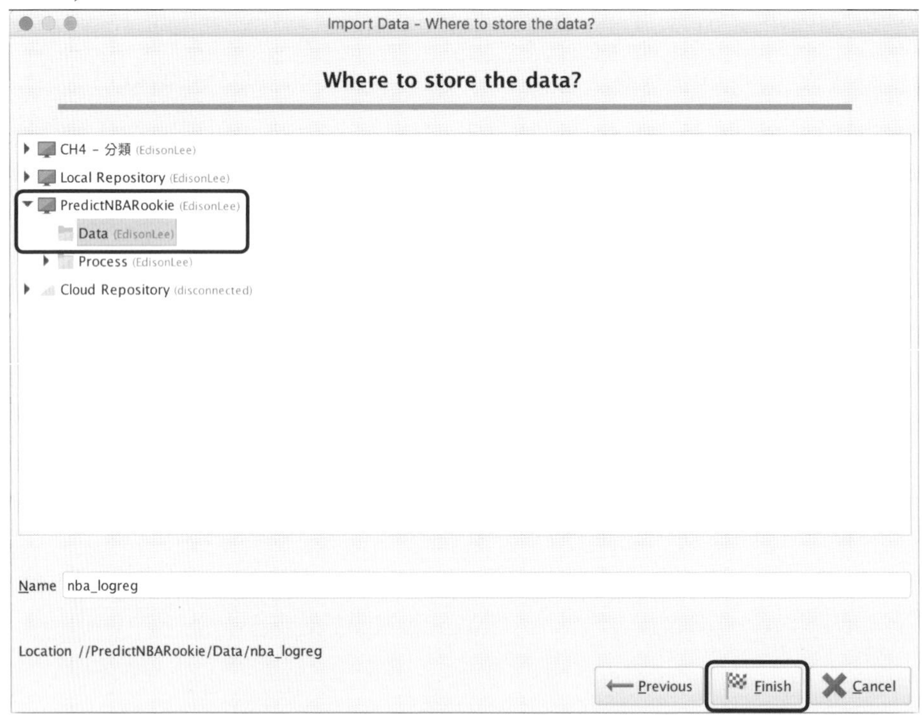

5-3-3 視覺化探索資料

資料已經匯入，接著就可以運用 RapidMiner 進行**視覺化探索**，探索的目的是幫助我們更了解資料的面貌，而探索的方式可以透過**敘述性統計數值**或是**圖表**來尋找資料中是否有不合理的地方。認識資料之後，我們才能決定是否需要進行資料前處理的動作來整理資料，以及後續能以哪一種演算法來分析這筆資料。

「敘述性統計 (Descriptive statistics)」也可稱為「描述性統計」，簡單說是用來描述量化資料分佈狀態的一種方法。常見的表達方式有數值呈現 (平均數、眾數、最大 / 小值、標準差) 或圖表呈現 (直方圖、散佈圖、圓餅圖)。

在大多數的資料分析專案中，**資料遺失**是一個非常常見的問題。造成這個問題的原因有很多，比如說我們設計了一個線上表單讓使用者填寫，可能就會發生有人忘記填 A 欄位、有人忘記填 B 欄位，這樣後續要分析時就會有資料遺失的問題。又或者使用者每個欄位都有填寫，但是按下送出時，剛好網路斷線或資料庫伺服器壞掉，也可能造成資料收集不完整。總而言之，有太多因素會造成資料遺失的問題，也因此在資料視覺化探索時，務必要特別檢視這個部分。

> 許多演算法沒辦法處理有遺失值的資料，所以發現「資料遺失」這個問題相當重要。

接續前一小節匯入資料後，RapidMiner 會自動將畫面導向 **Results** 的畫面讓我們檢視資料 (圖 5-23)，在 Results 的畫面中就能進行視覺化探索。這個案例我們會利用敘述性統計資料，快速找出遺失值 (Missing Values)。

圖 5-23 在左側切換到 Data 檢視 nba_logreg.csv 資料集

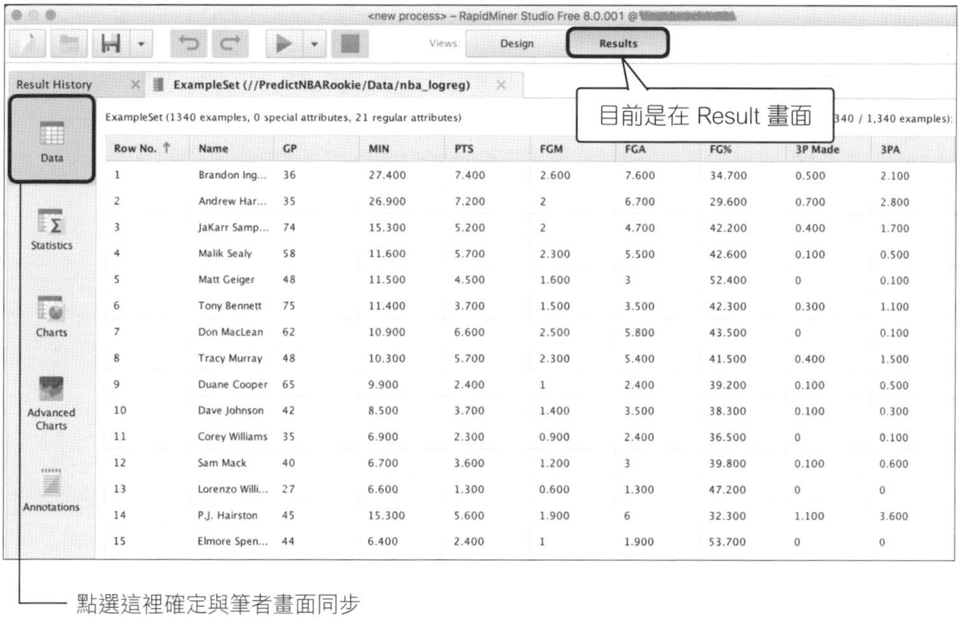

Row No. ↑	Name	GP	MIN	PTS	FGM	FGA	FG%	3P Made	3PA
1	Brandon Ing...	36	27.400	7.400	2.600	7.600	34.700	0.500	2.100
2	Andrew Har...	35	26.900	7.200	2	6.700	29.600	0.700	2.800
3	JaKarr Samp...	74	15.300	5.200	2	4.700	42.200	0.400	1.700
4	Malik Sealy	58	11.600	5.700	2.300	5.500	42.600	0.100	0.500
5	Matt Geiger	48	11.500	4.500	1.600	3	52.400	0	0.100
6	Tony Bennett	75	11.400	3.700	1.500	3.500	42.300	0.300	1.100
7	Don MacLean	62	10.900	6.600	2.500	5.800	43.500	0	0.100
8	Tracy Murray	48	10.300	5.700	2.300	5.400	41.500	0.400	1.500
9	Duane Cooper	65	9.900	2.400	1	2.400	39.200	0.100	0.500
10	Dave Johnson	42	8.500	3.700	1.400	3.500	38.300	0.100	0.300
11	Corey Williams	35	6.900	2.300	0.900	2.400	36.500	0	0.100
12	Sam Mack	40	6.700	3.600	1.200	3	39.800	0.100	0.600
13	Lorenzo Willi...	27	6.600	1.300	0.600	1.300	47.200	0	0
14	P.J. Hairston	45	15.300	5.600	1.900	6	32.300	1.100	3.600
15	Elmore Spen...	44	6.400	2.400	1	1.900	53.700	0	0

首先我們要利用 **Statistics** 頁面來觀察這筆 NBA 球員資料的敘述性統計資料，看有沒有資料遺失的情況。請選擇左方的 **Statistics**，在 **Missing** 這一欄中，發現 3P%（三分球命中率）有 11 筆遺失值，接著就來查看什麼原因導致這些遺失值發生。

圖 5-24 在左側切換到 Statistics ，可以檢視 nba_logreg 資料的敘述性統計資料

回到 **Data** 的頁面，在右上方的過濾器中選擇「missing_attributes」，這個選項會過濾出有遺失值的每筆資料。

圖 5-25 在右上方的過濾器中選擇「missing_attributes」顯示有遺失值的資料

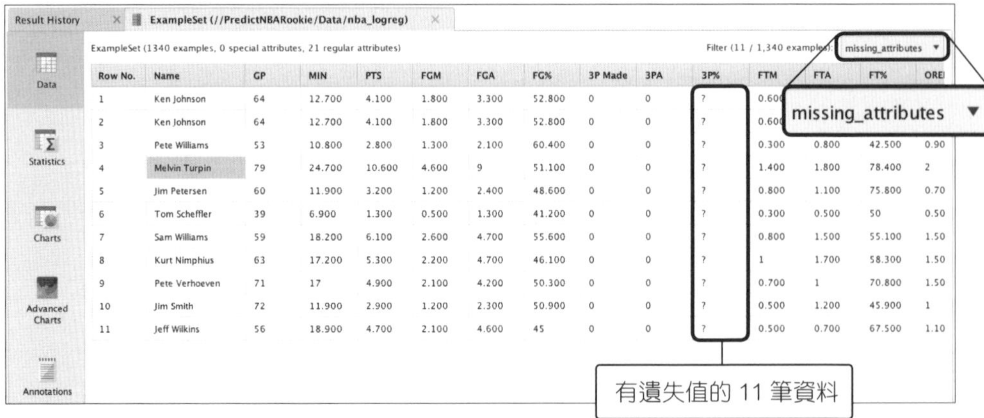

此時值得思考的是：3P%（三分球命中率）是由命中球數和出手數衍生出來的欄位，而這些球員沒有嘗試三分球出手，自然沒有三分球命中率。若是有在打籃球的人，應該可以推論出這些球員可能屬於高大的中鋒球員，投三分球是他們在場上最不擅長做的事，因此或許可以將這些遺失值用「0」取代。

除了自己推論之外，千萬不要忽略資料本身出錯的可能性，最好的作法是試著額外搜尋資料來佐證。以這個例子來說，我們查詢 Melvin Turpin 這位球員，在維基百科的介紹中，他是一位身高 211 公分的中鋒球員（圖 5-26）。而在另一個籃球數據的網站，我們也看到 Melvin Turpin 這位球員的生涯三分球命中率僅有 11%（圖 5-27），確實不擅長投三分球，這些資料都與我們的推論相符。

圖 5-26 尋找佐證資料（一）：球員的維基百科介紹

Melvin Turpin

From Wikipedia, the free encyclopedia

Melvin Harrison "Mel" Turpin (December 28, 1960 – July 8, 2010) was an American professional basketball player.

Contents [hide]
1 Basketball career
2 Death
3 References
4 External links

Basketball career [edit]

A 6'11" center, Turpin was born in Lexington, Kentucky and attended Fork Union Military Academy in Fork Union, Virginia from 1979–80. He was FUMA's most valuable player for the postgraduate squad under coach Fletcher Arritt, also being voted the number one player in the state for varsity basketball; he averaged 19 points, 12 rebounds and six blocked shots, being inducted into the Fork Union Military Academy Hall of Fame in 2000.[1]

At the University of Kentucky, Turpin made the 1st Team All-SEC for 1982 and 1983, and was a starter for the NCAA Final Four Kentucky Wildcats team in 1983–84. In 1984, he was the Southeastern Conference scoring leader, holding the record for the most field goals made in SEC tournament play in addition to co-holding the honour of the most points scored in a single tournament game. Turpin scored 42 points in a game against University of Tennessee as a junior, making 18 of 22 shots from the field; he similarly dominated Louisiana State University as a senior, shooting 15 of 17 from the floor and five of six from the free throw line.[2]

In 1984, Turpin was chosen as the sixth overall pick in the first round by the Washington Bullets in the NBA Draft, being immediately traded to the Cleveland Cavaliers. As a professional, however, he struggled with his weight, and after six seasons with the Cavaliers, the Utah Jazz, CAI Zaragoza and the Bullets, he retired. Earning the derisive nicknames "Dinner Bell Mel" and "The Mealman", Turpin was considered one of the biggest busts in a draft class that included future greats such as Hakeem Olajuwon, Michael Jordan, Charles Barkley and John Stockton.[3] In a 2004 Sports Illustrated article, Turpin quipped, "In my day, they thought the big man was supposed to be thin. They didn't know too much. It was medieval".[4]

Turpin was involved in one of the more famous plays in NBA lore and in the career of Michael Jordan. On December 12, 1987, Jordan and the Chicago Bulls played Turpin and the Utah Jazz in Salt Lake City. With the Bulls leading 47-42 late in the 2nd quarter, Jordan posted up John Stockton, took an entry pass, and got free for an easy dunk. As Jordan ran up the court for defense, a fan yelled at Jordan to 'pick on someone his own size.' On the Bulls' next possession, Jordan got free and dunked again as, this time, Turpin tried to defend him. Jordan then turned to the fan as he was running back upcourt and yelled, "Was he big enough?"[5]

During his National Basketball Association spell, 361 regular season games brought him averages of 8 points and nearly 5 rebounds. In 1988–89, prior to his last season altogether, he played in Spain with CAI Zaragoza, later being exchanged to the Jazz for José Ortiz.

Melvin Turpin

Personal information	
Born	December 28, 1960 Lexington, Kentucky
Died	July 8, 2010 (aged 49) Lexington, Kentucky
Nationality	American
Listed height	6 ft 11 in (2.11 m)
Listed weight	240 lb (109 kg)
Career information	
High school	Bryan Station (Lexington, Kentucky)
College	Kentucky (1980–1984)
NBA draft	1984 / Round: 1 / Pick: 6th overall
Selected by the Washington Bullets	
Playing career	1984–1990
Position	Center
Number	54, 50
Career history	
1984–1987	Cleveland Cavaliers
1987–1988	Utah Jazz
1988–1989	Zaragoza
1989–1990	Washington Bullets
Career highlights and awards	
• Consensus second-team All-American (1984)	
Career NBA statistics	
Points	3,071 (8.5 ppg)
Rebounds	1,655 (4.8 rpg)
Blocks	348 (1.0 bpg)
Stats at Basketball-Reference.com	

資料來源：https://en.wikipedia.org/wiki/Melvin_Turpin

圖 5-27 尋找佐證資料 (二)：球員的生涯籃球數據

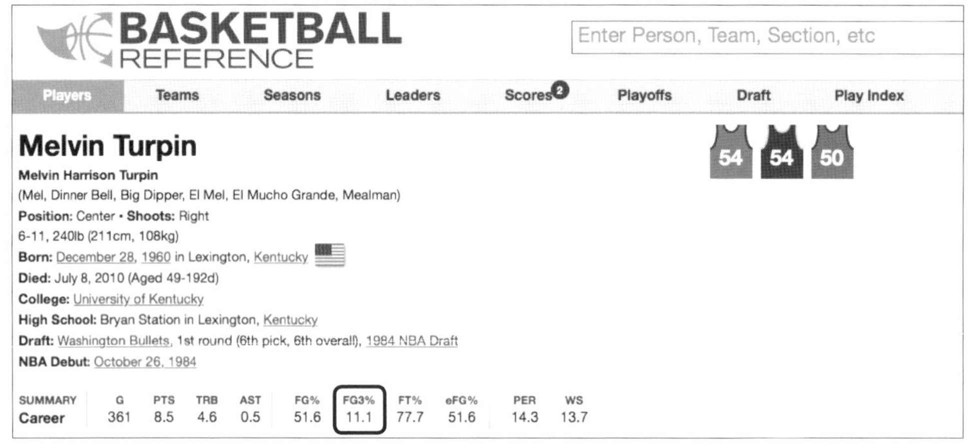

資料來源：https://www.basketball-reference.com/players/t/turpime01.html

在資料探索的階段，我們得到了兩個結論，第一是我們確定了資料來源無誤，第二是這些球員確實不擅長投三分球，前面 Step3 有提到可以將這些遺失值用「0」取代，接著就來示範怎麼處理。

5-3-4 資料前處理-處理遺失值

在資料探索階段發現問題，便要進行資料的整理。整理之前，需要思考我們希望這筆資料最後長成什麼樣子。

處理遺失值常見的有兩種方法：一是**刪除有遺失值的資料**，二是**將遺失值用別的數值取代**。兩種方法的抉擇需要依照當初設定的專案目標來決定。回顧我們修正過的問題與目標 (圖 5-9)：希望了解球員的發展性，以這個目標來說每位球員的資料都是很重要的，假設我們將沒有三分球命中率的球員刪掉了，那麼未來如果再次出現沒有三分球命中率的球員，我們建立出來的預測模型該如何做判斷呢？答案是沒辦法判斷，因為沒有歷史資料可以判斷這位球員會成功還是失敗，所以這個案例不宜採用第一種刪除遺失值的方法。

所以在這邊我們要嘗試**將遺失值用其他值來取代**。三分球命中率是一個衍生的欄位，由三分球出手數和命中數計算出來，當一位球員沒有命中也沒有投三分球的情況下 (請看前面圖 5-25 這 11 位球員的 3P Made 和 3PA 都是 0)，我們可以合理的將那些遺失資料的地方用 0 去取代，也就代表他們的三分球命中率是 0。底下就來示範怎麼將有遺失值的資料用其他數值取代。

首先請將畫面點選至「**Design**」頁面 (圖 5-28)。畫面中間的 **Process (流程)** 空白區塊就是操作資料的地方，之後我們會從左下方的 Operators 區塊拉出各種工具到 Process 區塊中，對資料進行各種操作和分析。例如這裡是要利用工具在 Process 中建立一個「處理遺失值」的流程。

圖 5-28　建立「處理遺失值」流程前的初始畫面

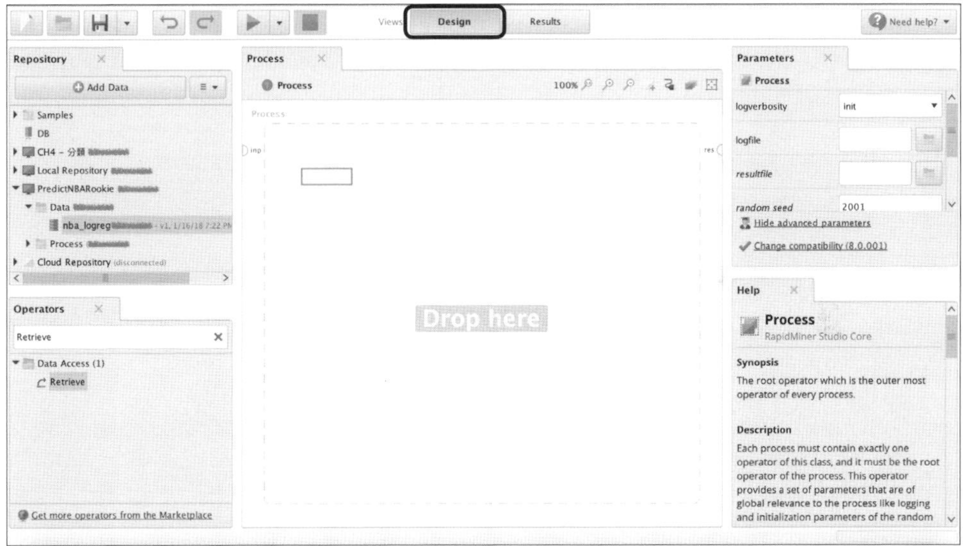

對於各區塊的用途若還不熟悉，請回頭參考 4-3 ～ 4-4 節的介紹。

處理資料前，我們需要告訴這個流程它要使用的資料存放在哪裡。在左下方的 **Operators** 視窗中搜尋「**Retrieve**」，接著將「Retrieve」這個工具拉到中間的 Process 設計區域中。

Retrieve 工具：用來存取已經匯入 Repository 中的資料。只有右側一個輸出的 out 接點 (output)，這個接點可以輸出該筆資料。

圖 5-29 在 Operators 區塊中搜尋 Retrieve，接著拉到中間空白區塊

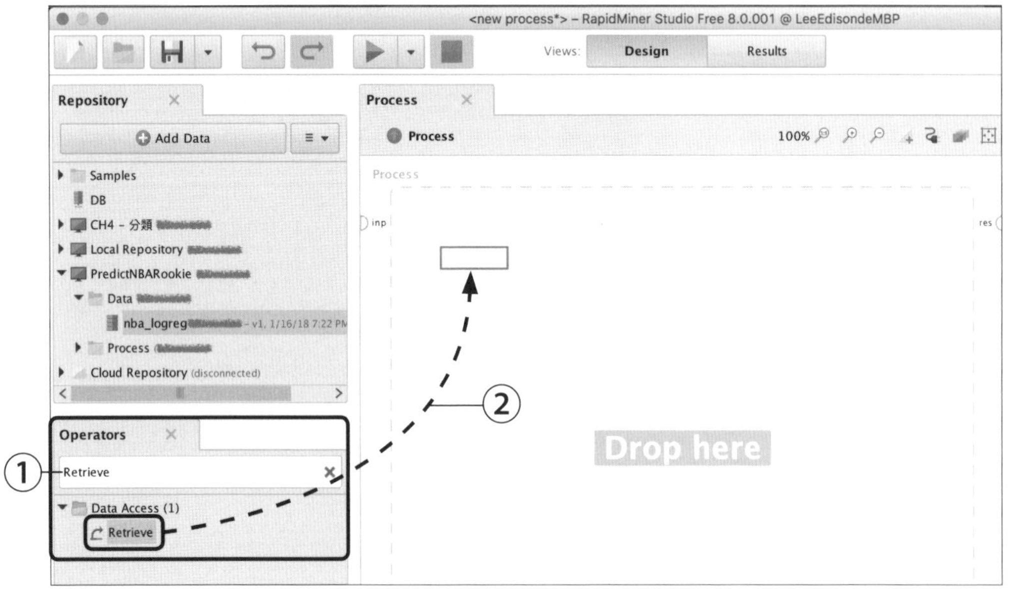

第 4 章有介紹過 Operators 工具箱，當我們要執行任何對於資料的操作、分析，都可以在這裡尋找相關工具，將工具拉到 Process 區塊中就可以開始使用。

以滑鼠左鍵點選 Process 設計區域中的「**Retrieve**」工具，此時右上角的 Parameters 區塊也會跟著變換成「Retrieve」工具需要用的參數設定。

圖 5-30　在 Parameters 中顯示 Retrieve 工具的參數設定

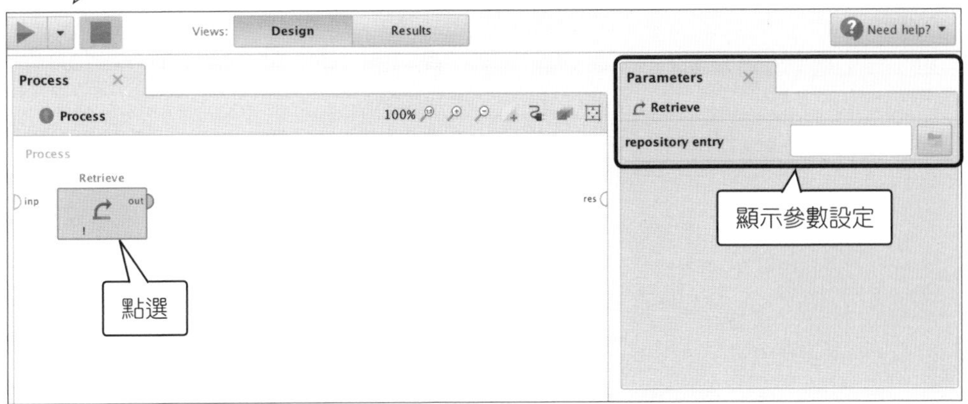

Retrieve 工具只可用在資料已經匯入 RapidMiner 的情況下（於 5-3-2 節匯入完畢），它可以直接將資料讀取到流程中。如果資料尚未匯入則要使用其他工具：如 Read CSV、Read Excel，這部分留給讀者們自行探索。

我們需要將資料的檔案路徑告訴 Retrieve 工具，在右上角參數設定區中點選 repository entry 旁邊的資料夾圖示，在跳出的視窗中，選擇先前匯入的 nba_logreg 檔案。

圖 5-31　設定 Retrieve 工具的檔案路徑

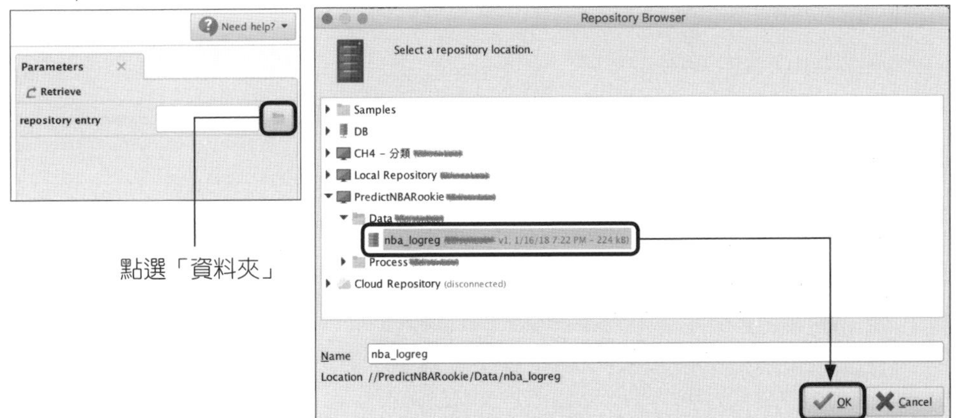

返回「Design」的畫面，讓我們先檢驗 Process 是否可以正常讀取 nba_logreg 資料。依序點選 Retrieve 的右側 **out** 接點、以及 Process 右方的 **res** 接點將它們連接起來，然後按下上方的**執行** ▶ 鈕。如果 RapidMiner 將您的畫面導向到「Results」畫面並且呈現如前面圖 5-23 的結果，表示我們成功利用 Retrieve 工具讀取這筆 NBA 球員資料。當您回到「Design」畫面時，也會看到「Retrieve」工具上多了一個代表成功執行的綠色勾勾 (圖 5-33)。

圖 5-32 製作一個 Retrieve 流程

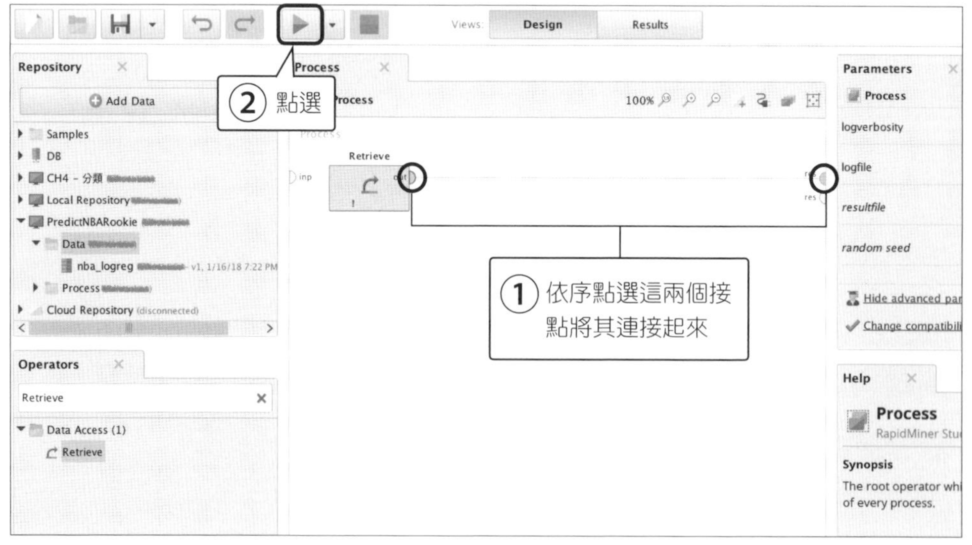

Process 裡面的運作方式其實就很像一個工廠，裡面會有不同機台負責不同的動作，1 號機台執行它負責的動作，執行完成後會丟給 2 號機台，2 號機台拿了 1 號機台的成品，然後執行它負責的動作，完成後再傳給 3 號機台 ...... 傳到最後從工廠離開就是最後成品。

所以在圖 5-32 看到 Retrieve 的 out 接點和 Process 的 res 接點相連，就是要告訴 Retrieve 工具它的成品應該丟給誰，同時也告訴了 Process 它接收誰的東西。Process 的 res 接點象徵的就是從工廠離開，因此凡是與 Process 的 res 接點連接的，都應該在流程執行後出現在 Results 畫面。後續我們會加入更多的工具，都是依循這個概念。

圖 5-33 Retrieve 流程成功執行

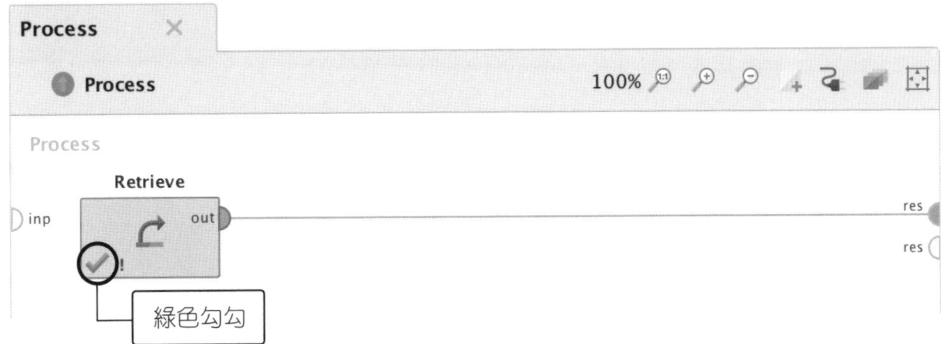

> 每當我們做了一個新增、刪除或修改工具的動作後，先不要急著進行下一個動作，可以先按 ▶ 執行一次被更動過的 process，確定產出和您預計的一樣時 (以上述這個 Process 來說，就是要成功讀取資料)，再去進行下一個動作。

為了避免檔案遺失，我們先進行存檔，直接在 PredictNBARookie 裡面的 Process 資料夾上點選滑鼠右鍵，然後選擇「**Store Process Here (將流程儲存在此)**」。

圖 5-34 將流程存檔

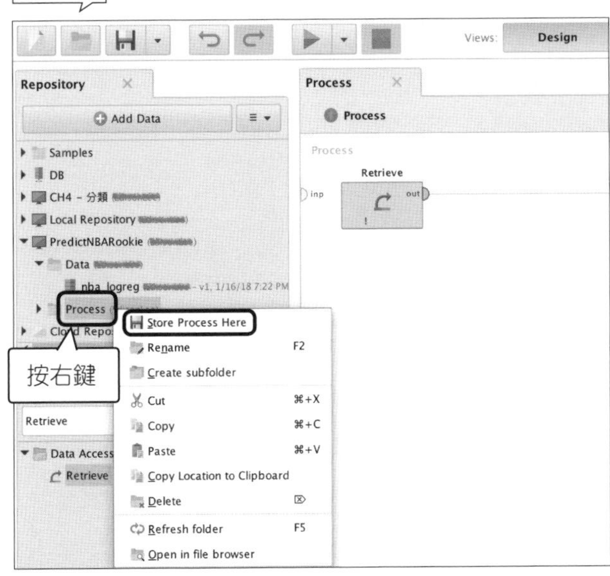

輸入流程的名稱，之後按下 **OK**。

圖 5-35 命名流程

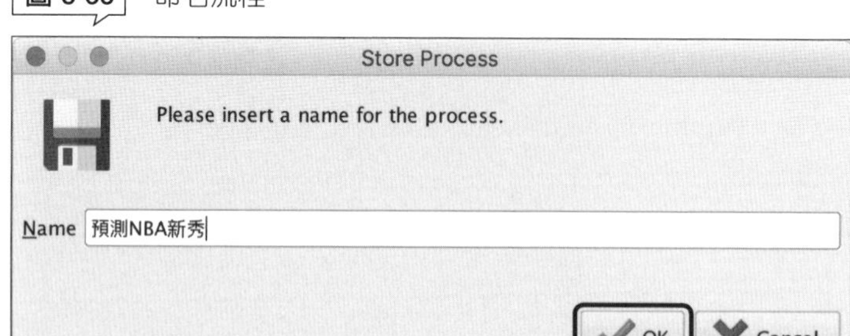

設定流程名稱時，建議用「流程的目的」或是「流程做的事」當作檔名，如同此例命名為「預測 NBA 新秀」。若是採用無意義的名稱，如：「流程 1」、「流程 B」，那麼在執行複雜專案時，會阻礙您快速掌握目前已經完成哪些動作，需要將流程一一點開再去回想這個流程在執行什麼事情。

確定成功讀取檔案和存檔動作之後，我們就正式執行「取代遺失值」的工作。讓我們再次使用左下角 Operators 的搜尋功能，這次請輸入「**replace missing values**」，然後選擇「**Replace Missing Values**」這個工具。「Replace Missing Values」要接在先前的 Retrieve 工具後面，放置時可以直接放到連結線上，RapidMiner 會自動將它們連接起來。如圖 5-36 所示。將工具與工具間連接起來，才能告訴 Process 該如何執行我們想要完成的動作。

小檔案

Replace Missing Values 工具：提供了多種方式來處理資料遺失值。它的左側有一個 **exa** 接點 (example set)，用來接收資料集。右側也有一個 **exa** 接點，用來輸出「經過處理後的資料集」，**ori** 接點則是輸出「未」經過處理後的資料集 (也就是和左側 exa 接點接收到的資料一樣)，而第三個 **pre** 接點是屬於比較進階的用法，本書不會用到因此暫不詳細說明，簡單來說是將「此處設定的取代遺失值的方法」傳給其他工具去使用。

> 後續還會在書中看到許多工具也擁有 exa 接點和 ori 接點，代表的意思都和 Replace Missing Values 工具一樣。

圖 5-36 新增「Replace Missing Values」工具到原有流程

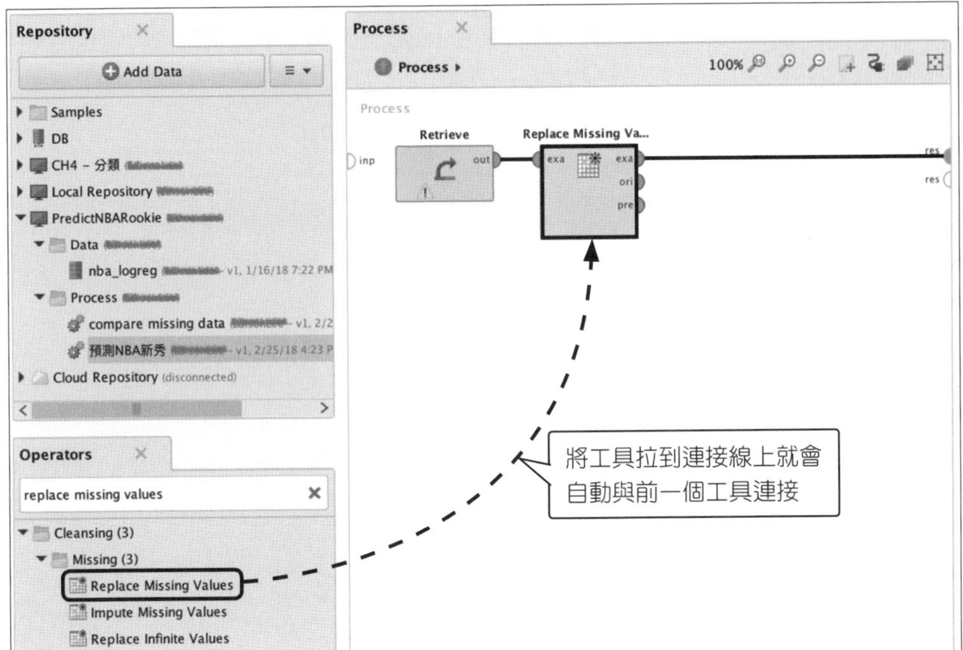

Step 8 接著要進行稍微複雜一點點的參數設定，回想一下我們處理的目標：「**將三分球命中率 (3P%) 的遺失值用 0 取代**」。當需要做細微的設定時，就要將目光移動到右上方的 **Parameters** 視窗，首先在 attribute filter type 選擇針對 **Single**（單一）變數做處理，並將 attribute 指定為 **3P%**，然後再告訴這個工具我們要將遺失值更改為「**zero(0)**」。

圖 5-37 以 0 取代三分球命中率的遺失值

按下上方「**執行**」▶ 鈕執行流程，如果成功執行，軟體會自動導向「Results」畫面並且顯示修改過的資料，我們可以再次透過 **statistics** 頁面來查看是否處理成功。如圖 5-38，可以看到遺失值已經被取代掉了。

圖 5-38 完成遺失值處理的敘述統計結果

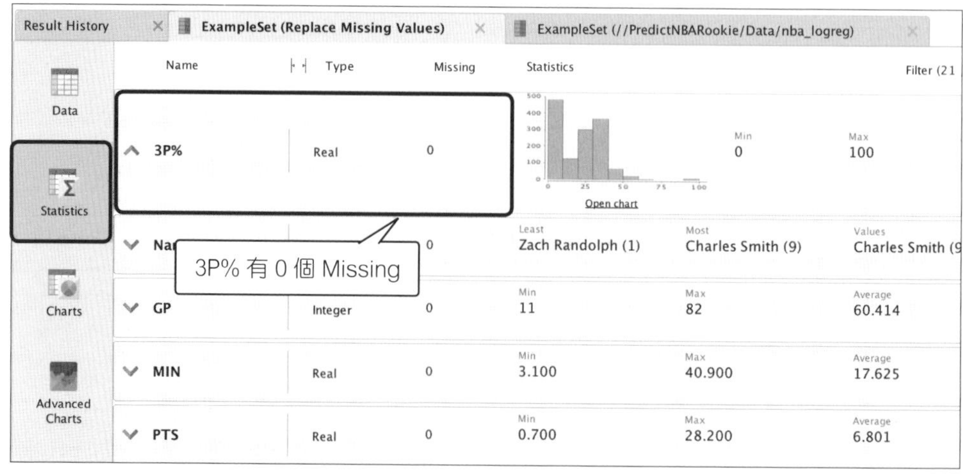

進行到這邊，已經完成資料前處理的階段，緊接著在第 5-4 節，我們會開始接觸監督式學習中**分類演算法**的操作。

5-4 建立監督式學習 - 分類模型

分類模型在資料科學專案中是很常見的問題型態，其中又有許多種演算法可供選擇，像是**決策樹** (Decision Trees)、**邏輯迴歸** (Logistic Regression)、**貝式分類** (Bayesian)、**類神經網路** (Neural Network)，由於這些演算法的背後都有複雜的理論與運算機制，屬於比較進階的範疇，若要充分解說就要花上不少篇幅，因此在本書中，我們不會去接觸過於艱澀的那一塊，且市面上已經有許多專業的書籍可以參考，就留給讀者們自行去探索。

不過我們會示範兩種演算法 - **決策樹**和**邏輯迴歸**要怎麼跟 RapidMiner 的操作結合。選擇這兩者演算法主要有兩個原因：一個是它們都能產出易於解讀的分析結果，在決策樹的部分會產出一個「樹狀圖」，而邏輯迴歸則會產出「迴歸式」(至於如何解讀這些結果，我們會在第 5-5 節一併說明)。第二個原因是它們都能處理**數值型變數** (numerical variables) 的分類問題，這部分也是思考該用什麼演算法時很重要的部分，如果不清楚各種演算法的適用性，以不適用的演算法進行建模便會產生不正確的預測結果。演算法對於剛踏入資料科學領域的讀者來說是比較吃力的，讀者們可以透過時間慢慢去認識各種演算法。接著我們就開始說明怎麼用這兩種演算法建模。

5-4-1 選擇欲使用的變數

我們的資料總共含有 21 個變數 (見圖 5-6)，其中一個 TARGET_5Yrs 是目標變數，在剩下的 20 個變數中，我們需要思考一下哪些是可以放進模型、哪些不需要。其中最明顯不需要使用的變數為：球員姓名，球員的能力並不會因為他取名為 Michael Jordan 或是 Kobe Bryant 就能像他們一樣成功，所以顯然沒有必要將球員姓名 (Name) 這個變數放入模型。至於剩下的 19 個變數，由於還不知道它們對於預測的目標有沒有潛藏的影響力，所以可以先將這些變數保留。

我們的目標是將 Name 移除，留下剩餘的 19 個變數。這邊要使用「Select Attributes」工具，先將其加入到流程中。

> 小檔案
> **Select Attributes 工具**：依照使用者給予的條件，保留使用者想要留下的變數 (欄位)。此工具的接點意義，如同前面使用過的 Replace Missing Values 工具，所以此工具的右側 exa 輸出接點，就會輸出經過篩選的小資料集。

圖 5-39 在流程中加入 Select Attributes 工具

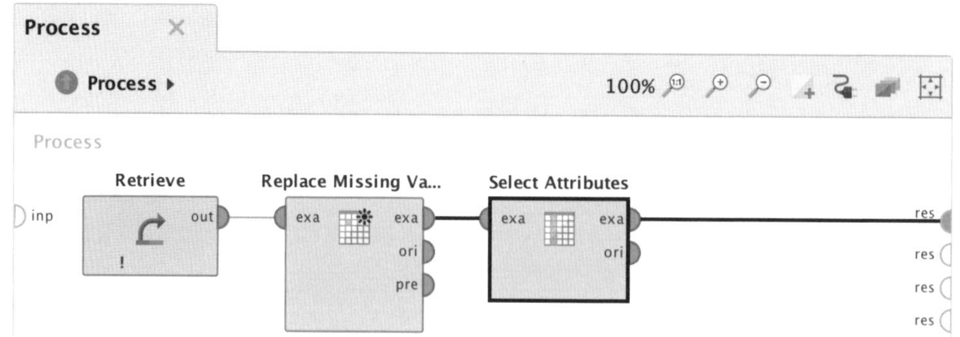

Step 2

設定分割的條件，在這邊選擇「**subset**」，它的功用是讓使用者選擇想要使用的變數，接著按下「**Select Attributes…**」。

圖 5-40 選擇 subset 並按下 Select Attributes…

選擇要使用的變數，簡單來說就是將會用到的移到右邊，不會使用的留在左邊，接著按下 **Apply** 就可以完成。

圖 5-41 選擇建立模型要使用的變數

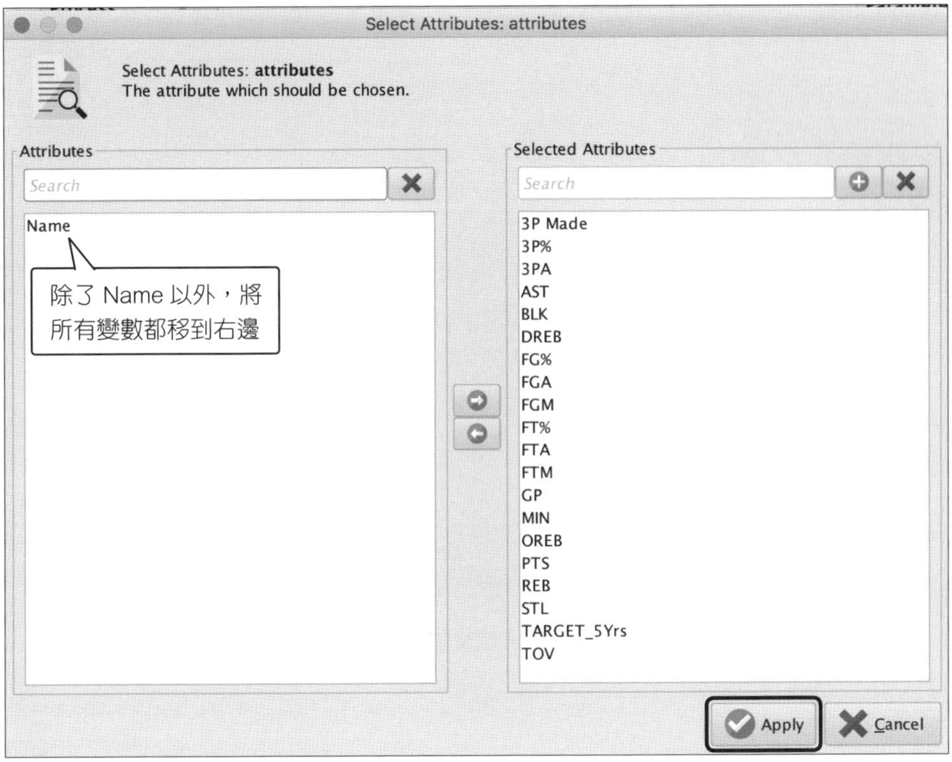

您可以執行看看這個流程，在 Results 畫面確認流程的產出是不是撇除了球員姓名並且保留了其他的變數。

5-4-2 設定目標變數

完成資料選取後，我們還需做一個前置的設定，才能讓接下來要使用的演算法正常運作。如同上一小節所說的，我們的目標變數為 TARGET_5Yrs，這對於執行專案的我們而言是很清楚的，但是電腦軟體並不知道這件事，所以需要將 TARGET_5Yrs 的特殊身份告訴 RapidMiner。

我們的目標是要將 TARGET_5Yrs 這個欄位設定成「目標欄位」。使用「**Set Role**」工具，它可以給予欄位不同的身份 (請參考底下表 5-1 的說明)。

Set Role 工具：給予欄位特定的身份。在 RapidMiner 中，每個欄位都會有特定的身份來表達欄位的用途。

表 5-1 常用的欄位身份說明

欄位身份 (Role)	意義
Regular	一般的欄位，用來當作輸入變數
Id	描述這個欄位的值都是「唯一 (unique)」的，如資料間可以透過這個特殊欄位進行合併 (Join)
Label	代表是目標變數
Prediction	代表欄位的值是「預測值」，也就是透過演算法預測出的結果
Cluster	描述資料屬於哪個群體，後續章節使用「分群」演算法時會用到

圖 5-42　在流程中加入 Set Role 工具

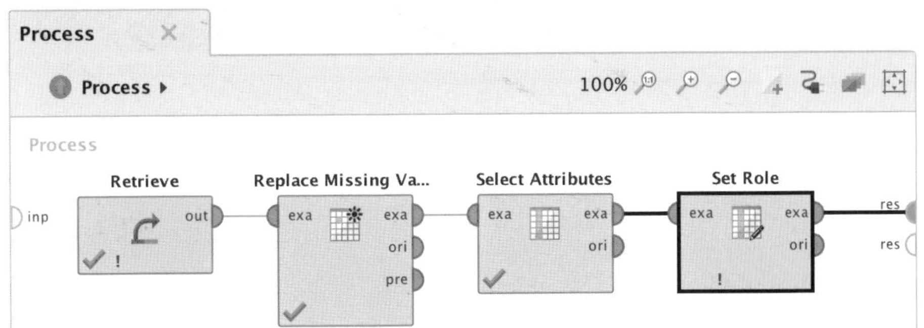

接著在 Set Role 工具的 Parameters 中進行設定，在 **attribute name** 選擇 TARGET_5Yrs，並且在 **target role** 設定為 **label**，label 的意思在 RapidMiner 中就代表「目標變數」。這邊就是將 TARGET_5Yrs 設定為目標變數。

圖 5-43　設定 TARGET_5Yrs 為目標變數 (label)

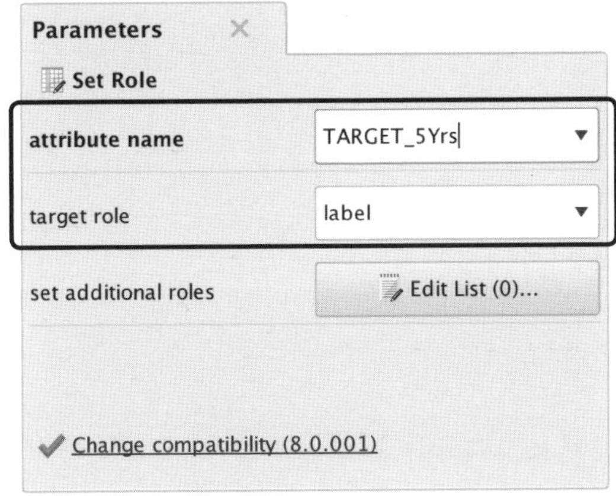

5

5-4-3 切割資料

在 2-4 節提過，建立模型時，需要有一部分資料當作「訓練用」的資料，另一部分當作「測試模型預測能力」的資料，在這邊我們採用隨機抽樣的方式來切割資料。

在 RapidMiner 中，隨機抽樣可以透過「**Split Data**」這個工具來達成，請在 Operators 區域中搜尋「Split Data」並將它加入流程中。

> 小檔案
> **Split Data 工具**：將資料集切割成特定比例的數個小資料集 (例如：切成 50%、30%、20% 三個小資料集)。這個工具的右側 par 接點 (partition) 比較特別，它會依據使用者想要切割小資料集的數量，而產生相對應數量的 par 接點 (例如：切成兩個資料集就會有兩個 par 接點)。別擔心，當您執行完 Step 2、3 後就會更加了解。

圖 5-44 搜尋 Split Data

Operators

split data

Blending (1)

Examples (1)

Sampling (1)

Split Data

圖 5-45 將 Split Data 加入流程

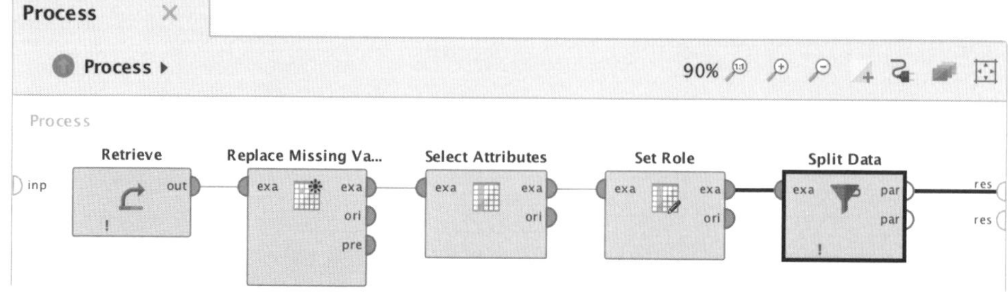

首先要在 Split Data 的 Parameters 中設定資料切割比例。在切割時，我們需要思考訓練集 / 測試集的比例，主要是為了避免**訓練**資料過少，沒辦法讓模型分析資料整體樣貌，同時也避免**測試集**資料過少，出現不客觀的評估現象 (例如：可能剛好模型對於這筆測試集有很優秀的預測能力)。在這邊我們嘗試以 60/40 比例來切割，設定的方式是在 Split Data 的 Parameters 區塊中選擇「**Edit Enumeration**」，按下底下的「**Add Entry**」兩次，接著分別輸入 0.6 和 0.4(圖 5-47)，軟體就會依照比例切割出兩筆資料集。

圖 5-46 Split Data 的 Parameters 區塊

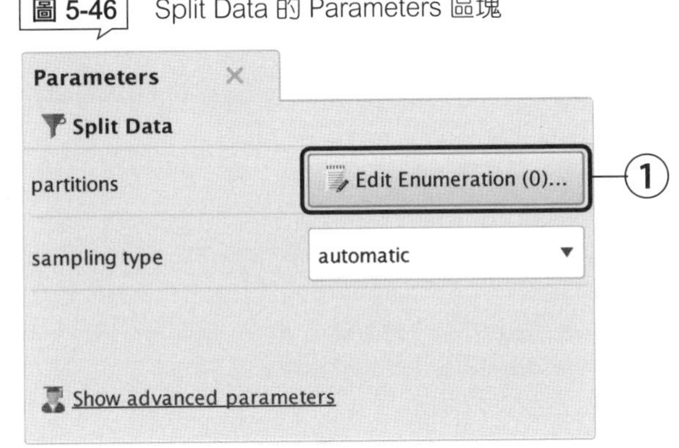

圖 5-47 按下 Add Entry 後設定訓練集 / 測試集切割比例

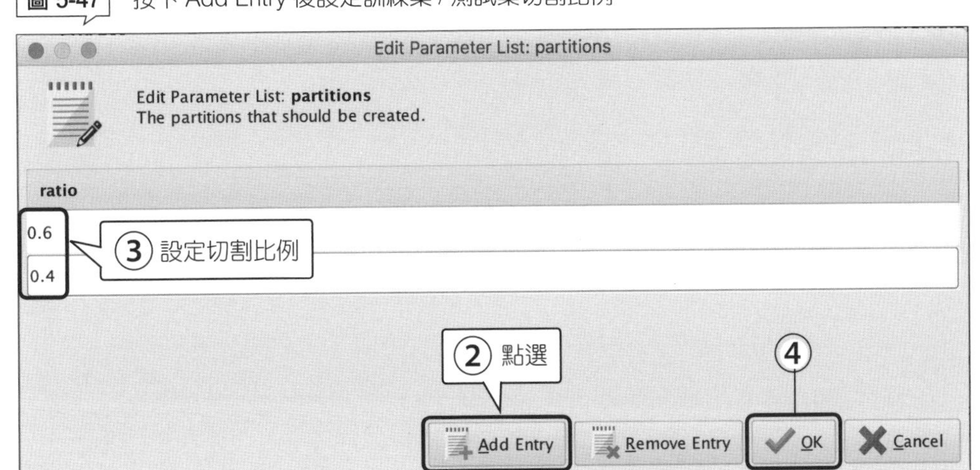

在設定切割比例時，要特別注意輸入時的先後順序，因為這個順序便是 par 輸出接點的資料輸出順序，後續在連接接點時，也要特別注意是否正確連到欲使用的切割資料。

這裡要提供一個小撇步：由於軟體幫我們切割資料時，預設會採用不同的**種子 (seed) 值設定**，因此即便同一台電腦每次執行一次流程都會隨機產生不同的訓練集 / 測試集。不過為了利於書中的解說，我們要做一件「不隨機的隨機抽樣」。在 Split Data 的 Parameters 視窗內點開「**Show advanced parameters**」，勾選 use local random seed 並且設定為 2000。

在隨機抽樣的過程中，每一次抽樣都會使用一個 local random seed(通常以數字表示)，這個 local random seed 會告訴工具這次要用什麼方式抽樣，若沒有指定 local random seed 時，每次抽樣都會用到不同的 local random seed，所以每次產生的抽樣結果都會不同。不過只要我們有指定 local random seed，就會產生每次抽樣結果都相同的「不隨機的隨機抽樣」。設定時，您可以隨便選擇一個數字 (筆者在這案例中隨機選了 2000，但您可以選擇別的數字)，重點在於這個數字要固定，才能確保每次都得到相同的抽樣結果。

圖 5-48 點選「Show advanced parameters」後設定 local random seed

Parameters
Split Data
partitions
Edit Enumeration (2)...
sampling type
automatic
use local random seed
local random seed
2000
Hide advanced parameters
① 點選
②

完成上述步驟定後，請將 Split Data 工具的兩個右側 **par** 接點，分別與 Process 的 **res** 接點相接，接著按下執行 ▶ 鈕。如果軟體成功幫您切割出了兩個小資料集，那麼在 Results 的畫面中，就會出現兩個 ExampleSet 的表格 (圖 5-50 和圖 5-51)。您也可從這兩張圖驗證，其中一個小資料集有 60% 的資料 (1,340 × 60% = 804 examples)、另一個小資料集則有 40% 的資料 (1,340 × 40% = 536 examples)。

圖 5-49 將 Split Data 右側兩個 par 與 Process 的 res 接點相接，然後執行

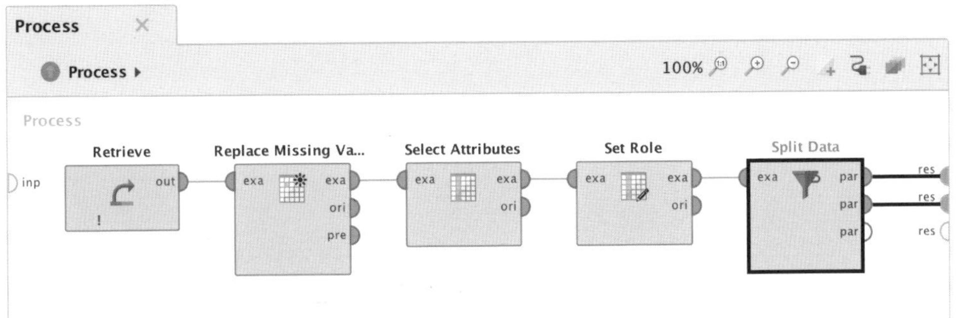

圖 5-50 Split Data 結果 (1) 擁有 60% 的小資料集 (804 筆資料)

Views: Design | Results

Result History | ExampleSet (Split Data) | ExampleSet (Split Data)

Data | Statistics | Charts | Advanced Charts | Annotations

ExampleSet (804 examples, 1 special attribute, 19 regular attributes)

Row No.	TARGET_5Y...	3P%	GP	MIN	PTS	FGM	FGA
1	0.0	25	36	27.400	7.400	2.600	7.600
2	0.0	23.500	35	26.900	7.200	2	6.700
3	1.0	30	48	10.300	5.700	2.300	5.400
4	0.0	21.400	42	8.500	3.700	1.400	3.500
5	1.0	13.600	40	6.700	3.600	1.200	3
6	0.0	30.100	45	15.300	5.600	1.900	6
7	1.0	0	44	6.400	2.400	1	1.900
8	0.0	21.400	41	4.200	1.700	0.600	1.600
9	0.0	22.700	82	37.200	19.200	7.500	15.300
10	1.0	13.300	76	30.300	10.600	4.400	11.700
11	0.0	32	61	29.600	12	4.900	10.700
12	0.0	0	32	15.200	6.300	2.800	5.200
13	1.0	0	76	29.300	10.400	4	7.800
14	0.0	43.400	52	24.600	9.300	3.100	6.800

圖 5-51 Split Data 結果 (2) 擁有 40% 的小資料集 (536 筆資料)

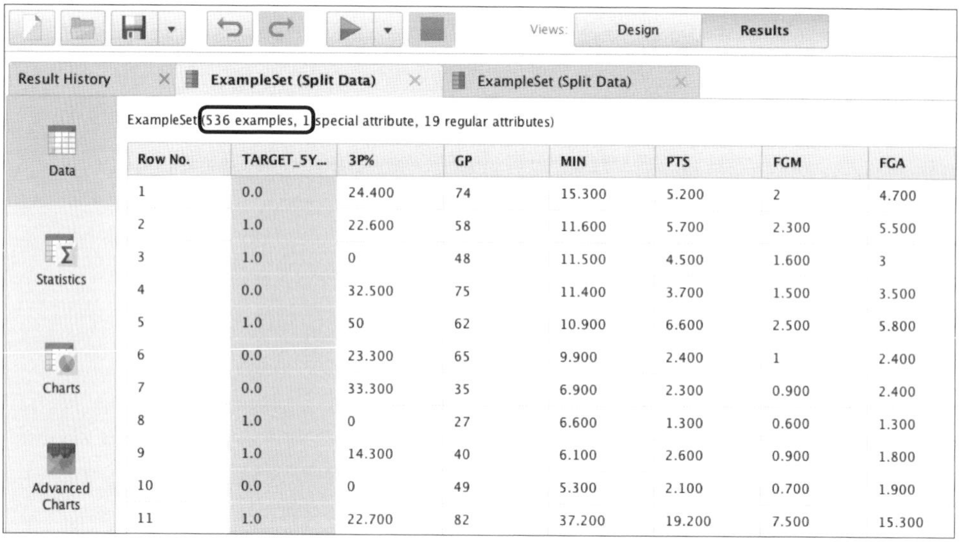

Views: Design Results

Result History | ExampleSet (Split Data) | ExampleSet (Split Data)

Data / Statistics / Charts / Advanced Charts

ExampleSet (536 examples, 1 special attribute, 19 regular attributes)

Row No.	TARGET_5Y...	3P%	GP	MIN	PTS	FGM	FGA
1	0.0	24.400	74	15.300	5.200	2	4.700
2	1.0	22.600	58	11.600	5.700	2.300	5.500
3	1.0	0	48	11.500	4.500	1.600	3
4	0.0	32.500	75	11.400	3.700	1.500	3.500
5	1.0	50	62	10.900	6.600	2.500	5.800
6	0.0	23.300	65	9.900	2.400	1	2.400
7	0.0	33.300	35	6.900	2.300	0.900	2.400
8	1.0	0	27	6.600	1.300	0.600	1.300
9	1.0	14.300	40	6.100	2.600	0.900	1.800
10	0.0	0	49	5.300	2.100	0.700	1.900
11	1.0	22.700	82	37.200	19.200	7.500	15.300

> 您可以試著反覆執行這個流程，因為有設定 local random seed，所以每次執行都能得到相同的結果。

5-4-4 建立決策樹模型(Decision Tree)

接續上一小節提到的 Split Data 工具，我們要特別留意它的**輸出接點(par)**，第一個 par 接點輸出的是 60% 的訓練資料，第二個 par 接點是輸出 40% 的測試資料，清楚 Split Data 的輸出接點後，就能正式來建立「**決策樹(Decision Tree)**」模型。決策樹模型會計算出各個輸入變數對於預測目標變數的「影響力」，影響力以專業的術語來說稱為「**權重 (weights)**」，權重越高影響力就越大。詳細的模型運作解說，我們會在第 5-5-1 小節進一步說明。

我們的目標是先使用「訓練」資料集訓練出一個決策樹模型，接著使用「測試」資料集來評估模型的預測分類能力，最後透過這個模型，就可以產出一個「預測新秀能不能在 NBA 生存五年以上」的分類模型。

在流程中加入「**Decision Tree**」工具，**要特別注意我們是將 Decision Tree 接在 Split Data 的第一個 par 輸出接點**。這代表我們要使用「訓練集」來訓練模型。

> 小檔案
>
> **Decision Tree** (決策樹) 工具：產生一個決策樹模型，可以用來解決分類問題，也可以解決迴歸問題 (之後會在第 6 章使用到)。此工具的左側 **tra 接點 (training set)**，是用來與資料集相接，**此處通常就是與訓練資料集相接**。右側的 **mod 接點 (model)** 可以輸出建立好的決策樹模型，模型講白話一點就是一連串的算式，mod 接點就是將一連串的算式傳出去。此工具右側的 **exa 接點**與前面遇到的工具的 exa 接點意義不同，這裡會直接輸出 tra 接點接收到的資料集 (此工具的 exa 輸出接點等同於其他工具的 ori 輸出接點)。而 **wei 接點 (weights)** 會產出輸入變數對預測目標變數的權重值。

圖 5-52 加入 Decision Tree 工具

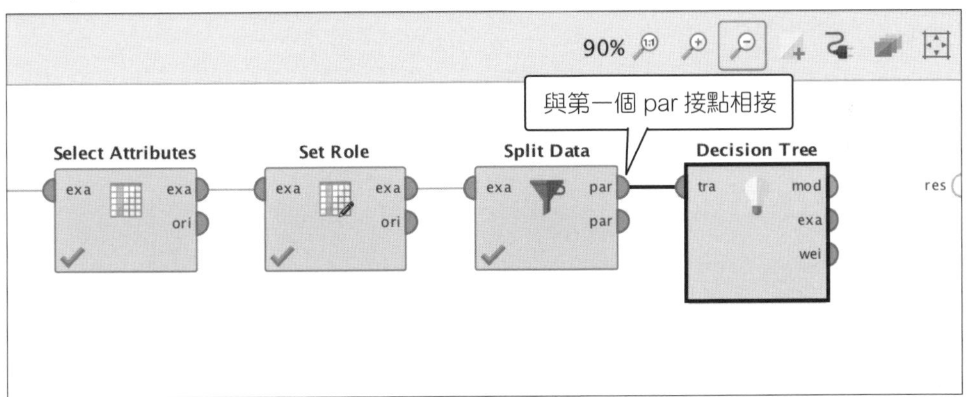

> 讀者在搜尋時可能會發現 Operators 中有很多屬於「Tree」類別的演算法，簡單來說它們都是出自同一個家庭，為了應用到某些特殊情況，才會衍生出各種調整過的決策樹演算法，這部分就留給各位讀者去探索。

接著請搜尋「Apply Model」工具，並且加入到流程中。將 Apply Model 的左側 **mod 接點**與 Decision Tree 的**右側 mod 接點**相連，同時也將 Apply Model 的左側 **unl 接點**與 Split Data 的第二個 **par 接點**相連。這個動作表示我們要將 Step 1 訓練過的決策樹模型套用到測試資料集。**所以在這個步驟時，我們已經在對測試資料集進行預測了。**

小檔案

Apply Model 工具：採用其他工具建立的模型，將模型套用到指定的資料集。因此左側的 **mod** 接點 (model) 就是用來接收其他工具產生的模型，而 **unl** 接點 (unlabelled data) 用來接收資料集。將接收到的資料集經過模型運算後，會從右側的 **lab** 接點 (labelled data) 輸出含有「目標變數預測值」的資料集 (請參考圖 5-54)。而右側的 **mod** 接點 (model) 則會直接輸出左側 mod 接點接收到的模型。

以實際應用面來解說 Apply Model 工具，就是讓使用者可以將「已經訓練過的模型」套用到「測試資料集」，如此一來就可以評估模型的好壞。在執行預測類型的專案時，會分成訓練集和測試集，因此會大量使用到 Apply Model，一定要熟悉這個工具的使用方式。

圖 5-53 使用 Apply Model 連接訓練模型和測試資料

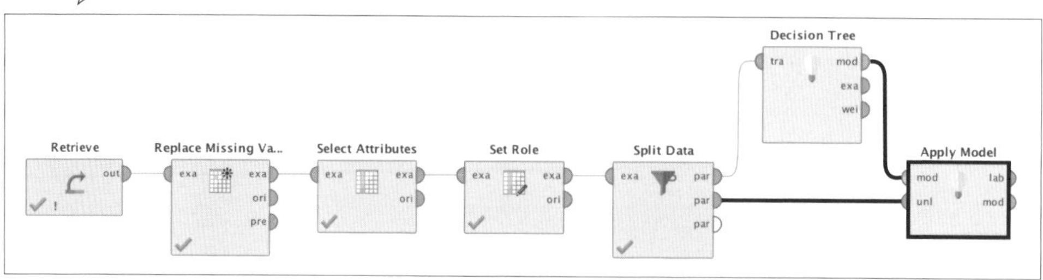

進行到這邊，流程漸趨複雜，若您在加入工具的過程中，發現接點間的拉線出錯了，可以直接點選拉錯的那條線，然後按下鍵盤上的 delete 鍵，就可以刪除這條線，然後重拉。

圖 5-54 Apply Model 工具右側 lab 接點輸出結果的示意圖

Row No.	TARGET_5Yrs	prediction(TARGET_5Yrs)	confidence(...	confidence(...	3P%	GP	MIN	PTS	FGM
1	0.0	1.0	0.344	0.656	24.400	74	15.300	5.200	2
2	1.0	[illegible]	[illegible]4	0.656	22.600	58	11.600	5.700	2.300
3	1.0	[illegible]	[illegible]4	0.656	0	48	11.500	4.500	1.600
4	0.0	1.0	0.344	0.656	32.500	75	11.400	3.700	1.500
5	1.0	1.0	0.344	0.656	50	62	10.900	6.600	2.500
6	0.0	1.0	0.344	0.656	23.300	65	9.900	2.400	1
7	0.0	1.0	0.344	0.656	33.300	35	6.900	2.300	0.900
8	1.0	1.0	0.344	0.656	0	27	6.600	1.300	0.600
9	1.0	1.0	0.344	0.656	14.300	40	6.100	2.600	0.900
10	0.0	1.0	0.344	0.656	0	49	5.300	2.100	0.700
11	1.0	1.0	0.344	0.656	22.700	82	37.200	19.200	7.500
12	1.0	1.0	0.344	0.656	11.100	80	31.400	14.300	5.900
13	1.0	1.0	0.344	0.656	16.700	82	30.500	13.300	5.400
14	1.0	1.0	0.344	0.656	0	76	22.500	8.800	3.800
15	0.0	1.0	0.344	0.656	39	78	22	10.100	3.900
16	1.0	1.0	0.344	0.656	4.300	82	19.600	7.400	3.100
17	1.0	1.0	0.344	0.656	0	48	18.900	9.100	3.600

目標變數預測值

當我們對測試資料作出預測之後，就要評斷模型的預測能力好不好。在實際操作上，並不是直接針對模型做評估，而是利用模型產生的預測值，藉由比對「預測值」和「真實值」之間的差異，來評斷預測能力的好壞。評斷模型的預測能力就像教授幫學生打成績一樣，有多種**「評斷指標」**。在 RapidMiner 我們只需使用 **Performance** 這個工具，就能得到幾個常用的評斷指標。請將 Performance 的左側 **lab 接點**與 Apply Model 右側的 **lab 接點**相連，這表示將針對這個含有目標變數「真實值」和「預測值」的測試資料集進行評估。

小檔案

Performance 工具：根據某個擁有預測值和真實值的資料集，產生多種評斷指標，且會依據執行的專案類型，產出相對應的指標。左側的 **lab** 接點 (labelled data) 用來接收含有目標變數「真實值」和「預測值」的資料集，如此才能比對兩者數值間的差異。右側的 **per** 接點 (performance vector) 便是輸出評斷指標。而右側的 **exa** 接點 (example set) 則會直接輸出 **lab** 接點接收到的資料集。 至於左側的 **per** 接點 (performance vector) 是接收評斷指標，也就是要透過其他的 Performance 工具輸出評斷指標到此接點，但這是比較少見的操作方式，因此本書不多作介紹。

上頁文字中提到**評斷指標**，各種指標包括「分類」專案所用的**混淆矩陣 (Confusion Matrix)**（您將在第 5-5 節看到）、「迴歸」專案所用的 RMSE、MSE 等（將在第 6 章說明）。

圖 5-55 透過 Performance 工具計算模型預測能力

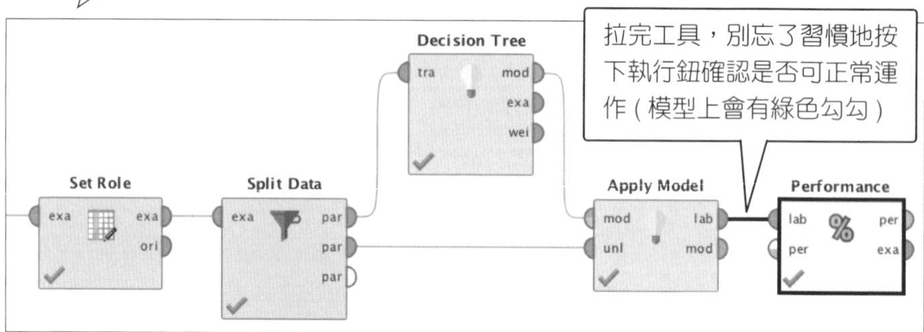

這步驟要決定流程要產生什麼結果給我們，因為這是本書的第一個案例，所以讀者們可能還沒有經驗決定要看到哪些結果，因此筆者在這邊會先說出我們期望看到的產出，請您先記得這些名稱，等到第 5-5 節說明模型產出時，透過圖片與文字的說明，就會更瞭解了。

通常我們會希望看到三樣產出：有**預測值和真實值的測試集**（將 Performance 的右側 exa 接點連到 Process 的 res 接點）、**模型的評斷指標**（將 Performance 的右側 per 接點連到 Process 的 res 接點）以及**建立的模型**（將 Apply Model 的右側 mod 接點連到 Process 的 res 接點）。請參考圖 5-56 連接妥當，而這三個產出請依序參考圖 5-57 至圖 5-59。

圖 5-56 完整的決策樹模型流程

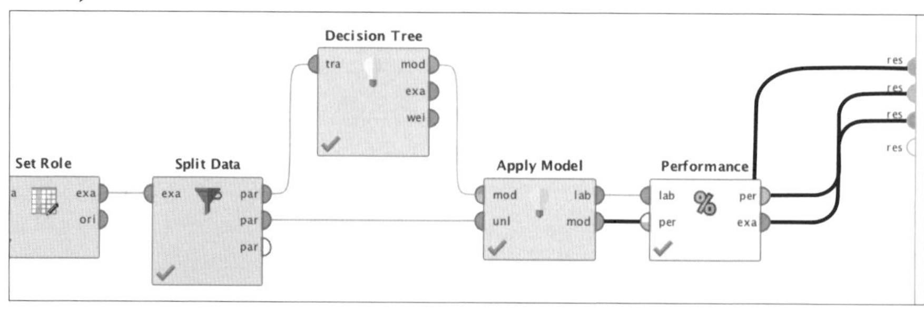

進行到這邊，我們已經成功建立了一個判斷 NBA 新秀潛力的**決策樹**分類模型。若您按下**執行** ▶ 鈕，應該可以在 Results 頁面看到如圖 5-57 至圖 5-59 這三個結果。至於如何解釋決策樹模型的產出，我們會在下一節說明。

圖 5-57　決策樹模型產生的有預測值和實際值的測試集

Views: Design | Results

Result History | ExampleSet (Apply Model) | PerformanceVector (Performance) | Tree (Decision Tree)

ExampleSet (536 examples, 4 special attributes, 19 regular attributes)

Row No.	TARGET_5Y...	prediction(...	confidence(...	confidence(...	3P%	GP	MIN	PTS
1	0.0	1.0	0.344	0.656	24.400	74	15.300	5.200
2	1.0	1.0	0.344	0.656	22.600	58	11.600	5.700
3	1.0	1.0	0.344	0.656	0	48	11.500	4.500
4	0.0	1.0	0.344	0.656	32.500	75	11.400	3.700
5	1.0	1.0	0.344	0.656	50	62	10.900	6.600
6	0.0	1.0	0.344	0.656	23.300	65	9.900	2.400
7	0.0	1.0	0.344	0.656	33.300	35	6.900	2.300
8	1.0	1.0	0.344	0.656	0	27	6.600	1.300
9	1.0	1.0	0.344	0.656	14.300	40	6.100	2.600
10	0.0	1.0	0.344	0.656	0	49	5.300	2.100
11	1.0	1.0	0.344	0.656	22.700	82	37.200	19.200
12	1.0	1.0	0.344	0.656	11.100	80	31.400	14.300
13	1.0	1.0	0.344	0.656	16.700	82	30.500	13.300
14	1.0	1.0	0.344	0.656	0	76	22.500	8.800
15	0.0	1.0	0.344	0.656	39	78	22	10.100

圖 5-58　決策樹模型的評斷指標

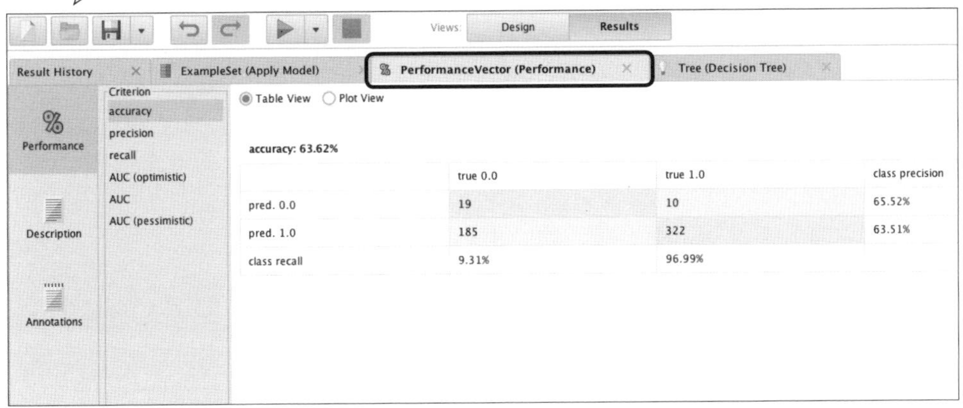

accuracy: 63.62%

	true 0.0	true 1.0	class precision
pred. 0.0	19	10	65.52%
pred. 1.0	185	322	63.51%
class recall	9.31%	96.99%	

圖 5-59 建立的決策樹模型

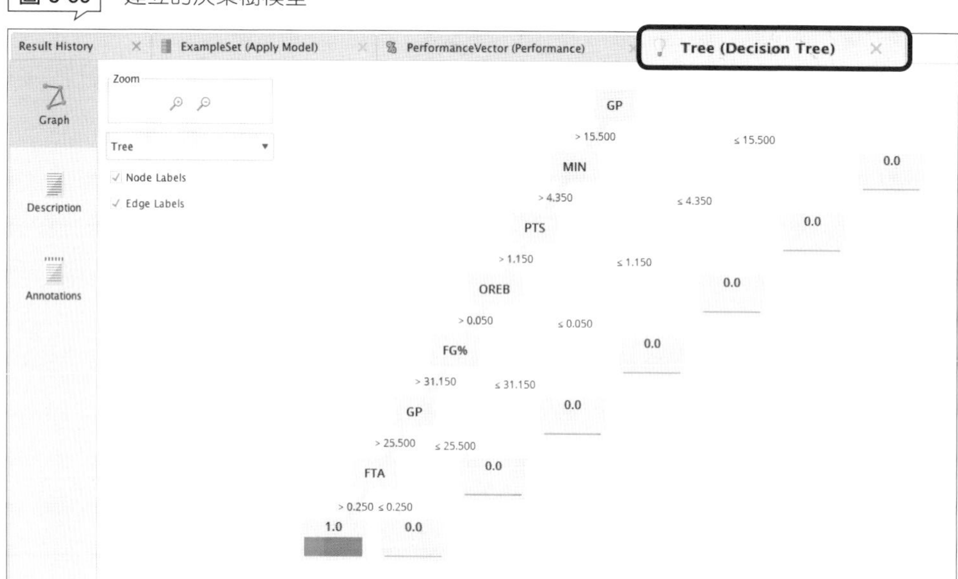

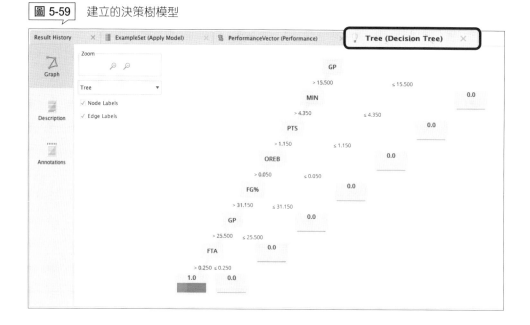

5-4-5 建立邏輯迴歸模型(Logistic Regression)

通常在進行資料科學專案時，我們很難只用一個模型就確定這是最佳模型，大多時候會嘗試建立其他模型來互相比較，才能得知模型的好壞。本書目的是讓讀者們學習到執行資料科學專案的流程以及重要觀點，因此不會花費過多篇幅去建立很多模型，本節僅額外再建立另一個分類模型 - **邏輯迴歸模型**，目的是讓讀者學習如何比較模型的預測能力 (比較方法會在 5-5 節解說)。

之所以選擇邏輯迴歸模型，原因如同第 5-4 節開頭所說，它產出的分析結果是易於解讀的 (可以解釋每個輸入變數對於目標變數的影響力)，對應到我們的資料分析目標：「透過球員在菜鳥球季的數據表現，來預測球員能不能在 NBA 奮鬥五年以上」，藉由邏輯迴歸模型，我們也能解讀哪些數據會特別影響球員能否在 NBA 有長久的表現。

請大家先回憶一下，我們在建立決策樹模型之前，有做了資料切割的動作 (圖 5-45)，接著才建立決策樹模型。但是現在出現了一個問題，由於 Split Data 的兩個 par 輸出接點，都已經被使用掉了，那麼我們該如何使用相同的資料建立另一個模型呢？這時需要一點小技巧：「複製」出一個相同的資料切割流程，然後再建立邏輯迴歸模型就行了。

對著原本的 Split Data 工具按下 **copy**(滑鼠右鍵 ->copy)，然後在流程中貼上一個一模一樣的 Split Data 工具 (滑鼠右鍵 ->paste)。

圖 5-60 複製貼上一個相同的 Split Data 工具

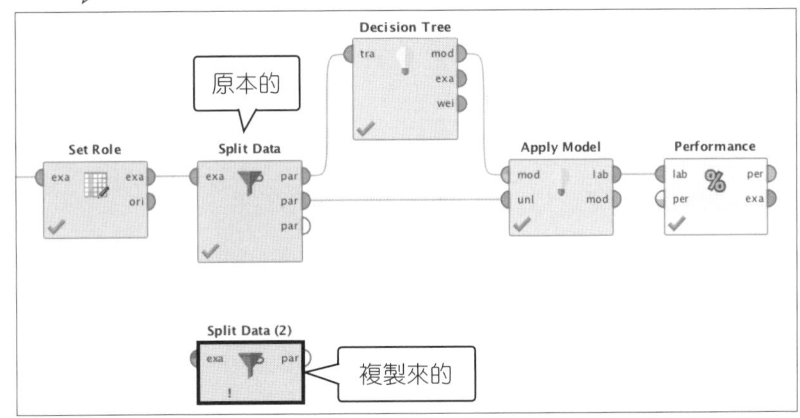

這時大家可能會發現，原本連到 Split Data 工具的 Set Role 工具，已經沒有可用的 exa 輸出接點可以連到複製出的 Split Data 工具，所以這邊有另一個重要的工具需要讀者們熟悉，它叫做「**Multiply**」。先將原本的線刪除，接著將 Set Role 工具的右側 **exa** 接點改連到 Multily 的左側 **inp** 接點，最後將 Multily 工具的右側 **out** 接點依序與兩個 Split Data 工具的左 **exa** 接點相連。

Multiply 工具：功能是將左側的 **inp** 接點 (input) 接收到的東西，完整地複製給右側的 **out** 接點 (output)，並且可以根據使用者需求，複製出多個相同的 out 接點供使用者運用。

圖 5-61 以 Multiply 工具連接 Set Role 和兩個相同的 Split Data 工具

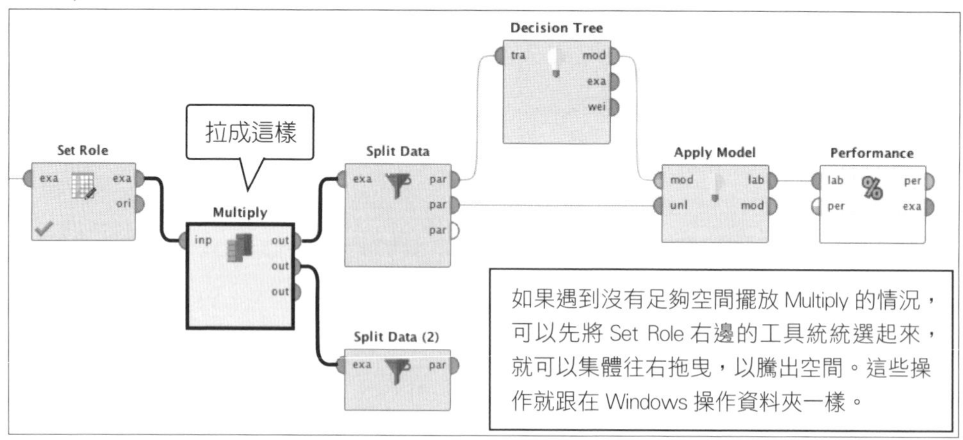

接著就透過「**Logistic Regression**」工具建立邏輯迴歸模型。同樣的，我們是將下方的 Split Data(2) 工具的右側第一個 **par** 接點與 Logistic Regression 的左側 **tra** 接點相連。這個接法表示要用訓練資料集來訓練一個邏輯迴歸模型。

小檔案

Logistic Regression (邏輯迴歸) 工具：產生一個邏輯迴歸模型，只可以用來解決分類問題。左側的 **tra 接點** (training set)，是用來與資料集相接，**此處通常就是與訓練資料集相接**。右側的 **mod 接點** (model) 可以輸出建立好的邏輯迴歸模型。右側的 **exa 接點**則會直接輸出左側的 tra 接點接收到的資料集。右側的 **wei 接點** (weights) 會產出輸入變數對目標變數的權重值。最後一個 **thr 接點** (threshold) 需要與「Apply Threshold」工具一起使用，簡單說它是用來調整預測結果的。

thr 接點在本書中不會使用到，但是 threshold 的概念會在第 5-5-2 節提到。

圖 5-62 加入 Logistic Regression 工具

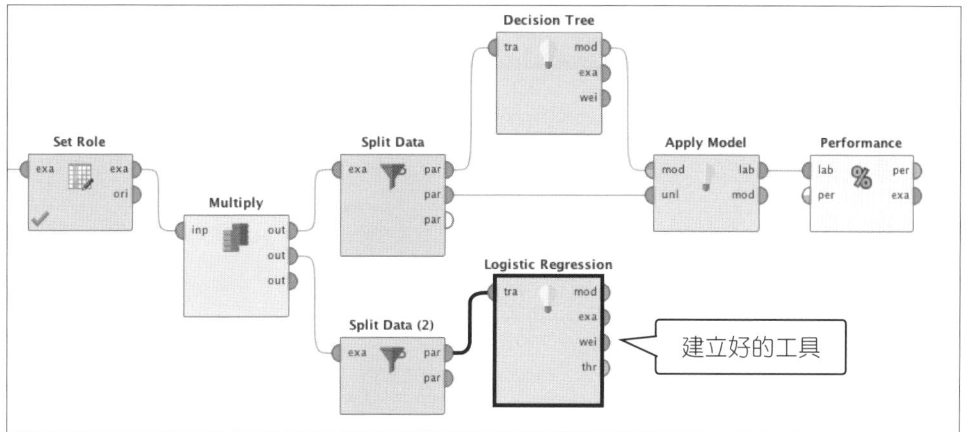

這個步驟我們一樣仿造先前建立決策樹模型的動作，採用 Apply Model 和 Performance 工具來評估模型 (接法請參考第 5-4-4 節的 Step 2、3)。

圖 5-63 加入 Apply Model 與 Performance 工具

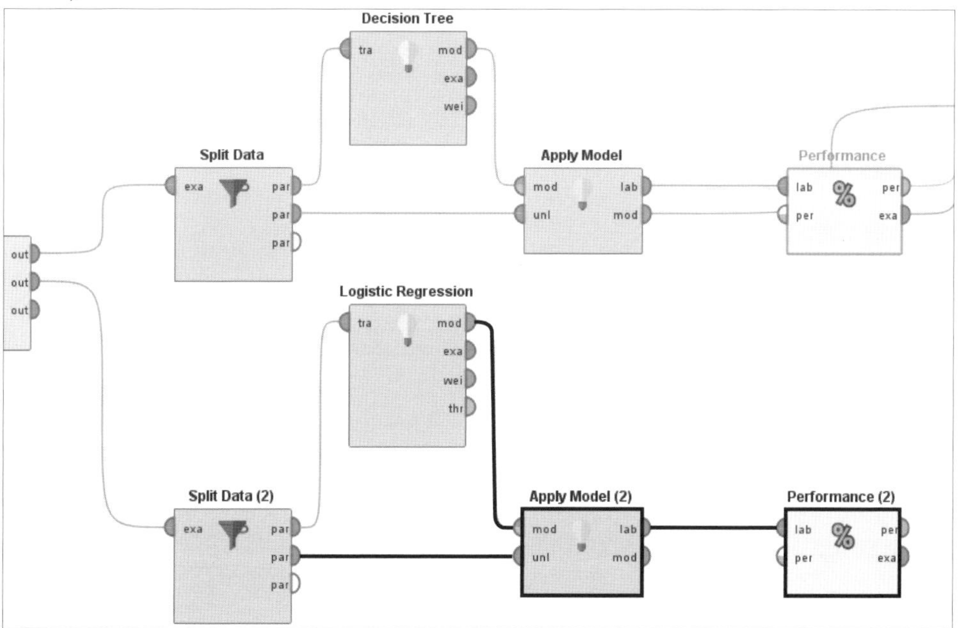

最後，如同 5-48 頁的 Step 4，也將 (1) 有預測值和實際值的測試集、(2) 模型的評斷指標以及 (3) 建立的邏輯迴歸模型這三個產出連接到 Process 的 **res** 接點。接線完成後，請按下**執行** ▶ 鈕。

圖 5-64 完整建立兩個分類預測模型

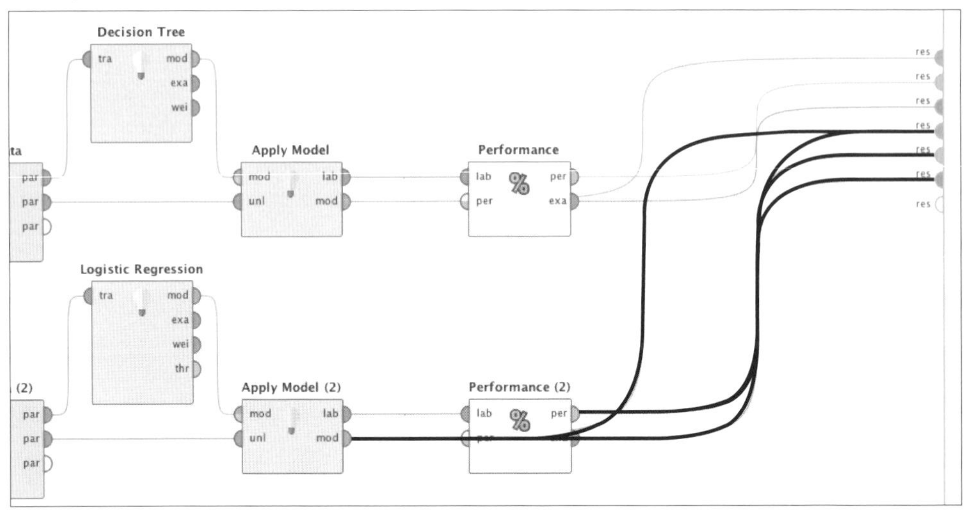

當流程成功執行後，您會在 Results 頁面發現共有 6 個結果產出，包括先前 3 個決策樹模型的產出 (圖 5-57 至圖 5-59)，以及此處新增的 3 個邏輯迴歸模型的產出 (圖 5-65 至圖 5-67)。同樣的，我們將討論模型產出的部分留到第下一節一併說明。

圖 5-65 邏輯迴歸模型產生的有預測值和實際值的測試集

Views Design Results

ExampleSet (Apply Model) | PerformanceVector (Performance)

Result History | ExampleSet (Apply Model (2)) | PerformanceVector (Performance (2))

Data | Statistics

ExampleSet (536 examples, 4 special attributes, 19 regular attributes)

Row No.	TARGET_5Y...	prediction(...	confidence(...	confidence(...	3P%	GP	MIN
1	0.0	0.0	0.549	0.451	24.400	74	15.300
2	1.0	1.0	0.367	0.633	22.600	58	11.600
3	1.0	1.0	0.488	0.512	0	48	11.500
4	0.0	1.0	0.391	0.609	32.500	75	11.400

圖 5-66　邏輯迴歸模型的評斷指標

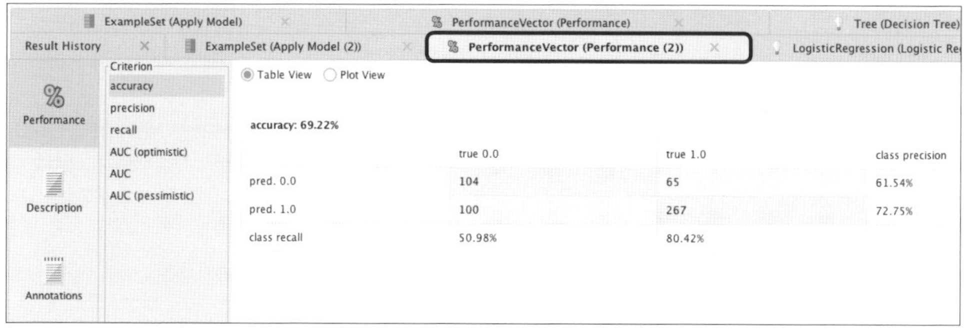

	true 0.0	true 1.0	class precision
pred. 0.0	104	65	61.54%
pred. 1.0	100	267	72.75%
class recall	50.98%	80.42%	

圖 5-67　建立的邏輯迴歸模型

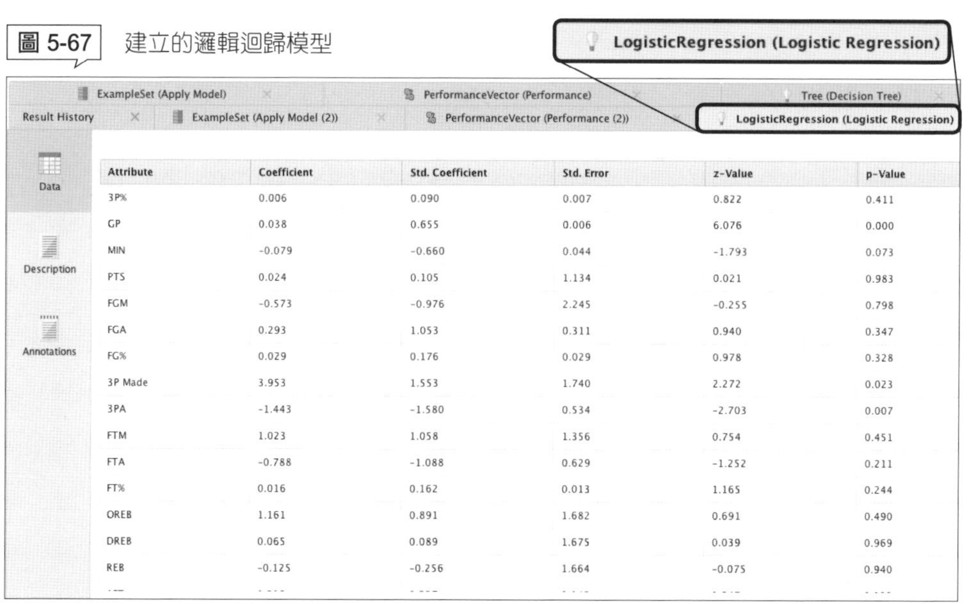

Attribute	Coefficient	Std. Coefficient	Std. Error	z-Value	p-Value
3P%	0.006	0.090	0.007	0.822	0.411
GP	0.038	0.655	0.006	6.076	0.000
MIN	-0.079	-0.660	0.044	-1.793	0.073
PTS	0.024	0.105	1.134	0.021	0.983
FGM	-0.573	-0.976	2.245	-0.255	0.798
FGA	0.293	1.053	0.311	0.940	0.347
FG%	0.029	0.176	0.029	0.978	0.328
3P Made	3.953	1.553	1.740	2.272	0.023
3PA	-1.443	-1.580	0.534	-2.703	0.007
FTM	1.023	1.058	1.356	0.754	0.451
FTA	-0.788	-1.088	0.629	-1.252	0.211
FT%	0.016	0.162	0.013	1.165	0.244
OREB	1.161	0.891	1.682	0.691	0.490
DREB	0.065	0.089	1.675	0.039	0.969
REB	-0.125	-0.256	1.664	-0.075	0.940

執行到這邊，我們成功建立了兩個分類預測模型：**決策樹**和**邏輯迴歸模型**。回顧本節的操作，一開始我們先移除了不會用到的變數，接著切割訓練集和測試集資料，最後才是分別建立兩個分類模型。讀者在第一個案例中使用 RapidMiner 或許會有些陌生，尤其是工具間的連接可能常接錯，其實操作是很直覺的，萬一拉錯了點選線按 delete 就可以刪除。在下一節，我們要正式來了解模型產出結果的意義，以及評估模型的預測能力到底好不好。

5-5 模型評估

本節來討論前面建立的兩個模型的預測能力如何？模型產生的結果該怎麼解讀？以及我們該怎麼運用這些模型？

5-5-1 解讀決策樹模型

首先來了解**決策樹**模型該如何解讀，RapidMiner 提供了兩種呈現模型的方式，在 Result 頁面可以看到產生的結果。

❶ **圖形化的樹狀圖**：如圖 5-68，在 Result 頁面選擇 Tree(Decision Tree) 再按下左側的 Graph 即可看到，樹狀圖能幫助理解模型是如何透過輸入的資料來解析問題。

❷ **文字條列化**：如圖 5-69，在 Result 頁面選擇 **Tree(Decision Tree)** 再按下 Description 即可看到。

圖 5-68 圖形化的決策樹模型

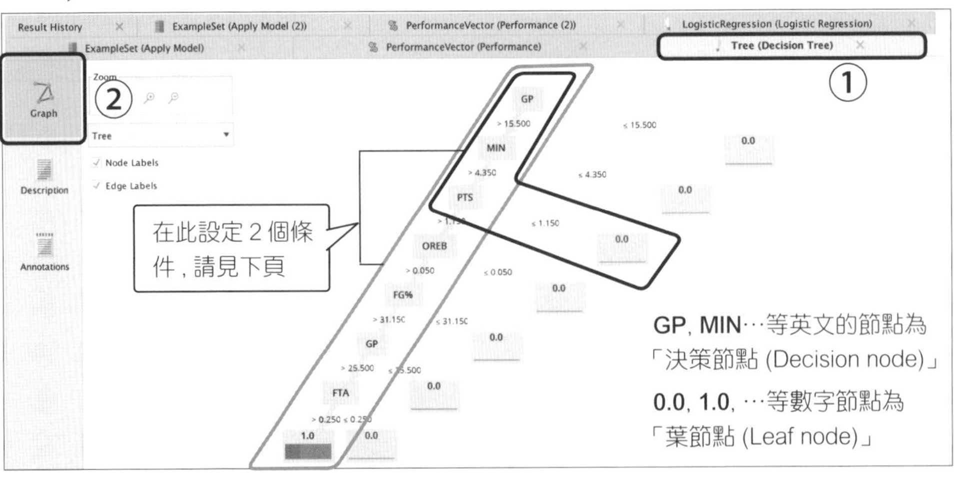

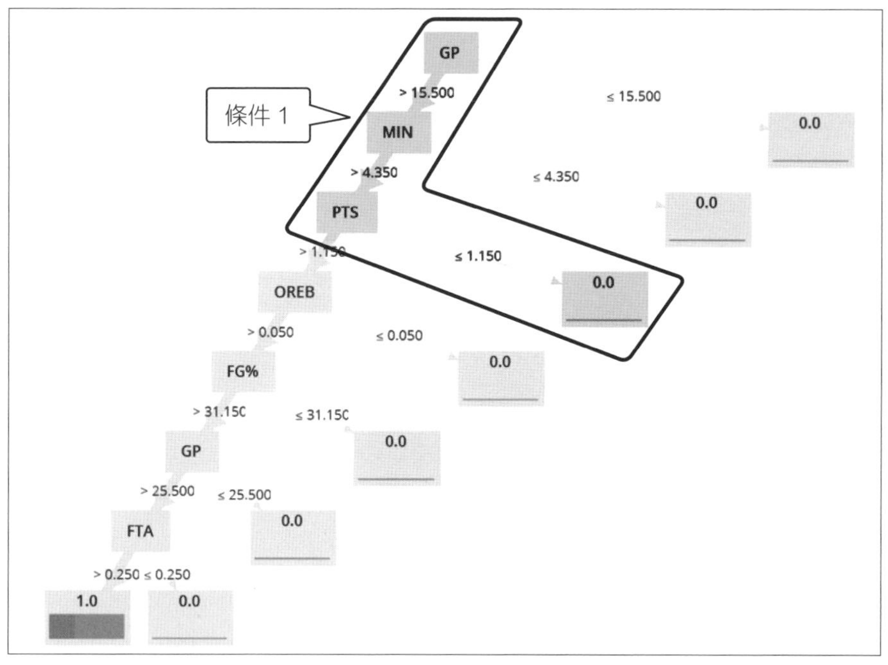
條件 1
GP
> 15.500
≤ 15.500
0.0
MIN
> 4.350
≤ 4.350
0.0
PTS
> 1.150
≤ 1.150
0.0
OREB
> 0.050
≤ 0.050
0.0
FG%
> 31.150
≤ 31.150
0.0
GP
> 25.500
≤ 25.500
0.0
FTA
> 0.250
≤ 0.250
1.0
0.0

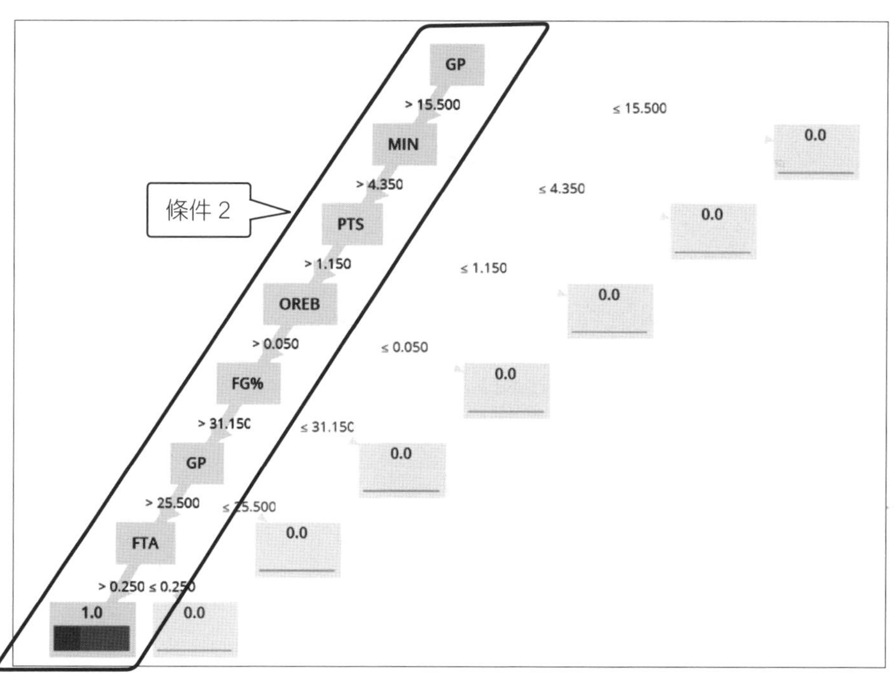
條件 2
GP
> 15.500
≤ 15.500
0.0
MIN
> 4.350
≤ 4.350
0.0
PTS
> 1.150
≤ 1.150
0.0
OREB
> 0.050
≤ 0.050
0.0
FG%
> 31.150
≤ 31.150
0.0
GP
> 25.500
≤ 25.500
0.0
FTA
> 0.250
≤ 0.250
1.0
0.0

5

圖 5-69 文字條列化的決策樹模型

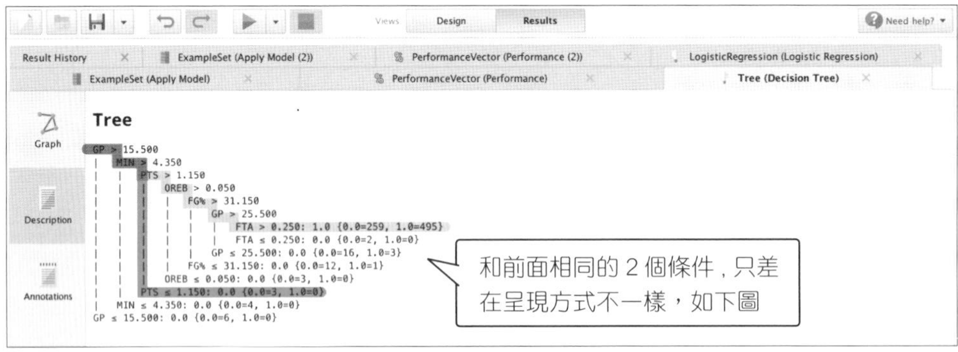

條件 1

```
GP > 15.500
|   MIN > 4.350
|   |   PTS > 1.150
|   |   |   OREB > 0.050
|   |   |   |   FG% > 31.150
|   |   |   |   |   GP > 25.500
|   |   |   |   |   |   FTA > 0.250: 1.0 {0.0=259, 1.0=495}
|   |   |   |   |   |   FTA ≤ 0.250: 0.0 {0.0=2, 1.0=0}
|   |   |   |   |   GP ≤ 25.500: 0.0 {0.0=16, 1.0=3}
|   |   |   |   FG% ≤ 31.150: 0.0 {0.0=12, 1.0=1}
|   |   |   OREB ≤ 0.050: 0.0 {0.0=3, 1.0=0}
|   |   PTS ≤ 1.150: 0.0 {0.0=3, 1.0=0}
|   MIN ≤ 4.350: 0.0 {0.0=4, 1.0=0}
GP ≤ 15.500: 0.0 {0.0=6, 1.0=0}
```

條件 2

```
GP > 15.500
|   MIN > 4.350
|   |   PTS > 1.150
|   |   |   OREB > 0.050
|   |   |   |   FG% > 31.150
|   |   |   |   |   GP > 25.500
|   |   |   |   |   |   FTA > 0.250: 1.0 {0.0=259, 1.0=495}
|   |   |   |   |   |   FTA ≤ 0.250: 0.0 {0.0=2, 1.0=0}
|   |   |   |   |   GP ≤ 25.500: 0.0 {0.0=16, 1.0=3}
|   |   |   |   FG% ≤ 31.150: 0.0 {0.0=12, 1.0=1}
|   |   |   OREB ≤ 0.050: 0.0 {0.0=3, 1.0=0}
|   |   PTS ≤ 1.150: 0.0 {0.0=3, 1.0=0}
|   MIN ≤ 4.350: 0.0 {0.0=4, 1.0=0}
GP ≤ 15.500: 0.0 {0.0=6, 1.0=0}
```

以筆者個人經驗而言，這兩者呈現方式的關係是相輔相成的，**樹狀圖**讓我們快速清楚模型的分類條件，而**文字條列化**更將每一個葉節點 (leaf node) 中的資料分布情況表現出來。

以白話的方式來解釋決策樹模型背後的邏輯，我們分析的問題為「透過 NBA 球員的菜鳥球季數據預測球員是否可以在球場上征戰超過五個球季」，這棵樹最大的目的就是透過一連串樹狀分岔的架構，產生最有效分辨球員是否可以在場上征戰超過五個賽季的「規則」。

來練習解釋看看圖 5-68 中的條件一：「**當新秀球員在菜鳥賽季，上場 (GP) 超過 15 場比賽且場均上場 (MIN) 超過 4.35 分鐘，但是平均得分（PTS）卻不能得超過 1.15 分，那麼這位球員沒辦法在 NBA 奮鬥超過五年 (葉節點為 0.0)**。」所以當我們的測試資料或是未來的新資料，放進模型只要符合這個條件的，我們就會將他歸類為「不會在 NBA 奮鬥超過五年」。

再來練習解釋一次被決策樹歸類為「會在 NBA 奮鬥超過五年 (葉節點為 1.0)」的分類條件 (圖 5-68 條件二)：「**當新秀球員在菜鳥賽季，上場超過 25 場比賽（GP）且場均上場（MIN）超過 4.35 分鐘、得超過 1.15 分（PTS）、抓超過 0.05 個進攻籃板（OREB），同時場均罰 0.25 顆罰球（FTA）以上且有高於 31.15% 的命中率（FG%），那麼這位球員可以在 NBA 奮鬥超過五年 (葉節點為 1.0)**。」所以透過條件二，我們就可以告訴球隊老闆，以上這七個變數的重要性，如果球員能夠符合這些條件，那麼他在聯盟中可能比其他球員有高的競爭力。

> 在圖 5-68 的條件二中，是否發現決策節點有出現兩個 GP ？我們在描述時卻只有講一次，看一下這兩個 GP 分別是 GP>15.5 且 GP>25.5，為了滿足條件 GP>25.5 自然要覆蓋掉 GP>15.5，因此在描述條件二時，只需要說「上場超過 25 場比賽 (GP)」即可。

至於模型為什麼會用 15 場比賽這個數值和順序切割出賽場次（GP）、4.35 分鐘切割場均上場時間（MIN）...... 等等，這就牽涉到模型運算過程中分割的原則。分割的想法很簡單，我們希望選擇分割的點能盡可能的將目標完整切割。也就是說 15 場出賽場次，是模型在第一次分割節點時，找出最能將球員分為會超過五年與不會超過五年的指標，接著重複這樣的動作，重複的尋找分割節點，一步步產生將輸入資料分類為會超過五年與不會超過五年的最佳結果。

> 從資料中尋找合適的分割原則在機器學習的領域中有一套完整的方法論，常見的方法有資訊獲利（Information Gain）、吉尼係數（Gini Index）等，演算方式的設定通常是透過機率等的數學理論將高同質性的資料放置在相同類別，產生各個節點。在此我們將忽略解讀過於複雜的演算法，不過這些演算法已經行之有年且相當成熟，有興趣的讀者可以自行搜尋學習。

> 決策樹用來避免過度配適（Overfitting）的方式稱為剪枝（Purning），基本策略分為預剪枝（Prepurning）和後剪枝（Postpurning）。簡單來說，預剪枝是透過設定一些合適的臨界值讓樹不要過度成長的方式，後剪枝則是讓樹完整的生長完之後再藉由從下而上的置換某些分支來避免，若有興趣理解更多細節可以直接搜尋決策樹的剪枝。

不過，如果跳出決策樹模型給的框架，也就是不要想著這是模型給出的結果，單純看條件二的敘述句，熟悉籃球的讀者應該會感覺這幾個條件不是那麼的有力 (好幾個數值都不高)，也就是如果一個球員上了 30 場比賽，有一場抓了 5 個進攻籃板但是其他場都沒有任何進攻籃板 (場均進攻籃板為 0.1 個)，然後他都符合模型給的條件二 (圖　5-68)，因此模型斷定他是「會在 NBA 奮鬥超過五年」。這個特殊情況，想必球隊老闆要簽約球員時，還是會猶豫不決吧。

所以身為資料科學家，**我們不能完全相信模型給的東西**，而是要思考為什麼模型會給出這樣的結果，還要將結果與真實世界做連結，去評斷它的適用性。為什麼決策樹模型給出這樣的答案？我們可以查看圖 5-69 找出條件二的資料分布情況，在這個葉節點中，包含了 754 筆資料 (259+495)，其中約 66%(495/754*100%) 為可以在 NBA 奮鬥超過五年的球員 (葉節點為 1.0)、約 34%(259/754*100%) 為不會在 NBA 奮鬥超過五年的球員 (葉節點為 0.0)，我們在前面提到過，決策樹的葉節點是以佔比高的類別當作預測類別，所以這個葉節點會被預測為 1.0，由於葉節點不夠乾淨，所以出來的條件就被那些不屬於預測類別的資料所干擾了。

這樣的情況在真實執行專案時是非常常見的，幾乎不會有專案可以在建立第一個模型時，就得到最好的結果，都需要在建立模型、檢驗模型的過程中來回無數次，才會得到較好的結果。所以在真實執行專案時，我們可能就要考慮選用不同的輸入變數、調整參數設定、甚至是改用別種演算法 ...... 等各種方式來修正預測能力。但是這個反覆迭代的部分，我們就不在書中多做操作，而是以這個半成品模型來解釋如何判讀結果。

透過以上兩個條件的說明，相信讀者們漸漸掌握到決策樹模型的運作原理，以及模型帶給我們的意義。當然決策樹模型還有很深奧的運算機制來決定變數的重要性以及切割條件，但是這個部分超出了本書的範疇，有興趣的讀者可以參考「機器學習」或「資料科學」相關的書籍進一步研究。

5-5-2 解讀邏輯迴歸模型

接著來解讀另一個**邏輯迴歸模型**，在這一小節，你會發現它和決策樹模型有著截然不同的運作原理。

圖 5-70 訓練出的邏輯迴歸模型

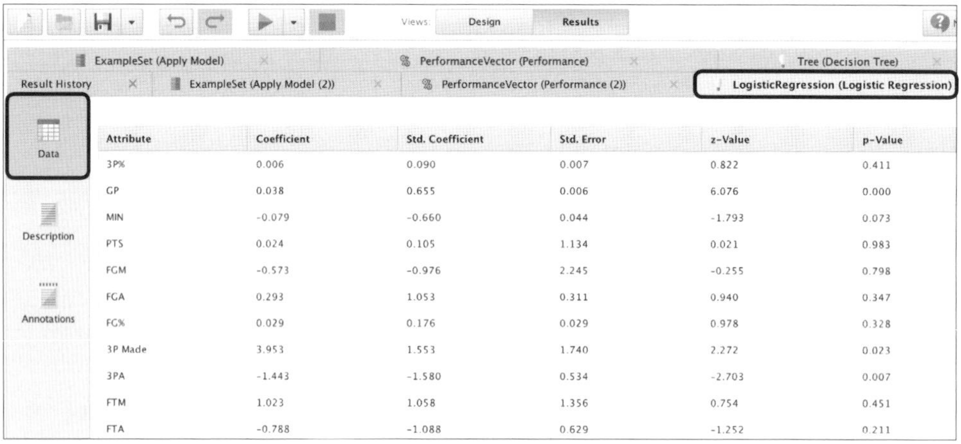

Attribute	Coefficient	Std. Coefficient	Std. Error	z-Value	p-Value
3P%	0.006	0.090	0.007	0.822	0.411
GP	0.038	0.655	0.006	6.076	0.000
MIN	-0.079	-0.660	0.044	-1.793	0.073
PTS	0.024	0.105	1.134	0.021	0.983
FGM	-0.573	-0.976	2.245	-0.255	0.798
FGA	0.293	1.053	0.311	0.940	0.347
FG%	0.029	0.176	0.029	0.978	0.328
3P Made	3.953	1.553	1.740	2.272	0.023
3PA	-1.443	-1.580	0.534	-2.703	0.007
FTM	1.023	1.058	1.356	0.754	0.451
FTA	-0.788	-1.088	0.629	-1.252	0.211

邏輯迴歸模型屬於迴歸家族的一員，也就是說它能夠將模型以「一道方程式」來呈現，圖 5-70 (在 Result 頁面選擇 **LogisticRegression(Logistic Regression)** 再按下左側 Data) 為 RapidMiner 中呈現邏輯迴歸模型的方式。但是實際上的邏輯迴歸模型其實是一個方程式 (如下所示)，我們可以藉由圖 5-70 來寫出方程式，主要就是依據各個變數的**係數 (Coefficient)** 來完成，以下我們呈現此案例的邏輯迴歸模型來做說明 (僅呈現部分方程式)：

$$\text{logit} = \underbrace{0.006}_{}*(3P\%) + \underbrace{0.038}_{}*(GP) - \underbrace{0.079}_{}*(MIN) + \cdots\cdots - 4.661$$

正係數　　負係數

從這個方程式可以看出，邏輯迴歸模型計算出來的結果是「logit」，要了解 logit 如何計算出來，需要一些數學推算，這部分我們不會在書中做說明而是直接秀出結果，簡言之是一種為了讓模型能以「線性關係」呈現的處理手法。而計算出 logit 可以間接代表**該筆資料屬於正向類別 (positive class)，即 1.0 的機率**，當我們看到變數擁有正的係數，我們可以說該變數對於是正向類別的機率有正向相關，反之看到負的係數，則有負向相關。因此從上面的方程式看來，可以說 3P%、GP..... 等變數對於球員能不能在 NBA 有好表現有正向相關 (都是正係數)。

圖 5-71　真實值與預測值列表（邏輯迴歸模型）

接著看到圖 5-71（**在 Result 頁面選擇** ExampleSet（Apply Model(2)）**再按下左側 Data 即可看到**），這是由邏輯迴歸模型計算出來的部份結果表格，這個表格比我們最初導入資料時多了三個欄位：prediction（TARGET_5Yrs）、confidence（0.0）、confidence（1.0），這三個欄位就是由模型預測出的結果。首先看到 confidence（0.0）和 confidence（1.0），這兩欄位代表的是「機率」，以第一筆（球員）資料來說，就是屬於類別 0.0 的機率是 54.9%，屬於類別 1.0 的機率是 45.1%（因為只有兩個類別所以相加會等於 100%），以此類推，便能知道每一筆資料屬於何種類別的機率是多少。

知道個別機率對於決策者來說固然重要，但是有些情況我們就是只想知道答案是「是」或「否」，比方說大家在求學時寫考試卷時，遇到是否題但不確定答案是哪一個的時候，我們總不能寫說「答案為『是』的機率是 70%、為『否』的機率是 30%」，然後請老師根據這個比例來幫我們算分數，我想這應該會被老師臭罵一頓吧！這個考試的例子筆者相信大多數人的答案應該會填上

「是」，因為我們知道這個答對的機率高於一半 (50%)。回到我們在談的分類模型也是運用一樣的道理，我們可以告訴模型機率高於多少，就將他判斷為正向類別，而這個數值我們稱為「**切割值 (cutoff value)**」。因為切割值對應的是機率，所以它的範圍只會在 0~1，而 RapidMiner 中的預設切割值為 0.5，只要大於 0.5 就會預測成**正向類別**，反之則會預測成**反對類別 (negative class)**。

因為有了切割值，模型才能依據 confidence 欄位衍生出 **prediction (TARGET_5Yrs)** 欄位。以圖 5-71 的第一筆資料來說，這位球員的實際狀態為「不能在 NBA 生存五年以上 (TARGET_5Yrs 為 0.0)」，而模型預測出的結果也是「不能在 NBA 生存五年以上 (prediction(TARGET_5Yrs) 為 0.0)」，因此對於第一筆資料來說，這個邏輯迴歸模型就是預測正確。同理，當我們要評估分類模型的預測能力時，就是要去比較真實值 (TARGET_5Yrs) 和預測值 (prediction(TARGET_5Yrs)) 的差異，這部分我們在第 5-5-3 小節深入解說。

在先前的決策樹模型同樣有如圖 5-71 的表格，可以透過 Result 頁面選擇 ExampleSet(Apply Model) 再按下左側 Data 即可看到。

延續切割值的概念，當我們要調整模型的預測能力時，**選擇恰當的切割值也是重要的要素之一**。我們在邏輯迴歸模型才提出切割值的概念，並不是因為只適用在這個模型，而是「任一個分類模型」都適用，只是在本書中我們不會示範調整切割值，這部分留給讀者後續去摸索。

如果需要更改切割值，請參考「Create Threshold」和「Apply Threshold」等工具。

5-5-3 比較決策樹模型和邏輯迴歸模型的預測能力

前兩個小節分別瞭解如何解釋決策樹模型和邏輯迴歸模型，在這一節的最後，我們就要同時評斷兩個模型的預測能力。

在處理分類問題時，我們經常使用一種評估方法：**混淆矩陣** (Confusion Matrix)，如圖 5-72 和圖 5-73 所示，這兩個圖就是 Process 中使用 Performance 工具的產出，您可以在 **Results** 頁面分別選擇 **Performance_Vector (Performance)** 和 **PerformanceVector (Performance(2))**，接著在左側選擇 **Performance**，並在 **Criterion** 選擇 **accuracy** 就可以找到。

簡單說明一下混淆矩陣該如何解讀，以圖 5-72 的「**(pred 0.0, true 0.0) 19**」為例：「預測出的類別為 0.0 且實際類別就是 0.0 的資料量有 19 筆」；再以圖 5-73 的「**(pred 1.0, true 0.0) 100**」為例：「預測出的類別為 1.0 但是實際類別是 0.0 的資料量有 100 筆」。**因此 (pred 0.0, true 0.0) 和 (pred 1.0, true 1.0) 這兩格代表的意思就是「預測正確」，反之 (pred 0.0, true 1.0) 和 (pred 1.0, true 0.0) 這兩格是「預測錯誤」**。這四個格子的值相加起來就等於總資料量，此處的總資料量就是「測試集資料量」。

> 像圖 5-71 的第 1、7、10 筆資料就屬於 (pred 0.0, true 0.0)，第 8、9 筆資料屬於 (pred 0.0, true 1.0)，以此類推。

圖 5-72 決策樹模型的混淆矩陣

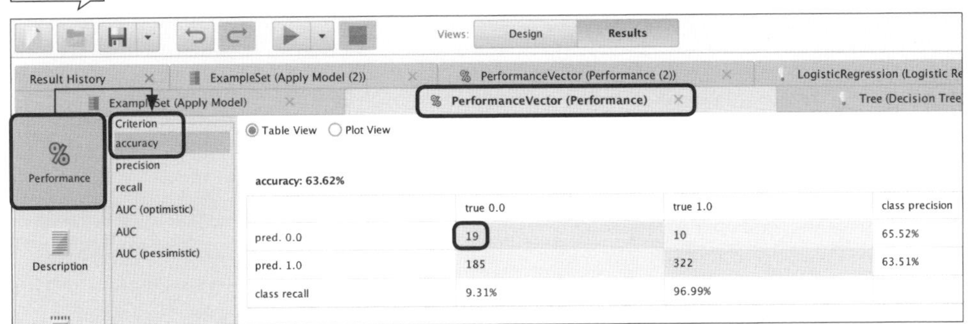

	true 0.0	true 1.0	class precision
pred. 0.0	19	10	65.52%
pred. 1.0	185	322	63.51%
class recall	9.31%	96.99%	

圖 5-73 邏輯迴歸模型的混淆矩陣

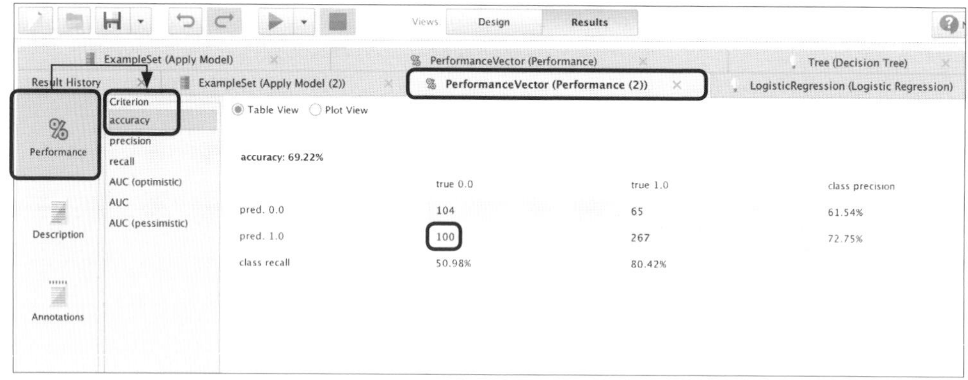

透過混淆矩陣，我們可以衍生出多種面向 (公式) 來探討模型的分類預測能力，以下筆者使用三種常見的面向做說明與討論：

1. 整體預測正確率 (Accuracy)

整體預測正確率我們要看的是全部資料中有多少筆資料被正確預測，這可由下方公式計算得出：

$$Accuracy = \frac{\text{(true 0.0, pred 0.0) + (true 1.0, pred 1.0)}}{\text{全部資料}} \times 100\%$$

圖 5-72 決策樹模型：

$$Accuracy = \frac{19 + 322}{19 + 10 + 185 + 322} \times 100\% = 63.62\%$$

圖 5-73 邏輯迴歸模型：

$$Accuracy = \frac{104 + 267}{104 + 65 + 100 + 267} \times 100\% = 69.22\%$$

若單純以整體預測正確率來評斷兩個模型的話，或許可以說「邏輯迴歸模型有比較好的表現」，但是只看一個面向往往是不夠的，讓我們繼續往下看，你會慢慢了解的。

2. 被預測出的資料中有多少是正確的 - 精確率 (Precision)

我們以白話一點的方式來解說：假設模型告訴我們它預測出類別「1」有 200 筆，結果我們實際去比對資料，發現裡面真正屬於類別「1」的只有 20 筆，那麼該模型對於預測類別「1」的精確率就只有 10%。這個結果代表的是我們用這個模型對未來的資料做預測時，即使得知這筆資料屬於類別「1」，但是也只有 10% 機率是被正確預測的，這就會顯現模型對類別「1」的預測能力不是很好。

以我們的案例執行二元分類的問題來說，在每個模型都會得到兩個精確率，因為有兩個目標預測類別，我們以決策樹模型的混淆矩陣 (圖 5-72)，來說明如何計算預測類別「0.0」的精確率：

$$Precision(0.0) = \frac{\text{(true 0.0, pred 0.0)}}{\text{(true 0.0, pred 0.0)} + \text{(true 1.0, pred 0.0)}} \times 100\% = \frac{19}{19+10} \times 100\% = 65.52\%$$

所以我們可以思考一下，在我們的案例中，精確預測出哪一個類別，會得到比較高的效益？在這邊筆者提出一個想法，如果我們的模型目標對象是給戰績比較差的球隊老闆，我們可能要比較注重類別 1.0，因為這些球員在 NBA 生存久一點的機率比較高，或許意味著他的能力比較好，也比較有機會帶領球隊有爆炸性的成績。因此在這個假設下的話，還是可以看到邏輯迴歸模型有比較好的表現 (從兩張圖 pred1.0 那一列最右邊看出 72.75% 高於 63.51%)。

3. 實際資料中有多少筆被正確預測出來 - 召回率 (Recall)

我們再以一個假設情況來說明：假設實際資料中類別「1」有 100 筆，並且有 70 筆被預測出來，那我們就能說該模型對於預測類別「1」的**召回率**有 70%。召回率對於評估模型也是很重要的，這能確保我們對於特定類別有好的預測能力。

回到案例的兩個模型結果，在決策樹模型 (圖 5-72) 和邏輯迴歸模型 (圖 5-73) 各會產生兩個召回率，因為預測目標的變數有兩個類別。這次我們用邏輯迴歸模型來說明如何計算預測類別「1.0」的召回率：

$$Recall(1.0) = \frac{\text{(true 1.0, pred 1.0)}}{\text{(true 1.0, pred 1.0)} + \text{(true 1.0, pred 0.0)}} \times 100\% = \frac{267}{267 + 65} \times 100\% = 80.42\%$$

同樣的，筆者對於案例提出一個想法，我們希望這個模型能協助球隊老闆判斷潛力新秀，如果模型能將潛力新秀的範圍縮小，那麼老闆更能專心研究某幾位球員，尋找到最適球隊的球員。所以如果我們能提升模型對於預測類別「0.0」的召回率，那我們就能幫助老闆降低選到較難在聯盟生存的球員的機率。計算的結果邏輯迴歸模型表現的一般般，為 50.98% = 104/(104+100)，但是決策樹模型表現的更不優秀為 9.31% = 19/(19+185)，如果單比較數值，我們勉強可以選擇邏輯迴歸模型，但是如果在現實中想賣出這個模型，想必需要好好校正才行。

5-6 案例總結

回顧這一章，我們完整的走過了一個資料分析雙鑽石模型的流程，儘管省略了許多反覆迭代的過程，但是明確地走過了每一個分析階段：從最一開始的探索問題到定義問題 (5-1 節)，接著使用 data.world 網站蒐集可用資料 (5-2 節)，然後首次操作 RapidMiner 來探索資料並且進行遺失值的處理 (5-3 節)，因為這個案例屬於監督式學習中的分類問題，所以使用了決策樹模型以及邏輯迴歸模型 (5-4 節)，最後也了解模型傳達的意義以及進行兩者間的評估 (5-5 節)。

讀者們可能有察覺到，筆者並沒有在第 5-5 節的最後，明確說出該選擇哪個模型，我會分成兩個層面來說明原因。

首先第一個是「**技術面**」，因為我們沒有回頭校正我們的模型，所以單就混淆矩陣兩個模型的量化數值都有很大的進步空間，因此我們期望讀者們能多嘗試修正模型之後，再交由您決定您的最佳模型。此外還有一個原因，那就是**我們不一定只能選擇一個模型**，這邊有一個專用名詞是「**整體學習 (Ensemble Learning)**」，意思是我們可以將訓練出的不同模型組合起來，組合的方法非常多元性，比較簡單的方式可以是：如果我們有三個分類模型，我們可以透過投票的方式，假設有兩個模型將某個資料預測為「A」、另一個模型預測為「B」，那我們可以依照票數將資料預測為「A」(因為 2:1)。當然也可以弄得稍微複雜一些，比如給予模型不同權重、不同類型的球員有不同預測模型 (中鋒、前鋒、後衛各訓練不同模型)。有很大的發揮空間可以去設計要怎麼組合模型，這部分也是很值得讀者們去把玩的。

第二個層面是「**應用面**」，這邊我們需要以稍微認真的態度來看待，在第 5-1 節筆者設想了一個情境，在 NBA 這個看似有趣的面題下，卻藏有很大的風險，而這也是我們學習資料分析一定要注意的。由於我們的模型是「預測人的能力」，隱含的意義就是幫每個球員貼上標籤：「成功」或「失敗」。如果我們完全相信模型告訴我們的結果，這會是很危險的一件事，因為我們在球員的新人年，就定下了他未來的發展。試想：如果我們是球員會作何感想？想必會覺得受到不公平的對待，因為他可能是受傷所以比較少表現機會、可能是球員的特質在目前的球隊較難發揮、也可能是其他因素造成他在數據上沒有獲得模型的青睞，若因此就將他撇除潛力名單，這會對一個職業球員生涯造成多大影響？相信大家都能理解這個的嚴重性。**所以身為資料的操作者，千萬不能一股腦的陷入尋找最佳模型的世界中，真正好的模型，是能兼顧技術面和應用面的模型**。

5

當然這裡絕非要表達訓練模型一無是處，我們確實知道了一些指標 (變數) 對於球員的發展是有**相關性**的 (注意是「相關性」，而不是「因果關係」)，所以是否我們可以幫助球員提升這些指標的能力，讓他們有更好的發展，也是可以思考的。此外我們也要清楚目前模型中使用的變數都是關於球員個人的，但大家都知道籃球是團隊運動，所以當真正要使用這些模型時，也該一併考量到「球隊資訊」這個隱藏的因素。

模型的解讀就到此為止，透過這一章學會了分類問題在 RapidMiner 中的基礎操作，還有許多進階參數設定沒有在書中說明，這部分要留給讀者們去操作體驗。在下一章，我們會接觸到監督式學習中的另一大主題 - **迴歸問題**。

挑戰：在你跟著案例練習過以後，請試著想想：

1. 能不能用同筆資料完成不同目標？
2. 是不是有別的方法也可以達成原訂目標？
3. 在資料探索階段，還有沒有其他有趣的發現？
4. 模型的評估結果你滿意嗎？如果可以改變，你會做什麼改變？

CHAPTER

6

迴歸問題 - 如何買到最合理價格的中古車?

本章我們要接觸「監督式學習」的另一個主題 - **迴歸 (Regression) 問題**。

迴歸問題也是資料科學 / 資料分析領域中十分常見的類型，它的目的是要預測出「**數值**」，例如飛機票會賣「一萬元」、今年會生成「9 個颱風」、明年度有「一百萬個新生兒」……等。上一章是用分類模型來預測球員「會」或「不會」成功，如果改用迴歸模型來操作的話，那資料分析目標就可以改為「預測球員可以得幾分？抓幾個籃板球？傳幾次助攻？……」，這些都是有趣且可行的議題。

日常生活存在許多可以透過迴歸模型來回答的問題，比方現今很流行的共享單車，我們或許可以使用各站點、車輛的歷史數據，加上附近居住人口、上班人口、捷運站數量、公車站牌數量……等相關資料，預測出**共享單車站點的供給 / 需求量**，然後調動車輛，讓顧客享受更好的服務。另外也可以嘗試預測**新上映電影的票房**，使用像是劇情類型、導演拍攝電影數量、主角人氣指數、上映日期……等相關歷史資料來做出模型，協助電影院安排場次。當然還有許多迴歸模型應用的案例等待您去挑戰。

本章一樣會透過一個案例，並且依循資料分析雙鑽石模型的步驟來實作這個專案。

6-1 探索、定義問題

如同 3-1 節所提到的，對於初學者來說，可以先從自己生活經驗中發現問題，在學習本章的案例前，也不妨先天馬行空想一下，您的身邊是否有可以透過迴歸模型解決的問題。

6-1-1 探索問題

許多剛出社會的新鮮人，因為上下班需要通勤的關係，會想要買一台汽車來代步，但又因才剛開始工作沒有足夠的積蓄購買新車，因此**中古車**便是一個不錯的選擇。但對於不是非常懂汽車的買家來說，尋找中古車的過程真的會搞的眼花撩亂，同一型號的車就會因年份、顏色、里程數而有所不同，再加上還要把出場時的原廠配備也加上考慮，眾多複雜的因素，使得**尋找一台價格合理的中古車**成為一件不簡單的事情。

如果我們身為買家，當然希望買到的車價是比合理價格再低一些；反之身為賣家，則希望能賣出高一點的售價。但是「合理價格」到底是多少呢？這個疑問常常出現在筆者的心中，因為對於專業的中古車商，他們能靠自己的專業知識與經驗來推估價格，但對於不夠專業的買家或賣家來說，難道只能聽從車商的報價嗎？

答案是：「不」，在這個情境中，我們可以**蒐集關於中古車銷售的歷史資料，建立一個迴歸預測模型，找出該中古車應有的合理價格**。有了這個預測模型，看到某部中意的中古車時，就可以將該車輛的資料放進模型中，然後預測出一個價格，也就有能力判斷賣方的價格是否合理。接下來，就讓我們仔細地定義此專案的**商業目標**和**資料分析目標**。

6-1-2 定義問題

探索出想要解決的問題後，接著就定義出「資料分析目標」和「商業目標」，請記得，兩個目標間要彼此呼應、並且都要能解決我們的問題。如同圖 6-1 所示，此例想要解決的問題是：「**非專業的汽車買家如何得知中古車的合理售價？**」

圖 6-1 中古車售價問題

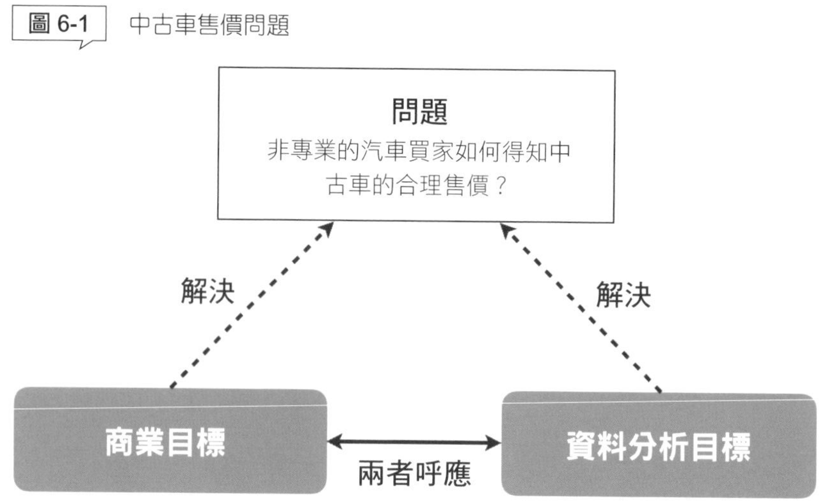

資料分析目標

這裡希望解決「**如何得知中古車合理售價**」的問題，由於售價是**數值型**的變數，所以不適合再使用第五章的分類模型，而應該採用**監督式學習中的迴歸模型**。此外，由於我們的目標對象是「沒有專業汽車知識的買家」，這類型買家在購買時會擔心是否被賣家欺騙 (因為兩方資訊不對稱)，因此如果我們的模型也僅僅預測出一個數值給買家，而不告訴他原因，那麼可能沒辦法解除買家的心理擔憂。

因此，初步可以將資料分析目標定義為：「**找出影響售價關鍵的指標，並且預測中古車的合理價格**」，也就是讓模型從大量的中古車買賣交易歷史資料學習，從中發現哪些變數影響售價比較多，然後計算出合理的售價，如此一來買家也能學習自行根據關鍵指標推測價格，消弭心中的擔憂。

不過，依常理判斷，關鍵指標通常不會只有一個，如果找出十個指標，難道都要全部告訴買家嗎？別忘記我們設定的是沒有專業汽車知識的買家，一口氣告知太多資訊也會無法負荷，可以先嘗試找出「**一個最重要**」的指標，因此再將目標修正為：「**找出影響售價最重要的一個指標，並且預測中古車的合理價格**」。

預先設想需要怎樣的資料？

設定資料分析目標後可以先試想一下怎樣的資料可以回答目標？首先最好可以蒐集較長一段時間的**歷史資料**（十年或十五年甚至更多），足夠的時間可以讓模型觀察趨勢，了解售價是長久保持水平、或是忽高忽低 ... 等。此外也可以嘗試蒐集**車商的買入價與售出價**，觀察價差間的關係 (當然可以預知車商不會輕易透露買入價，但還是可以嘗試蒐集看看)。最後肯定需要**每一輛已售出中古車的車輛資訊**。資訊越豐富，越有機會找到有趣的發現，筆者習慣在這個階段先做初步的資料想像，實際蒐集的手法將於 6-2 節說明。

商業目標

這個專案希望能給「沒有專業汽車知識的買家」使用，因此不妨以「傳遞汽車知識」為方向來定義商業目標，亦即 :「**教導非專業的汽車買家購買須知，打造資訊更透明的交易市場。**」筆者認為「購買須知」可以和資料分析目標中「找出重要指標」相呼應，由最關鍵的指標去教導買家，讓他們有快速的學習曲線學習基本知識、判斷自己在購買時有沒有被車商欺騙，讓交易市場變得更透明。而這個目標也能解決我們所設定的問題。

定義完商業目標與資料分析目標後，一樣可以透過圖 6-2 的關係圖檢驗問題與目標間的合理性。再度重申，儘管我們已經定義出問題與目標，後續進行任何階段時，還是可以回頭修改。下一節，我們就根據問題與目標蒐集合適的資料吧！

圖 6-2 檢驗中古車售價問題與商業目標、資料分析目標

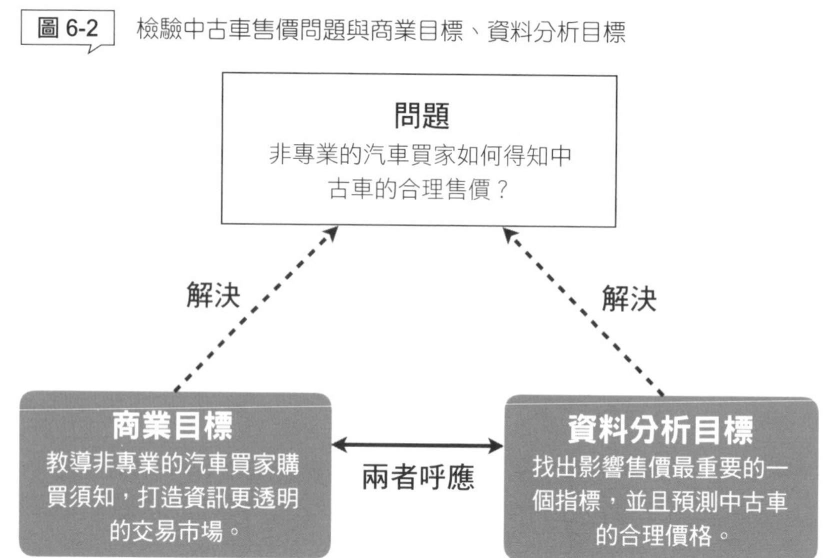

6-2 蒐集資料

依雙鑽石資料分析模型，在定義出問題與目標後，就要進行資料蒐集，而本案例我們會從 GitHub 網站下載需要的資料集。筆者認為 GitHub 是一個很棒的學習資源，很多時候 GitHub 上的使用者不僅僅是分享資料集而已，也會分享使用這筆資料所做的專案，因此對於學習資料科學 / 資料分析的初學者來說，可以學習他人的想法、分析方法，然後使用自己熟悉的工具動手玩玩看。

6-2-1 下載資料集

Step 1

進入 GitHub 網站 (https://github.com)，如果只是要瀏覽或是下載資料，可以不用註冊會員，但是如果想上傳檔案或是與其他使用者進行互動，就需要申請一個帳號。由於我們只要下載資料，在這邊就不介紹註冊流程。

圖 6-3　進入 GitHub 網站首頁

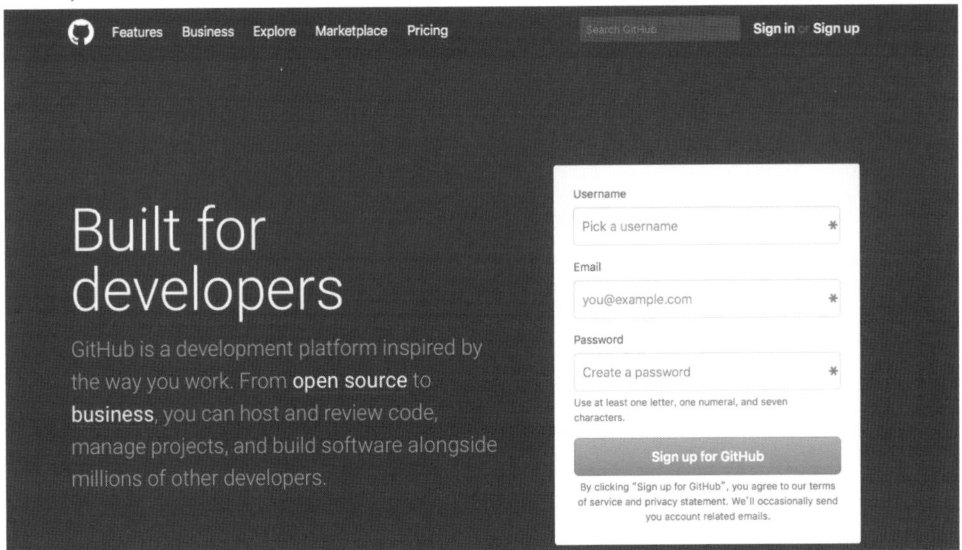

在上方的搜尋欄輸入「Toyota Price」進行搜尋。搜尋的結果中，我們將使用由 datailluminations 使用者上傳的 PredictingToyotaPricesBlog 這筆資料。

圖 6-4 GitHub 網站搜尋 Toyota Price 的搜尋結果

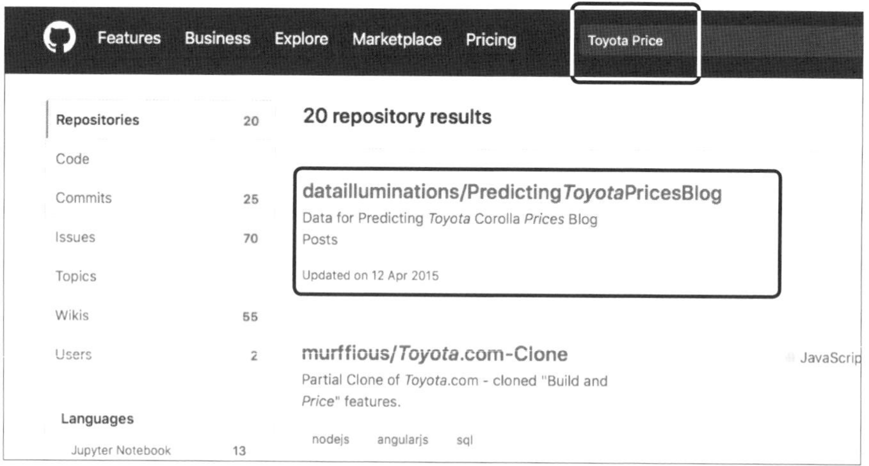

如果搜尋不到該筆資料，請直接輸入：https://github.com/datailluminations/PredictingToyota_PricesBlog 連到資料頁面。

點進這筆資料的所在頁面 (Github 的術語為這筆 repository) 後，會看到一個 csv 檔案 (圖 6-5)，檔案內容是關於 Toyota 品牌的 Corolla 車型的二手車價。點進該筆資料一樣可以看到資料的格式與欄位 (圖 6-6)。

圖 6-5 PredictingToyotaPricesBlog 的 repository 頁面

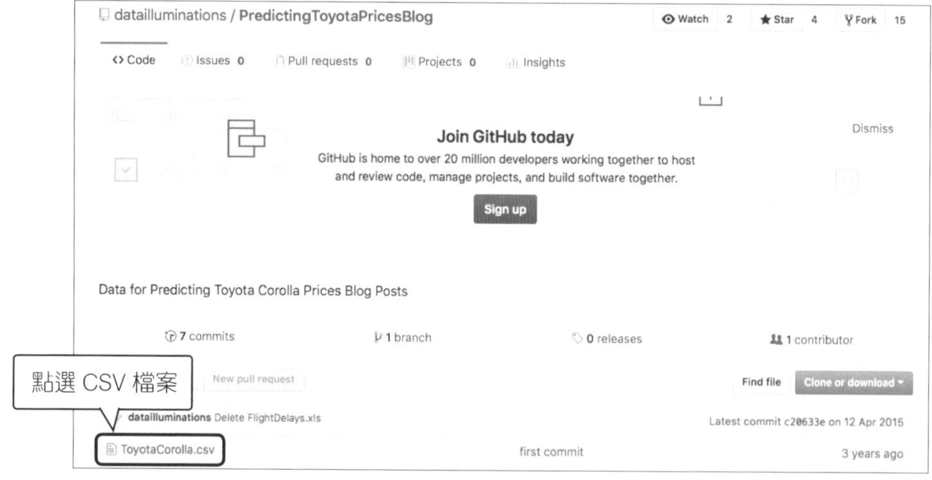

圖 6-6　預覽 ToyotaCorolla.csv 檔案

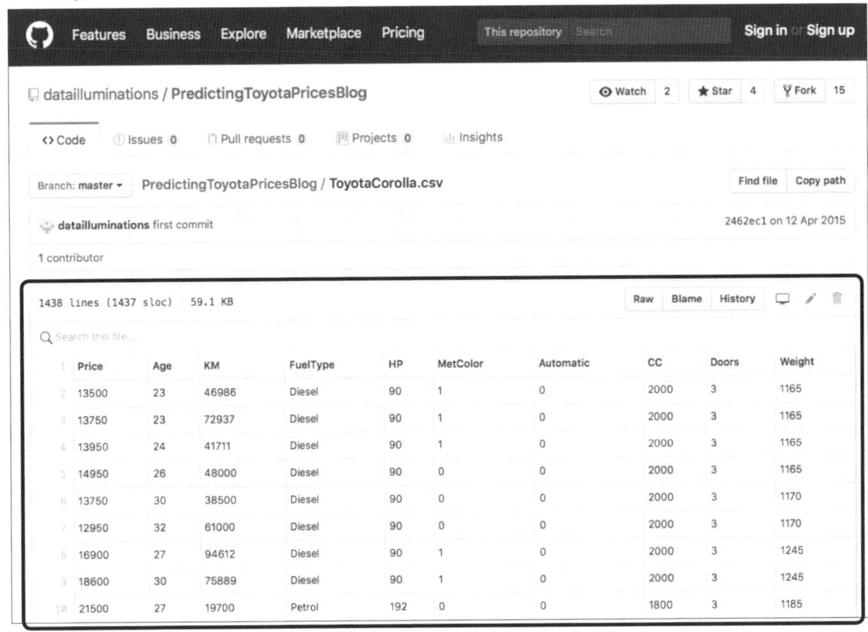

Price	Age	KM	FuelType	HP	MetColor	Automatic	CC	Doors	Weight
13500	23	46986	Diesel	90	1	0	2000	3	1165
13750	23	72937	Diesel	90	1	0	2000	3	1165
13950	24	41711	Diesel	90	1	0	2000	3	1165
14950	26	48000	Diesel	90	0	0	2000	3	1165
13750	30	38500	Diesel	90	0	0	2000	3	1170
12950	32	61000	Diesel	90	0	0	2000	3	1170
16900	27	94612	Diesel	90	1	0	2000	3	1245
18600	30	75889	Diesel	90	1	0	2000	3	1245
21500	27	19700	Petrol	192	0	0	1800	3	1185

回上一頁圖 6-5 的頁面，點選「**Clone or download**」的綠色按鈕，這個按鈕可以下載整個 repository 中的檔案，然後再選擇「**Download ZIP**」儲存到您的電腦中。

圖 6-7　點選 Download ZIP 下載 ToyotaCorolla.csv 檔案

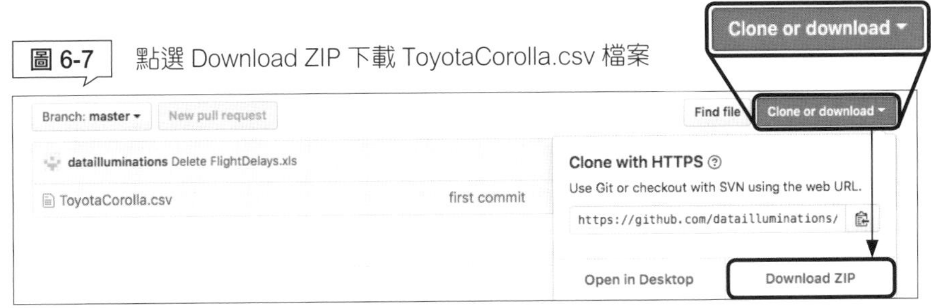

讀者們可能會好奇為什麼這個 repository 沒有相關的專案說明或分析方法，原因是這位作者將他的分析流程寫在個人的部落格中，作者將這筆資料用作「預測 (Prediction)」的用途，與我們這個案例的目標相符。

圖 6-8　Data Illumination：作者的部落格

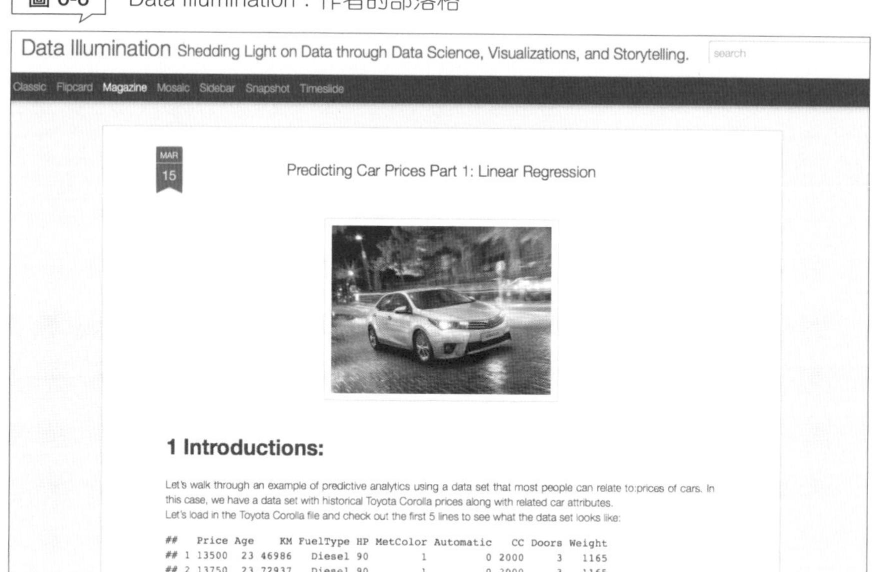

部落格網址：http://datailllumination.blogspot.tw/2015/03/predictive-analytics-predicting-toyota.html。有興趣的讀者可以逛逛作者的網站，學習他的分析思維。

6-2-2 迭代：修正問題與目標

蒐集到可用資料後，先來初步思考這筆資料能不能回答我們定義的專案問題與目標。之前我們想了解的是「所有汽車」的中古售價，但是蒐集到的資料只能讓我們回答「單一車型 (Toyota Corolla)」，因此要思考的是：該去蒐集更多資料？還是先以這筆小資料做測試？

由於本書希望能讓讀者有充足的機會操作軟體以及熟悉分析流程，所以這邊會以該筆資料繼續後續的操作，亦即需要微調一下先前定義的問題與目標：

首先注意到**問題**的部分，由於原先定義的範疇太大了，所以縮小到只針對 Toyota Corolla 這個車型的二手價格。將問題定義的更加準確是很重要的，假如現在要將專案和客戶溝通時，如果還是依照原本的問題，萬一之後客戶說他也想知道 Benz、Honda 或其他二手車價格時，我們產出的模型就無法回答問題。明確地說出這個專案只能回答 Toyota Corolla 的二手車價格問題，雙方就能站在同個基準上討論。

同樣地，在**商業目標**和**資料分析目標**定義上，我們也只針對 Toyota Corolla 這台車進行分析，之後所找出來影響中古車價的指標，只能回答 Toyota Corolla，無法解釋其他車型。如圖 6-9，我們將問題與目標都加上了 Toyota Corolla，目的就是讓整個專案朝著一個明確的方向前進。

圖 6-9　經過調整的中古車價問題與目標

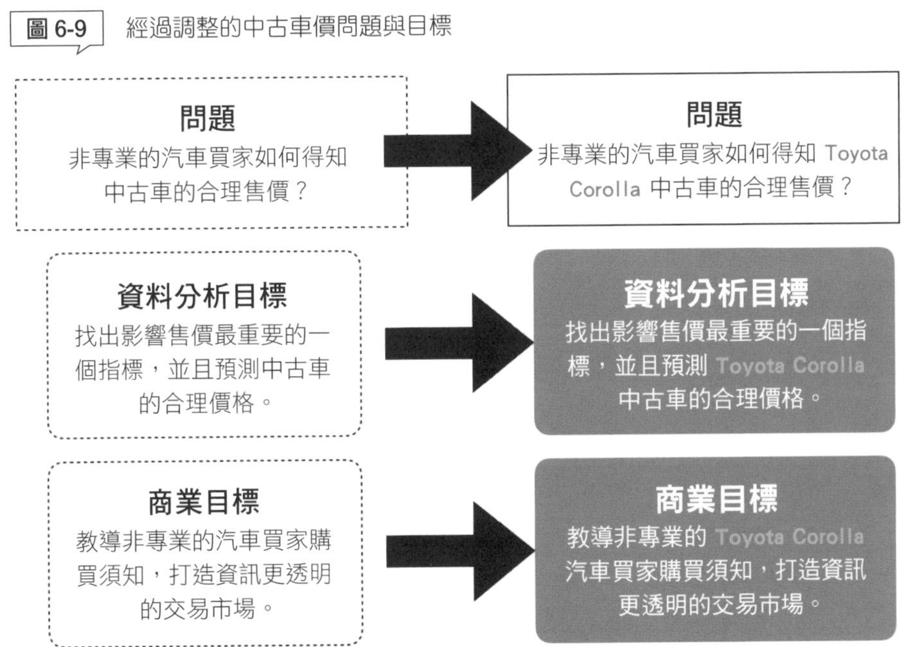

6-3 視覺化探索與資料前處理

成功蒐集資料後，不能就直接將資料丟到模型中去分析，是否還記得第五章有遇到「部份欄位資料遺失」的問題？此問題會導致分析結果不準確或是演算法無法執行等錯誤。所以在本章中，我們還是要先認識資料，透過**視覺化的探索**來決定需不需要對這筆資料執行特定的**前處理**動作。

本節會從**新增** Repository 和**匯入資料**的流程開始一步步進行說明，專案開頭的步驟都和 5-3-1 節及 5-3-2 節大同小異，但這只是您所接觸的第 2 個專案，為了讓讀者熟悉流程會反覆說明一次。

6-3-1 新增一個 Repository

首先需要新增一個 Repository 來存放專案中會用到的資料以及分析過程中產出的各種分析流程。

啟動 RapidMiner，並且新增一個新空白流程。（參考 4-3 節的介紹）

為了統一儲存這個案例中所用到的資料集、分析流程，我們會新增一個獨立的 Repository，並將這個 Repository 命名為「PredictToyotaCorolla」。筆者在這邊以「Predict」命名是為了呼應資料分析目標，您也可以依照習慣的命名方式做設定。

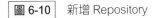

點選下圖右上角的選單 ≡ ▾ ，選擇「**Create repository**」。

圖 6-10　新增 Repository

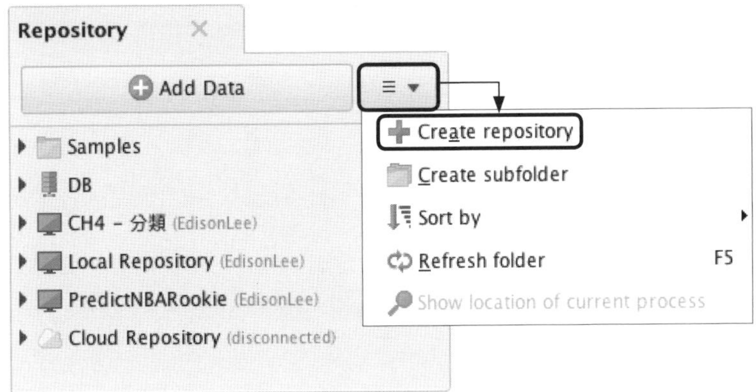

在跳出的視窗中點選「**New local repository**」，此選項代表將檔案存在電腦硬碟中，接著點選 **Next**。

圖 6-11　建立本地端 (Local) 的 Repository

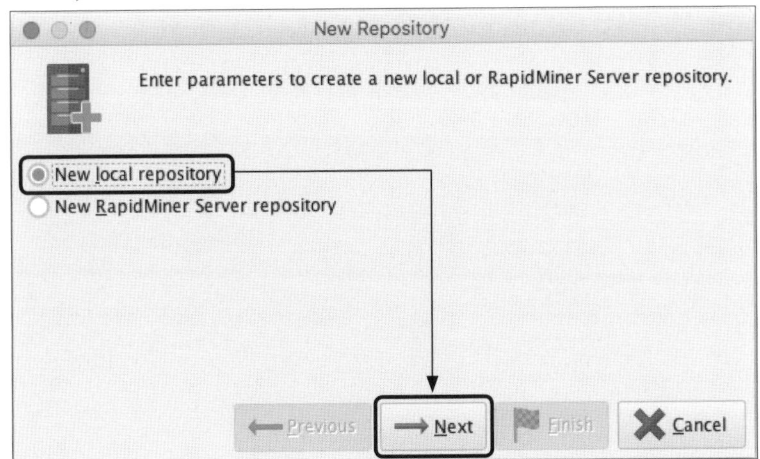

輸入 repository 的名稱，再按下 **Finish**，即可新增完成。

圖 6-12 設定 repository 名稱 - PredictToyotaCorolla

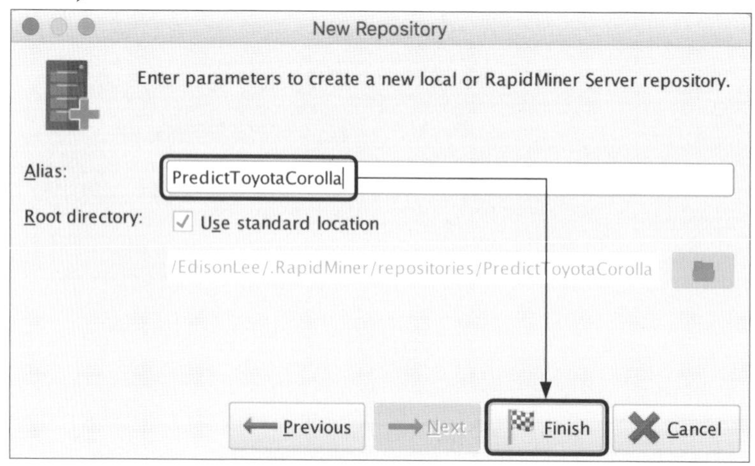

若您想更改 repository 的儲存路徑，可以在上圖的 Root directory 更改。

由於做資料分析專案的過程中會不斷產生更改過的資料集（如：前處理前、後的資料集就有所不同）和不同的分析流程（如：採用不同演算法解決迴歸問題），因此為了方便管理，筆者建議在同一個 repository 路徑下，新增「**Data（資料）**」以及「**Process（流程）**」兩個資料夾。

在 Repository 的窗框中，點選剛剛新增的 PredictToyotaCorolla repository，然後按下滑鼠右鍵叫出選單，接著選擇「**Create subfolder（建立子資料夾）**」，這個選項會幫我們在指定的位置建立資料夾。

圖 6-13　在指定的 Repository 底下新增資料夾

在跳出的視窗中，輸入「**Data**」，按下 **OK**。

圖 6-14　新增「資料 (Data)」資料夾

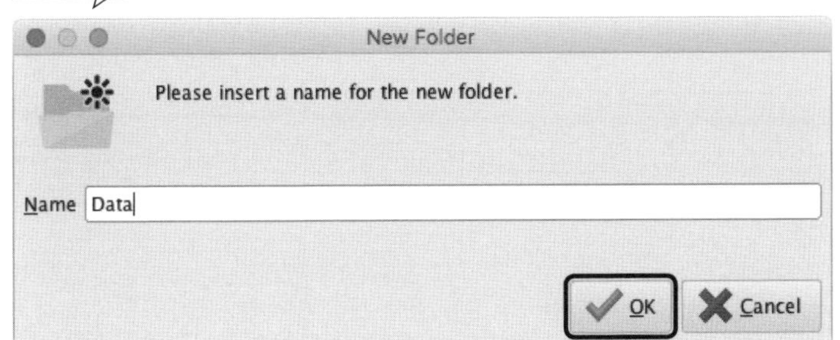

重複執行一遍 3.1，此次輸入「**Process**」，再按下 **OK**。

圖 6-15 新增「流程 (Process)」資料夾

檢查 PredictToyotaCorolla 中是否出現「**Data**」和「**Process**」兩個資料夾。

圖 6-16 確認新增「資料」和「流程」資料夾

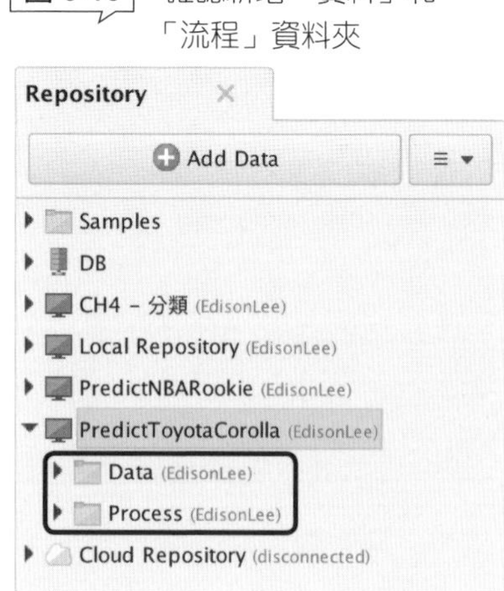

6-3-2 匯入資料到RapidMiner

執行到這邊，我們已經為這個案例建立一個專屬的 Repository，因此後續分析過程中，任何有關的檔案都可以儲存在此處。接下來首要任務，就是將從 GitHub 下載的資料集匯入到 RapidMiner。

在 Repository 視窗中按下上方的「**Add Data**」。(有些版本會顯示 Import Data)

圖 6-17 按下「Add Data」匯入 Toyota Corolla 資料到 RapidMiner

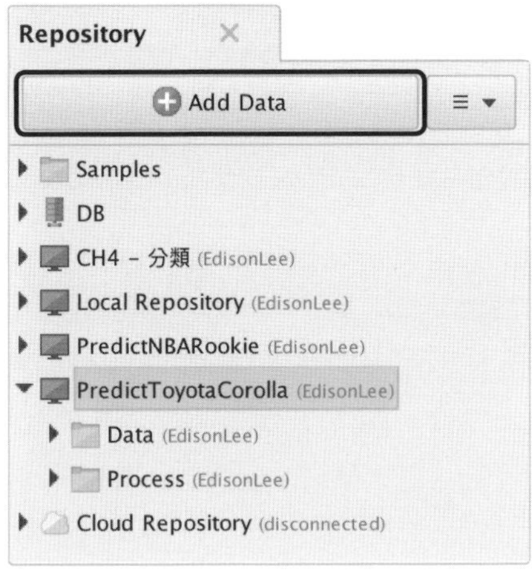

在跳出的視窗中，選擇「**My Computer**」，代表要從電腦中匯入資料，也就是剛才下載回來的 *.csv 資料集。

圖 6-18 選擇從「My Computer」匯入資料

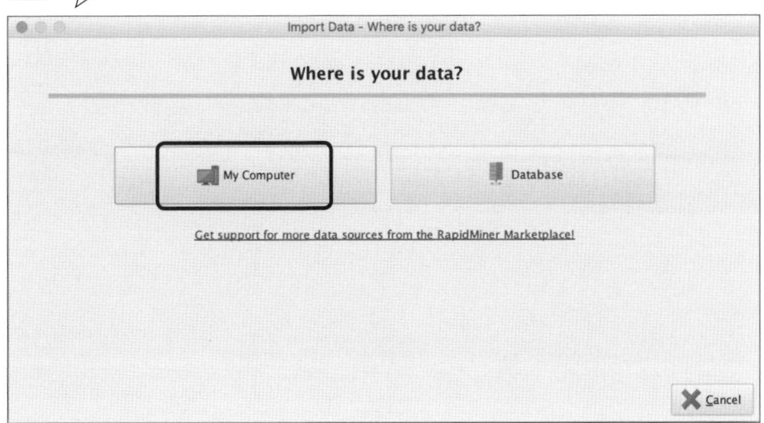

移動到稍早從 GitHub 網站下載資料時存放的資料夾，選擇 ToyotaCorolla.csv（解開下載的壓縮檔即可取得），之後按下 **Next**。(P.S. 由於筆者有更改過資料的檔名，所以圖片與文字敘述有所不同。)

圖 6-19 選定資料集

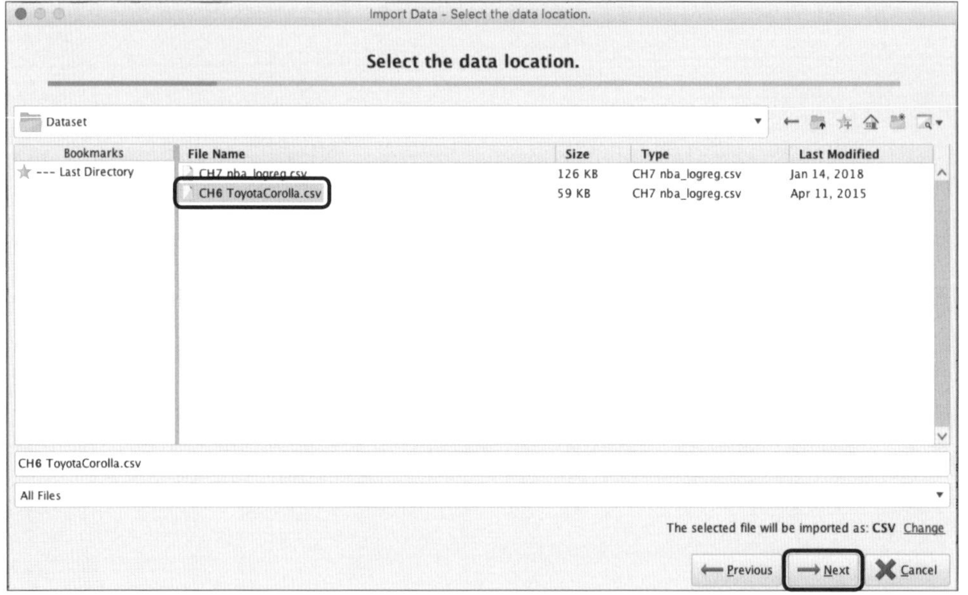

接著針對整個檔案的格式進行設定。確認是否有勾選 **Header Row(標頭列)**，還有就是 **Column Separator(欄位的區分符號)** 是否選擇正確（這個檔案是用逗號做區分）。如果下方的預覽區正常顯示內容，就可以點選 **Next**。

圖 6-20 確認資料格式

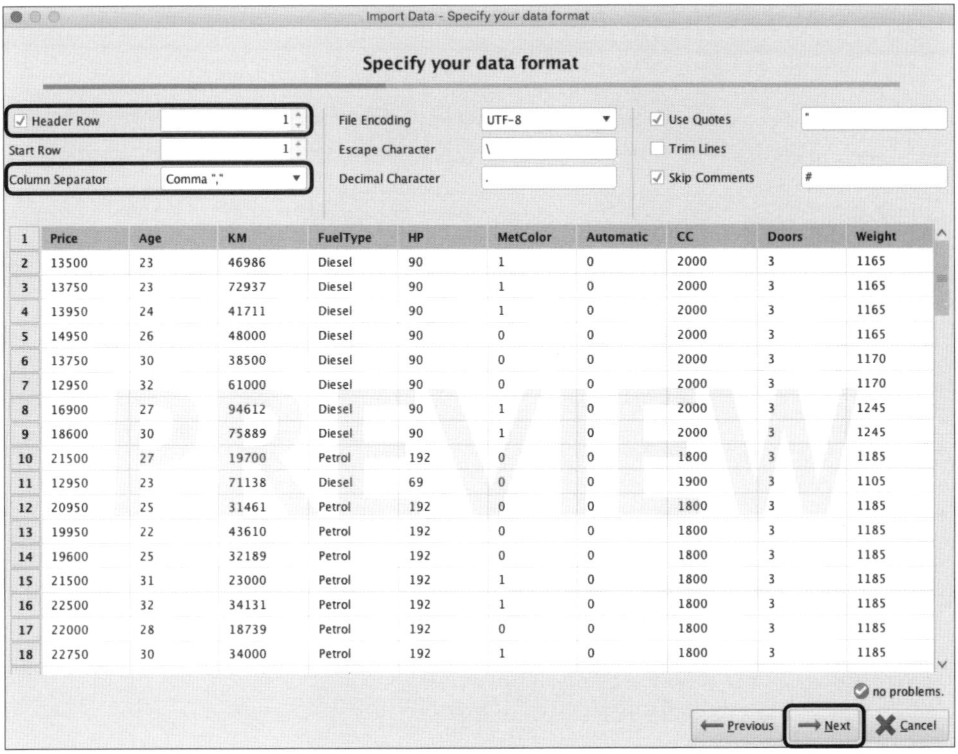

Import Data - Specify your data format

Specify your data format

☑ Header Row 1
Start Row 1
Column Separator Comma ","
File Encoding UTF-8
Escape Character \
Decimal Character .
☑ Use Quotes "
☐ Trim Lines
☑ Skip Comments #

1	Price	Age	KM	FuelType	HP	MetColor	Automatic	CC	Doors	Weight
2	13500	23	46986	Diesel	90	1	0	2000	3	1165
3	13750	23	72937	Diesel	90	1	0	2000	3	1165
4	13950	24	41711	Diesel	90	1	0	2000	3	1165
5	14950	26	48000	Diesel	90	0	0	2000	3	1165
6	13750	30	38500	Diesel	90	0	0	2000	3	1170
7	12950	32	61000	Diesel	90	0	0	2000	3	1170
8	16900	27	94612	Diesel	90	1	0	2000	3	1245
9	18600	30	75889	Diesel	90	1	0	2000	3	1245
10	21500	27	19700	Petrol	192	0	0	1800	3	1185
11	12950	23	71138	Diesel	69	0	0	1900	3	1105
12	20950	25	31461	Petrol	192	0	0	1800	3	1185
13	19950	22	43610	Petrol	192	0	0	1800	3	1185
14	19600	25	32189	Petrol	192	0	0	1800	3	1185
15	21500	31	23000	Petrol	192	1	0	1800	3	1185
16	22500	32	34131	Petrol	192	1	0	1800	3	1185
17	22000	28	18739	Petrol	192	0	0	1800	3	1185
18	22750	30	34000	Petrol	192	1	0	1800	3	1185

no problems.

Previous | Next | Cancel

常會需要針對個別欄位進行設定，在這邊要特別注意 **MetColor** 和 **Automatic** 這兩個用 0 和 1 表示的欄位，MetColor 表示車子有沒有金屬漆 (metallic color)，而 Automatic 表示該車輛為手排 (0) 或自排 (1)。軟體將它們預設為「整數 (Integer)」格式，但是它們實質上應該是代表二元類別，所以我們將欄位改成「**binominal(二元)**」型態。

圖 6-21 設定個別欄位的屬性

Import Data - Format your columns.

Format your columns.

Date format MMM d, yyyy h:mm:ss a z

Replace errors with missing values

	ʌ eger	FuelType polynominal	HP integer	MetColor binominal	Automatic binominal	CC integer
1	5986	Diesel	90	1	0	2000
2	2937	Diesel	90	1	0	2000
3	1711	Diesel	90	1	0	2000
4	3000	Diesel	90	0	0	2000
5	3500	Diesel	90	0	0	2000
6	1000	Diesel	90	0	0	2000
7	4612	Diesel	90	1	0	2000
8	5889	Diesel	90	1	0	2000
9	9700	Petrol	192	0	0	1800
10	1138	Diesel	69	0	0	1900
11	1461	Petrol	192	0	0	1800

逐一點選 ⚙，再點選 Change Type / binominal 即可變更型態

除了 Step 5 中的兩個欄位外，讓我們來思考一下 **Doors(車門數量)** 這個欄位，原本 RapidMiner 設定為整數型態 (integer)，若為整數在運算邏輯上就會有大小的關係，比如說 5>4，但是我們在現實生活中對於車門數量應該是以「種類」去看待，比如說四門轎車這一種或是五門掀背車這一種 ......，應該不會出現五門 > 四門這種邏輯，而是購買者比較偏好哪一「種」車門數的車型，因此這裡將 Doors 改為 **polynominal(多項式)** 型態較為恰當。

「polynominal」表示該欄位中含有 2 個以上相異的類別值 (如：Doors 中有 2、3、4、5 四個種類)；而前面的 binominal 表示該欄位只能有 2 個相異的類別值 (如：Automatic 只有 0、1 兩個種類)。

圖 6-22 設定 Doors 欄位型態

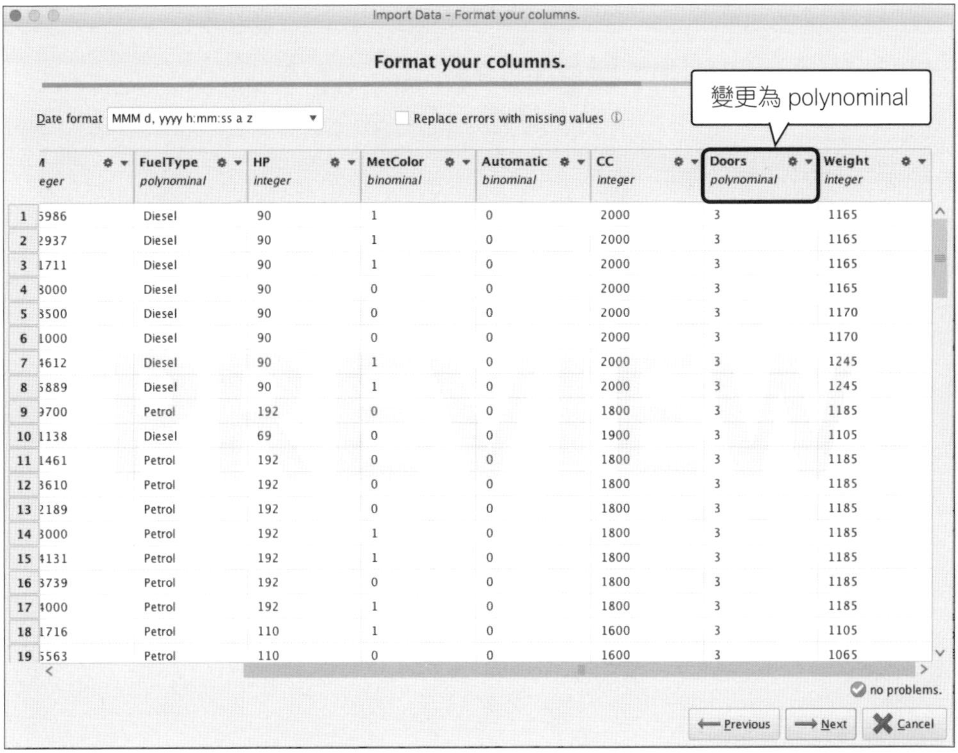

Import Data - Format your columns.

Format your columns.

Date format MMM d, yyyy h:mm:ss a z ▾ Replace errors with missing values

變更為 polynominal

	eger	FuelType polynominal	HP integer	MetColor binominal	Automatic binominal	CC integer	Doors polynominal	Weight integer
1	5986	Diesel	90	1	0	2000	3	1165
2	2937	Diesel	90	1	0	2000	3	1165
3	1711	Diesel	90	1	0	2000	3	1165
4	3000	Diesel	90	0	0	2000	3	1165
5	3500	Diesel	90	0	0	2000	3	1170
6	1000	Diesel	90	0	0	2000	3	1170
7	4612	Diesel	90	1	0	2000	3	1245
8	5889	Diesel	90	1	0	2000	3	1245
9	9700	Petrol	192	0	0	1800	3	1185
10	1138	Diesel	69	0	0	1900	3	1105
11	1461	Petrol	192	0	0	1800	3	1185
12	3610	Petrol	192	0	0	1800	3	1185
13	2189	Petrol	192	0	0	1800	3	1185
14	3000	Petrol	192	1	0	1800	3	1185
15	4131	Petrol	192	1	0	1800	3	1185
16	3739	Petrol	192	0	0	1800	3	1185
17	4000	Petrol	192	1	0	1800	3	1185
18	1716	Petrol	110	1	0	1600	3	1105
19	5563	Petrol	110	0	0	1600	3	1065

no problems.

Previous | Next | Cancel

由於我們進行的是「監督式學習」，也就是當我們給模型許多變數後，它會根據一個**目標變數**來訓練模型，所以需要告訴模型哪一個是目標變數。在這個案例中，我們希望知道其他變數對於**價格 (Price)** 的影響，所以將 **Price** 設為目標變數。點擊 Price 欄位右上角的齒輪選單 -> **Change Role** -> 設為「**label**」。

> 讀者們可以回去第五章複習另一種設定目標變數的方法，在第五章是使用 Set Role 這個 Operator，這章提供的是另一種方法。

圖 6-23 將 Price 欄位的角色指定為 label

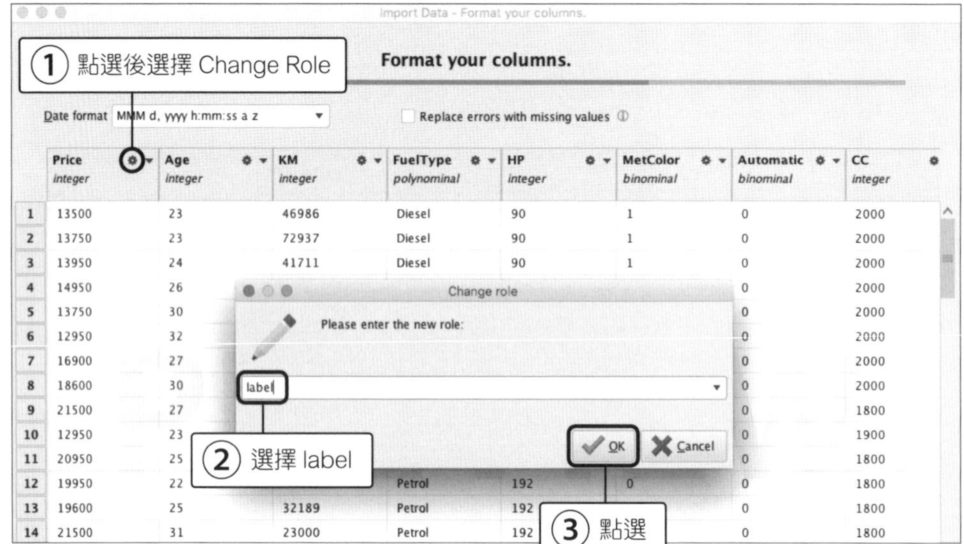

在上圖按 **Next** 後，將資料儲存在 PredictToyotaCorolla > Data 的路徑之下，名稱直接沿用原本的即可，按下 **Finish** 即可完成資料匯入的動作。

圖 6-24 將資料儲存在 Data 資料夾中

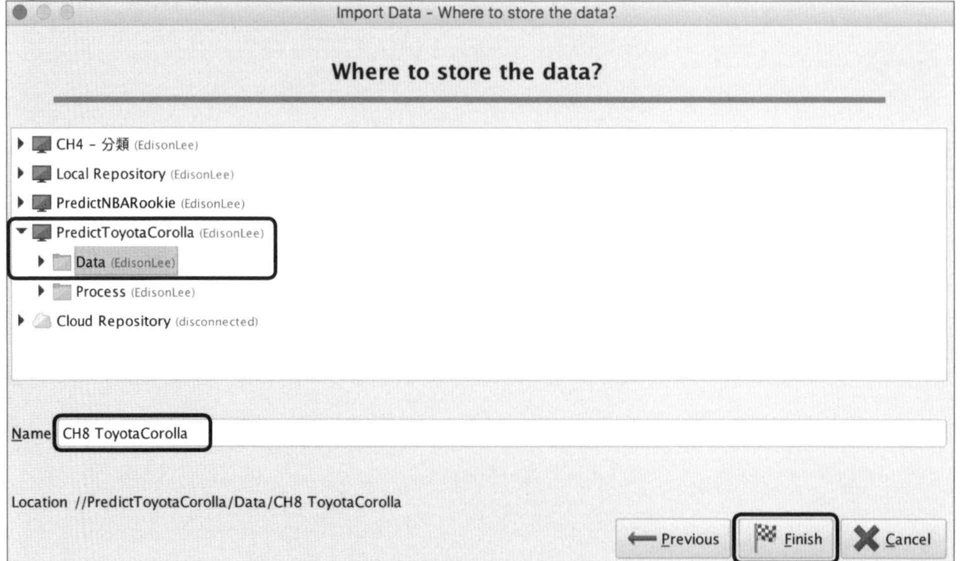

當您成功匯入後，就會看到如下圖的資料表，接著會利用 RapidMiner 的視覺化功能來認識這筆資料。

圖 6-25 成功匯入 Toyota Corolla 資料的畫面

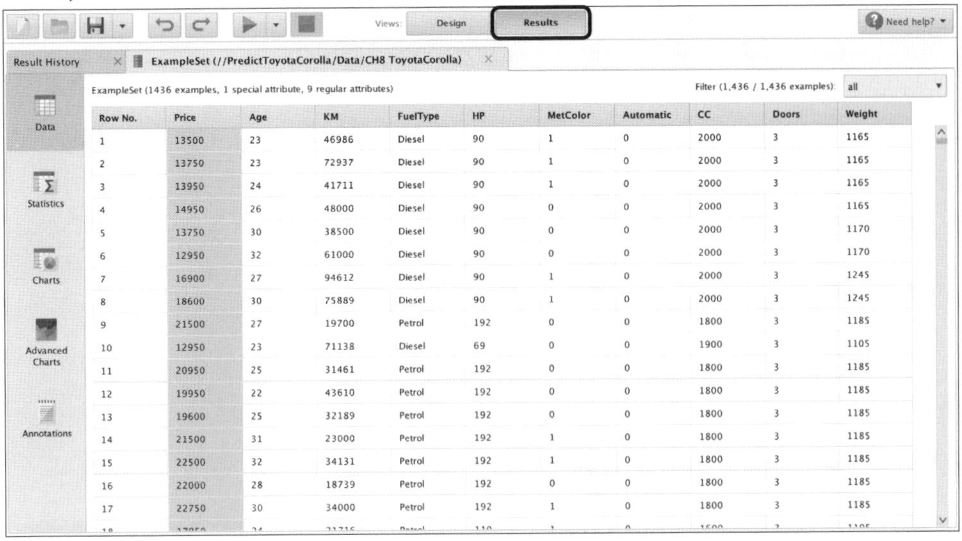

Views: Design Results Need help?

Result History | ExampleSet (//PredictToyotaCorolla/Data/CH8 ToyotaCorolla)

Data Statistics Charts Advanced Charts Annotations

ExampleSet (1436 examples, 1 special attribute, 9 regular attributes) Filter (1,436 / 1,436 examples): all

Row No.	Price	Age	KM	FuelType	HP	MetColor	Automatic	CC	Doors	Weight
1	13500	23	46986	Diesel	90	1	0	2000	3	1165
2	13750	23	72937	Diesel	90	1	0	2000	3	1165
3	13950	24	41711	Diesel	90	1	0	2000	3	1165
4	14950	26	48000	Diesel	90	0	0	2000	3	1165
5	13750	30	38500	Diesel	90	0	0	2000	3	1170
6	12950	32	61000	Diesel	90	0	0	2000	3	1170
7	16900	27	94612	Diesel	90	1	0	2000	3	1245
8	18600	30	75889	Diesel	90	1	0	2000	3	1245
9	21500	27	19700	Petrol	192	0	0	1800	3	1185
10	12950	23	71138	Diesel	69	0	0	1900	3	1105
11	20950	25	31461	Petrol	192	0	0	1800	3	1185
12	19950	22	43610	Petrol	192	0	0	1800	3	1185
13	19600	25	32189	Petrol	192	0	0	1800	3	1185
14	21500	31	23000	Petrol	192	1	0	1800	3	1185
15	22500	32	34131	Petrol	192	1	0	1800	3	1185
16	22000	28	18739	Petrol	192	0	0	1800	3	1185
17	22750	30	34000	Petrol	192	1	0	1800	3	1185

6-3-3 視覺化探索資料

完成資料匯入後，就來運用 RapidMiner 提供的圖表功能探索資料。在這個小節中，雖然還是以步驟的方式呈現，目的是方便讀者們學習，但是並不代表實際做專案時也是依照這些步驟，這個小節的重點應該放在「**探索**」，實際上是沒有步驟的概念的。此外，一個資料集可以玩的視覺化方式很多，在書中沒辦法完整的呈現，所以筆者也希望讀者不要被書中所舉例呈現的圖表受限了，還有很多有趣的圖表等待您去發現。

首先在左邊選擇 **Statistics** 頁面，先以最基本的敘述統計來觀察資料。從右下角的描述可以看到這個資料集有 1436 筆資料 (Examples) 且由 10 個欄位 (Special Attributes + Regular Attributes) 組成，這裡 RapidMiner 所特別標記出的「Special Attributes(特別欄位)」- 也就是我們的目標欄位 Price。此外，還記得我們在第五章也是透過這個統計表發現某欄位有遺失值，不過這個情況沒有在此資料集出現，所以可以省去處理遺失值的動作。

圖 6-26 在左側選擇 Statistics，檢視 Toyota Corolla 資料的敘述統計表

Result History | ExampleSet (//PredictToyotaCorolla/Data/CH8 ToyotaCorolla)

Filter (10 / 10 attributes):

Name	Type	Missing	Statistics		
Label Price	Integer	0	Min 4350	Max 32500	Average 10730.825
Age	Integer	0	Min 1	Max 80	Average 55.947
KM	Integer	0	Min 1	Max 243000	Average 68533.260
FuelType	Polynominal	0	Least CNG (17)	Most Petrol (1264)	Values Petrol (1264), Diesel (155), ...[1 more]
HP	Integer	0	Min 69	Max 192	Average 101.502
MetColor	Binominal	0	Least 0 (467)	Most 1 (969)	Values 1 (969), 0 (467)
Automatic	Binominal	0	Least 1 (80)	Most 0 (1356)	Values 0 (1356), 1 (80)
CC	Integer	0	Min 1300	Max 2000	Average 1566.828

Showing attributes 1 - 10

Examples: 1,436 Special Attributes: 1 Regular Attributes: 9

Step 2

另外筆者覺得有趣的是「**Age (車齡)**」欄位，請點選 Age 查看更多資訊。從中間的直方圖看到，這筆資料集擁有較多車齡比較高的二手車資料，平均車齡落在 55 年，筆者認為這屬於相當老舊的車輛資料了。這邊也帶出一個後續建模的潛在風險，可能我們模型的結果比較適合用來解釋非常老舊的中古車，而劣於解釋新古車 (例如車齡低於 10 年)，原因當然就在新古車的資料在這筆資料集中是缺乏的。因此這個部分值得多加留意。

圖 6-27　查看 Age 欄位的敘述統計數值

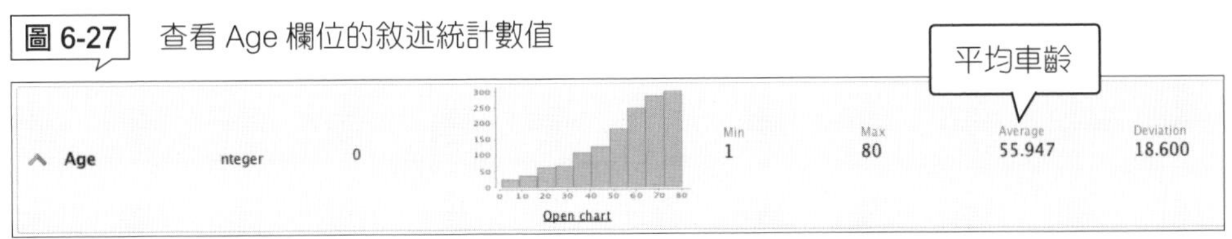

Step 3

延續上一個步驟，我們可以看看 Age 和目標變數 Price 間的關係。在左側選擇 **Charts** 頁面，一般要比較兩個變數間的互動關係時，經常使用**散佈圖 (Scatter plot)**，請將 X 軸設為 Age，Y 軸設為 Price。如圖 6-28，愈右邊是車齡越高的二手車，售價也越低，反之則越高。雖然這張圖的呈現與一般的想像差異不大，價格與車齡呈現負相關，但是可以發現在圖的「左上方」有三個資料點，似乎比相近車齡的售價高出許多，這是一個值得注意的點，我們可以思考：是不是有其他因素造成這樣的現象？是資料建立時系統出錯？或是人為輸入錯誤？……針對不同的原因，會有不同的處理方法，所以我們要針對這個現象再深入探討。

圖 6-28　Age 與 Price 的散佈圖

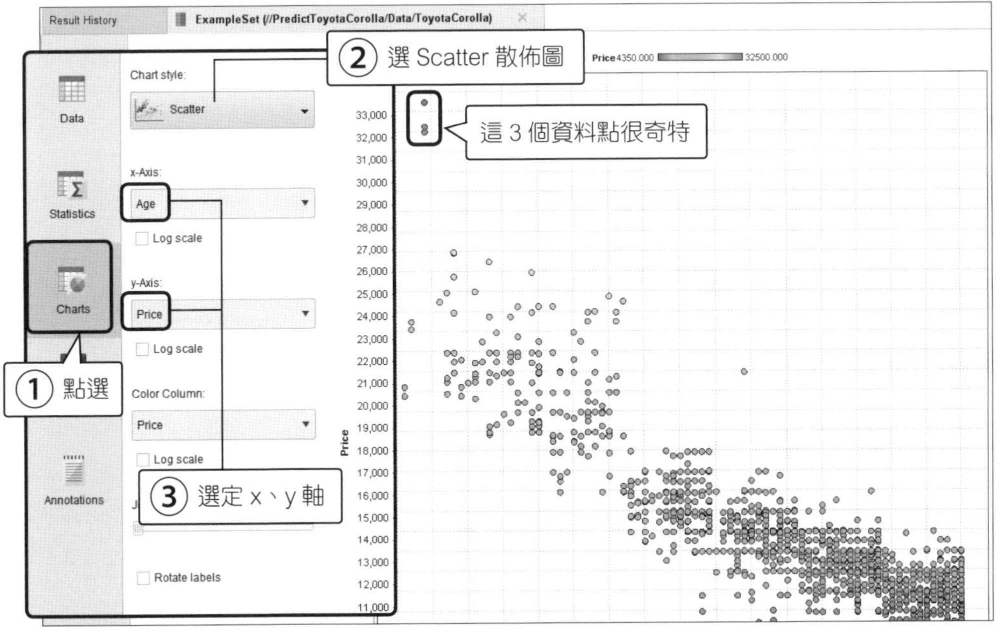

針對上一步驟發現的三個特別資料點，若按常理推斷以及散佈圖呈現的結果，照理說這三台車左側車齡更低的價格應該更高才對，因此我們針對「車齡低於這三台車」的資料再深入探討。首先回到 **Data** 頁面找出這三筆資料的車齡是多少，由於這三台車的售價是最高的，所以直接點擊 Price 欄位由高到低排列就可以找到，前三筆就是圖 6-28 左上角售價特別高的資料點，可以看出這三台車的車齡 (Age) 都是 4 年。

圖 6-29 在 Data 頁面將 Price 由高到低排列，查看售價前三高的資料點

Result History | ExampleSet (//ExploreToyotaCorolla/Data/CH8 ToyotaCorolla)

Data | Charts | Advanced Charts | Annotations

① 點選

ExampleSet (1436 examples, 1 sp

點選這裡由高到低的排序

Row No.	Price ↓				HP	MetColor	Automatic
110	32500	4	1	Diesel	116	0	0
112	31275	4	1500	Diesel	116	1	0
111	31000	4	4000	Diesel	116	1	0
116	24990	8	6000	Diesel	90	1	0
113	24950	8	13253	Diesel	116	1	0
114	24950	8	13253	Diesel	116	1	0
148	24500	13	19988	Petrol	110	1	0
142	23950	19	21684	Petrol	192	1	0
172	23750	8	11000	Petrol	110	1	0
139	23000	11	25000	Diesel	116	1	0
115	22950	7	10000	Diesel	116	1	0
17	22750	30	34000	Petrol	192	1	0
15	22500	32	34131	Petrol	192	1	0
180	22500	6	3000	Petrol	110	0	0
69	22250	22	30000	Diesel	110	1	0

為了更細看 Age 與 Price 間的關係，我們要將車齡低於或等於 4 年的車輛過濾出來，這時要設計一個「流程」來達到目的。目前中間的 Process 區塊應該是空白的，我們要使用 **Retrieve** 工具匯入 Toyota Corolla 資料。有個小技巧是直接從 Repository 區塊中將 ToyotaCorolla 資料集拉到 Process 區塊中，這樣可以省卻新增 Retrieve 工具然後指定資料集路徑的步驟。

圖 6-30 從 Repository 區塊直接將資料拉到 Process 區塊

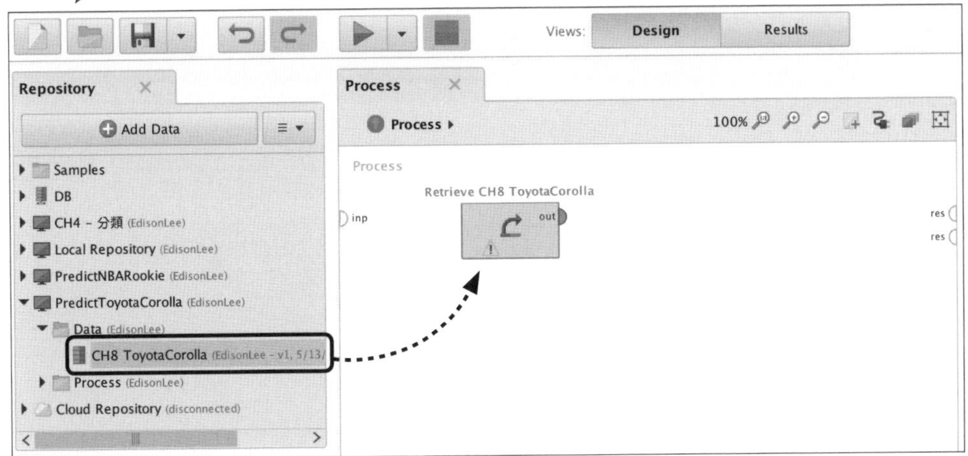

為了設定篩選條件這邊使用 **Filter Examples** 工具。將 Filter Examples 左側 **exa 接點**與 Retrieve 工具的右側 **out 接點**相連，並將 Filter Examples 的右側 **exa 接點**連到最後的 **res 接點**。

> 小檔案
>
> **Filter Examples 工具**：根據使用者設定的條件過濾出資料。左側的 **exa** 接點 (example set input) 用來接收輸入資料集，右側的 **exa** 接點 (example set output)，用來輸出「符合過濾條件」的資料集。**ori** 接點則是輸出「原」資料集(也就是和左側 exa 接點接收到的資料一樣)，而第三個 **unm** 接點 (unmatched example set) 則會呈現「未符合過濾條件」的資料集。

圖 6-31 使用 Filter Examples 設定過濾條件

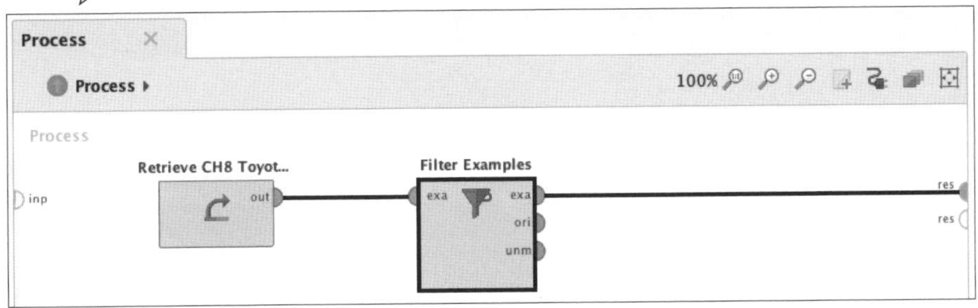

在 Filter Examples 的 Parameters 視窗中設定篩選條件。首先選擇「**Add Filters…**」(圖 6-31)，接著將條件設為「Age <= 4」(圖 6-32)，然後按下 **OK**。

圖 6-31 在 Filter Examples 的 Parameters 中按下 Add Filters

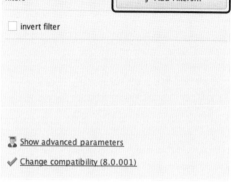

圖 6-32 設定車齡篩選條件為 Age <= 4

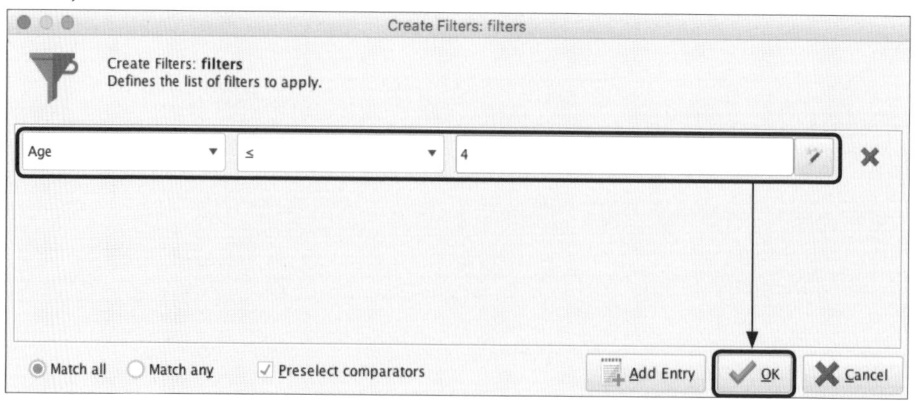

在 Design 頁面按下 ▶ 執行該流程後，就可以在 Results 頁面看到經過篩選的資料集。

圖 6-33　經由 Filter Examples 工具篩選後之資料集

Views: Design Results

Result History　ExampleSet (Filter Examples)

ExampleSet (7 examples, 1 special attribute, 9 regular attributes)　Filter (7 / 7 exam

Data　Statistics　Charts

Row No.	Price	Age	KM	FuelType	HP	MetColor	Automatic	CC	Doors
1	32500	4	1	Diesel	116	0	0	2000	5
2	31000	4	4000	Diesel	116	1	0	2000	5
3	31275	4	1500	Diesel	116	1	0	2000	5
4	21125	2	225	Petrol	97	1	0	1400	5
5	21500	2	15	Petrol	110	1	0	1600	5
6	17795	1	1	Petrol	98	1	0	1400	4
7	18245	1	1	Petrol	110	1	0	1600	5

補充 》

目前建立的流程是用來輔助視覺化探索，為了避免與後續實際進行資料分析的流程造成混淆，筆者建議您可以參考下圖，將目前的流程儲存為「視覺化」的流程 (圖中的 Toyota_viz)，且另外新增一個「分析用」的空白流程 (圖中的 PredictToyotaPrice)。

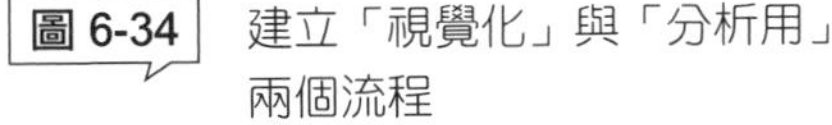

圖 6-34　建立「視覺化」與「分析用」兩個流程

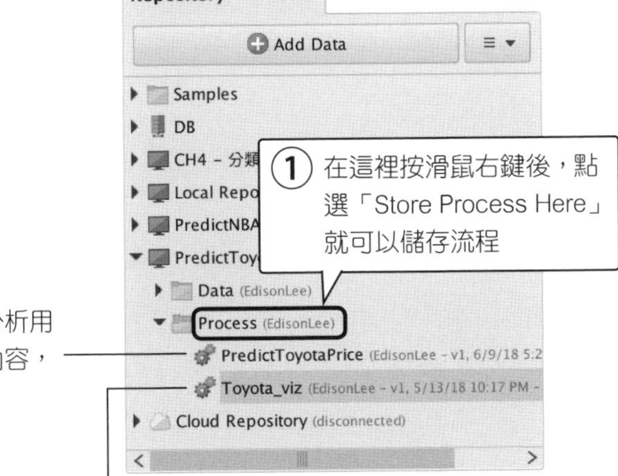

在左側選擇 **Charts** 頁面，然後如同先前的 step ❸，選擇**散佈圖 (Scatter plot)**，並將 x-Axis 設為「**Age**」、y-Axis 設為「**Price**」，如圖 6-35 所示。由於先前都只有試過兩個變數間的比較，但在這裡可以透過「顏色」，來納入第三個變數的比較，調整的方式是透過 **Color Column** 這個選項來變動。

圖 6-35 過濾車齡條件後的資料散佈圖 (Age v.s. Price)

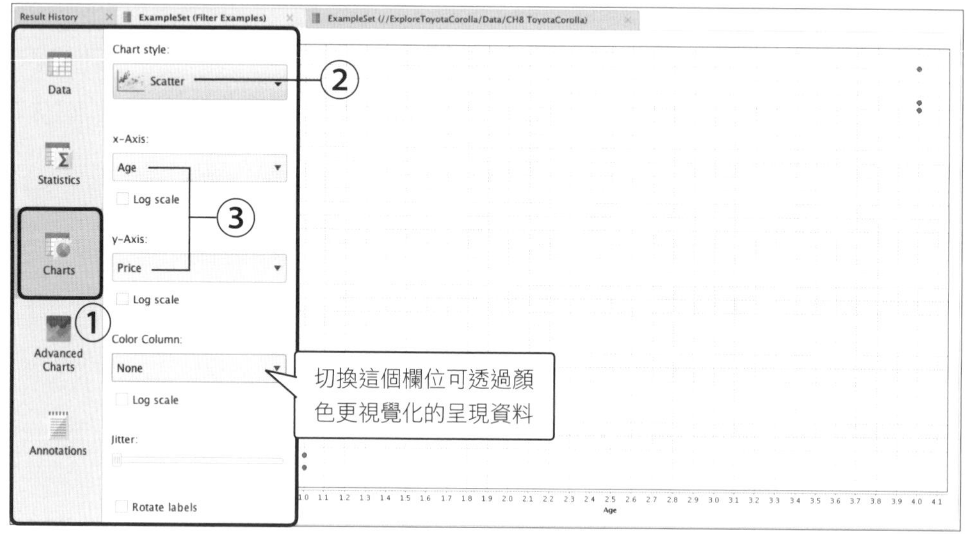

在 Color Column 選擇數個選項後，圖 6-36、37、38 是筆者覺得較為有趣的圖，以下分別做說明，而它們也可以解釋這 3 個資料點是不是異常的資料。

筆者一開始認為右上角這三台售價較高的中古車，可能是超級新、幾乎沒有在路上跑、里程數極少的車輛，所以才導致售價較高。但是從下頁圖 6-36 (將 Color Column 設為「KM」) 可以發現筆者原本的假設錯誤，它們的里程數並不是最少的，例如圖左下角兩個資料點，車齡更少只有一年且里程數更只有 1 公里，這就表示還有其他因素造成這三台車的高售價。但是我們也可以看出里程數確實有影響售價，因為從圖 6-36 的右上角的三個車齡同為 4 年的車輛可以看出，里程數最少的售價最高，且隨著里程數增加而售價降低。所以到底是什麼原因造成這三台車的價格高於其他呢？

> 這裡藉由 Color Column 欄位多設定了第三個變數，可以藉由上方的顏色示意圖得知各資料點的資訊。例如圖 6-36 可藉由點的顏色來得知 KM 的資訊。

圖 6-36 Age、Price 與 KM(里程數) 的相互關係

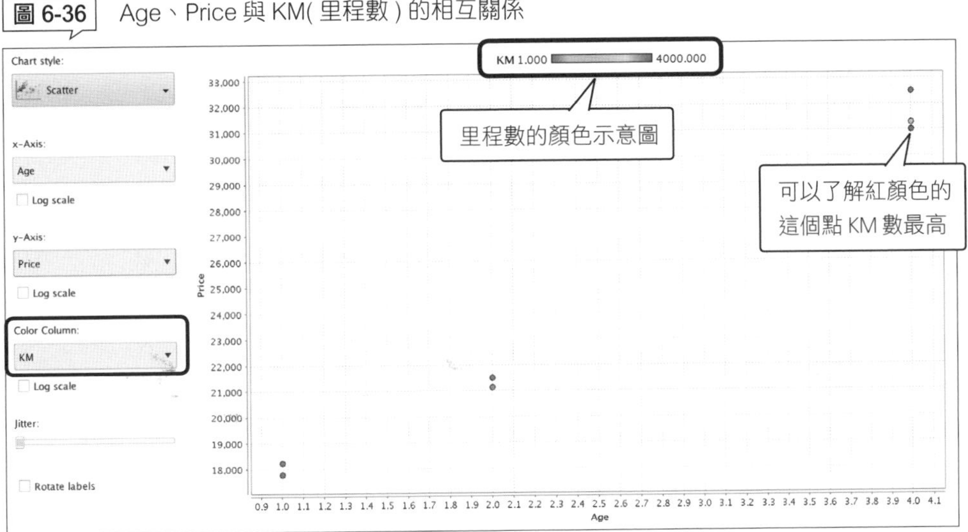

接著看到圖 6-37，筆者在 Color Column 使用「**FuelType(燃料種類)**」做比較，藍色點表示柴油車 (Diesel)、綠色點表示汽油車 (Petrol)、紅色點表示壓縮天然氣車 (CNG)，在這裡就看出三台售價較高的車輛與其他車輛不同之處，這三台都是屬於柴油車，而在市面上販售新車時，同樣的車型柴油車的售價會高於汽油車，因此筆者推測，這三台車的高售價可能與他們新車時的較高售價有關。

圖 6-37　Age、Price 與 FuelType(燃料種類) 的相互關係

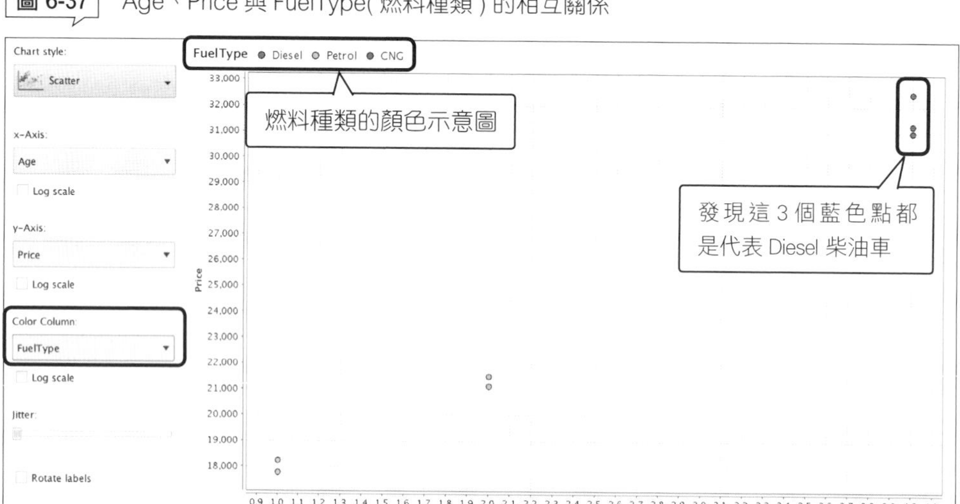

最後在圖 6-38(將 Color Column 設為「HP」) 我們又可發現，馬力 (HP) 與二手售價成正相關，這一部分的原因也與新車高馬力、較高售價有關。所以綜合到目前為止的視覺化探索，筆者提出一個小結論：二手車價與車齡呈現負相關，車齡越高、售價越低，而在新中古車 (車齡 4 年 (含) 以下) 的市場中，如果車況接近新車 (里程數很少)，那麼二手價會受車輛出廠規格影響，高規格 (如柴油車) 的車輛也會有較高的二手價。

圖 6-38　Age、Price 與 HP (馬力) 的相互關係

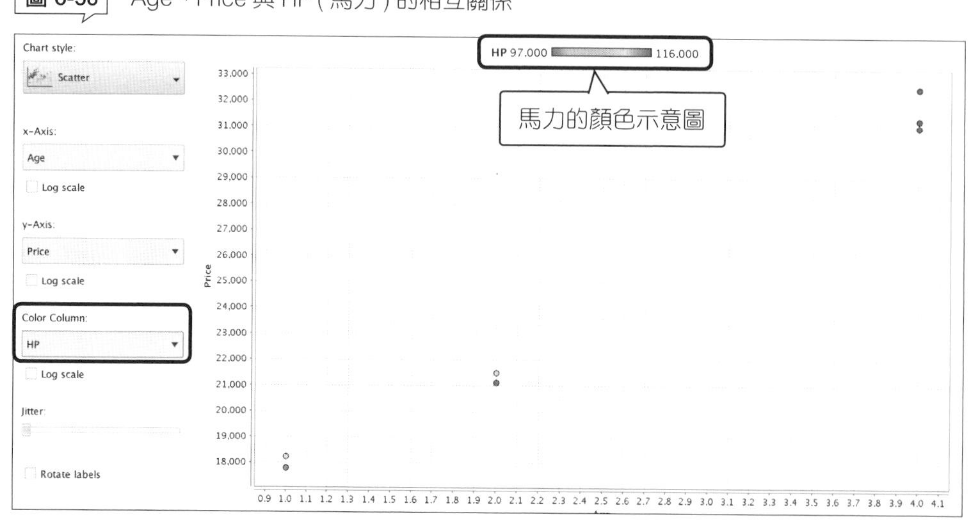

在這個小節我們針對 Price、Age、KM、FuelType 和 HP 做了視覺化比較，筆者提出了一些自己的觀察與結論，但是關於「探索」這個階段，並沒有定義該探索到怎樣的程度才算完成，最主要的任務是了解資料中有沒有特殊的現象。在這邊很幸運的沒有遇到資料遺失的問題，另外我們花不少篇幅探索三個高售價的資料點，也是屬於正常的現象，不需要特地移除。因此先記住目前觀察到的現象，等待產生模型結果後，可以再回頭到這邊看看這些現象能不能輔助我們闡述模型結果。下一節，我們要來學習如何用 RapidMiner 建立迴歸模型對中古車價進行預測。

筆者在這邊只執行了少量的視覺化探索，這樣的過程相信還未滿足讀者們對資料的認識，所以鼓勵讀者們再自行多加探索，也可順道熟悉各種圖表的使用。

6-4 建立監督式學習 - 迴歸模型

本章是使用監督式學習中的**迴歸模型**來幫助回答問題，在這個案例中，會用到與上一章案例隸屬相同家族的兩個演算法—**線性迴歸**(Linear Regression)和**決策樹** (Decision Trees)，您或許會覺得建模的流程和模型的產出與上一章非常相似，不過演算法背後的運算邏輯是有差異的，這部分因為較為複雜不會著墨太多，但是透過本章您會更清楚不同演算法的適用性。

先做個預告，本節的另一個重點是「**虛擬變數** (Dummy Variable)」的處理，我們會接觸到線性迴歸模型和決策樹模型在 RapidMiner 中對於接收輸入變數的差異，這部分在 6-4-4 節中會做進一步的說明與操作。

在正式建立模型之前，請大家先新增一個空白的流程，並使用 Retrieve 工具將 Toyota Corolla 資料集設定為此流程要使用的資料來源，如圖 6-39 所示。

> 如果您先前在圖 6-34 的地方已如筆者建議新增一個「分析用」的流程，那麼此處直接使用即可，不用再建立空白流程。

圖 6-39 使用 Retrieve 工具匯入 Toyota Corolla 資料集

6-4-1 選擇欲使用的變數

首先要思考哪些變數是值得我們放入模型中嘗試的、哪些對於分析結果是沒有用的 (例如第五章案例的球員姓名 Name)。根據圖 6-40 的呈現，此資料中共有 10 個變數，其中 1 個為目標變數 Price，其餘的 9 個變數 (如 Age、KM、FuelType......) 是選擇要不要放進模型的輸入變數。很明顯的，這裡的 9 個變數都與描述二手車況非常相關，在目前階段還不能判斷什麼變數會影響預測能力、什麼不會影響，因此應該先將這些變數都保留，等放入模型分析後再來比較哪些變數會影響預測能力。也就是說，這裡暫時不需要像上一章使用「Select Attributes」工具來挑選變數。

圖 6-40 透過 Data 頁面檢視資料的所有變數

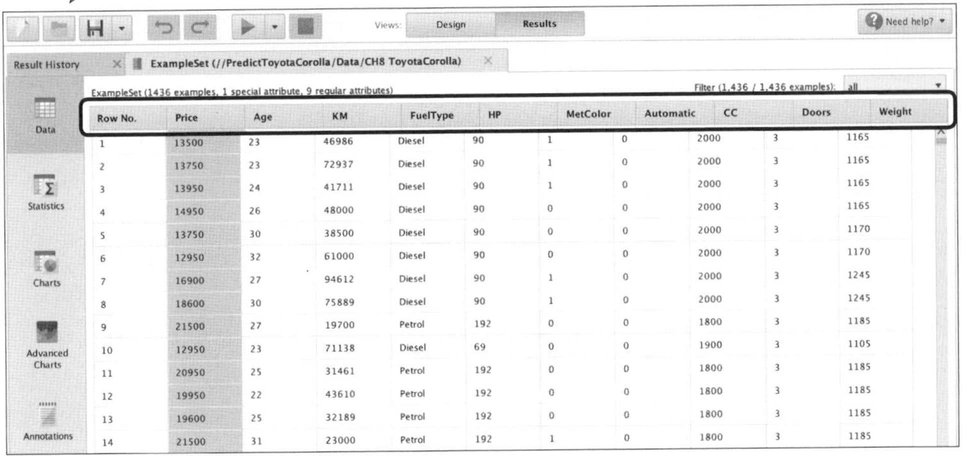

ExampleSet (1436 examples, 1 special attribute, 9 regular attributes)

Row No.	Price	Age	KM	FuelType	HP	MetColor	Automatic	CC	Doors	Weight
1	13500	23	46986	Diesel	90	1	0	2000	3	1165
2	13750	23	72937	Diesel	90	1	0	2000	3	1165
3	13950	24	41711	Diesel	90	1	0	2000	3	1165
4	14950	26	48000	Diesel	90	0	0	2000	3	1165
5	13750	30	38500	Diesel	90	0	0	2000	3	1170
6	12950	32	61000	Diesel	90	0	0	2000	3	1170
7	16900	27	94612	Diesel	90	1	0	2000	3	1245
8	18600	30	75889	Diesel	90	1	0	2000	3	1245
9	21500	27	19700	Petrol	192	0	0	1800	3	1185
10	12950	23	71138	Diesel	69	0	0	1900	3	1105
11	20950	25	31461	Petrol	192	0	0	1800	3	1185
12	19950	22	43610	Petrol	192	0	0	1800	3	1185
13	19600	25	32189	Petrol	192	0	0	1800	3	1185
14	21500	31	23000	Petrol	192	1	0	1800	3	1185

6-4-2 設定目標變數

還記得上一章使用「Set Role」工具來定義目標變數的角色吧？不過 6-3-2 節我們提供了另一種方法，已經在匯入資料時設定 Price 的角色為 label，因此這個步驟不需要再做設定，直接進入下一小節切割資料，區分訓練資料集與測試資料集。

6-4-3 切割資料

為了讓手中的資料集可以同時達到「訓練」以及「驗證」預測模型的效果，很重要的步驟就是將原有資料集做切割，這邊同樣是使用「Split Data」工具以 60/40 的比例切割訓練集以及測試集。

將「**Split Data**」工具加入流程，同時將「Split Data」的左側 **exa** 接點與「Retrieve」的右側 **out** 接點相連。

圖 6-41 將「Split Data」工具加入流程

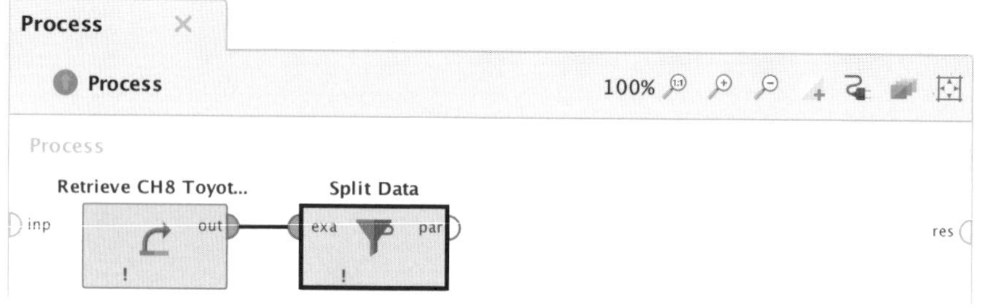

Step 2

在「Split Data」工具的 Parameters 區塊中，按下「**Edit Enumeration**」設定資料切割比例。在跳出的視窗中 (如圖 6-43) 可以任意選擇要切割成多少個小資料集，由於這裡只需要兩個，所以點選兩次「**Add Entry**」，將第一部分的資料設為 0.6(意思是 60% 的資料) 當作訓練集，另一部分設為 0.4 當作測試集，然後按下 **OK**。

圖 6-42 在 Split Data 的 Parameters 區塊按下「Edit Enumeration」

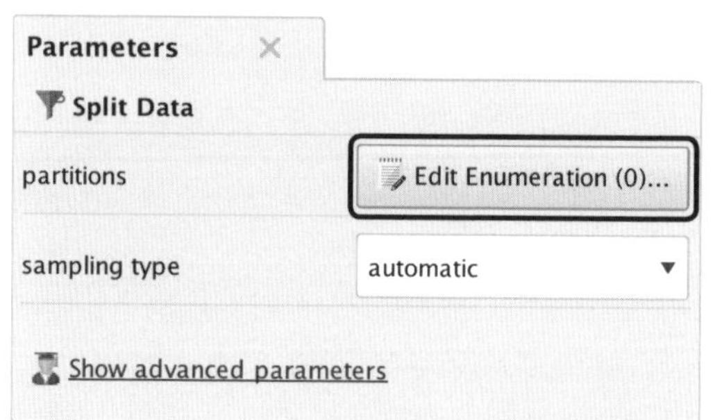

圖 6-43 按下兩次「Add Entry」，設定訓練集 (0.6)/ 測試集 (0.4) 的切割比例

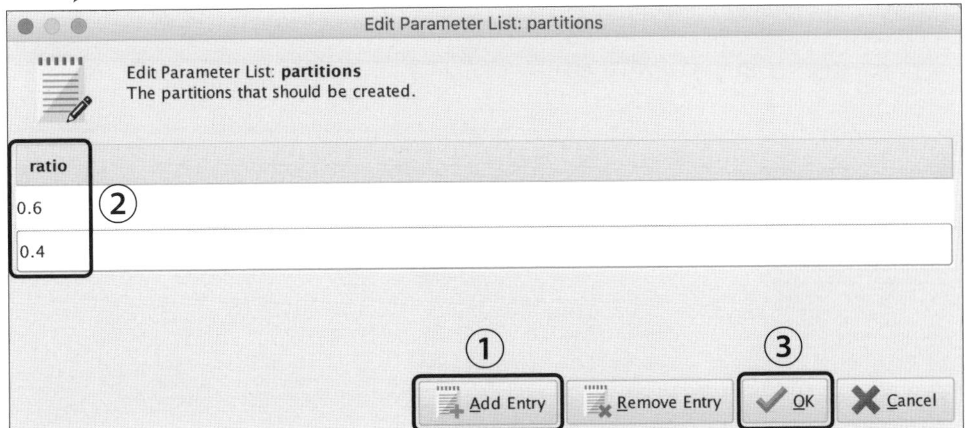

Step 3

為了確保訓練模型時，每次都以相同的訓練集 / 測試集做分析，這裡可以告訴軟體該使用的隨機種子 (random seed)。在「Split Data」工具的 Parameters 區塊中點開「**Show advanced parameters**」，勾選 use local random seed 並且設定一個 random seed(筆者設為 1500)。

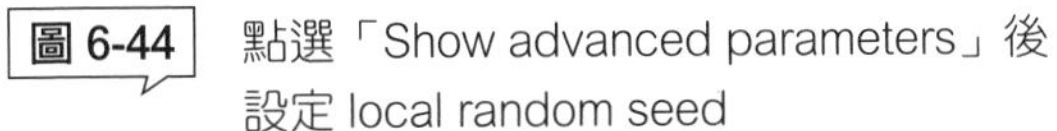

讀者可以自由指定隨機種子的數值，它的目的只是要讓您每次都能使用相同的切割資料集。

圖 6-44 點選「Show advanced parameters」後設定 local random seed

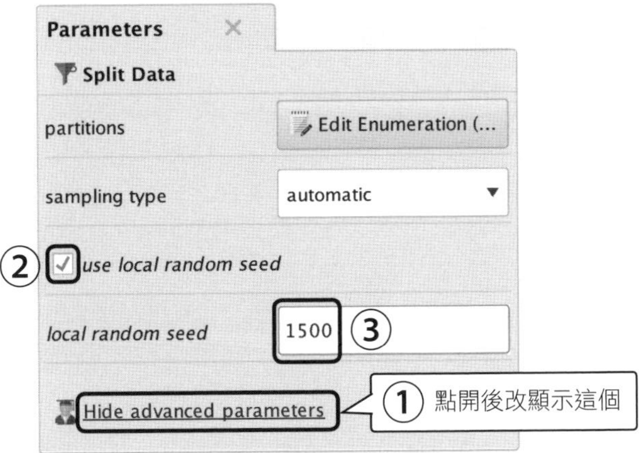

回到 Process 區塊，將「Split Data」的兩個 **par** 接點連到最後的 **res** 接點後，按下「**執行** ▶ 」鈕。您會在 Results 畫面中，看到兩個小資料集，一個有 862 筆資料 (圖 6-46)、另一個有 574 筆資料 (圖 6-47)。

圖 6-45 將 Split Data 的兩個 par 接點連到 res 接點後，按下執行鈕

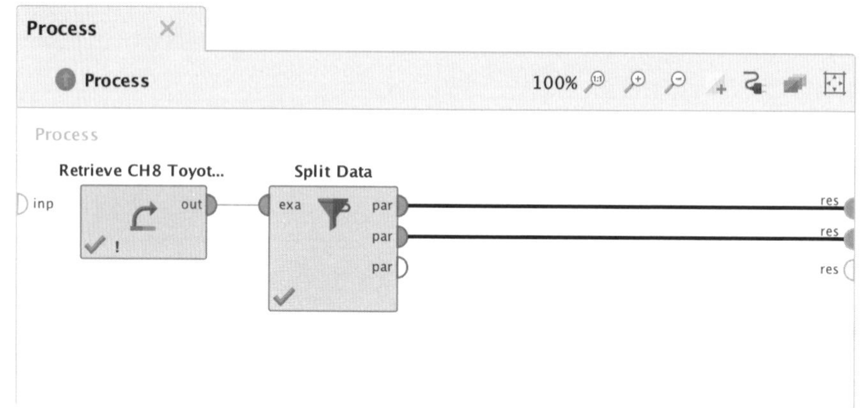

圖 6-46 Toyota Corolla 資料集的 Split Data 結果 (1)-- 擁有 60% 的小資料集

Views: Design Results

Result History | ExampleSet (Split Data) | ExampleSet (Split Data)

Data | Statistics | Charts | Advanced Charts | Annotations

ExampleSet (862 examples, 1 special attribute, 9 regular attributes)

Row No.	Price	Age	KM	FuelType	HP	MetColor	Automatic
1	13500	23	46986	Diesel	90	1	0
2	14950	26	48000	Diesel	90	0	0
3	13750	30	38500	Diesel	90	0	0
4	12950	32	61000	Diesel	90	0	0
5	16900	27	94612	Diesel	90	1	0
6	19950	22	43610	Petrol	192	0	0
7	22500	32	34131	Petrol	192	1	0
8	22000	28	18739	Petrol	192	0	0
9	15950	30	67660	Petrol	110	1	0
10	15950	28	56349	Petrol	110	1	0
11	16950	28	32220	Petrol	110	1	0
12	15950	25	28450	Petrol	110	1	0
13	17495	27	34545	Petrol	110	1	0
14	15750	29	41415	Petrol	110	1	0

圖 6-47 Toyota Corolla 資料集的 Split Data 結果 (2)-- 擁有 40% 的小資料集

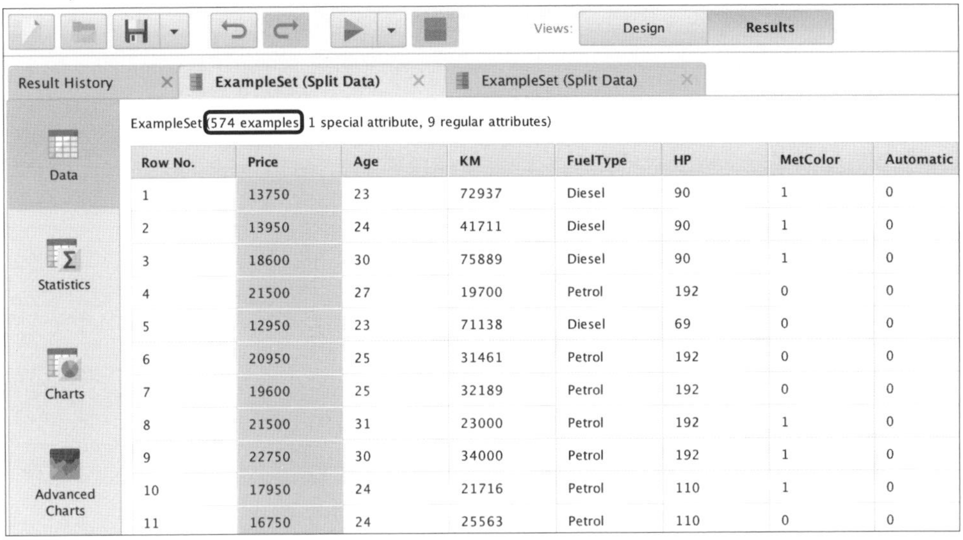

Views: Design Results

Result History | ExampleSet (Split Data) | ExampleSet (Split Data)

Data | Statistics | Charts | Advanced Charts

ExampleSet (574 examples, 1 special attribute, 9 regular attributes)

Row No.	Price	Age	KM	FuelType	HP	MetColor	Automatic
1	13750	23	72937	Diesel	90	1	0
2	13950	24	41711	Diesel	90	1	0
3	18600	30	75889	Diesel	90	1	0
4	21500	27	19700	Petrol	192	0	0
5	12950	23	71138	Diesel	69	0	0
6	20950	25	31461	Petrol	192	0	0
7	19600	25	32189	Petrol	192	0	0
8	21500	31	23000	Petrol	192	1	0
9	22750	30	34000	Petrol	192	1	0
10	17950	24	21716	Petrol	110	1	0
11	16750	24	25563	Petrol	110	0	0

進行到這邊，我們已經成功完成資料切割。接下來就進入建立模型的階段，首先來建立「**線性迴歸模型**」。

6

6-4-4 建立線性迴歸模型 (Linear Regression)

選用線性迴歸模型的原因是，它分析出來的結果可以清楚顯示**各個輸入變數對於目標變數 (Price) 的影響** (如手排 / 自排、馬力、里程數 ... 影響多少價格)，這也是幫助我們達成資料分析目標的一大關鍵。我們即將在 6-5-1 節看到分析後的結果，到時就能看出哪個變數對於 Price 有較顯著的影響。

初步認識線性迴歸

先透過一個簡單的例子來認識**線性迴歸模型**。假設我們想要預測孩童將來的身高，並且手中有 100 位剛滿 18 歲成年孩童的身高數據，以及他們父母親各自的身高數據，這時就能建立一個線性迴歸模型來預測身高。線性迴歸模型的長相能以一道「方程式」來表達：

$$
\begin{aligned}
\text{目標變數} = \text{常數} + & B_1 \times \text{變數}_1 + \\
& B_2 \times \text{變數}_2 + \\
& \cdots\cdots
\end{aligned}
$$

方程式 6-1

在方程式 6-1 中看到的常數，代表的是「誤差」。套用到上述的例子的話，目標變數就是孩童未來的身高，採用的兩個輸入變數為父親身高和母親身高 (當然還有其他因素影響，但為了解說方便，便以這兩個因素做說明)：

$$
\begin{aligned}
\text{孩童身高 (公分)} = \text{常數} + & B_1 \times \text{父親身高 (公分)} + \\
& B_2 \times \text{母親身高 (公分)}
\end{aligned}
$$

方程式 6-2

線性迴歸模型的目標就是要計算出每一個變數的**係數** (B_1、B_2) 以及**常數值**，計算的方法就是將手中已知的資料放進方程式中來求係數和常數的值。(註：底下算式中的數值皆為假設的)

182 = 常數 + $B_1 \times 175$ + $B_2 \times 160$ (成年孩童 1 號)

165 = 常數 + $B_1 \times 180$ + $B_2 \times 162$ (成年孩童 2 號)

177 = 常數 + $B_1 \times 185$ + $B_2 \times 170$ (成年孩童 3 號)

……

159 = 常數 + $B_1 \times 170$ + $B_2 \times 172$ (成年孩童 100 號)

藉由 100 個已知的數據，便能求出係數 (B_1、B_2) 和常數的最佳解，套回方程式所得出的式子就成為線性迴歸模型，如底下的方程式 6-3 所示。當未來有夫妻要生下小寶寶時，就能用這個模型 (這道算式) 來預測寶寶未來的身高。

$$
\begin{aligned}
\text{(預測) 孩童身高} = 1.2 + & 0.52 \times \text{父親身高} + \\
& 0.41 \times \text{母親身高}
\end{aligned}
$$

方程式 6-3

以上初步對線性迴歸有了認識，接下來就介紹如何建立線性迴歸模型。

開始建模

使用「**Linear Regression**」工具，並且將「Split Data」的第一個 **par** 端點 (訓練集資料，擁有 60% 的資料) 與此工具的 **tra** 接點連接。

> 小檔案
>
> **Linear Regression(線性迴歸) 工具：**用來解決迴歸問題 (就是「數值型」的目標變數)。左側的 tra 接點 (training set) 是用來與資料集相接，**通常與訓練資料集相接，特別再強調這裡只能讀取「數值型」的輸入變數，如果有「類別型」的輸入變數就會發生錯誤 (圖 6-48 就會遇到)**。右側的 mod 接點 (model) 可以輸出建立好的線性迴歸模型。右側的 exa 接點 (example set) 則會直接輸出左側的 tra 接點接收到的資料集。右側的 wei 接點 (weights) 會產出輸入變數對目標變數的權重值。

不過在**連接後會看到「Linear Regression」的 tra 接點上出現紅色的警示，這表示此接點出現問題，導致流程無法執行**。您可以嘗試將「Linear Regression」的任一個右側輸出接點連到最後的 res 接點，並按下「執行 ▶ 」鈕，可以看到如圖 6-48 的錯誤訊息。是哪個環節出錯呢？我們就先說明並排除目前遇到的問題。

圖 6-48　加入「Linear Regression」工具卻發生流程無法執行的情況

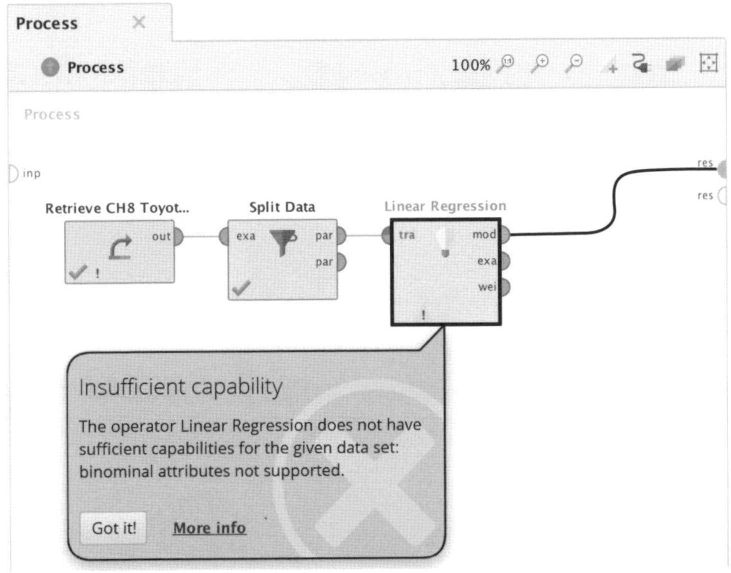

6

問題解析 虛擬變數登場

根據圖 6-48 的錯誤訊息，在這邊遇到的問題是：**輸入變數中含有「類別型」的變數**，但如同前面一再強調的，線性迴歸模型只能接收「數值型」的變數。「類別型變數」會對迴歸模型造成什麼影響呢？以下使用一個簡單例子來講解：延續前述預測孩童身高的模型，但是稍微改變一下，我們改用父親的「種族」當作輸入變數，並且假設只有「亞洲」、「歐美」、「其它」這三種類別，這時以這種「類別型」的變數放入線性迴歸模型中 (方程式 6-4)，您會發現這個模型無法進行運算，因為「亞洲」、「歐美」、「其他」這三個值沒有大小之分，導致父親種族的係數 B_1 無法求出，也造成迴歸模型無法產生。

孩童身高 (公分) = 常數 + B_1 × 父親種族 (類別)　　方程式 6-4

此時可以換個角度思考，一個人只會屬於一個類別，如果我們將這三個類別各自當作一個變數，這三個變數分別表示：(1) 父親種族屬於「亞洲」、(2) 父親種族屬於「歐美」、(3) 父親種族屬於「其他」。當父親種族屬於該類別，就以「1」表示，不屬於就以「0」表示，這時可以獲得三種情況 (表 6-1)，而模型則變成方程式 6-5 的樣子。

表 6-1 由父親種族的 3 個類別當作變數

	屬於亞洲？	屬於歐美？	屬於其他？
情況一：孩童父親為亞洲	1	0	0
情況二：孩童父親為歐美	0	1	0
情況三：孩童父親為其他	0	0	1

孩童身高 (公分) = 常數 + B_1 × 屬於亞洲？ +
B_2 × 屬於歐美？ +
B_3 × 屬於其他？　　方程式 6-5

乍看之下，這個模型沒有問題，但是實際上存在一個無法求解的情況，因為方程式 6-5 有四個數值 (常數、B_1、B_2、B_3) 需要求解，但是我們卻只能根據表 6-1 寫出三種條件式：

帶入數值

孩童身高 (公分) = 常數 + $B_1 \times 1 + B_2 \times 0 + B_3 \times 0$ -------- (1)
孩童身高 (公分) = 常數 + $B_1 \times 0 + B_2 \times 1 + B_3 \times 0$ -------- (2)
孩童身高 (公分) = 常數 + $B_1 \times 0 + B_2 \times 0 + B_3 \times 1$ -------- (3)

解方程式的前提條件是：要解 N 個變數要用 N 個式子才能求解，但是這邊只有 (N － 1) 個式子，所以方程式 6-5 有被修正的必要。

再仔細看一下表 6-1，雖然目前用三個變數來表示三種情況，但是其實只需要任兩個變數就可以表達三種情況了 (請參考表 6-2，知道「屬於亞洲」和「不屬於歐美」-> 就知道「不屬於其他」)。因此將模型改為方程式 6-6 的樣子，就可以用三種條件式來解出方程式 6-6 的三個數值 (常數、B_1、B_2)，解決前面方程式 6-5 無法求解的情況。

表 6-2 由父親種族的 2 個類別當作變數

	屬於亞洲？	屬於歐美？
情況一：孩童父親為亞洲	1	0
情況二：孩童父親為歐美	0	1
情況三：孩童父親為其他	0	0

孩童身高 (公分) = 常數 + $B_1 \times$ 屬於亞洲？ +
$B_2 \times$ 屬於歐美？　　方程式 6-6

藉由方程式 6-6 我們可以得知，**當某一個變數含有 n 個類別要表示時，只需使用 (n-1) 個變數即可表達，這種以 0 和 1 表示的變數，我們稱為虛擬變數 (dummy variable)**。虛擬變數的處理也是在建模前很重要的資料前處理動作，當我們規劃好要使用的分析演算法時，得先知道該演算法能不能分析類別型的變數，如果不能，就要將類別型變數轉成虛擬變數。接下來，就來處理 step ❶ 所遇到類別型輸入變數的問題。

在輸入變數中，FuelType 和 Doors 這兩個就是類別型變數，導致線性迴歸模型無法運作。這種情況就要使用「**Nominal to Numerical**」工具將類別變數轉成虛擬變數。這邊筆者選擇將「Nominal to Numerical」工具加入到「Split Data」的前方，要想確保不論是訓練集或是測試集資料都保有相同的資料格式。

> 小檔案
>
> **Nominal to Numerical 工具**：將「非數值型」變數轉為「數值型」變數。左側的 **exa** 接點 (example set) 用來接收資料集。右側的 **exa** 接點 (example set) 會輸出經過轉換的資料集。右側的 **ori** 接點則會直接輸出左側的 **exa** 接點接收到的資料集。右側的 **pre** 接點可以將「此處設定的資料處理動作」傳遞給其他工具使用。

圖 6-49 將 Nominal to Numerical 工具加入 Retrieve 和 Split Data 中間

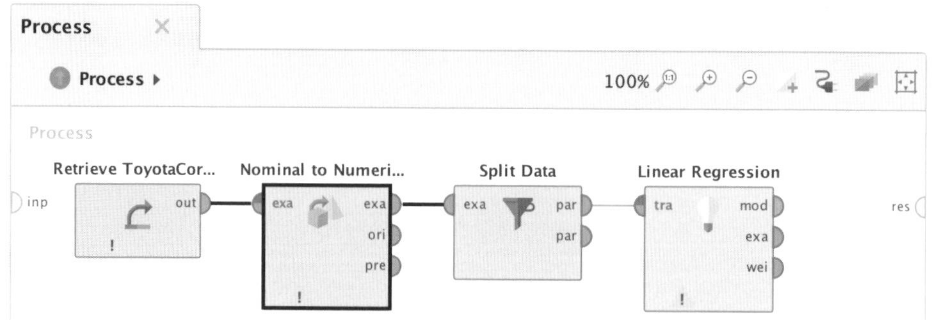

接著在「Nominal to Numerical」的 Parameters 區塊進行設定。因為我們要同時轉換兩個類別變數，所以在第一個選項選擇「**subset**」，subset 表示可以選擇多個變數。然後按下「**Select Attributes**」，在跳出的視窗中，將 Doors 和 FuelType 這兩個變數移動到右方 (圖 6-51)，然後按下 **Apply**。最後在圖 6-50 的 coding type 地方，設定成「**dummy coding**」，這個選項可以將資料轉變成與表 6-1 相同的效果。

圖 6-50 在「Nominal to Numerical」的 Parameters 區塊進行虛擬變數轉換的設定

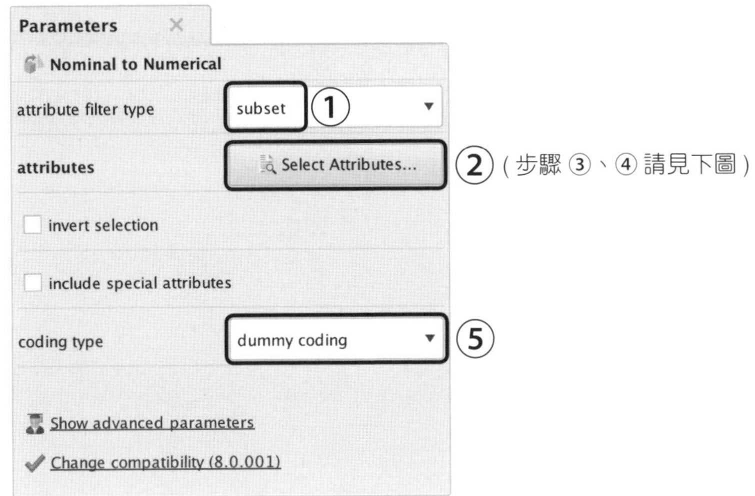

圖 6-51 將 Doors 和 FuelType 移動到右側，表示要針對這兩個變數進行轉換

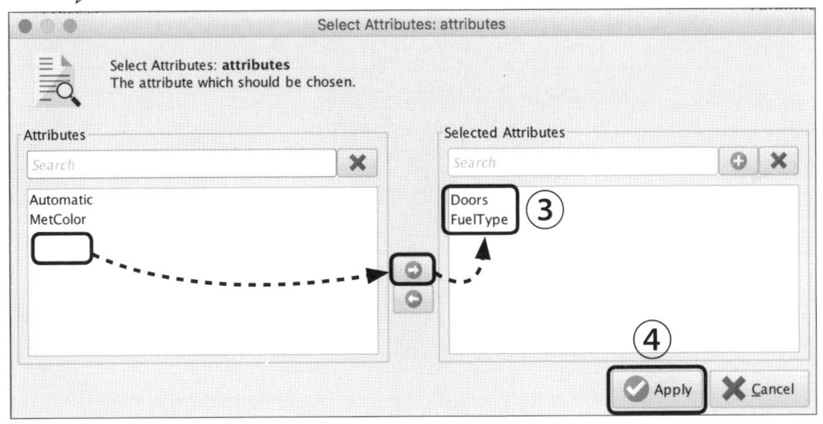

我們來看看轉換後的結果。在 Process 區塊圈選「**Split Data**」和「**Linear Regression**」，然後按下滑鼠右鍵，選擇「**Disable 2 Operators**」讓兩個工具暫時失去作用（圖 6-52）。

圖 6-52 暫時讓兩個工具失去作用

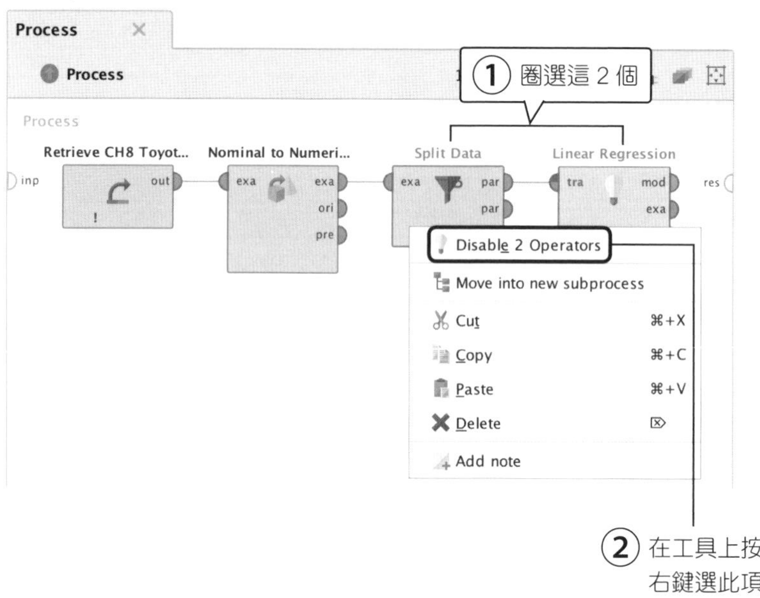

接著將「Nominal to Numerical」工具的右側 **exa** 接點連到最後的 **res** 接點，按下「**執行** ▶」鈕 (圖 6-53)。

圖 6-53 將「Nominal to Numerical」工具的右側 exa 接點連到 res 接點

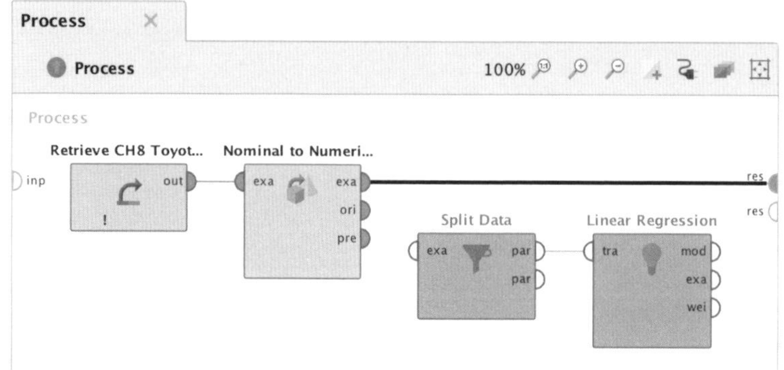

在 Results 畫面就會呈現「類別型變數轉換成虛擬變數」的結果，白話一點說，就是將「Doors」和「FuelType」這兩個「類別型變數」轉成「虛擬變數」，可以看到圖 6-54 的表格中出現「Doors = 3」、「Doors = 5」、「FuelType = Diesel」、「FuelType = Petrol」等虛擬變數。

> 「Nominal to Numerical」工具的功能，就是將「類別型變數」採用表 6-1 的方式呈現。

圖 6-54 在 Results 畫面檢視 FuelType 和 Doors 進行虛擬變數處理後的結果

Views: Design Results Need help?

Result History | ExampleSet (Nominal to Numerical)

Data / Statistics / Charts / Advanced Charts / Annotations

ExampleSet (1436 examples, 1 special attribute, 14 regular attributes) Filter (1,436 / 1,436 examples): all

Row No.	Price	FuelType = Diesel	FuelType = Petrol	FuelType = CNG	Doors = 3	Doors = 5	Doors = 4	Doors = 2	Age	KM
1	13500	1	0	0	1	0	0	0	23	469
2	13750	1	0	[illegible]	[illegible]	0	0	0	23	729
3	13950	1	0	[illegible]	[illegible]	0	0	0	24	417
4	14950	1	0	0	1	0	0	0	26	480
5	13750	1	0	0	1	0	0	0	30	385
6	12950	1	0	0	1	0	0	0	32	610
7	16900	1	0	0	1	0	0	0	27	946
8	18600	1	0	0	1	0	0	0	30	758
9	21500	0	1	0	1	0	0	0	27	197
10	12950	1	0	0	1	0	0	0	23	711
11	20950	0	1	0	1	0	0	0	25	314
12	19950	0	1	0	1	0	0	0	22	436
13	19600	0	1	0	1	0	0	0	25	321
14	21500	0	1	0	1	0	0	0	31	230

虛擬變數

接下來將「Split Data」和「Linear Regression」工具還原，按下滑鼠右鍵點選「**Enable 2 Operators**」(圖 6-55)。接著將「Nominal to Numerical」工具的右側 **exa** 接點改連到「Split Data」的左側 **exa** 接點。但是您可能會覺得奇怪，照理說處理完類別型變數，應該就能使用「Linear Regression」工具，可是為什麼「Linear Regression」的接點還是呈現紅色警示呢？原因在於先前 6-19 頁將 MetColor 和 Automatic 設定為二元變數，**二元變數也等同於是類別型變數**，因此也需要對這兩個變數做處理。

圖 6-55 按下「Enable 2 Operators」將 Split Data 和 Linear Regression 工具還原

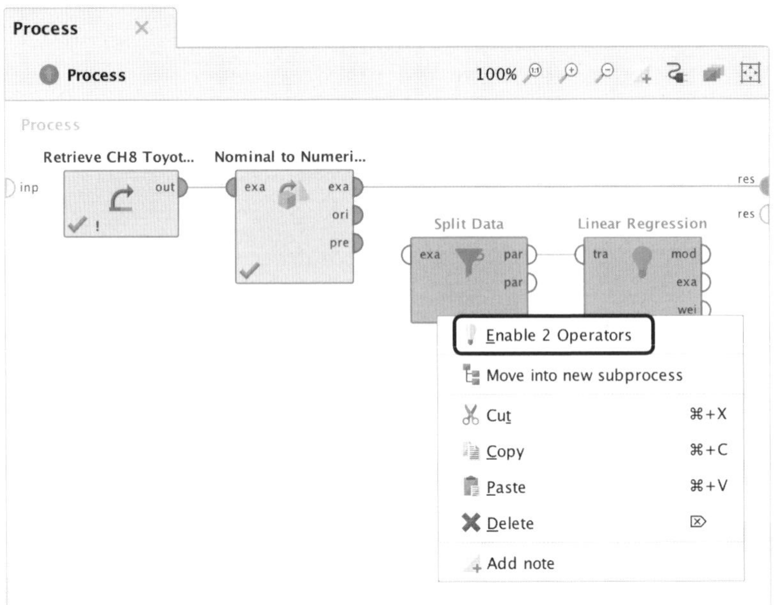

圖 6-56 由於還有二元類別變數 (MetColor 和 Automatic) 尚未處理，所以 Linear Regression 工具還沒辦法運作

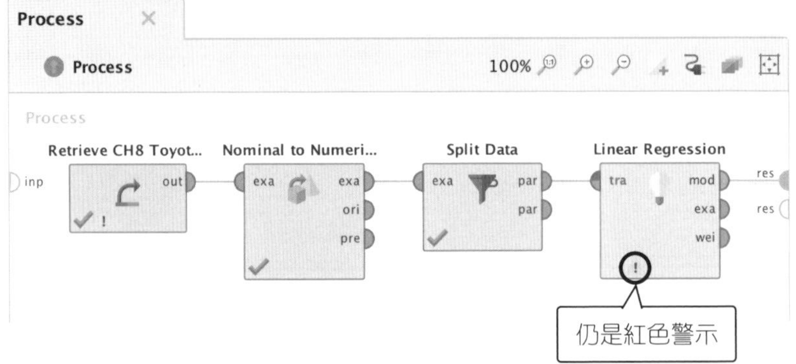

接著就要將「二元變數轉為數值型變數」。同樣使用「Nominal to Numerical」工具，將它放在上一個處理虛擬變數的「Nominal to Numerical」和「Split Data」之間，同時也將三個工具的 **exa** 接點互相連接起來。

圖 6-57 加入第二個 Nominal to Numerical 工具處理二元類別變數

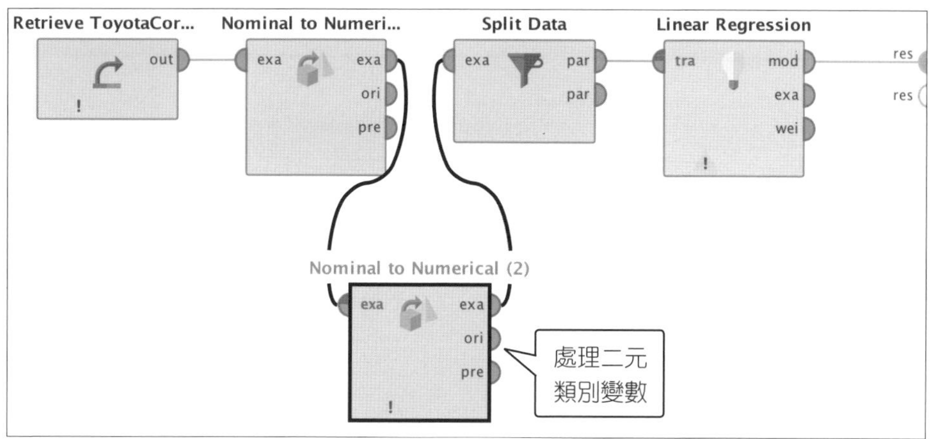

Step 5.2

一樣在「Nominal to Numerical」的參數設定中，選擇「**subset**」，接著點選「**Select Attributes**」。再如圖 6-59 的視窗中，將 Automatic 和 MetColor 這兩個變數移動到右方，然後按下 **Apply**。接著在 coding type 設定一樣選擇 **dummy coding**。但是這邊要注意的是，因為變數本身只有兩個類別，所以當欄位進行轉換之後，會出現「變數名稱 =0」、「變數名稱 =1」這兩個欄位，**待會 Step6 選擇變數時要用「變數名稱 =1」的欄位**，這樣 0/1 所代表的意思才會與未轉換前一致。

圖 6-58 轉換「二元類別變數」的「Nominal to Numerical」工具的參數設定

Parameters ×

Nominal to Numerical (2) (Nominal to Numerical)

attribute filter type	subset
attributes	Select Attributes...
invert selection	
include special attributes	
coding type	dummy coding

Show advanced parameters

Change compatibility (8.0.001)

原本的 Automatic 欄位中，當資料為 1 時表示「屬於 Automatic」，而在進行「二元類別變數」轉換後，會出現「Automatic = 0」和「Automatic = 1」這兩個欄位，若這裡使用「Automatic = 0」欄位，當資料為 1 時反而會代表「不」屬於 Automatic，這樣 1、0 代表的意義會太混淆，因此是使用「Automatic = 1」這個欄位。

圖 6-59 選擇要變成數值型的二元類別變數，將 Automatic 和 MetColor 移到右方區塊

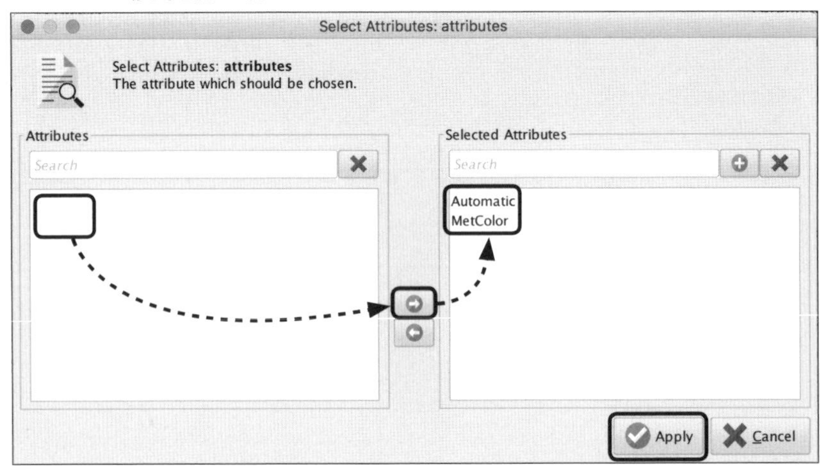

因為進行了虛擬變數的處理，輸入變數中多了一些可以省略的欄位，所以在執行模型前，要先選擇哪些變數該當作輸入變數。這邊要使用「**Select Attributes**」工具，將「Select Attributes」工具加入到「第二個 Nominal to Numerical」和「Split Data」工具之間。

圖 6-60 加入 Select Attributes 工具

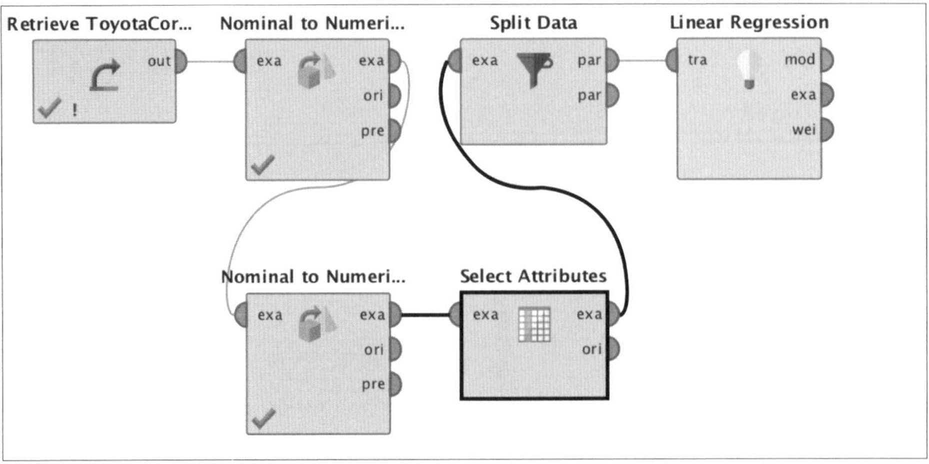

在 Select Attributes 的 Parameters 區塊中，選擇「**subset**」再按下「**Select Attributes**」。在如圖 6-62 的視窗中選擇要使用的變數，如同 (5.2) 所說，Automatic 和 MetColor 要選擇「= 1」的欄位、Doors 和 FuelType 的虛擬變數需要擇一捨去 (這裡的概念就是表 6-2 和方程式 6-6 所解釋的「只需使用 (N-1) 個虛擬變數」放入模型)，其餘的變數都先納入模型中。因此將要使用的變數都移到右方後，按下 **Apply**。

圖 6-61 在 Select Attributes 的 Parameters 區塊中，選擇「subset」再按下「Select Attributes」

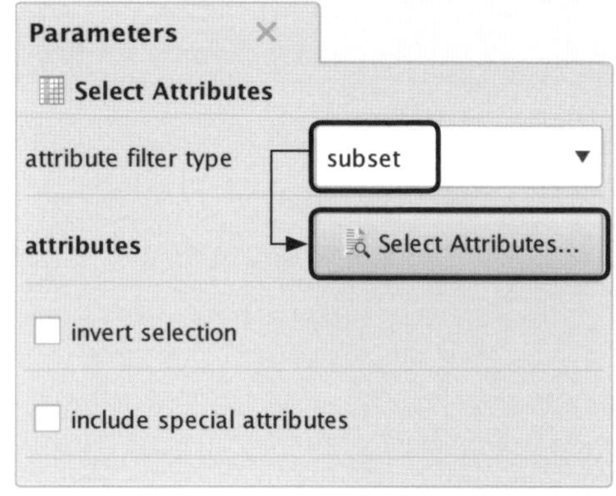

圖 6-62 將要放入 ToyotaCorolla 線性迴歸模型的變數移到右方

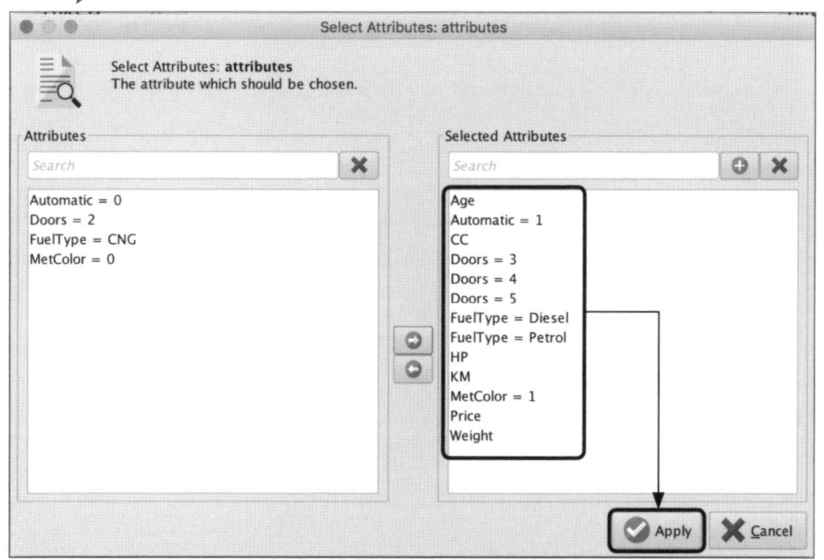

經過以上的處理就可以讓「Linear Regression」工具成功運作。

圖 6-63 藉由將類別型變數轉成數值型變數，成功讓 Linear Regression 工具運作

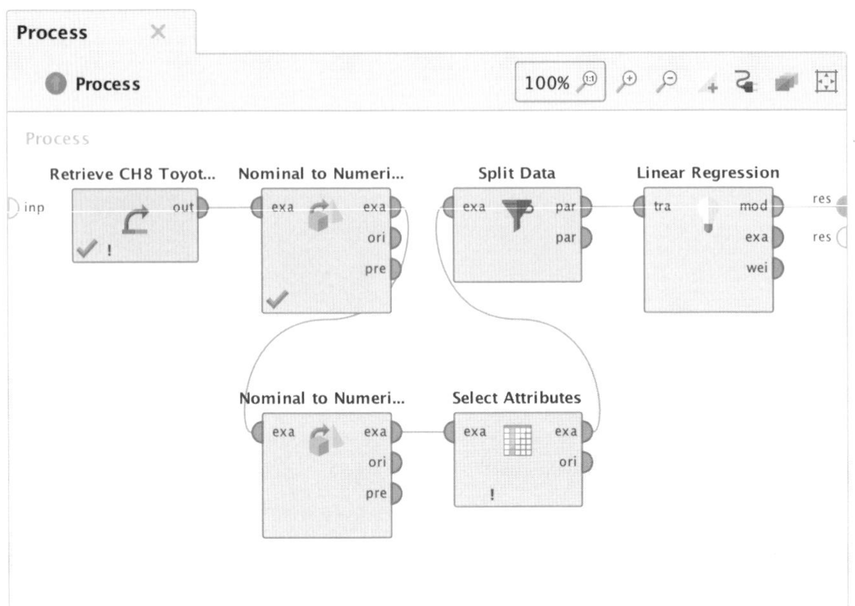

到目前為止的流程，代表透過「訓練集」資料訓練出一個「預測 Toyota 二手車價的線性迴歸模型」，**但是在進行「預測型專案」中，我們在意的是「模型的預測能力」，因此最後還要加上使用「測試集」資料評估模型的流程**。

該如何使用測試集資料來評估模型呢？就是使用前一章接觸過的「**Apply Model**」工具，它能讓「訓練過的線性迴歸模型」套用在「測試資料集」上。請將「Apply Model」的左側 **mod** 輸入接點與「Linear Regression」的右側 **mod** 輸出接點連接，這代表要用先前建立好的線性迴歸模型。另外將「Apply Model」的左側 **unl** 輸入接點連到「Split Data」的第二個 **par** 接點，這個接點就是擁有 40% 資料的測試集資料。如此一來，Apply Model 就會使用線性迴歸模型來預測測試集。

圖 6-64 將 Apply Model 加入流程最後，目的是用「線性迴歸模型」來預測「測試集」

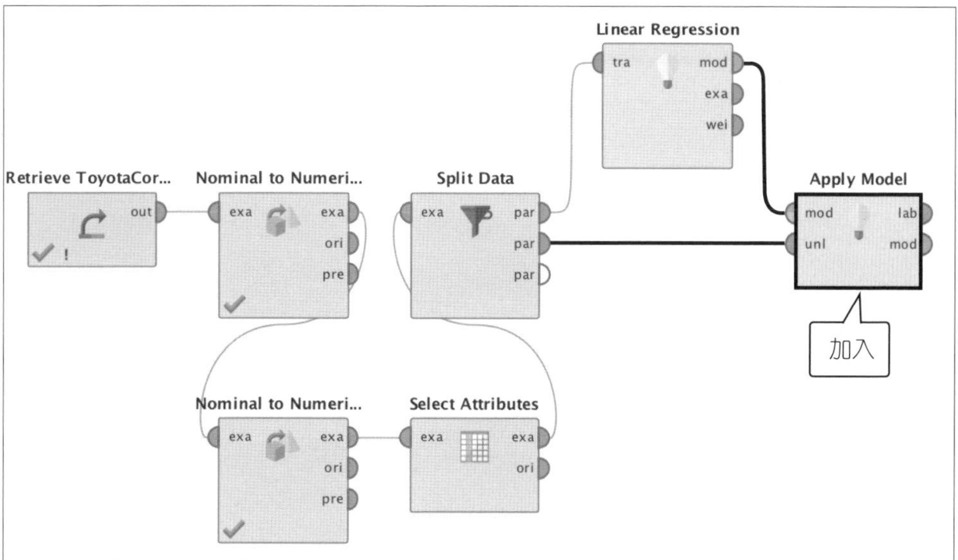

Step 10

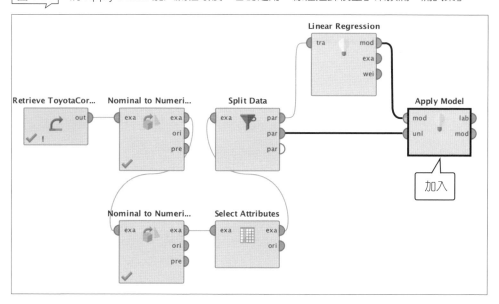

最後使用「Performance」工具來產生評估指標。將「Performance」的左側 **lab** 接點與「Apply Model」的右側 **lab** 接點相連，然後再把「Performance」的兩個右側輸出接點 **per** 和 **exa** 連到 Process 的 **res** 接點。同時也將「Apply Model」的右側 **mod** 接點連到 Process 的 **res** 接點。

圖 6-65 加入 Performance 工具在 Apply Model 後方，並將輸出接點連到 res 接點

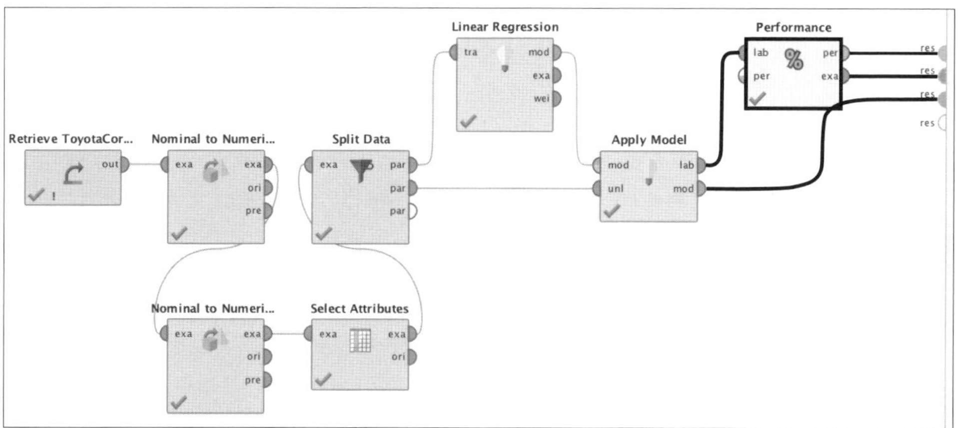

本小節的操作到此告一段落，在這邊筆者先簡單說明這三個 res 接點的產出分別是什麼，讓您先有初步的認識，後續在 6-5 節會仔細解說這些產出要如何解讀。

圖 6-66 為 Performance 的 per 輸出端點的產出，這裡呈現的數值是「關於模型整體的預測誤差表現」。

圖 6-66 Performance 工具 per 輸出端點的產出

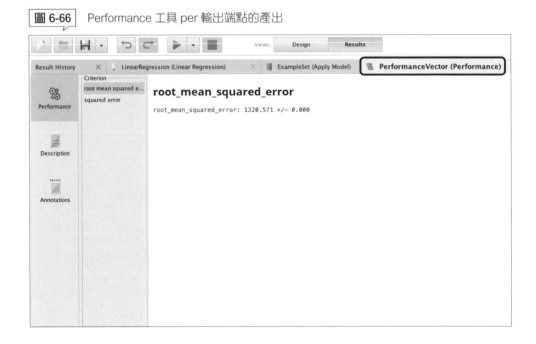

圖 6-67 呈現 Performance 的 exa 輸出端點，這裡看到的是每一筆資料的「真實值 (Price)」與「預測值 (prediction(Price))」的比較。

圖 6-67 Performance 工具 exa 輸出端點的產出

Result History | LinearRegression (Linear Regression) | ExampleSet (Apply Model) | PerformanceVector (Performance)

Data | Statistics | Charts | Advanced Charts | Annotations

ExampleSet (574 examples, 2 special attributes, 12 regular attributes)

Row No.	Price	prediction(Price)	MetColor = 1	Automatic = 1	FuelType = Diesel	FuelType = Petrol	Doors = 3	Doors
1	13500	16250.477	1	0	1	0	1	0
2	13750	15819.069	1	0	1	0	1	0
3	13950	16214.759	1	0	1	0	1	0
4	14950	15863.393	0	0	1	0	1	0
5	19600	21824.723	0	0	0	1	1	0
6	21500	21237.025	1	0	0	1	1	0
7	16750	15230.839	0	0	0	1	1	0
8	15950	14442.642	1	0	0	1	1	0
9	16950	16615.512	0	1	0	1	1	0
10	16250	15506.243	1	0	0	1	1	0
11	17495	15607.901	1	0	0	1	1	0
12	17950	15627.588	1	0	0	1	1	0
13	12950	15480.926	1	0	0	1	1	0
14	14950	15469.767	1	0	0	1	1	0
15	15750	15298.408	0	0	0	1	1	0
16	14750	15432.670	0	0	0	1	1	0
17	16750	15157.244	1	0	0	1	1	0
18	13950	15726.197	0	0	0	1	1	0

最後圖 6-68 顯示的是 Apply Model 的 mod 輸出接點，表示的是此流程產生的「線性迴歸模型」。

圖 6-68 Apply Model 工具 mod 輸出接點的產出

Views: Design | Results

Result History | LinearRegression (Linear Regression) | ExampleSet (Apply Model) | PerformanceVector (Performance)

Data | Description | Annotations

Linear Regression.model → Apply Model.model

Attribute	Coefficient	Std. Error	Std. Coefficient	Tolerance
Automatic = 1	594.934	211.815	0.037	0.999
FuelType = Diesel	3808.343	652.209	0.346	1.000
FuelType = Petrol	848.852	420.148	0.081	1.000
Doors = 3	-1178.765	1336.409	-0.166	0.979
Doors = 5	-1065.391	1336.540	-0.152	0.952
Doors = 4	-873.056	1341.255	-0.076	0.986
Age	-123.409	3.336	-0.633	0.595
KM	-0.017	0.002	-0.180	0.755
HP	71.086	7.248	0.312	0.906
CC	-4.789	0.700	-0.261	0.967
Weight	16.302	1.412	0.255	0.753
(Intercept)	1429.007	2088.883	?	?

小結

這個小節中我們建立了一個預測 Toyota 二手車價的線性迴歸模型，補充一個小技巧，您可以按下 Process 區塊右上角的第二個按鈕，顯示工具的執行順序 (圖 6-69)。可透過這個功能思考是否還記得為什麼要依這個順序擺放工具，還有它們個別的用途為何。本小節的關鍵內容是「將類別型變數轉變成虛擬變數」的資料前處理方法，請務必熟悉。這個迴歸模型的預測能力好壞我們留到 6-5 節一起解說，接下來介紹建立另一個**決策樹模型** (Decision Tree)。

圖 6-69 預測 Toyota 二手車價的線性迴歸模型各 Operators 執行順序圖

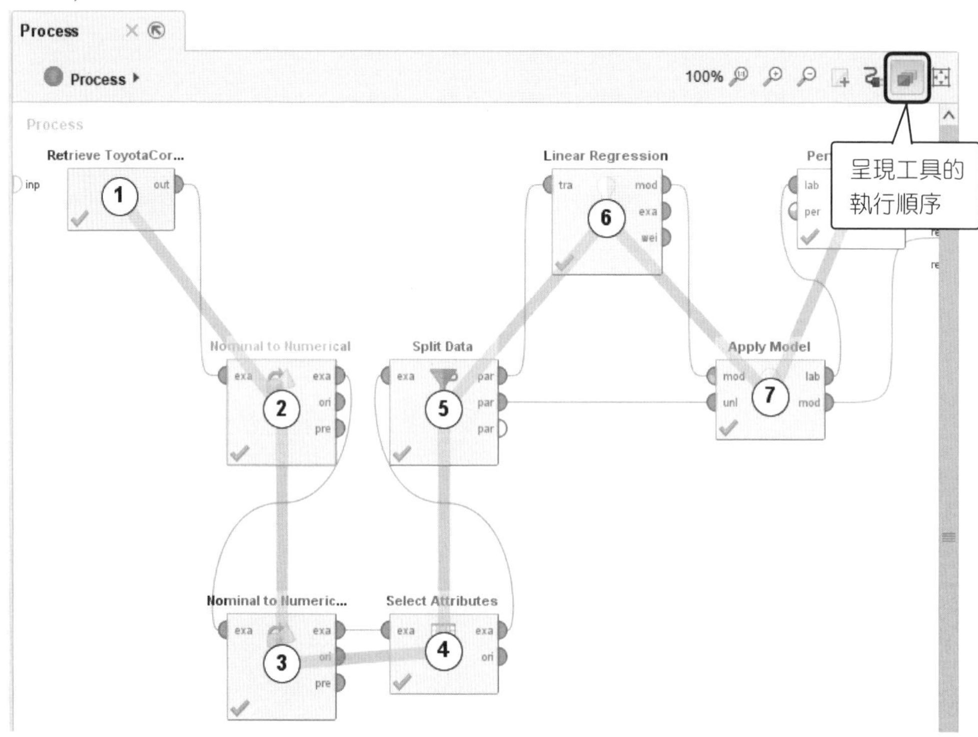

6-4-5 建立決策樹模型 (Decision Tree)

第五章提過，進行資料科學 / 資料分析專案時，很難只用一個模型就確定這是最佳模型，因此這邊會建立第二個模型，一方面加深讀者對於建立模型的印象，之後 6-5 節也可學習比較不同模型的預測能力。在此選擇的第二個模型是「**決策樹模型 (Decision Tree)**」，此模型上一章也出現過，它的產出對於輸入變數有很好的解釋能力，這裡希望發揮其優勢，協助我們達成「資料分析目標」—**找出一個影響中古車價的重要指標**。

只不過，前一章是使用決策樹模型來處理「分類問題」，本章改遇到「迴歸問題」會有哪些不同？此外在上一節建立線性迴歸模型時，遇到了「不能使用類別型輸入變數」的問題，是否在這裡還會遇到呢？就讓我們一起來找出答案吧！

從哪開始呢？是否記得上一小節建立線性迴歸模型之前，進行了「虛擬變數的前處理」、然後做「資料切割」，進行前處理的原因是線性迴歸模型無法直接使用類別型的輸入變數，但是在這邊還不知道決策樹模型會不會遇到這個問題，因此先假設「決策樹模型可以使用類別型輸入變數」，也就是略過前處理，從「資料切割」開始建立流程。

由於執行切割資料的「**Split Data**」工具已經在上一小節使用掉了，在這邊要重新創立一個。請在原本的「Split Data」工具按下滑鼠右鍵 >>**copy (複製)**，然後在 Process 中空白的地方 **paste (貼上)**。不過應該也發現資料來源 - Retrieve 工具唯一的 **out** 輸出接點已經被使用掉了。

> 這裡要特別注意，兩個「Split Data」的 local random seed 要相同，才能切割出完全一樣的資料集。

圖 6-70 複製貼上一個「Split Data」工具

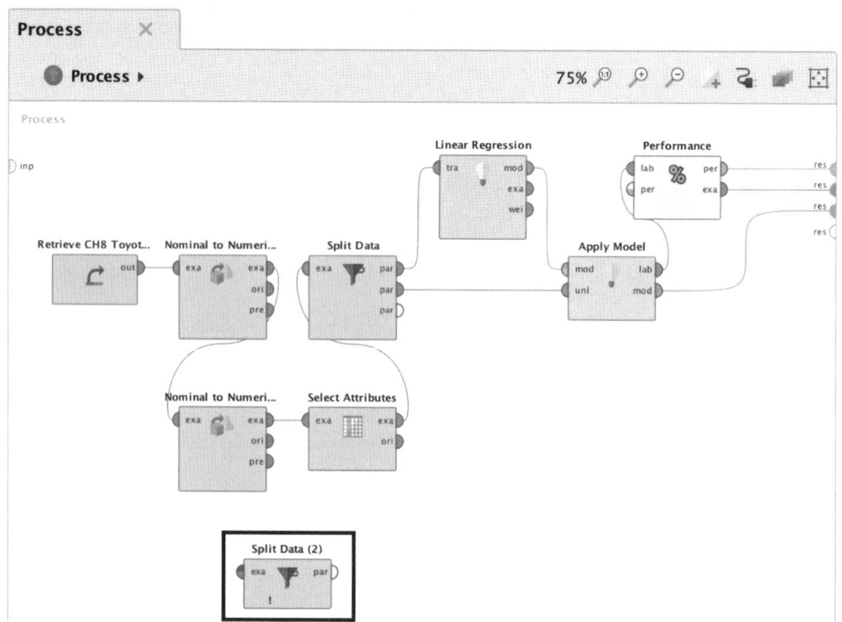

使用先前介紹過的「**Multiply**」工具，延伸「Retrieve」工具的端點。將「Retrieve」工具的右側 **out** 接點連到「Multiply」工具的左側 **inp** 接點。然後將「Multiply」工具的右側 **out** 接點分別連到「Nominal to Numerical」和「新的 Split Data」。

圖 6-71 使用 Multiply 延伸 Retrieve 的接點

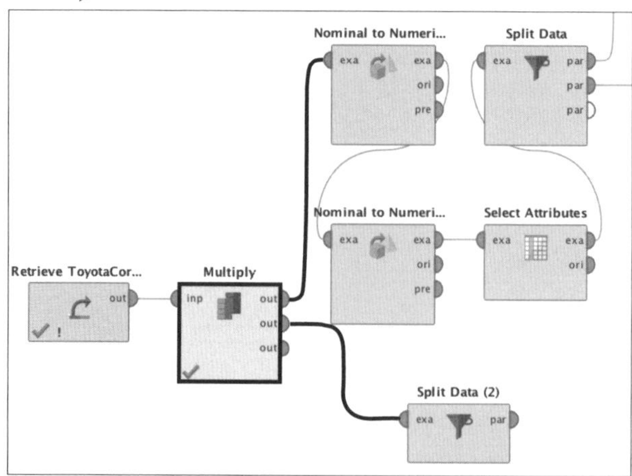

接著嘗試加入「**Decision Tree**」工具到流程中，看看會不會遇到「不能使用類別型變數」的問題。從圖 6-72 下面可以得知，「Decision Tree」工具左側的 **tra** 接點並沒有出現紅色警示，這表示「Decision Tree」工具可以直接使用類別型輸入變數，因此不需要做虛擬變數的轉換，可以繼續往下進行。

圖 6-72 加入 Decision Tree 工具，且並未產出紅色警示

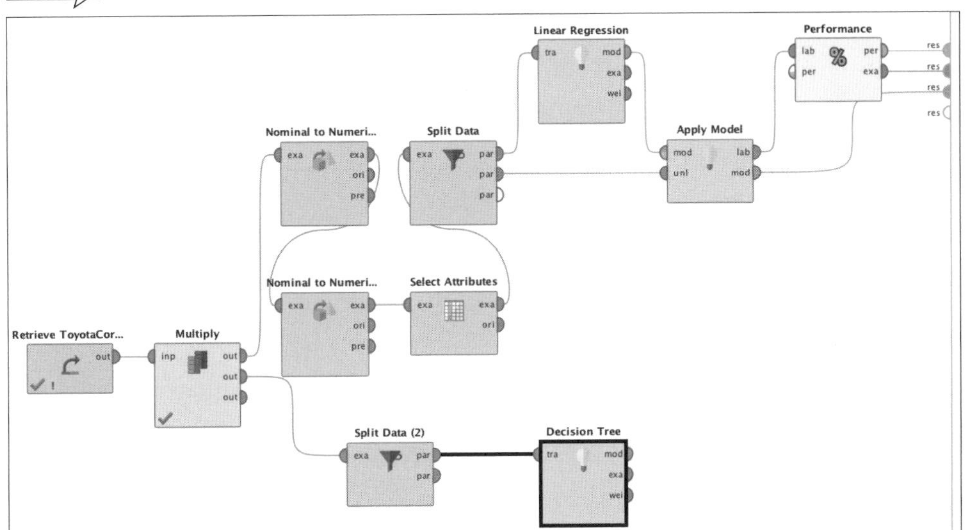

在「Decision Tree」工具的 Parameters 區塊進行設定：**criterion** 選項是決定切割變數的重要依據，在此選擇「**least_square**」，這個選項背後的運算方式讓我們能夠直接使用類別型的輸入變數。**maximal depth** 可以設定這棵樹最大要長到幾層，我們先設定為 5，原因是避免模型產生 over fitting 的現象，也為了利於模型解說。

圖 6-73 「Decision Tree」工具的 Parameters 區塊設定

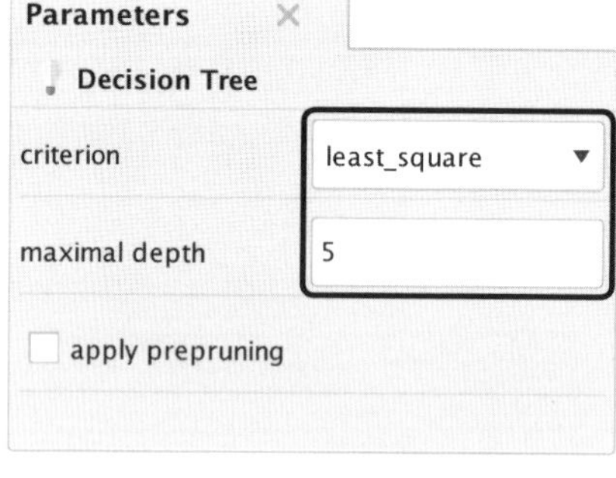

「Decision Tree」工具的 Help 區塊有詳細說明 criterion 有哪些選項可以做選擇，並且也有簡要說明每個選項的主要用途。

圖 6-74 Help 區塊針對 criterion 選項的說明

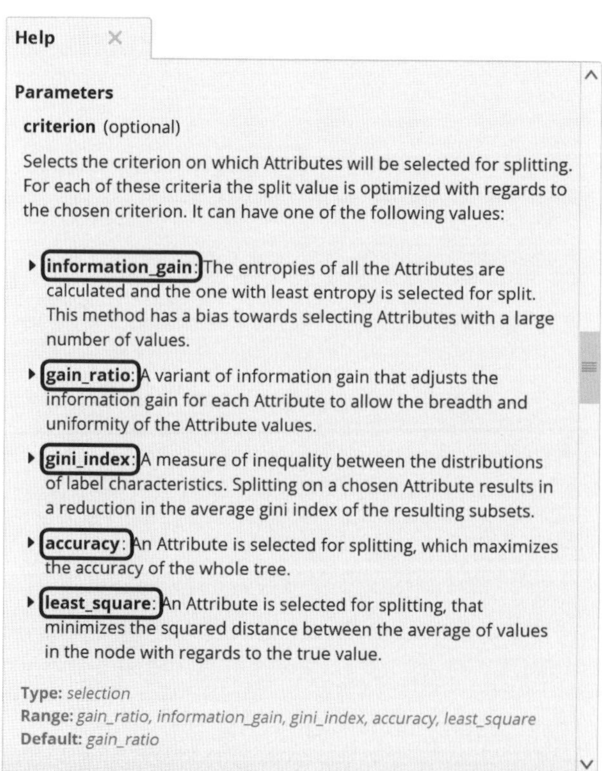

最後一樣使用 **Apply Model** 和 **Performance** 這兩個工具來評估決策樹模型。首先將「Decision Tree」的右側 **mod** 接點連到 Apply Model 的左側 **mod** 接點，並將「Split Data」的第二個 **par** 接點連到 Apply Model 的左側 **unl** 接點。再將 Apply Model 的右側 **lab** 接點連到 Performance 的左側 **lab** 接點。最後要設定流程的產出，將 Performance 的右側 **per** 接點、**exa** 接點、Apply Model 的右側 **mod** 接點分別連到 Process 的 **res** 接點。

圖 6-75 加入 Apply Model 和 Performance 工具，並將相對應的接點互相連接

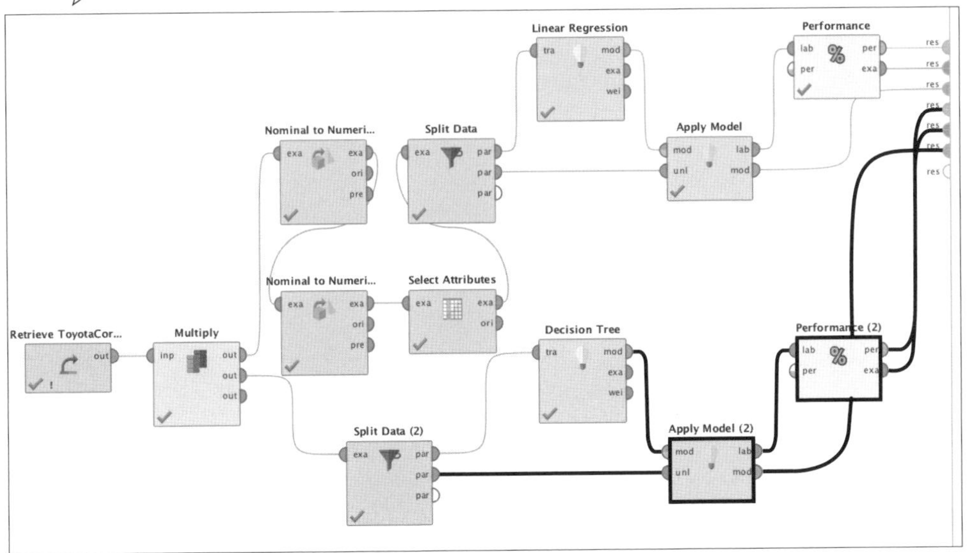

流程建立到此告一段落，同樣先簡單說明這三個 res 接點分別會產出什麼結果：圖 6-76 呈現的是「Performance」的 per 輸出接點 (模型整體的預測誤差表現)、圖 6-77 呈現「Performance」的 exa 輸出接點 (每一筆資料真實值與預測值的比較)、圖 6-78 呈現的是「Apply Model」的 mod 輸出接點 (此流程產生的決策樹模型)。

圖 6-76 決策樹模型內「Performance」工具的 per 輸出接點

圖 6-77 決策樹模型內「Performance」工具的 exa 輸出接點

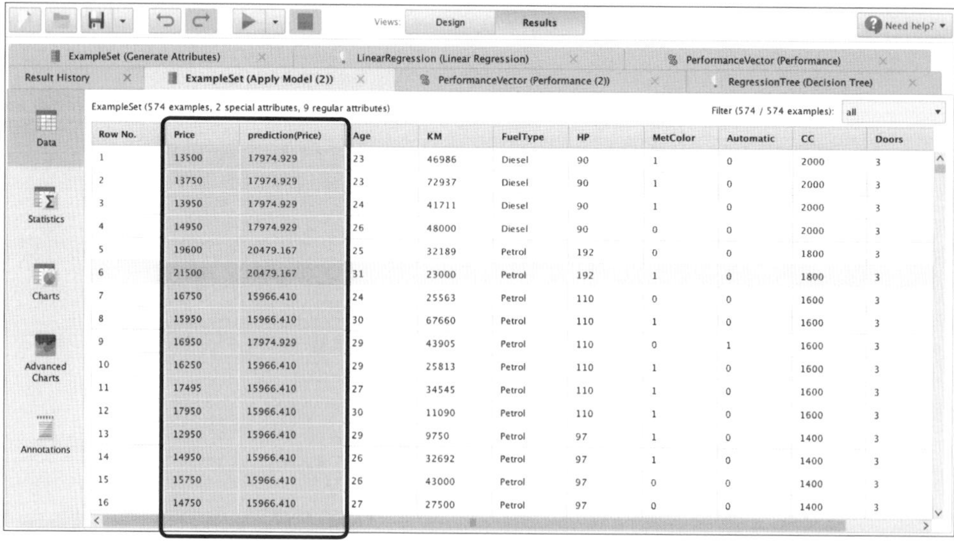

圖 6-78 決策樹模型內「Apply Model」工具的 mod 輸出接點

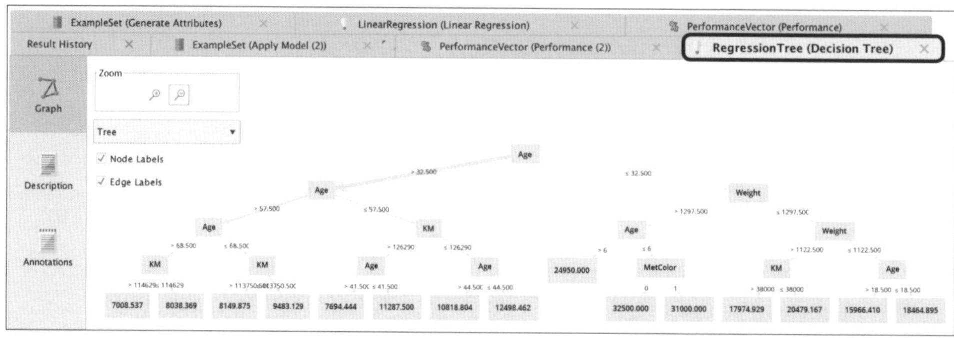

本節建立了**線性迴歸模型**和**決策樹模型**，可以看到兩者模型對於輸入變數的要求不同，伴隨讀者將來接觸越來越多種演算法，您會更加熟悉各種演算法的適用性。另外，目前使用過的工具中還有許多進階參數是我們在書中沒有去調整的，這部分也值得讀者們再去研究。在下一節，我們要針對以上兩個模型進行評估。

6-5 模型評估

本節會先分別說明線性迴歸模型與決策樹模型該如何解讀，接著比較哪一個模型的預測能力較佳、較能回答當初設定的目標，這邊會用到兩個評估模型準確度的測量標準：RMSE、MSE，這兩個您初次聽聞的名詞會在 6-5-3 小節說明。

6

6-5-1 解讀線性迴歸模型

先試著用一句話理解線性迴歸：「**找出符合資料規律的直線，就叫線性迴歸。**」6-4-4 節提及，線性迴歸模型是由許多變數組合起來的一道方程式，方程式的最終目的是找到一條符合資料規律的直線，盡可能地勾勒出資料的規律。當我們在 RapidMiner 中執行流程後，在 Results 頁面點選 Linear Regression 介面的左方 **Description** 選項，就會呈現訓練出的線性迴歸模型 (圖 6-79)。在這邊提醒一下，雖然結果的顯示沒有標示出「目標變數」，但是我們要牢記這個模型的目標變數為：**Price**。

解讀線性迴歸模型，大致可以分為兩個方向：(1) **探索性的問題**，主要關注模型對於解釋資料的配適度 (Goodness of fit)、(2) **預測性的問題**，關注模型對於新資料的預測能力。這一章是針對預測性的問題，因此會以這個方向來解讀模型，至於解讀探索性的方向則不會在本書中說明。

方程式的內容

來看一下圖 6-79 這個模型，該模型由 11 個變數 (前十一行) 加上一個常數值 (最後一行) 組成，這邊出現了一個值得討論的事情：為什麼之前放入模型的輸入變數有 12 個 (圖 6-62)，這邊卻只有 11 個呢？可以觀察到 MetColor = 1 這個變數被踢除了，這代表該變數在基於「AIC」(見下頁說明) 的變數選擇計算後放入模型，認為此變數對於預測目標變數 Price 沒有充足的影響力，所以在訓練過程中被屏除了，這件事可以這樣描述：MetColor 不是影響二手車價的關鍵變數。這也代表存留下的 11 個變數都會影響 Price，以下就簡單描述各變數的影響程度。

圖 6-79 預測 Toyota 二手車價的線性迴歸模型

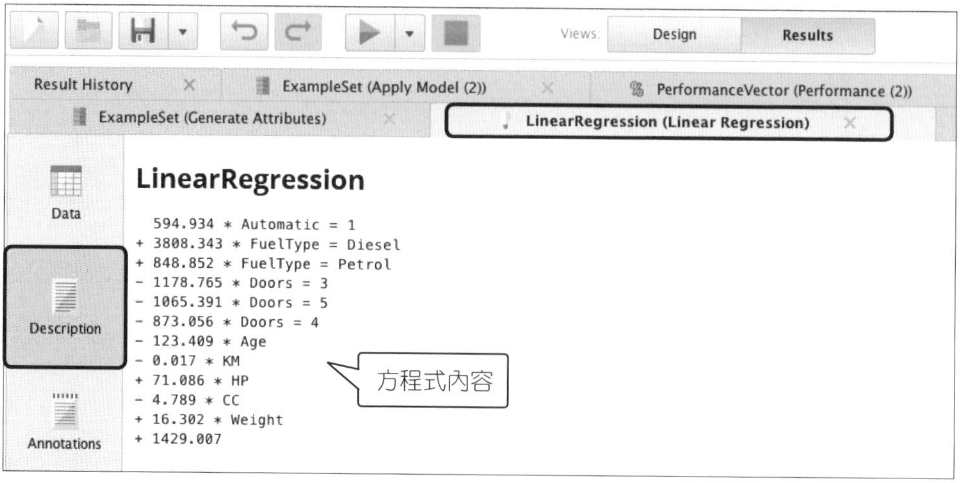

Views: Design Results

Result History | ExampleSet (Apply Model (2)) | PerformanceVector (Performance (2)) | ExampleSet (Generate Attributes) | LinearRegression (Linear Regression)

Data | Description | Annotations

LinearRegression

```
  594.934 * Automatic = 1
+ 3808.343 * FuelType = Diesel
+ 848.852 * FuelType = Petrol
- 1178.765 * Doors = 3
- 1065.391 * Doors = 5
- 873.056 * Doors = 4
- 123.409 * Age
- 0.017 * KM
+ 71.086 * HP
- 4.789 * CC
+ 16.302 * Weight
+ 1429.007
```

方程式內容

AIC 變數挑選依據

線性迴歸模型在變數選擇 (Variable Selection) 上有多種評估準則，如後面 6-5-3 節會提到的 RMSE、MSE，或是 RapidMiner 中 Linear Regression 工具所使用的 AIC(Akaike Information Criterion)。

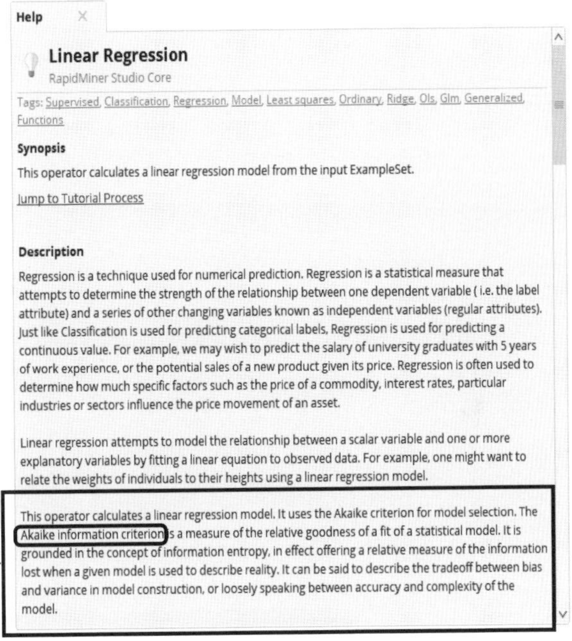

在 Process 區塊中點選「Linear Regression」工具，查看 Help 區塊。最後一段描述此工具採用 AIC 當作變數選擇依據

Help

Linear Regression
RapidMiner Studio Core

Tags: Supervised, Classification, Regression, Model, Least squares, Ordinary, Ridge, Ols, Glm, Generalized, Functions

Synopsis

This operator calculates a linear regression model from the input ExampleSet.

Jump to Tutorial Process

Description

Regression is a technique used for numerical prediction. Regression is a statistical measure that attempts to determine the strength of the relationship between one dependent variable (i.e. the label attribute) and a series of other changing variables known as independent variables (regular attributes). Just like Classification is used for predicting categorical labels, Regression is used for predicting a continuous value. For example, we may wish to predict the salary of university graduates with 5 years of work experience, or the potential sales of a new product given its price. Regression is often used to determine how much specific factors such as the price of a commodity, interest rates, particular industries or sectors influence the price movement of an asset.

Linear regression attempts to model the relationship between a scalar variable and one or more explanatory variables by fitting a linear equation to observed data. For example, one might want to relate the weights of individuals to their heights using a linear regression model.

This operator calculates a linear regression model. It uses the Akaike criterion for model selection. The Akaike information criterion is a measure of the relative goodness of a fit of a statistical model. It is grounded in the concept of information entropy, in effect offering a relative measure of the information lost when a given model is used to describe reality. It can be said to describe the tradeoff between bias and variance in model construction, or loosely speaking between accuracy and complexity of the model.

AIC 的計算公式在本書中不進行推導，它的目的是「用最精簡的變數解釋最多的資料」，幫助我們選擇最合適但包含最少變數的模型，而 AIC 值越小，表示該模型較好。圖 6-79 RapidMiner 自動挑選出這 11 個變數加上常數值，就表示該模型的 AIC 值最小。有興趣的讀者可以去搜尋有關「AIC」、「迴歸模型變數選擇」等相關文章。

將模型依變數型態分別來看，這裡包含的變數型態有兩種，一種是只有 0 和 1 的二元變數 (如：Automatic = 1、FuelType = Diesel...)，另一種是單純的數值變數 (如：Age、Km...)，這兩種變數在解釋上有不同之處。

二元變數的判讀

首先來看二元變數，方程式第一行看到 **594.934 × (Automatic = 1)**，這代表當二手中古車為自排類型 (Automatic = 1)，則 Price 會提高 594.934 元。

再來看看 FuelType 這個變數，它含有三個類別 (Diesel、Petrol、CNG)，我們之前將它轉為虛擬變數，因此只放入 FuelType = Diesel 和 FuelType = Petrol 這兩個欄位，此時的 FuelType = CNG 就是被模型當作「參考值」，意思是模型在建立過程中也有參考 FuelType = CNG 這個變數，那麼這個變數對於二手價的影響呈現在哪邊呢？

我們來看看這個例子，假設現在有一台二手車的 FuelType 屬於 CNG，那麼它的二手價可以用下列的方程式計算：

$$
\begin{aligned}
\text{Price} &= 1429.007 + 3808.343 \times (\text{FuelType} = \text{Diesel}) \\
&\quad + 848.852 \times (\text{FuelType} = \text{Petrol}) + \cdots \quad \text{均帶入 } 0 \\
&= 1429.007 + 3808.343 \times 0 + 848.852 \times 0 + \cdots \\
&= 1429.007 + \cdots
\end{aligned}
$$

從上述算式中，我們可以隱約得知 FuelType = CNG 對於模型的影響就包含在「常數項 (即 1429.007)」中。在此為了方便想像我們先暫時假設 FuelType = CNG 對 Price 的影響就是常數項 1429.007，換句話說就是「**當車子屬於 CNG 類別時，會提高二手車價 1429.007 元。**」

> 為什麼這裡不能直接說「常數項 = (FuelType = CNG)」，原因在於常數項還包含了其他因素，像是 Doors 的虛擬變數、預測誤差，因此在這邊我們是為了方便解說，才「假設」FuelType = CNG 的影響就是常數項。

所以假設現在有一台車屬於 Diesel，它的二手車價就會是 1429.007+ 3808.343 元 (請參考下述的算式)：我們在解讀時，就可以這樣說：當車子屬於 Diesel 時，它的二手車價會比屬於 CNG 的車子，再提高 3808.343 元。同理，如果車子屬於 Petrol，它的二手車價就是 1429.007 ＋ 848.852 元。

$$
\begin{aligned}
\text{Price} &= 1429.007 + 3808.343 \times \underbrace{(\text{FuelType} = \text{Diesel})}_{\text{帶入 } 1} \\
&\quad + 848.852 \times \underbrace{(\text{FuelType} = \text{Petrol})}_{\text{帶入 } 0} + \cdots \\
&= 1429.007 + 3808.343 \times 1 + 848.852 \times 0 + \cdots \\
&= 1429.007 + 3808.343 + \cdots
\end{aligned}
$$

數值變數的判讀

再來要解釋的是數值變數，以 Age 來做說明，通常對於連續數值的變數，會以「**增加**一個單位」或「**減少**一個單位」來思考，比較容易理解模型係數的意思。6-63 頁看到 Age 前面的係數是 -123.409，這代表**當 Age 增加一年，Price 就會減少 123.409 元**，增加兩年，Price 就會減少 123.409 × 2 = 246.818 元 ...... 以此類推。反之，當 Age 減少一年，Price 就會增加 123.409 元 (當然正常情況不會解釋 Age 減少的情況，因為車子買了之後車齡就只會增加而不會減少)。至於其餘的 KM、HP 等數值變數，就留給讀者練習解讀。

找出影響車價的重要變數

所以如何從線性迴歸模型找出影響預測二手車價重要的變數呢？光看模型可能有些人會覺得找係數最「大」的變數，因為它造成 Price 最大幅度的變化，但是這是不正確的：因為原本放進去的變數沒有做標準化或正規化的動作，所以原本的變數就不屬於相同的範圍區間 (如 Age 介於 1~80、KM 介於 1~200000)，因此才會讓係數有很大的差異。

選擇影響預測的重要變數，我們要注重的是「**預測誤差的變化**」，需要花一些篇幅來解釋什麼是**預測誤差**，詳細會在 6-5-3 節說明，這邊先大致有一個概念就好：簡言之**預測誤差**是預測值與實際結果的偏差，每個模型都會有一組預測誤差，誤差越小，表示模型越精準，因此比較不同模型的誤差，就是評估各自的預測能力。大致的作法是多測試幾個不同的模型，像是目前採用的是 12 個輸入變數的組合，我們可以測試不同的變數組合 (例如改採 7 個變數的組合)，找出一個最精簡、又有很好的預測能力的組合，那麼這些存留下的變數就是影響預測比較重要的變數。

6-5-2 解讀決策樹模型

決策樹模型的原理我們在第五章做了大致的解說，如果您對於其概念有些模糊，建議您重新複習一次 5-5-1 節的內容後，再來閱讀本小節。

決策樹的判讀（一）

決策樹的運作方式，就是在一組輸入變數中，盡量找出區分能力比較強的變數（決策節點），讓資料可以很快的分成數個小資料群（葉節點），讓小資料群之中的資料越相似越好。而這些葉節點，在上一章的**分類**問題時代表的是相同類別；而在本章**迴歸**問題代表的則是相近的數值。從圖 6-80(點選 RegressionTree 介面，在左方選擇 Graph) 來看每一個葉節點都有一個相對應的數值，它們代表的就是這個葉節點預測出的 Price。

圖 6-80　在左方選擇 Graph 呈現預測 Toyota 二手車價的決策樹模型

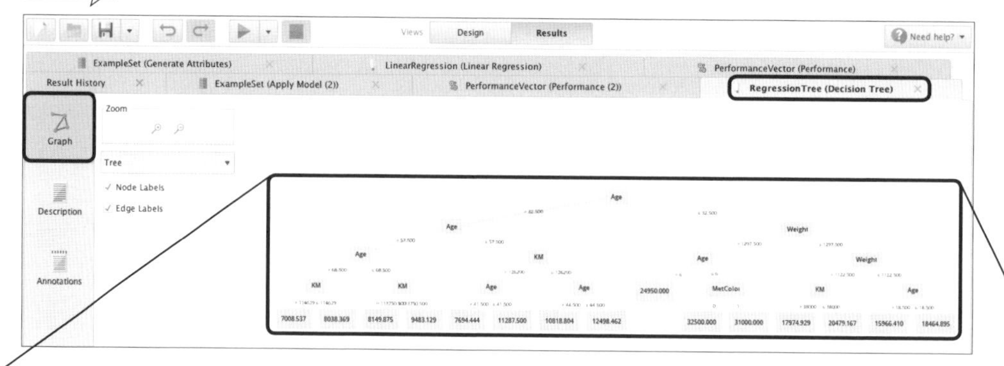

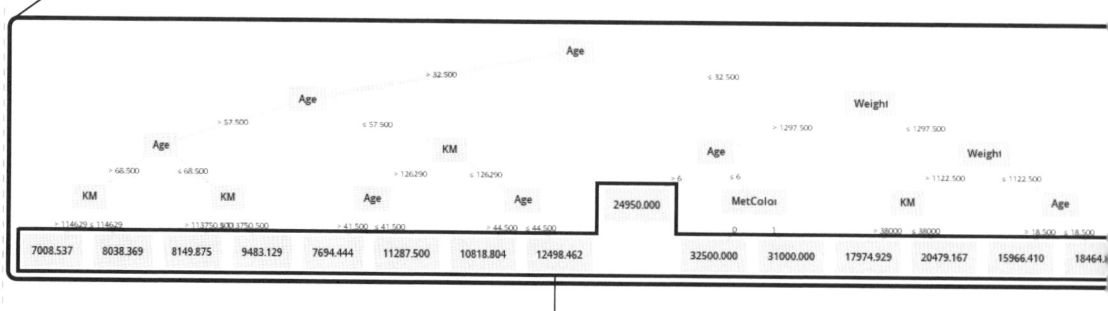

我們以最左邊的葉節點來說明:「**當 Age > 68.5 且 KM > 114629,Price 會等於 7008.537 元**」,所以透過決策樹模型,就可以一一去解釋造成不同二手車價的因素。

> 雖然最左邊的葉節點應該是由四個決策條件組成:Age > 32.5、Age > 57.5、Age > 68.5、KM > 114629,但是前兩個條件已經包含在第三個條件中,所以就可以省略。

在第五章提過,如果單一葉節點中,不全是同一個類別的話,就會以佔比高的類別,當作此葉節點的預測類別。而在迴歸問題中,不會有所謂的同一類別,所以要以別種方式來決定葉節點要呈現什麼數值,這邊使用的方法是「**將葉節點中每一筆資料取平均值**」,將這個平均值當作葉節點的預測值。

再來因為決策樹的運算過程,會讓區分能力越好的決策節點出現在樹的越上方,這也意味著第一個出現的決策節點,是所有輸入變數中影響目標變數最大的一個變數。從圖 6-80 來看,可以說:**車齡 (Age) 是影響 Toyota 二手車價 (Price) 的關鍵指標**,如此一來就達成當初設定的資料分析目標。

決策樹的判讀(二)

再多研究一下這個模型,可以看到 KM、Weight、MetColor 這三個變數都有出現在模型中,也代表這三個變數對於二手車價也有一定的影響力,還記得我們在第 6-3-3 節進行視覺化探索時,就有針對 Price、Age、KM 一同做過比較 (圖 6-36),這裡的結果也可以驗證之前的猜想是合理的。

不過有一個有趣現象值得討論:為什麼 MetColor 出現在決策樹模型中,但是卻被前一個線性迴歸模型剔除呢?主要原因當然就是模型的運算方式不同,所以可以給予分析者不同的資訊,這也是為什麼在執行專案時會多嘗試不同的模型,最後再綜合所有資訊提出洞見。

> 但是我們也可以單就模型的預測能力,來比較採用 MetColor 和沒有採用 MetColor 的模型,哪一個預測能力比較好,這一部分會在下一小節進行說明。

補充 》

最後筆者想要補充一個 RapidMiner 中，使用決策樹模型和線性迴歸模型的不同處，圖 6-81 是筆者調整過的一個決策樹模型，筆者的目的是要呈現決策樹模型「直接放入類別型的輸入變數」時，結果會如何呈現，所以這裡只使用 Age 和 FuelType 兩個變數。可以看到當決策節點為類別型變數時，它可以直接將分支以不同類別表示，這也是我們在第 6-4-5 節建立決策樹模型時，不需要將類別型變數轉變成虛擬變數的原因。（註：這個調整的模型僅為了說明決策樹模型採用類別型變數會如何呈現結果，後續不會對這個模型評估其預測能力。）

圖 6-81 僅包含 Age 和 FuelType 的決策樹模型

6-5-3 比較線性迴歸模型和決策樹模型的預測能力

前兩小節我們只分別對兩個模型各自做解釋，但是一直還沒對於它們的預測能力做出評判。模型的預測能力好，才能繼續探討其給予的資訊；反之如果不好，就要改進或是朝不同方向再去建立模型。先前在第五章比較分類模型時，使用的是**混淆矩陣**，但是在迴歸模型時，我們要比較的是「**預測誤差**」。

什麼是預測誤差

預測誤差 = 實際值 － 預測值　　方程式 6-7

預測誤差的計算方式，如同方程式 6-7 所示，我們以決策樹模型的預測結果來做說明，請參考圖 6-82 (在 ExampleSet(Apply Model(2)) 介面選擇左方的 Data 選項)，以第一筆資料而言，它的預測誤差為：13500 - 17974.929 = -4474.929，這表示此模型對該筆資料的車價屬於「高估」的狀態。再看到第六筆資料，它的預測誤差為：21500 - 20479.167 = 1020.833，表示「低估」。從高估和低估衍生出一個非常重要的觀念：**預測模型沒有辦法百分之百的精準預測**。也就是當我們有了一個預測模型時，一定要知道模型存有預測錯誤的風險，在還沒評估風險對實際運用時會造成多大的損害之前，不能輕易將模型的結果拿去做後續的運用或決策。

圖 6-82　Price 的實際值與決策樹模型的預測值比較

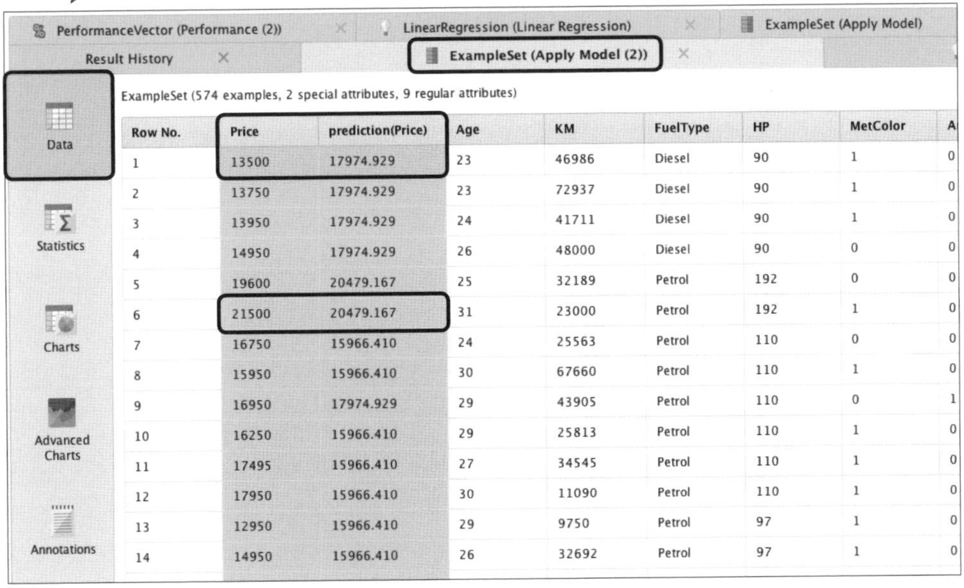

PerformanceVector (Performance (2))　LinearRegression (Linear Regression)　ExampleSet (Apply Model)

Result History　ExampleSet (Apply Model (2))

Data　Statistics　Charts　Advanced Charts　Annotations

ExampleSet (574 examples, 2 special attributes, 9 regular attributes)

Row No.	Price	prediction(Price)	Age	KM	FuelType	HP	MetColor	A
1	13500	17974.929	23	46986	Diesel	90	1	0
2	13750	17974.929	23	72937	Diesel	90	1	0
3	13950	17974.929	24	41711	Diesel	90	1	0
4	14950	17974.929	26	48000	Diesel	90	0	0
5	19600	20479.167	25	32189	Petrol	192	0	0
6	21500	20479.167	31	23000	Petrol	192	1	0
7	16750	15966.410	24	25563	Petrol	110	0	0
8	15950	15966.410	30	67660	Petrol	110	1	0
9	16950	17974.929	29	43905	Petrol	110	0	1
10	16250	15966.410	29	25813	Petrol	110	1	0
11	17495	15966.410	27	34545	Petrol	110	1	0
12	17950	15966.410	30	11090	Petrol	110	1	0
13	12950	15966.410	29	9750	Petrol	97	1	0
14	14950	15966.410	26	32692	Petrol	97	1	0

比較方式（一）：從模型高估或低估來判斷

既然知道模型可能有高估或低估的風險，那麼該如何決定怎樣算是較好的模型呢？重點可以擺回最一開始設定問題和目標的時候，**如果估算出高估 / 低估各自會造成多大的損害**？先回答這個問題就能幫助在此階段選擇出較佳的預測模型。

以這個案例來說，希望模型可以讓非專業的買家使用，讓他們獲得一個合理的價格，然後去和賣家做協商。這個情況下，如果我們的模型總是「高估」售價，很容易就會讓買家多花一些冤枉錢，反之，若模型較容易「低估」售價，那麼買家在思考時，就可以知道這台車的售價應該要介於模型預測價格和賣家出價之間才算合理。因此，這個情況下**低估**的模型的會比較優秀。

判斷模型高估或低估，可以將「預測誤差」採用**直方圖 (Histogram)** 的方式呈現，為了達成這個目標，需要有一個「預測誤差」的欄位。但是從圖 6-82 發現目前的資料表中沒有此欄位，需要手動新增。以下就說明如何修改流程來產生這個欄位。

這裡使用一個叫「**Generate Attributes**」的工具，筆者先以上方的 Linear Regression 流程做示範，下方的 Decision Tree 流程也是同樣的步驟。我們將「Generate Attributes」接在 Performance 的右側 **exa** 端點，同時將「Generate Attributes」工具的 exa 輸出端點連到流程的 **res** 端點。

> 小檔案
>
> **Generate Attributes 工具**：依據使用者給的運算條件新增欄位。左側的 exa 接點 (example set) 用來接收資料集。右側的 exa 接點 (example set) 和 ori 接點 (original) 分別會輸出「擁有新欄位的資料表」與「原資料表」。

圖 6-83　在 Linear Regression 流程的最後加入「Generate Attributes」工具

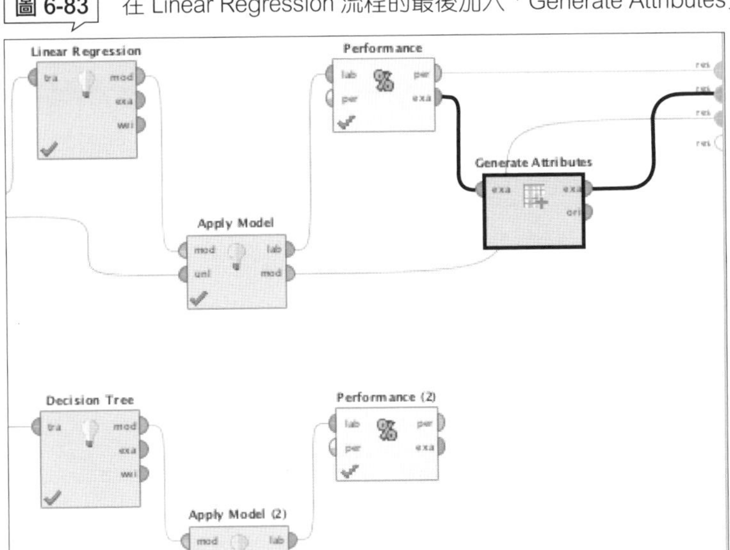

在「Generate Attributes」工具的 Parameters 區塊進行設定。先按下 **Edit List** 會顯示圖 6-85，如果要新增多於一個欄位，就要點選下方的 **Add Entry**，但是這邊只要新增一個欄位，直接在 attribute name 的地方輸入新欄位的名稱：「PredictionError」（預測誤差），然後點選右方 function expressions 旁的計算機按鈕。

圖 6-84　在「Generate Attributes」的 Parameters 區塊按下 Edit List

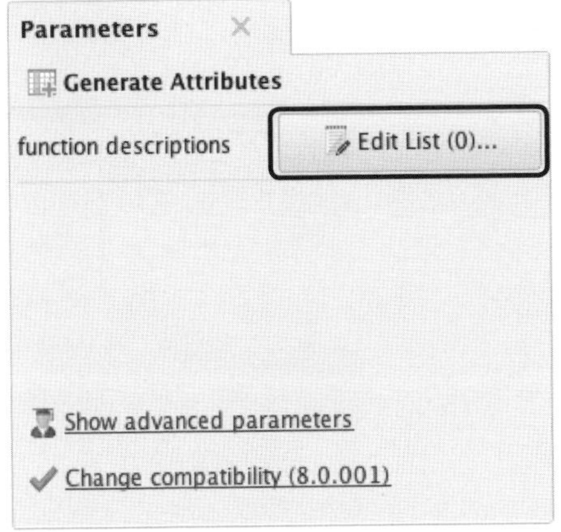

圖 6-85 新增欄位

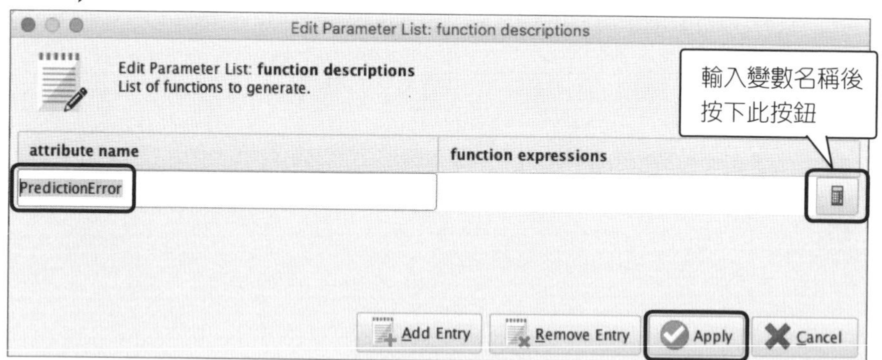

在跳出視窗的上方空白處可以輸入運算條件，此例就是預測誤差的公式 (方程式 6-7)，即為：**Price - prediction(Price)**。用手動輸入或點按方式都可以，① 右下方 Inputs/Special Attributes 中可以找到「Price」(實際值) 和「prediction(Price)」(預測值)。② 左下方 Functions / Basic Operations 中可以找到「減號」。③ 完成運算條件後，按下 **Apply**。

圖 6-86 設定新欄位「預測誤差」的運算條件

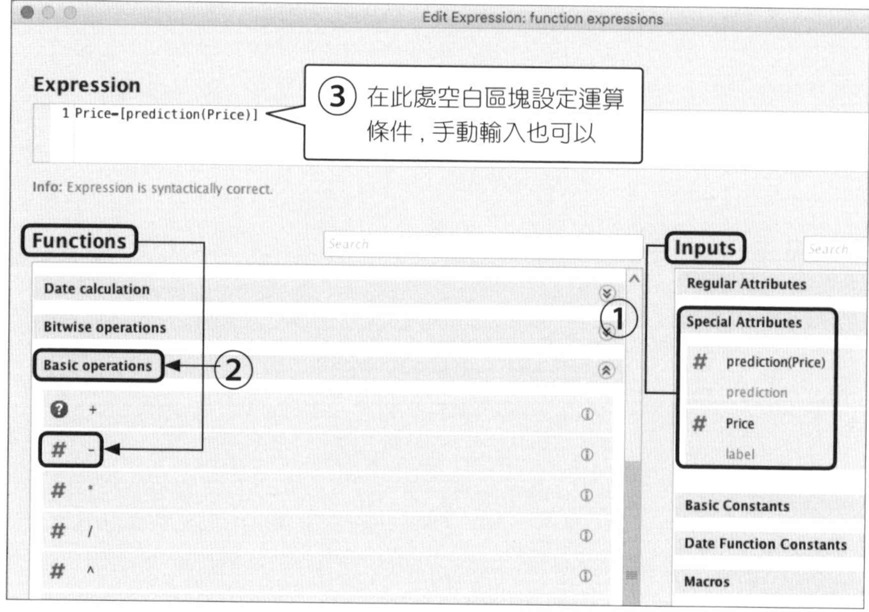

執行流程後，就可以在 Results 頁面的 **ExampleSet(Generate Attributes)** 中看到新欄位「PredictionError」了。

圖 6-87 完成新增「預測誤差」欄位

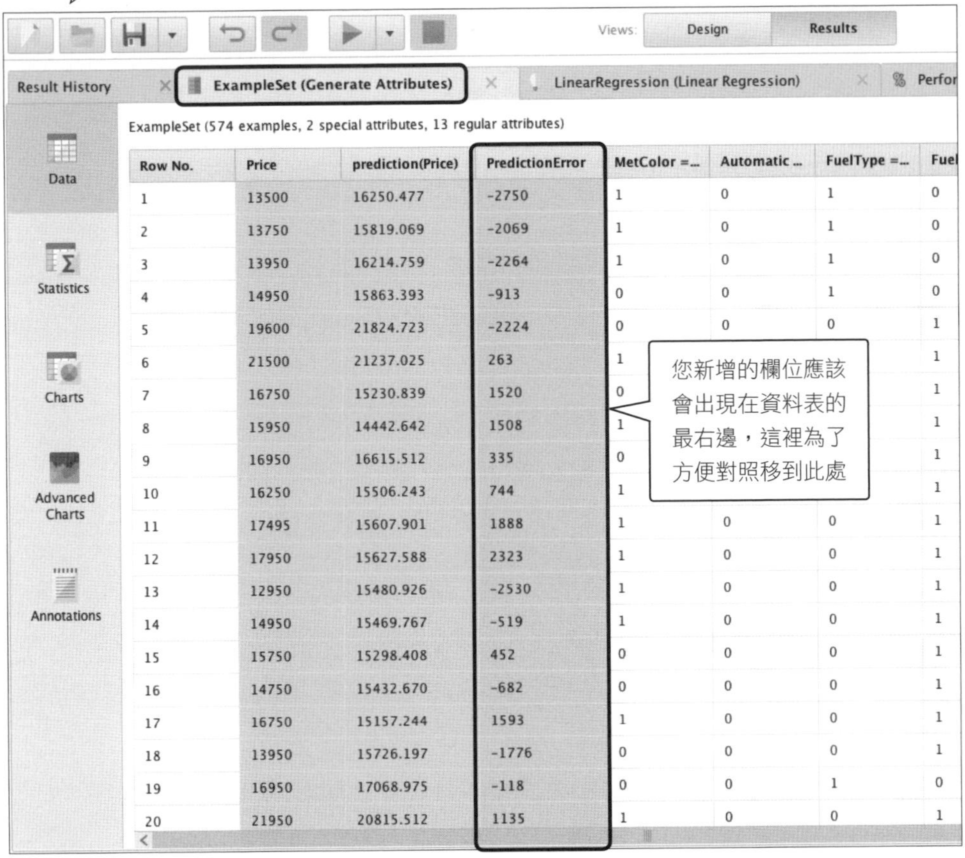

Views: Design Results

Result History | ExampleSet (Generate Attributes) | LinearRegression (Linear Regression) | Perfor

Data / Statistics / Charts / Advanced Charts / Annotations

ExampleSet (574 examples, 2 special attributes, 13 regular attributes)

Row No.	Price	prediction(Price)	PredictionError	MetColor =...	Automatic ...	FuelType =...	Fuel
1	13500	16250.477	-2750	1	0	1	0
2	13750	15819.069	-2069	1	0	1	0
3	13950	16214.759	-2264	1	0	1	0
4	14950	15863.393	-913	0	0	1	0
5	19600	21824.723	-2224	0	0	0	1
6	21500	21237.025	263	1			1
7	16750	15230.839	1520	0			1
8	15950	14442.642	1508	1			1
9	16950	16615.512	335	0			1
10	16250	15506.243	744	1			1
11	17495	15607.901	1888	1	0	0	1
12	17950	15627.588	2323	1	0	0	1
13	12950	15480.926	-2530	1	0	0	1
14	14950	15469.767	-519	1	0	0	1
15	15750	15298.408	452	0	0	0	1
16	14750	15432.670	-682	0	0	0	1
17	16750	15157.244	1593	1	0	0	1
18	13950	15726.197	-1776	0	0	0	1
19	16950	17068.975	-118	0	0	1	0
20	21950	20815.512	1135	1	0	0	1

您新增的欄位應該會出現在資料表的最右邊，這裡為了方便對照移到此處

接著，透過圖表功能 (在左側點選 **Charts**)，選擇用 PredictionError 做出一個直方圖 (Histogram)。直方圖的的判讀方式是：以 0 為基準，大於 0 為低估的預測、小於 0 為高估，如此就能直觀看出這個模型比較容易產生哪種預測。以此例線性迴歸模型來說，它的預測能力沒有明顯的高估或低估的情形。

圖 6-88 線性迴歸模型的預測誤差直方圖

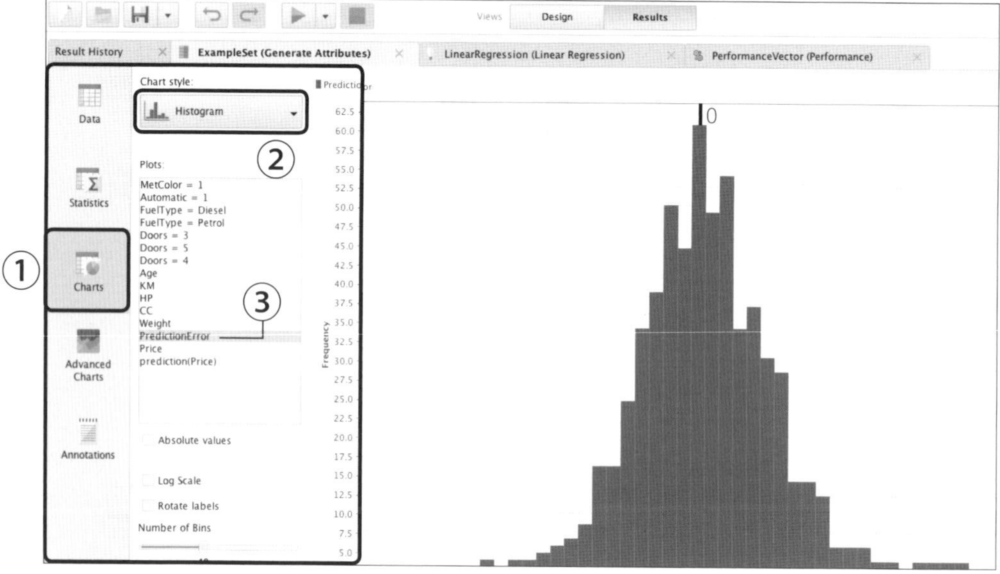

Step 6 針對 Decision Tree 的流程重複一次 Step 1 ~ 5 (流程完成圖請參考圖 6-89)，一樣可以得到決策樹模型的預測誤差直方圖。

圖 6-89 在 Decision Tree 的流程也加入 Generate Attributes 工具

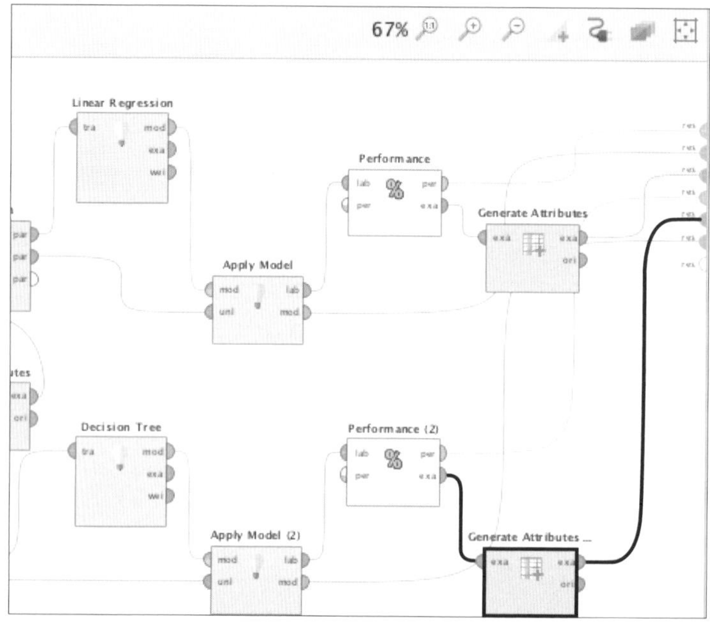

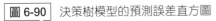

圖 6-90 決策樹模型的預測誤差直方圖

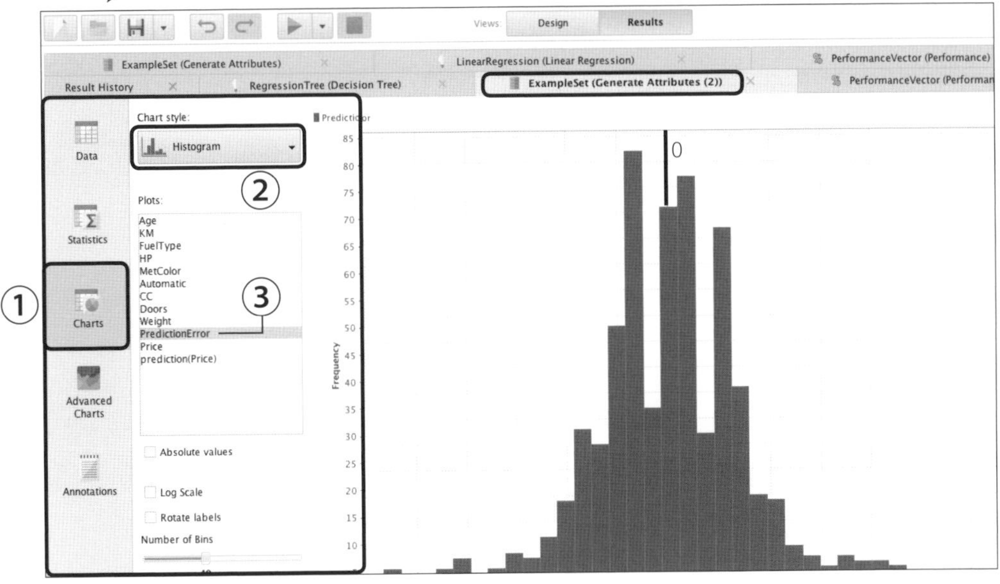

從圖 6-90 結果來看，還是很難看出高估或低估的趨勢。所以目前不能以高估或低估的條件來評斷這兩個模型的好壞。繼續看看還有什麼指標可以來判斷預測能力好壞。

比較方式（二）：模型準確度的衡量值 - RMSE、MSE

在迴歸問題中，還有一些常用的衡量指標：**RMSE** (root mean squared error)、**MSE** (mean squared error)、**MAE** (mean absolute error)、**Average error**、**MAPE** (mean absolute percentage error)……等，總歸來說，這些指標就是將「每一筆」資料的預測誤差，結合起來變成單一個數值，這樣就會方便分析者快速根據這個數值比較模型間的預測能力，結合的方法不外乎是透過相加、平方、平方根、絕對值、百分比……等運算後，再去取平均值，產生一個平均的誤差值。不過，使用這些指標的困難之處並不在於運算，而是如何闡述運算後數值所代表的意義。

接著筆者會先介紹 RMSE、MSE、MAE 和 Average error 這四種指標的計算方式，接著會以兩個情境來說明這四種指標的優勢與劣勢。

指標意義解說

將總資料量以 n 代表，預測誤差以 error 代表，則 RMSE 和 MSE 的計算就如方程式 6-8 和 6-9 所示，兩個的差異其實只差一個平方根而已，以白話一點來說明，就是 MSE 呈現的是「平方的平均誤差」，而 RMSE 則呈現「還原成原本數值單位的平均誤差」，舉例來說，這邊我們預測的是「價錢」，所以單位是「元」，如果有一筆測試資料的預測誤差是 -120 元 (error = -120)，那麼 MSE 就等於 $(-120)^2/1$ = 14,400 (元 ^{2})，而 RMSE 則是將 MSE 開根號，就等於 $\sqrt{14400}$ = 120(元)，此處可以看到單位從「元 ^{2}」又變回「元」了。

但是後續說明我們選擇用 MSE 做說明，一個原因是當兩個模型在比較時，如果 A 模型表現較好 (MSE 值較小)、B 模型表現較差 (MSE 值較大)，那麼我們去比較 RMSE 時，也會得到同樣結論，因為開根號後不會影響數值的大小關係。另一個原因是筆者想要呈現出「將預測誤差平方」會產生的影響，這部分將在表 6-3 做說明。

$$\mathrm{RMSE} = \sqrt{\frac{\sum_{i=1}^{n}(error_i)^2}{n}}$$ ← 有平方根

方程式 6-8

$$MSE = \frac{\sum_{i=1}^{n}(error_i)^2}{n}$$

方程式 6-9

接著看到 MAE 和 Average error，兩者之間只有相差一個絕對值，如方程式 6-10 和 6-11 所示。

$$\mathrm{MAE} = \frac{\sum_{i=1}^{n}|error_i|}{n}$$ ← 有絕對值

方程式 6-10

$$Average\ error = \frac{\sum_{i=1}^{n} error_i}{n}$$

方程式 6-11

這裡提到的「總資料量」，指的是「測試集」的資料量，而非訓練集或是全體資料。因為我們是根據測試資料來評估模型 (由訓練集資料產生) 的好壞。

接下頁

假設現在有兩個模型針對同一筆測試資料做預測，測試資料共有 10 筆 (n=10)，第一個模型的預測誤差為：100, -200, 100, -100, 100, -100, 100, -100, 100, -100，第二個模型的誤差為：3000, 0, 0, 0, 0, 0, 0, 0, 0, 0。如果單看這 20 個數值，第二個模型似乎比較容易改善，因為有 9 筆資料都預測正確，只需找出造成 1 筆資料嚴重誤差的原因就好。但是改用指標是否同樣傳遞出這樣的資訊呢？

表 6-3 模擬情境 - 解釋 MSE、MAE、Average error

	第一模型	第二模型
MSE	13,000	900,000
MAE	110	300
Average error	-10	300

表 6-3 的計算過程

第一模型 (n=10)			第二模型 (n=10)		
預測誤差(error)	取絕對值	平方	預測誤差(error)	取絕對值	平方
100	100	10000	3000	3000	9000000
-200	200	40000	0	0	0
100	100	10000	0	0	0
-100	100	10000	0	0	0
100	100	10000	0	0	0
-100	100	10000	0	0	0
100	100	10000	0	0	0
-100	100	10000	0	0	0
100	100	10000	0	0	0
-100	100	10000	0	0	0
預測誤差總和	絕對值總和	平方總和	預測誤差總和	絕對值總和	平方總和
-100	1100	130000	3000	3000	9000000

MSE = (平方總和) / n = 130000 / 10 = 13000
MAE = (絕對值總和) / n = 1100 / 10 = 110
Average error = (預測誤差總和) / n = -100 / 10 = -10

MSE = (平方總和) / n = 9000000 / 10 = 900000
MAE = (絕對值總和) / n = 3000 / 10 = 300
Average error = (預測誤差總和) / n = 3000 / 10 = 300

從表 6-3 的結果來看，第二模型的衡量指標都比較大，就會讓我們覺得第二模型預測比較不準（預測誤差較大），但是這個結論和我們直接去看原始的 20 個數值時，完全相反。這點出一個重要觀念：**當我們將多個數值濃縮成一個數值之後，便可能將有用的資訊隱藏起來**，所以當使用這些衡量值時，要特別注意背後被隱藏的資訊。儘管如此，還是可以細看這三個衡量值帶給我們什麼資訊。

接下頁

從方程式 6-11 可以知道，Average error 會有正負誤差值互相抵消，它的結果間接呈現了前面討論過的模型高估或是低估的現象，像第一模型比較屬於高估、第二模型則為低估。而 MAE 因計算中加了絕對值，呈現的是屏除正負值抵銷的現象，它的好處在於可以真實呈現該模型的誤差大小，但同時就喪失解讀模型高低估趨勢的能力。

最後看到 MSE，它將誤差值平方，這造成兩個現象：一是正負誤差值之間不會互相抵消，二是較大的誤差數值會大大影響 MSE 的表現，從表 6-3 的第二模型就可以驗證這個説法，由於第二模型對 1 筆資料有嚴重的誤差，所以 MSE 表現比第一模型差了許多，這也導致分析者可能認為第二模型的預測能力非常不好，因而選用第一模型，但是這就損失了改進第二模型的機會。

此時您可能想説，到底該選用哪一個衡量值？從上述看來好像每一個衡量值都有優缺點，那為什麼還要用？乾脆直接比較實際數值就好？但是現實是我們在做分析時，不會只有 10 筆測試集資料，可能有上千、上萬或更多，這種時候一個一個去比較是沒辦法執行的，因此衡量值還是有其參考價值。另外，通常也不會只選用一種衡量值來比較模型，因為如同上面解說，每個衡量值透露的資訊都不同，如果情況允許，我們可以多比較幾個衡量指標，試著解讀指標背後的訊息，然後再去評估模型的好壞。

大致了解衡量值的意義後，回到本章的案例。如圖 6-91(在 **Performance_Vector** 頁面點選左側的 **Description**)，當我們去看 Performance 工具呈現的結果時，發現這裡顯示的是 root_mean_squared_error 和 squared_error，前者就是 RMSE，而後者經查看 Performance 工具的 Help，可以知道代表的就是 MSE。

圖 6-91 原有 Performance 工具的 per 輸出接點呈現之結果

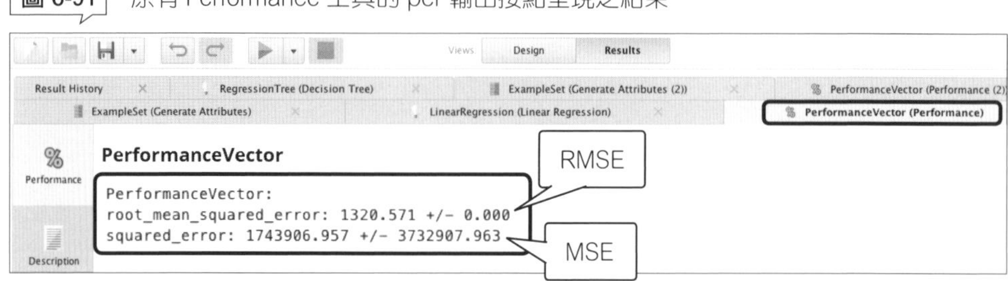

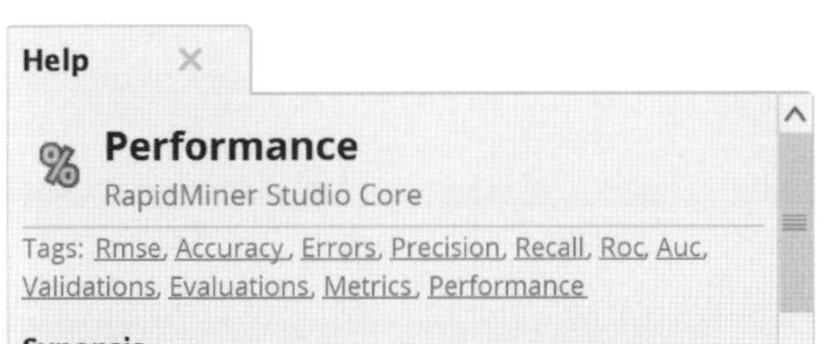

Synopsis

This operator is used for performance evaluation. It delivers a list of performance criteria values. These performance criteria are automatically determined in order to fit the learning task type.

Jump to Tutorial Process

Description

In contrast to the other performance evaluation operators like the Performance (Classification) operator, the Performance (Binominal Classification) operator or the Performance (Regression) operator, this operator can be used for all types of learning tasks. It automatically determines the learning task type and calculates the most common criteria for that type. For more sophisticated performance calculations, you should use the operators mentioned above. If none of them meets your requirements, you can use Performance (User-Based) operator which allows you to write your own performance measure.

The following criteria are added for binominal classification tasks:

- Accuracy
- Precision
- Recall
- AUC (optimistic)
- AUC (neutral)
- AUC (pessimistic)

The following criteria are added for polynominal classification tasks:

- Accuracy
- Kappa statistic

The following criteria are added for regression tasks:

- Root Mean Squared Error
- Mean Squared Error

Performance 工具的 Help 提到，對於 Regression 的問題計算的數值為 Root Mean Squared Error (RMSE) 和 Mean Squared Error (MSE)

6

由於 RapidMiner 只有幫我們計算出 RMSE 和 MSE，如果也想比較 MAE 和 Average error 的話，就要修改一下模型的流程。

將流程中舊有的兩個「Performance」工具皆改為「**Performance (Regression)**」工具，可以在舊工具上按右鈕，找到 **Replace** 功能來取代。

Performance (Regression) 工具：使用方法與「Performance」工具相同，不過這個工具是專門設計給 Regression 類別的模型使用，在「評估衡量值」的選擇上較為豐富。

圖 6-92 將流程中原有的「Performance」工具改為「Performance (Regression)」

Step 2 替換之後，在 Performance (Regression) 的 Parameters 區塊中，找到 **root mean squared error**、**absolute error** 和 **squared error** 這三個選項並勾選。接著執行流程，就可以得到我們想要的衡量值。圖 6-94 呈現的是線性迴歸模型的衡量值、圖 6-95 呈現的是決策樹模型的衡量值。

圖 6-93 在 Performance (Regression) 工具的 Parameters 區塊中勾選想要的衡量指標

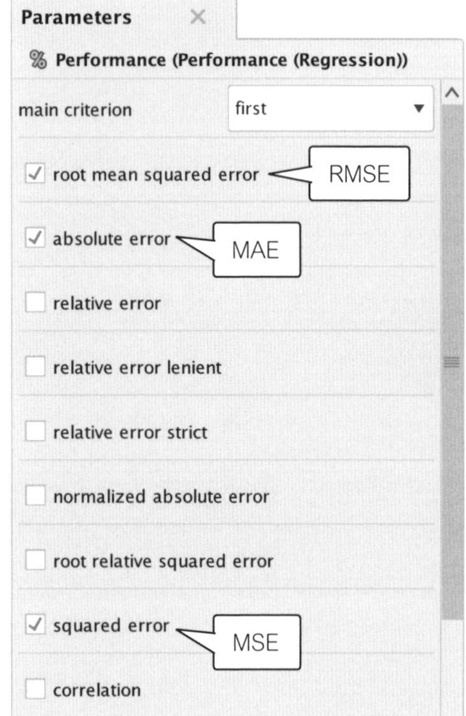

圖 6-94 線性迴歸模型的衡量值結果

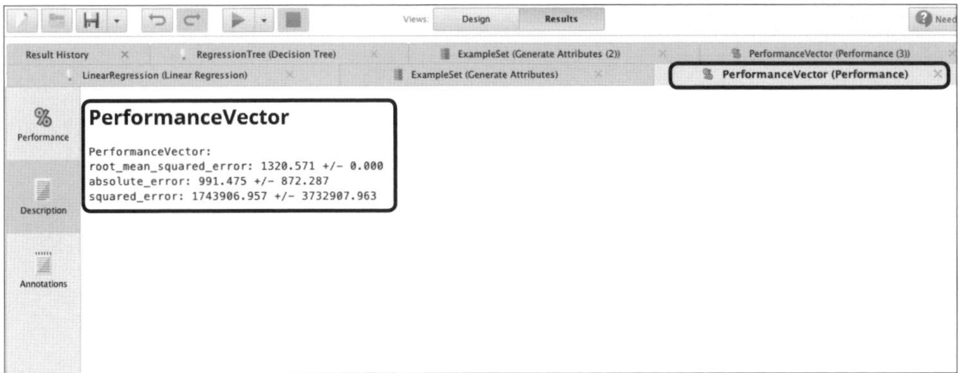

圖 6-95 決策樹模型的衡量值結果

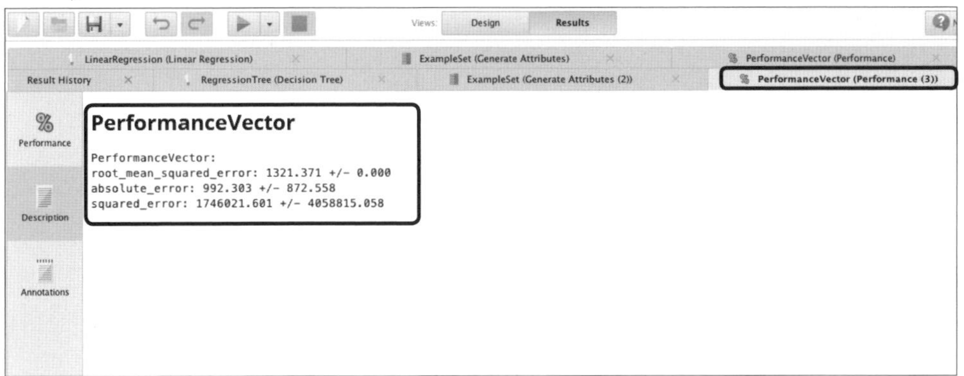

Step 3

此時還缺少 Average error，由於先前有新增一個「PredictionError」的欄位，所以可以透過 **Statistics** 頁面直接取得預測誤差的平均值。圖 6-96 為線性迴歸模型的產出，從最後一列 PredictionError 的 Average 得知此模型的 Average error 為 134.916。同理圖 6-97 為決策樹模型的產出，它的 Average error 為 17.469。

圖 6-96 在 Statistics 頁面取得 Average error(線性迴歸模型)

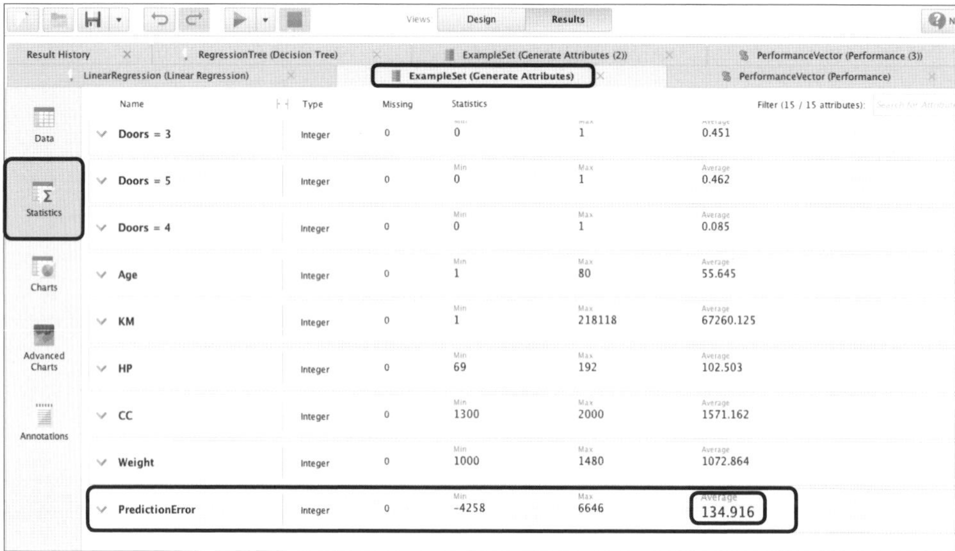

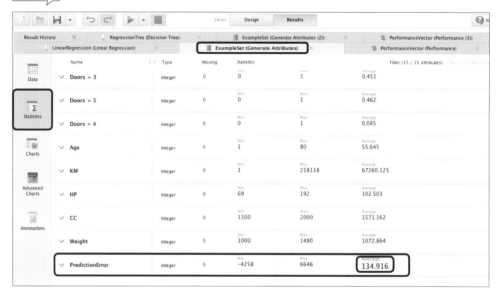

圖 6-97 在 Statistics 頁面取得 Average error(決策樹模型)

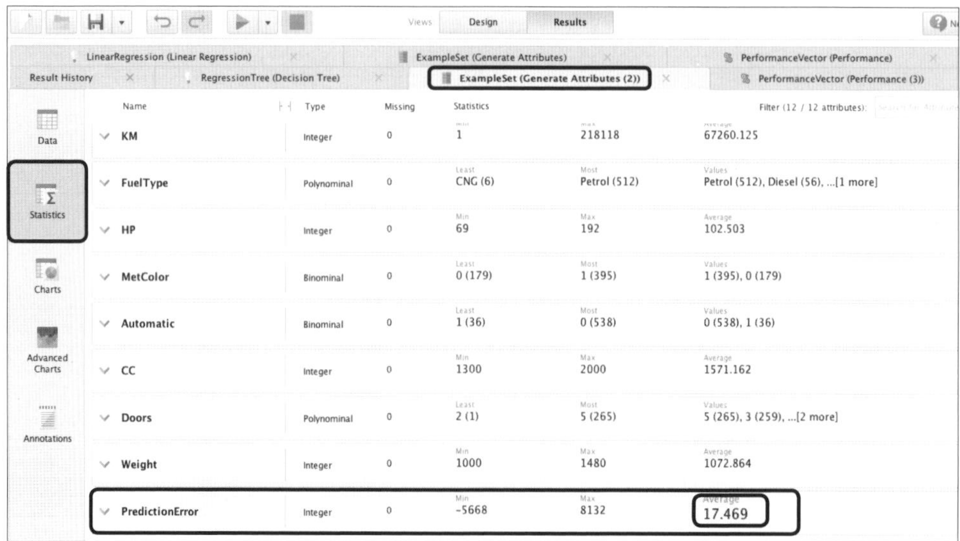

Final 衡量值的解說

我們直接做成表格來比較兩個模型的差異：

表 6-4 兩個模型的誤差衡量值比較

	線性迴歸模型	決策樹模型
Average error	134.916	17.469
MAE	991.475	992.303
MSE	1743906.957	1746021.601
RMSE	1320.571	1321.371

從表 6-4 看出，這兩個模型在 Average error 這個衡量值上差異最大，其他三個衡量值幾乎沒有差異，因此就來針對 Average error 多做一些討論。根據先前的說明，可以推論**當 Average error 呈現正值，表示模型產生出較多的正誤差**，也就表示模型預測的數值比實際數值低，也就是所謂**模型低估**的現象。這對於我們的專案目標來說是一個有利的訊息。但是目前看來，線性迴歸模型和決策樹模型都產生正的 Average error。

因此再深入去探討兩個模型的 Average error，這裡可以搭配先前圖 6-88 和圖 6-90，這兩個預測誤差的直方圖看似都以 0 為中心，兩側對稱，照理說正負抵消的情況下，Average error 的數值應該要趨近於 0，但從表 8-4 可以明顯看出線性迴歸模型的 Average error 比 0 高出許多且比決策樹模型大。我們從線性迴歸模型的直方圖中 (圖 6-88)，可以去比較誤差值大於 3000 和小於 -3000 的數量差異，可以發現大於 3000 的數量較多，筆者推論這是線性迴歸模型產生較大的 Average error 的原因之一，但是這對此案例目標來說是有利的，因為在我們沒辦法百分之百精準預測的情況下，較容易產生低估現象的模型會比較有幫助。

另一方面，雖然決策樹模型的 Average error 比較接近 0，看似它的預測能力會比線性迴歸模型精準，但是從圖 6-90 可以發現，它產生出比較多小於 -3000 的誤差，這對實際應用上是比較不利的，因為如果模型告訴買家比較高的價格，那他很可能因此被賣家哄抬價格而吃虧。因此綜合 Average error 和直方圖比較後，筆者認為「線性迴歸模型」會是比較佳的模型。

小結

經過以上對於線性迴歸模型、決策樹模型的個別解讀，還有兩個模型的綜合比較之後，我們發現模型在選擇輸入變數上就有不同的組成，這也導致兩個模型預測能力的差異。在比較模型時，我們學習了如何透過誤差值的直方圖和一些常用的衡量指標來判斷模型的預測能力。在知道模型沒有辦法精準預測時，也評估了如果該模型有「低估」的現象對於這個案例是比較好的，最後依據 Average error 和直方圖，我們選擇了「線性迴歸模型」當作較優的模型。

6-6 案例總結

透過 5、6 兩章的案例，我們認識了資料分析問題中兩個很主要的問題類型：監督式學習的分類問題和迴歸問題，這兩種問題的最大差異就在於**目標變數的類型**，這也影響到使用的模型不同、評估準則也不同、最重要的是應用情境不同。本書只能先以簡單的兩個例子來解說這兩個常見的資料分析問題，期待熱愛資料分析的您，也會經常思考生活中有哪些事情可以運用這裡學習到的知識。

緊接著在下一章，我們要嘗試的是更不一樣的分析問題—非監督式學習，您將遇到的是「沒有目標變數」的情況，就讓我們一起來玩玩看在什麼情況下會遇到這類型的問題吧！

CHAPTER

7

群集分析 - 如何找出擁有相似喜好的客群？

前兩章所學的都是「監督式學習」類型的演算法，即**「輸入變數可以根據一個『已知的目標變數』，建立出一套運算規則」**，「已知的目標變數」就像是正確答案，可以讓模型「對答案」，但是現實世界中，每一個問題都能以「監督式學習」的方法來解決嗎？

答案是「否定」的，在許多情況下，我們沒辦法獲得已知的目標變數，只能單純從輸入變數中尋找規則，這類方法就稱為「**非監督式學習** (Unsupervised Learning)」。

例子

如果將一堆豆子 (內含大小、重量都不同的紅豆、綠豆) 拿給一個三歲小朋友，請他將這些豆子區分開來，會有哪些情況發生呢？他可能不懂怎麼分，直接將原本的那一堆交出來；也可能**根據豆子大小分成了五堆**、或**根據重量分成了三堆**、或**根據顏色分成了兩堆**、或根據別種方法分成數堆……

無論是哪種上情況，我們都不能對小朋友說他的分法是對或錯，因為一開始並沒有給他正確答案 (已知的目標變數)，所以他只能自己從一堆豆子中，試著去理解哪些豆子是相同、哪些是不同，這就是「非監督式學習」的其中一種應用 - **群集分析** (Cluster Analysis)。以一句話來表達的話：「**由模型自行摸索出要如何將一群資料中，相似的資料放在一起，不相似的資料區隔開來**」，本章就將針對這個方法進行解說。

同樣是分東西，或許有些讀者有疑問：「這跟之前的分類問題有什麼差別呢？」答案是差很大，如果我們將上述的例子改成分類問題的話，那將一堆豆子拿給小朋友時，必須同時告訴他：「紅色的豆子叫紅豆、綠色的豆子叫綠豆，現在請你將紅豆綠豆區分開來」，由於我們擁有正確答案，當小朋友區分出結果後，我們就能評判這個結果好還是不好，如果不好，就可以教導小朋友 (就像是優化模型) 如何區分紅豆和綠豆。所以「分類問題」和「群集分析」是有很大的差別的。

如同監督式學習分為分類和迴歸兩種問題，「非監督式學習」也區分幾個不同的類型，較常見的有：**群集分析** (Cluster Analysis)、**維度縮減** (Dimension Reduction)、**關聯法則** (Association Rules)⋯⋯，各類型不論在資料格式、使用的模型、運算邏輯、應用場景都有很大的不同。本書希望您充分學習好一個方向，因此會聚焦在「群集分析」類型。之所以選擇「群集分析」，也是因為對於初學資料分析的人來說，經常會將「群集分析」與「分類問題」搞混 (至少筆者本身在一開始學習時常有這個疑問)，因此我們選擇在書中好好說明這個方法。

「維度縮減」： 有時在資料分析過程會遇到資料集含有太多的輸入變數，導致「模型運算效率不佳」，因此產生一種技術「能將許多輸入變數透過轉化，合併成數量較少的變數」，這就是「維度縮減」的概念。有許多方式可以達成這件事，有興趣的讀者歡迎搜尋「維度縮減」關鍵字進一步了解。

「關聯法則」： 起源於「分析消費者的購物資料」，它的目的是找出「哪些商品最容易和哪些商品一起購買」，比方說分析者可以得知「買了 A 產品，再買 B 產品的機率是多少」，如果很高，就可以考慮將 A、B 產品擺放在相同區域，吸引消費者購買。關聯法則有很廣泛的應用場景，像是了解「聽了這首音樂後，下一首會聽什麼」、「哪些景點經常被安排在同個行程中」⋯⋯等。詳細的運算方式就留待您後續自行學習。

7-1 探索、定義問題

剛才我們以一個簡單的例子來說明「群集分析」的概念，但是群集分析其實還有更多面向的應用，一個很有名的應用就是生物學中的「生物分類法」，將生物依照它們的相似性，產生一個具有階層性的分類表，這樣的方法就是「群集分析」的分類精神。專案一開始的問題探索，就帶大家思考哪些商業性質的問題是可以利用「群集分析」來解決的。

7-1-1 探索問題

群集分析常用來處理「**市場區隔(Market Segmentation)**」的問題，目標是「找出擁有相似需求、喜好的群體，對該群體提供合適的服務或產品來滿足他們。」區隔的方法有很多，過去大多企業可能使用較容易取得的人口統計資料：年齡、性別、教育程度、從事職業、收入、種族，或是地理因素進行區隔，比方說針對「20~25 歲的單身男性」和「40~45 歲的已婚女性」推出不一樣的產品。這樣的區隔方法是很有效果的，但是您可以試想看看，這種方式還有沒有改進的空間呢？

例如，在「20~25 歲的單身男性」的這個群體中，或許還存有更多不同喜好或需求的個體無法得到滿足；又或者在「26~30 歲的非單身女性」中，有些人的喜好和「20~25 歲的單身男性」相似，但是卻被忽略了，這對企業來說便是一個損失。因此隨著數位化、行動化的時代來臨，企業擁有更多了解顧客的機會，藉由網站瀏覽行為、購物紀錄、手機使用行為、GPS 紀錄……等無數多的資料，可以讓企業採用有別於以往的資料進行「群集分析」，讓找出的群體之中行為、喜好、需求更加相似。

回到探索問題的主軸，相信不少人都跟筆者一樣遇過以下情況，在線上購物網站點選了某樣商品後，網站會呈現「您可能也喜歡這些產品…」或「其他人也看過這些產品…」的區塊，這種推薦服務背後的運算機制多少也運用了「群集分析」，網站透過分析眾多使用者的數據，發現「我們」跟「其他某一群人」的行為很相似，網站便判斷「我們」與「其他某一群人」的喜好很相近，因此將「其他某一群人」的購買商品推薦給「我們」，省去自行搜尋的時間，也觸發了購買意願。

因此，在這個案例中，我們要化身成一**個購物網站的領導人**，撇除過往使用人口統計資料的區隔方法，改採較為豐富的消費者行為資料，找出需求更相似的群體，為不同的群體推出客製化的產品或服務。

7-1-2 定義問題

上述的說明可能還有點抽象，我們直接來舉例假想一下。

化身為購物網站老闆的我們，如果從分析的結果中發現，有一個群體經常購買運動用品、另一個群體較常購買書籍，就可以推論這兩個群體的喜好不同，進而思考如何在購物網站來滿足這兩個群體。筆者就想像可以設計兩種瀏覽介面，一種是較為活潑生動的風格，讓喜歡購買運動用品的顧客瀏覽網站時感受運動的樂趣，另一種則偏向簡約乾淨整齊的風格，以迎合喜歡購買書籍的顧客。除了介面之外，在網站商品陳列的排序上也可以有不同的策略，達到客製化服務的目標。

因此身為購物網站的老闆，我們關注的問題可能是：「**如何得知消費者的喜好，提供更優質的服務？**」接著就試著定義出資料分析目標和商業目標。

資料分析目標

針對「如何得知消費者的喜好，提供更優質的服務？」這個問題，群集分析可以依據使用者行為而來的輸入變數 (例如：消費次數、總上線時間、總購買數量)，計算出每一筆資料的相似性，然後呈現出一群一群相似的群集。如此一來就可以根據「每個群集表示出的特性」找出他們的喜好。

先解釋一下什麼是「**每個群集表示出的特性**」，如果我們有 3 個輸入變數 (消費次數、總上線時間、總購買數量)，然後使用了五千筆資料，被模型分成了四個群集，可以想像的是，每個群集裡面的資料是很相似的，但是不太可能完全相同，所以我們經常是以「**該群集的中心點**」來描述這個群集，該群集的中心點就是以「**3 個變數的平均值**」來表示，也就等於該群集的特性。

執行群集分析經常會遇到兩個問題，一是如何得知「**要分成幾個群集？**」才是最佳的結果，二是資料本身太過雜亂、無法找出有價值的群集。第二個問題大多要透過重新蒐集資料才能解決，所以這邊先不討論。針對「**要分成幾個群集**」，若以資料的角度來回答，正可定義出我們想要的資料分析目標。

> 也可以從「商業應用的角度」來回答，進而定義出商業目標，待會就會說明。

從資料的角度來決定要分成幾個群集時，我們關注的是「**群集內的誤差**」。剛剛提到了群集的特性是以「中心點」表示，所以群集內的誤差就是去計算群集內每一個資料和中心點的差異。以圖 7-1 解說的話，x 軸表示模型嘗試分出不同數量的群集，y 軸表示每個群集的誤差值相加，所以可以想像的是，這個圖可以往右延伸，而且誤差值會越來越小。乍聽之下，選擇越多的群集數量 (k) 就會讓分群結果很好，但這個想法有很大的問題，假設我們擁有一百萬筆資料，分成一百萬群就可以得到誤差為 0，但是這樣根本就沒有做到「分群」了。

圖 7-1 轉折點 k=3 時為最佳的分群數量

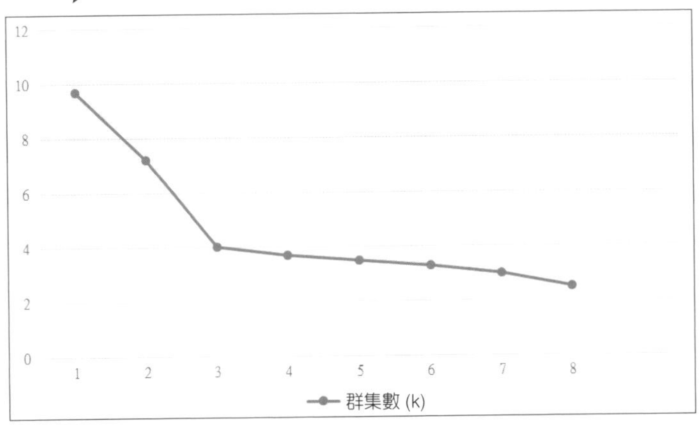

我們還可以看看圖 7-2 這個例子，光用肉眼判斷，應該大部分人會認為資料分成了三群，不過如果只在意誤差要小，那如圖 7-3 這樣分成六群可以得到比圖 7-2 更小的誤差，但是圖 7-3 的結果會比較好嗎？因此，**當我們關注「群集內的誤差」時，不是要追求「小」誤差，而是在意「模型多快可以找到合適的群集數量」**。

圖 7-2 可分為三個群集的資料範例

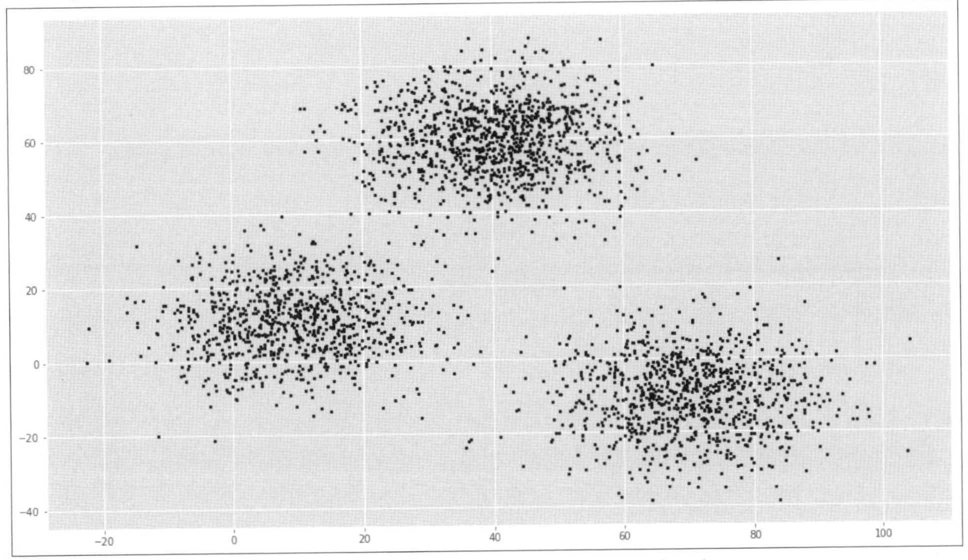

出處：https://mubaris.com/2017/10/01/kmeans-clustering-in-python/

圖 7-3 強制將三個群集分成六個群集

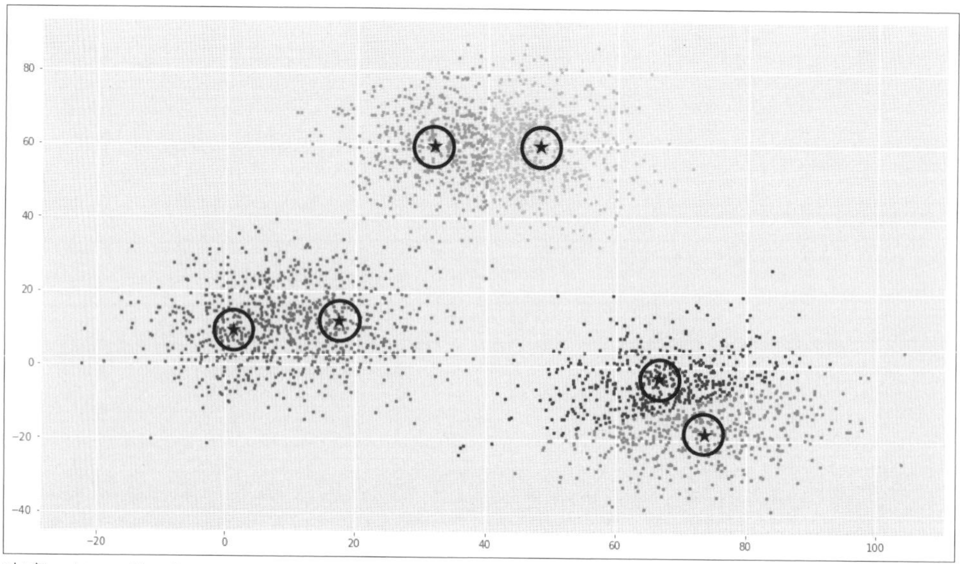

出處：https://mubaris.com/2017/10/01/kmeans-clustering-in-python/

如果我們要分析的資料集中隱含著特定的分群關係 (如圖 7-2 明顯三群)，那麼分群的誤差呈現必定會像圖 7-1，在某一個群集數的時候誤差值迅速下墜、而後續的誤差值平緩下降 (以圖 7-1 來說就是群集數 k=3 的時候)，這個轉折點就是我們想要尋找的最佳分群目標。

由於專案一開始還沒辦法精準決定該將資料分成幾個群集，因此我們將**採用上述「比較群集內誤差」的方式找出轉折點，決定最佳的分群數量**，這就是本案例定義的資料分析目標。

> 此處使用的方法稱為「Elbow Method」，這只是其中一個尋找最佳分群數量的方法，有許多研究已經產生不同的理論來決定最佳分群數量，讀者們可以再去參考有關群集分析的相關資料。

商業目標

若從商業應用角度思考來決定分群數量，就可定義出商業目標。假設模型的結果呈現如同圖 7-1，資料分成三群就是最好的分群數量，那麼就可以將此資訊提供給行銷、設計團隊擬定策略。但如果分群數量很大 (比如 15) 時怎麼辦呢？此時就要從「公司資源」與「獲利」的角度來思考：就算公司有足夠的資源可以處理 15 個群集數，但不見得要這樣做，總不能同一個產品依 15 種客戶族群產生 15 種版本吧！除了對員工、產線產生額外壓力外，顧客在消費時也會眼花撩亂，對企業來說不見得有效益。

以下問題值得在定義商業目標時拿出來思考：「每個群集都值得處理嗎？」、「針對哪些群集可以得到最大效益？」、「哪些群集要優先處理？」這些問題可以藉由專案的利害關係人討論，事先擬定出幾個評定指標，當分群結果出來時，就能夠客觀的進行回答。這樣一來，不論公司資源是否是充足，可以有效地選出值得投資的群體或者執行順序。

綜合以上所述，這個案例的商業目標可以訂為：**由於團隊資源有限，分群數量不能超過五群 (如果超過就依照群集內的資料量做排序找出前五大)，針對不同群集提供客製化服務**。

比如說以群集數量區分，優先處理群集比較大的、或是優先處理消費金額較高的群集、或是公司未來策略將朝向某某客群，就能針對某某客群多投放資源……

圖 7-4 訂出本範例的問題與目標，接下來我們會開始蒐集資料的步驟。

圖 7-4 小型購物網站分群專案的問題定義三角形

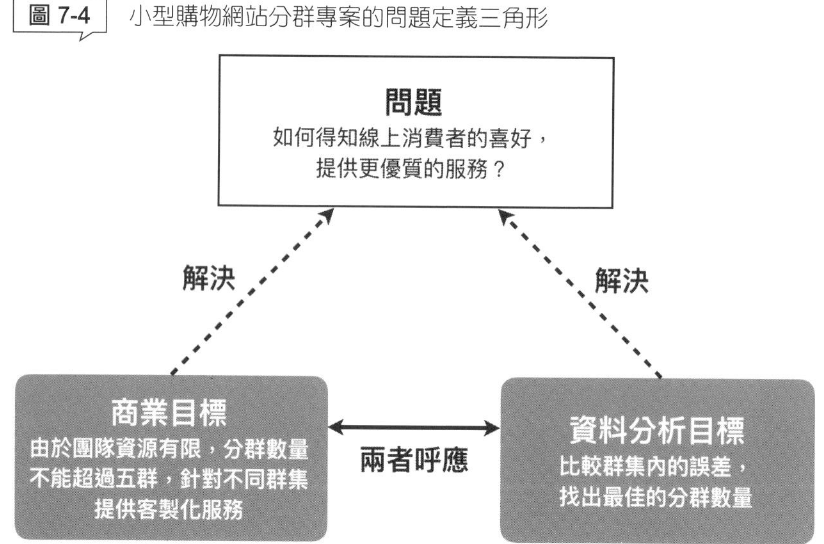

7-2 蒐集資料

定義出問題與目標，這一節就開始蒐集資料。如果是在公司內執行專案，可以直接和資訊團隊討論內部有哪些可用的資料，或是向外部的資料蒐集公司購買可用資料。由於本例是假想出的應用情境，筆者已事先從網路上找到可以協助回答問題的資料集，接下來就向大家說明如何取得此資料集。

這個案例是從 data.world 網站下載資料。進入 data.world 網站首頁 (https://data.world)，如果您在第五章時已經註冊會員，就請直接按畫面右上角的 **Sign in** 登入，如果還不是會員，請先按畫面右上角的 **Join**，依照指示完成會員註冊。

圖 7-5　進入 data.world 首頁，接著註冊會員 (Join) 或直接登入網站 (Sign in)

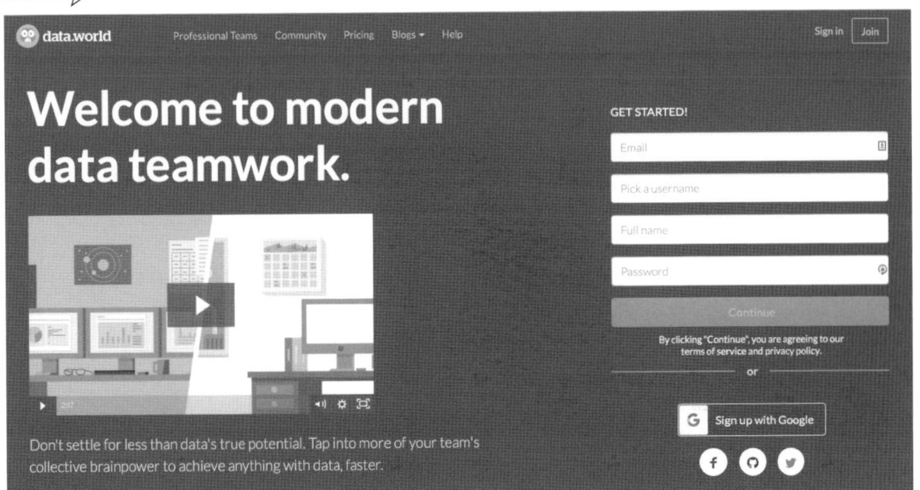

Step 2

完成登入後，您就有權限瀏覽網站上的資源 (下圖中間呈現了許多資料集)。請在上方的搜尋欄打上「wholesale customers」(如圖 7-7 所示)，然後按下 Enter 。

圖 7-6　個人會員頁面，可以瀏覽自己上傳的檔案或是其他會員公開的檔案

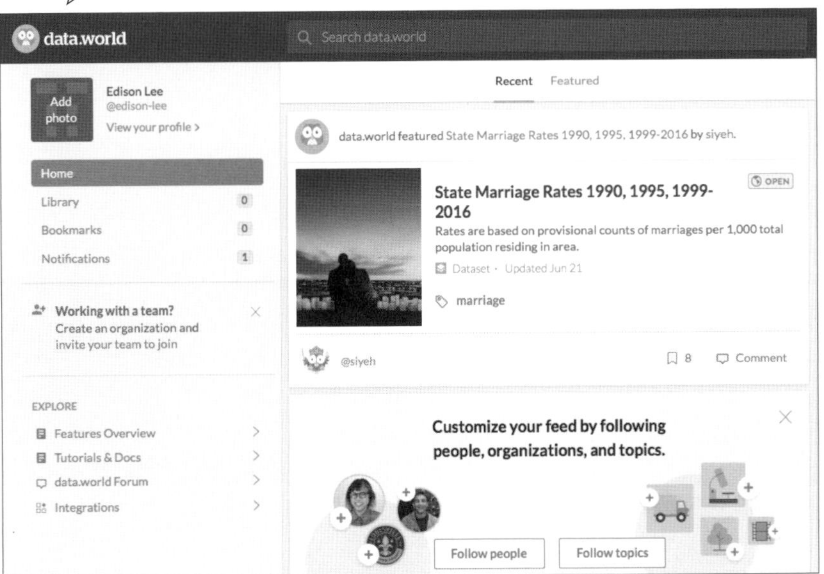

圖 7-7 在上方搜尋欄輸入「wholesale customers」進行搜尋

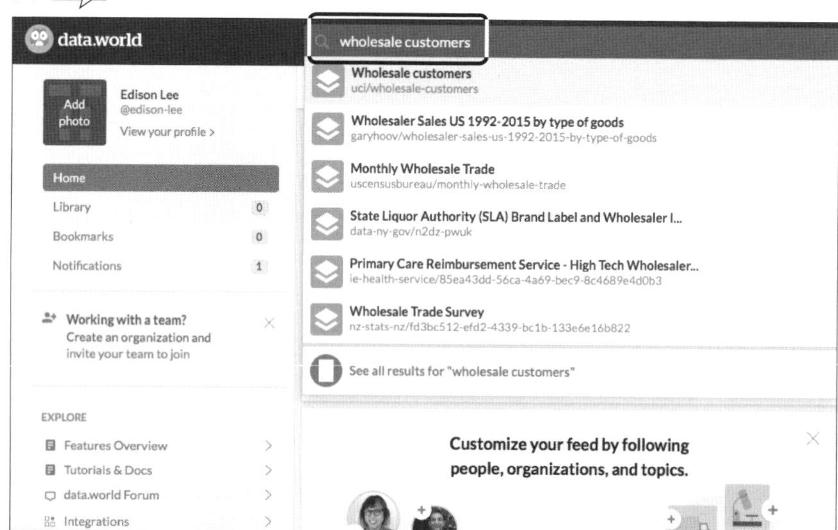

Step 3 在搜尋結果頁面中，找到由 uci 上傳的「Wholesale customers」資料集，然後點選該資料集進入介紹頁面。

圖 7-8 「wholesale customers」搜尋結果

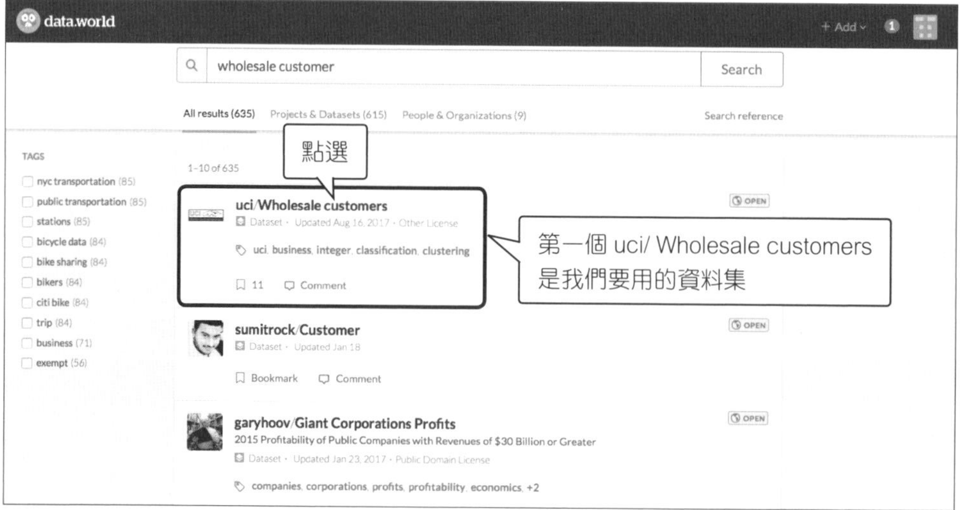

在資料集頁面，上半部有該資料集的描述，下半部有資料集的預覽表格。讓我們來大致了解一下這個資料集的內容，首先點選上半部的 **Show more** 按鈕。

圖 7-9　資料集頁面，有對資料集的描述和資料預覽表格

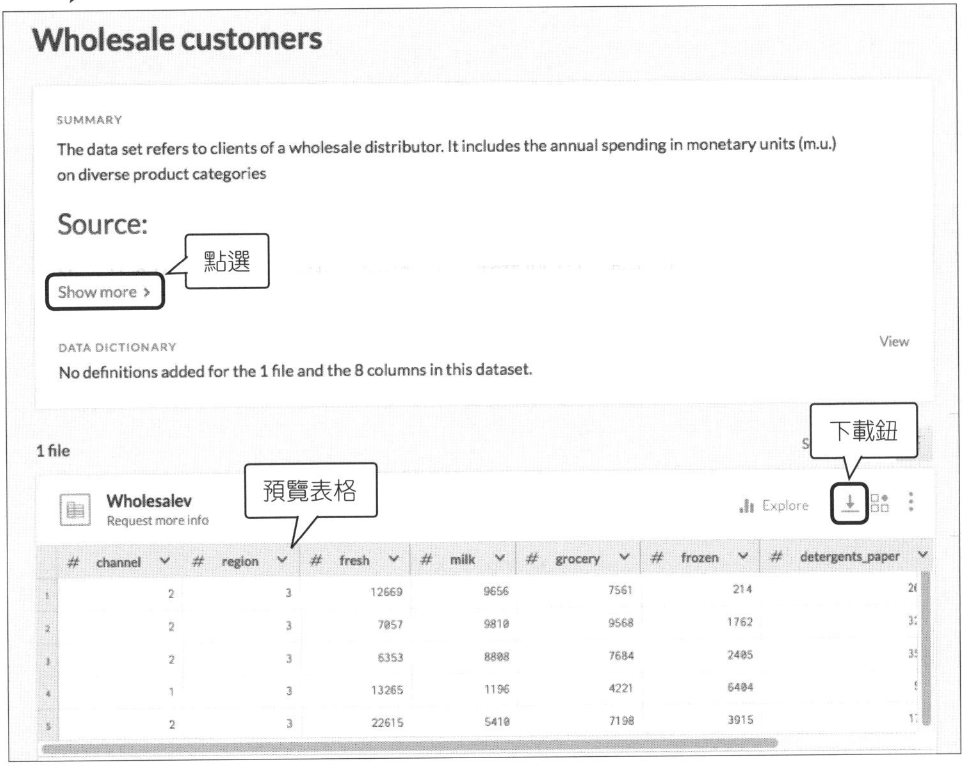

	# channel	# region	# fresh	# milk	# grocery	# frozen	# detergents_paper
1	2	3	12669	9656	7561	214	2(
2	2	3	7057	9810	9568	1762	3:
3	2	3	6353	8808	7684	2405	3!
4	1	3	13265	1196	4221	6404	!
5	2	3	22615	5410	7198	3915	1:

在資料集說明的頁面中，我們可以得知這筆資料集呈現的是「**某一個位於葡萄牙的批發商的所有客戶，每年跟他購買商品的銷售紀錄**」，這個批發商總共販售六大類商品，包含生鮮 (FRESH)、乳製品 (MIKE)、雜貨 (GROCERY)、冷凍食品 (FROZEN)、清潔用品 (DETERGENTS_PAPER)、熟食 (DELICATESSEN)。另外還有兩個變數，分別說明客戶是從哪個地區 (REGION) 和通路 (CHANNEL) 購買到商品。

圖 7-10 Wholesale customers 資料集的說明頁面

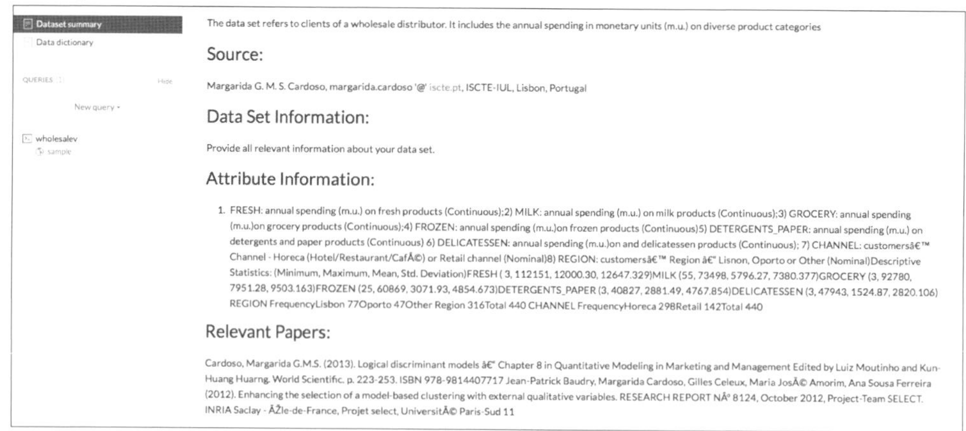

Dataset summary
Data dictionary
QUERIES Hide
New query
wholesalev
sample

The data set refers to clients of a wholesale distributor. It includes the annual spending in monetary units (m.u.) on diverse product categories

Source:

Margarida G. M. S. Cardoso, margarida.cardoso '@' iscte.pt, ISCTE-IUL, Lisbon, Portugal

Data Set Information:

Provide all relevant information about your data set.

Attribute Information:

1. FRESH: annual spending (m.u.) on fresh products (Continuous);2) MILK: annual spending (m.u.) on milk products (Continuous);3) GROCERY: annual spending (m.u.)on grocery products (Continuous);4) FROZEN: annual spending (m.u.)on frozen products (Continuous)5) DETERGENTS_PAPER: annual spending (m.u.) on detergents and paper products (Continuous) 6) DELICATESSEN: annual spending (m.u.)on and delicatessen products (Continuous); 7) CHANNEL: customersâ€™ Channel - Horeca (Hotel/Restaurant/CafÃ©) or Retail channel (Nominal)8) REGION: customersâ€™ Region â€“ Lisnon, Oporto or Other (Nominal)Descriptive Statistics: (Minimum, Maximum, Mean, Std. Deviation)FRESH (3, 112151, 12000.30, 12647.329)MILK (55, 73498, 5796.27, 7380.377)GROCERY (3, 92780, 7951.28, 9503.163)FROZEN (25, 60869, 3071.93, 4854.673)DETERGENTS_PAPER (3, 40827, 2881.49, 4767.854)DELICATESSEN (3, 47943, 1524.87, 2820.106) REGION FrequencyLisbon 77Oporto 47Other Region 316Total 440 CHANNEL FrequencyHoreca 298Retail 142Total 440

Relevant Papers:

Cardoso, Margarida G.M.S. (2013). Logical discriminant models â€“ Chapter 8 in Quantitative Modeling in Marketing and Management Edited by Luiz Moutinho and Kun-Huang Huarng. World Scientific. p. 223-253. ISBN 978-9814407717 Jean-Patrick Baudry, Margarida Cardoso, Gilles Celeux, Maria JosÃ© Amorim, Ana Sousa Ferreira (2012). Enhancing the selection of a model-based clustering with external qualitative variables. RESEARCH REPORT NÂ° 8124, October 2012, Project-Team SELECT. INRIA Saclay - ÃŽle-de-France, Projet select, UniversitÃ© Paris-Sud 11

接著實際來看資料的長相，回到圖 7-9 的畫面，然後在下半部的預覽表格按下「**Explore**」，就可以看到如圖 7-11 的畫面。在畫面右方，顯示該資料集有 440 筆資料 (rows)，也等於 440 個客戶的資訊。表格中的前兩個欄位 (channel、region)，數字代表的是類別，後面第三到第八個欄位 (fresh、milk、grocery、frozen、detergents_paper、dalicassen)，數字代表的是「對該項商品購買的金額」。

圖 7-11 Wholesale customers 資料集的實際長相

下載鈕

Wholesalev
Download
Open in app
Query
Build chart

	# channel	# region	# fresh	# milk	# grocery	# frozen	# detergents_paper	# delicassen
1	2	3	12669	9656	7561	214	2674	1338
2	2	3	7057	9810	9568	1762	3293	1776
3	2	3	6353	8808	7684	2405	3516	7844
4	1	3	13265	1196	4221	6404	507	1788
5	2	3	22615	5410	7198	3915	1777	5185
6	2	3	9413	8259	5126	666	1795	1451
7	2	3	12126	3199	6975	480	3140	545
8	2	3	7579	4956	9426	1669	3321	2566
9	1	3	5963	3648	6192	425	1716	750
10	2	3	6006	11093	18881	1159	7425	2098
11	2	3	3366	5403	12974	4400	5977	1744
12	2	3	13146	1124	4523	1420	549	497
13	2	3	31714	12319	11757	287	3881	2931
14	2	3	21217	6208	14982	3095	6707	602
15	2	3	24653	9465	12091	294	5058	2168
16	1	3	10253	1114	3821	397	964	412
17	2	3	1020	8816	12121	134	4508	1080
18	1	3	5876	6157	2933	839	370	4478

file
LAST MODIFIED August 16, 2017
OWNER @uci
CREATED August 16, 2017
SIZE 14.67 KB
Displaying 8 colu... 440 r... table wholesalev
channel
MOST COMMON 1 (298)
NEXT MOST COMMON 2 (142)
DISTINCT 2
NON-EMPTY 440
EMPTY 0 (0%)
region
fresh
milk

雖然該筆資料集不是百分之百符合我們先前假設的情境，不過它的欄位內容以及資料乾淨程度很容易讓人理解，因此筆者決定選用這筆資料集。本節的最後會討論該如何調整假設的情境。

接著我們來下載資料，按下圖 7-11 的「**Download**」按鈕即可下載。這個步驟可能有些讀者會遇到問題，像筆者是使用 MacOS 的 Safari 瀏覽器進行下載，下載後的檔案是 html 檔，這種檔案比較難在 RapidMiner 中讀取。為了避免後續操作變得複雜，在這邊筆者提供另一種下載方式，確保您能得到 csv 格式的檔案。

圖 7-12 在 MacOS 取得 html 檔案格式的資料集，而非 csv 格式

回到圖 7-10 的畫面，找到最下方的 **Source** 連結 (或者直接連到 http://archive.ics.uci.edu/ml/datasets/Wholesale+customers)，點擊進入 UCI 資料庫的網站 (圖 7-13)。然後在 **Download** 的地方選擇「**Data Folder**」後，您會看到圖 7-14 的畫面。可以直接點擊「Wholesale_customers_data.csv」進行下載，或是對著「Wholesale_customers_data.csv」按下滑鼠右鍵選擇下載檔案。最後請到電腦中確認是否有得到 csv 檔案。

圖 7-13 進入 UCI 資料庫網站，然後點選「Data Folder」

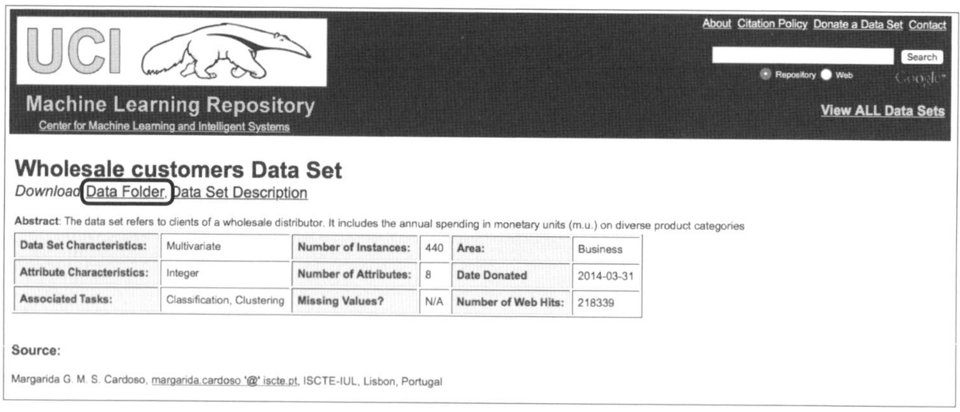

圖 7-14 點擊「Wholesale_customers_data.csv」進行下載

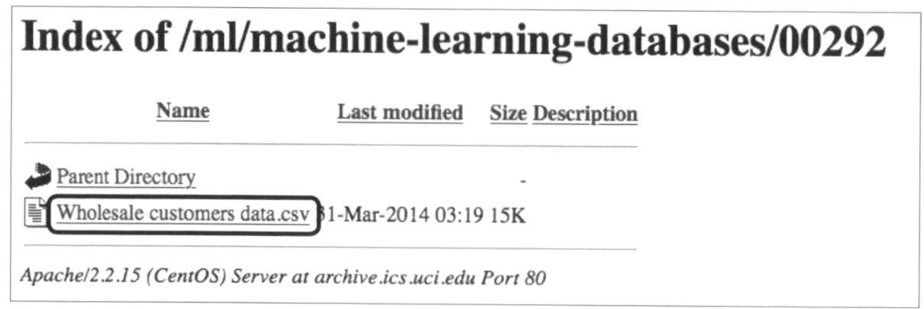

圖 7-15 確認成功下載 csv 檔案格式的資料集

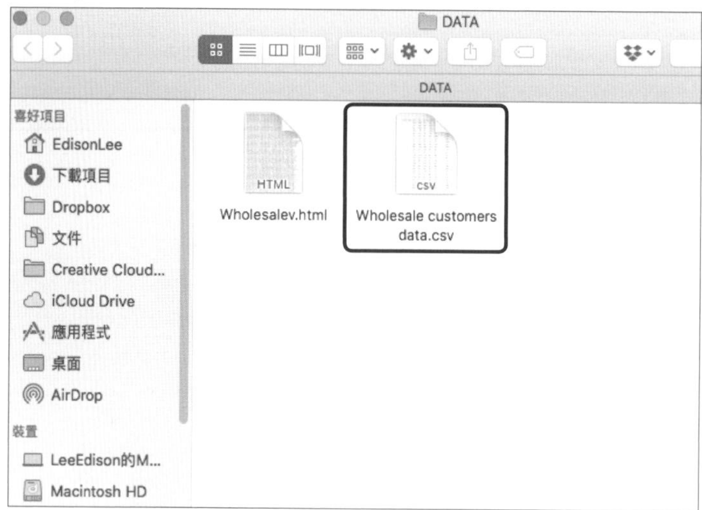

經過以上步驟，我們完成了資料蒐集的階段，但是在 step 7 提到該資料集並沒有完全符合我們設想的情境。原本我們把自己當成線上購物網站的老闆，但是這個資料集卻是一個實體通路批發商的老闆。因此這裡轉換一個更有趣的情境：

> 有鑒於現在是網路時代，所以實體通路批發商也想要開發「網路購物」服務，接觸到更多客群。身為實體通路批發商老闆的我們，想藉由此次客群分析的機會開發「線上購物」服務。雖然目前手中的資料是由線下消費產生的，與線上的使用行為一定會有不同，但是「參考線下消費產生的資訊」會比「從無建立一個網站」來得更有價值，也就是先以實體通路的消費行為當作基礎，開發出一個模板，等之後收集了線上使用行為後持續進行優化。

我們主要目的是為了書中講解，因此情境的轉換並不會影響到概念解說以及軟體操作。另外這個資料集也可以回答我們定義的問題與目標，因此不需要進行調整。接下來就以這個資料集來做資料探索。

7-3 視覺化探索與資料前處理

在 data.world 網站下載資料時，我們已初步認識這筆資料，不過在步入建立模型的階段之前，需要確保自己對這筆資料有充足的認識，並且確認資料的格式能符合分析模型的需求。因此本節就來進行重要的視覺化探索，隨著探索的腳步，也可判斷是否需要進行資料前處理的動作。

7-3-1 新增 Repository 以及匯入資料

執行任何專案之前都要為專案新增一個專屬的 Repository，用來清楚的管理內容。前兩章已經對於新增 Repository 的步驟有過詳細的解說，這裡將加快解說的節奏，如果您對於操作有不清楚的地方，可參考前兩章的解說。

建立新 Repository，命名為「**CustomerClustering**」。（註：讀者可以自行設定 Repository 名稱）

圖 7-16 新增一個 Repository

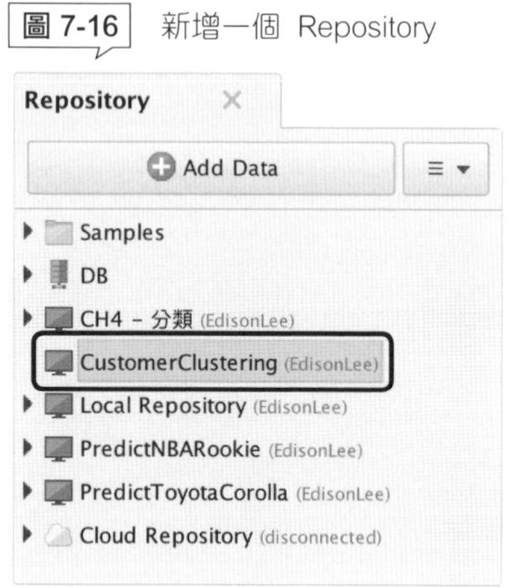

Step 2

在「CustomerClustering」Repository 之中建立 **Data** 和 **Process** 資料夾。

圖 7-17 在 CustomerClustering 中建立 Data 和 Process 資料夾

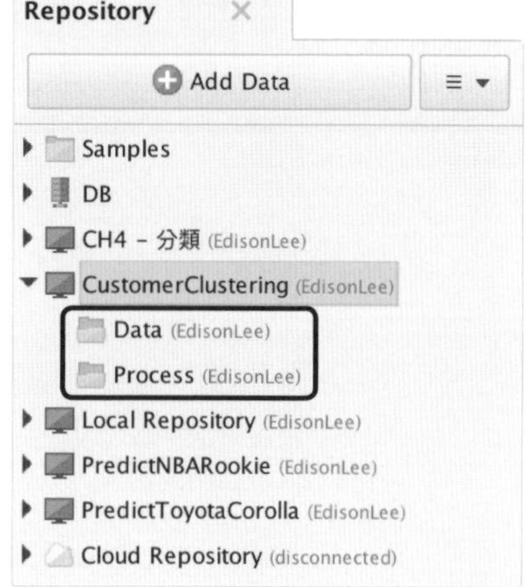

接著將下載的批發商資料匯入到 RapidMiner。要注意進行到下圖的設定畫面時，要將前兩個欄位 (Channel、Region) 設定為 **polyniminal**，因為它們屬於類別型的變數。成功匯入資料時，就會跳轉到 **Results** 頁面讓我們檢視資料 (圖 7-19)。

圖 7-18 將 Channel 和 Region 設定為 polyniminal

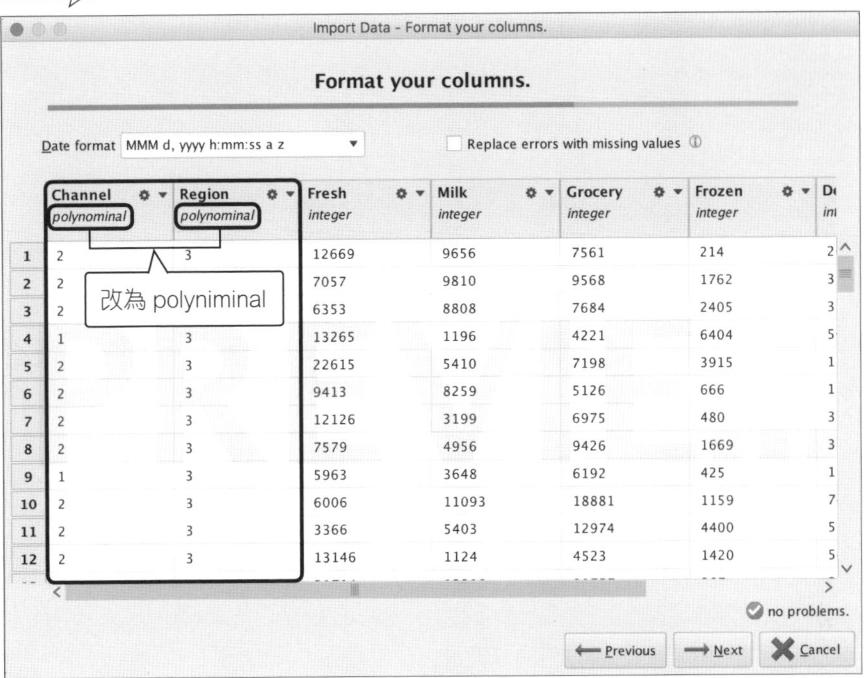

圖 7-19 在 Results 頁面檢視資料表示資料匯入成功

Views: Design Results

Result History | ExampleSet (//CustomerClustering/Data/CH9 Wholesale customers)

ExampleSet (440 examples, 0 special attributes, 8 regular attributes) Filter (440 / 440 examples): all

Row No.	Channel	Region	Fresh	Milk	Grocery	Frozen	Detergents...	Delicassen
1	2	3	12669	9656	7561	214	2674	1338
2	2	3	7057	9810	9568	1762	3293	1776
3	2	3	6353	8808	7684	2405	3516	7844
4	1	3	13265	1196	4221	6404	507	1788
5	2	3	22615	5410	7198	3915	1777	5185
6	2	3	9413	8259	5126	666	1795	1451
7	2	3	12126	3199	6975	480	3140	545
8	2	3	7579	4956	9426	1669	3321	2566
9	1	3	5963	3648	6192	425	1716	750
10	2	3	6006	11093	18881	1159	7425	2098
11	2	3	3366	5403	12974	4400	5977	1744
12	2	3	13146	1124	4523	1420	549	497
13	2	3	31714	12319	11757	287	3881	2931
14	2	3	21217	6208	14982	3095	6707	602

7-3-2 視覺化探索資料

成功匯入資料後，緊接著就來深入了解資料。

是否有遺失值

首先快速地檢視資料中有沒有「遺失值 (Missing Value)」，在 Results 頁面點選左側的 Statistics，可以看到每個變數中都沒有「遺失值」的現象。

圖 7-20 在 Statistics 頁面檢查是否有遺失值

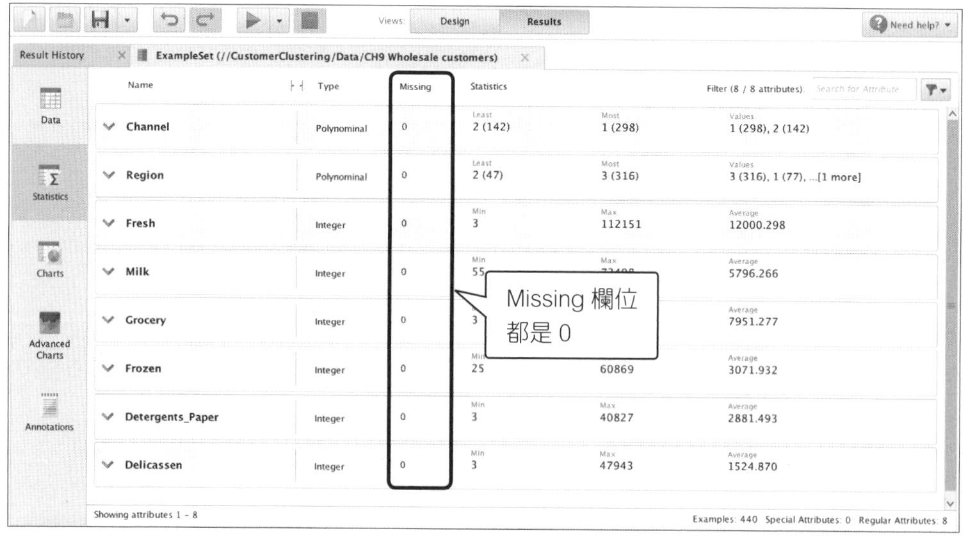

看看資料格式

接著來看看這筆資料的格式是否符合群集分析所需。群集分析的結果會將資料集的每一筆資料分到不同的群集中，若每筆資料代表的是一種水果，就會根據輸入的變數 (欄位)，將水果分成數個不同特性的水果群。根據圖 7-19，每一筆資料代表的是「每個顧客的消費記錄」，之後分析出結果後的確可以得到數個不同消費行為特質的顧客群。由此看來，目前的資料格式是可以直接用來做分析的。

是否有不需要的變數

在這筆資料中，我們知道 Fresh、Milk、Grocery……等六個欄位是以消費金額作為單位，像第一筆資料是花了 12669 元在 Fresh 商品、9656 元在 Milk 商品……依此類推。這六個欄位代表了顧客的消費行為，應該都是不可或缺的。接著看到 Channel 和 Region 這兩個欄位，它們描述的是顧客在哪個地點進行消費，筆者根據 UCI 網站上的說明 (圖 7-21) 做成了表 7-1 的代碼對應表。但是讓我們思考一下，在這個案例中是否該使用這兩個欄位做分析？

圖 7-21 UCI 網站上對於資料集的描述頁面

Attribute Information:

1) FRESH: annual spending (m.u.) on fresh products (Continuous);
2) MILK: annual spending (m.u.) on milk products (Continuous);
3) GROCERY: annual spending (m.u.)on grocery products (Continuous);
4) FROZEN: annual spending (m.u.)on frozen products (Continuous)
5) DETERGENTS_PAPER: annual spending (m.u.) on detergents and paper products (Continuous)
6) DELICATESSEN: annual spending (m.u.)on and delicatessen products (Continuous);
7) CHANNEL: customersâ€™ Channel - Horeca (Hotel/Restaurant/CafÃ©) or Retail channel (Nominal)
8) REGION: customersâ€™ Region â€“ Lisnon, Oporto or Other (Nominal)

表 7-1 Channel 和 Region 欄位的代碼對應

欄位	Channel	Region
代碼對應的名稱	1 - Horeca	1 - Lisnon
	2 - Retail	2 - Oporto
		3 - Other

回顧 7-2 節最後提及此案例的情境，**希望參考線下實體通路的銷售資料，成立一個線上的購物網站**，儘管知道「線上」與「線下」的消費行為有所不同，不過那時設想成偏實驗性質的案例，假設「線上」與「線下」消費行為是相似的。不過這裡出現一個問題：「**線上購物會受到地點因素的影響嗎？**」大概不會。成立線上網站是擴展市場的好方法，希望批發商的客戶能無遠弗屆，因此如果將 Region 變數加入分析模型中，產生出的結果可能就會受到「地點」影響了，這可不是我們希望的。

如果也納入 Channel(通路) 變數呢？可能得到一個分析結果：「**會去 Oporto 的 Retail 購買商品的人，比較喜歡購買 Fresh 和 Milk，少購買 Frozen 和 Detergents_paper**」，這樣的分析結果對線上網站來說是沒有用的資訊，因為網站不會有 Channel 這個變數的影響。我們希望得到的結果比較類似「不分地點的消費者行為」分群，因為網路是無遠弗屆的，任何地方的人都可以去瀏覽網站。總歸以上所說，在這個案例將不考慮「Channel」和「Region」變數，單單根據消費行為的差異進行分群，所以稍後建模時，要記得不要放入「Channel」和「Region」變數。

觀察資料分佈

最後，為了對資料集更加熟悉，可以使用「散佈圖 (Scatter)」來觀察任兩個變數間的關係，這樣可以大致了解資料的分佈趨勢，有時候甚至能提早領略分群的規則。要使用散佈圖，請將畫面選擇到 **Results** 頁面，並在左側選擇 **Charts**。然後在 Chart style 選擇「**Scatter**」，後續就在 x-Axis 和 y-Axis 的地方，嘗試多種變數的組合。以圖 7-22 來說就是比較「Fresh」和「Delicassen」間的關係。雖然此圖透露的資訊不多，不過大致可以知道「Delicassen」的分佈幾乎集中在 10,000 以下、而「Fresh」分布較廣，約集中於 40,000 以下。

圖 7-22　使用散佈圖呈現「Fresh」和「Delicassen」間的關係

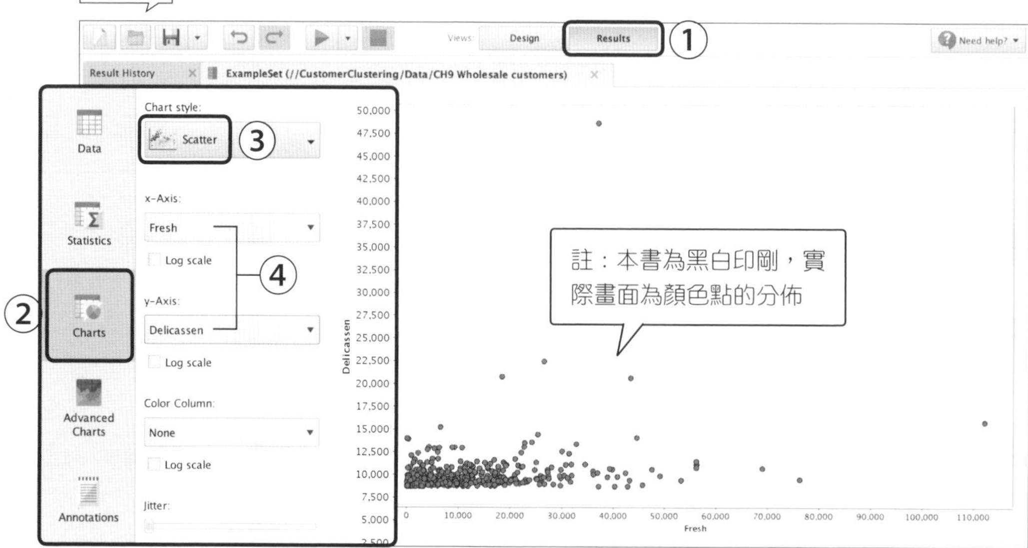

再來看一個比較有趣的圖，圖 7-23 是比較「Grocery」和「Detergents_Paper」，這裡很明顯出現了「正向的相關」，筆者暫時沒有答案告訴您這個現象的原因是什麼，不過如果我們在網站介面設計時運用此資訊的話，就可以將「雜貨品」和「清潔用品」這兩類商品呈現在相近的地方，方便顧客進行選購。

圖 7-23 使用散佈圖呈現「Grocery」和「Detergents_Paper」間的關係

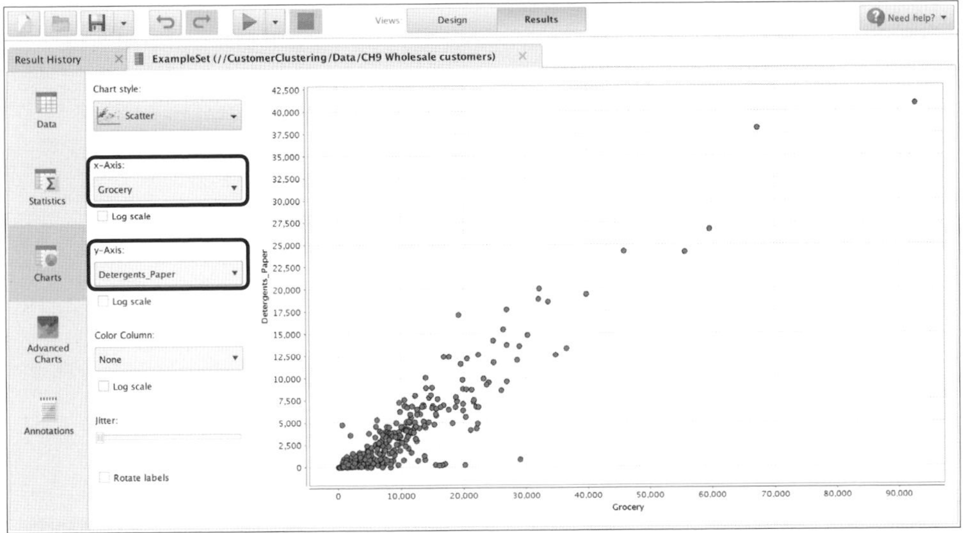

小結

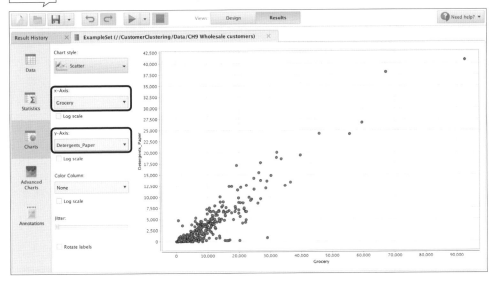

本節探索資料的過程中，並沒有發現資料有遺失值或是需要轉成虛擬變數的情況，所以不用做資料前處理的動作。下一節就開始介紹分群模型以及如何在 RapidMiner 中實作。

> **挑戰**：除了書中呈現的圖表之外，您是否還能找出其他有趣的視覺化呈現呢？試著使用不同的變數組合或是不一樣的圖表，看能不能找出不一樣的發現吧！

7

7-4 建立非監督式學習 -K-means 分群模型

群集分析的目的是「**將一大群資料分成數個子群，而子群內的資料是相似的。**」前兩章學到的迴歸分析、分類分析都有數種演算法可以達成目標，群集分析也不例外。其中兩個最經典、擁有很好分群能力的模型為：「**K-means 分群模型**」和「**階層分群模型**(Hierarchical clustering)」。本章的案例將以 K-means 分群模型為例，告訴您如何在 RapidMiner 進行實作。

K-means 模型簡介

先帶您簡單介紹 K-means 分群模型。

使用 K-means 模型需要使用者事先決定出要分群的數量 (k)，在一開始的時候 K-means 模型會先「隨機」將資料點分成 k 個子群，假設我們要分成三群，搭配下圖來說明，圖中的正方形為實際資料點，像圖中灰色、黑色、白色交叉在資料中，就是隨機的結果。而每一個子群集會各用一個「中心點」來代表這個子群，中心點就是各個子群的「平均值」，也就是下圖中間的三個圓圈，可想而知，中心點會隨著子群集的組成而變化。

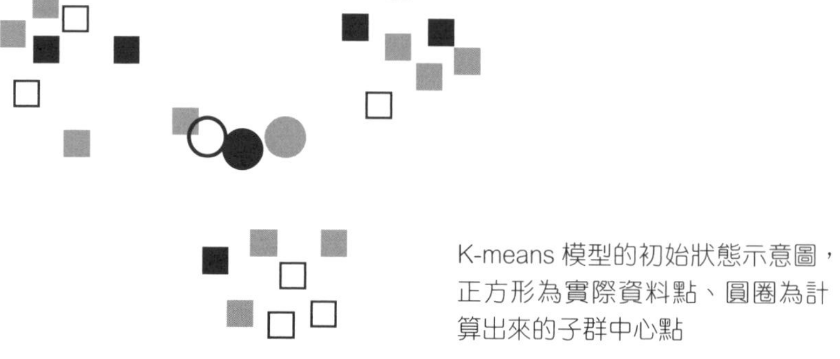

K-means 模型的初始狀態示意圖，正方形為實際資料點、圓圈為計算出來的子群中心點

接下頁

從上圖可以清楚看出這個分群還不完善，相同顏色的資料點目前散在各群，需要調整。那麼 K-means 模型到底要怎麼調整分群結果呢？重點就是「**計算子群內的差異**」，下圖筆者以灰色的子群來說明，因為每個子群都有中心點，所以可以去計算「每個資料點」與「中心點」的距離，像這裡就可以算出 11 個資料點與中心點的距離，將 11 個距離加總，就稱為「子群內的差異」，如果距離加總的值很小，表示資料很集中，反之，距離加總值很大，表示資料很分散。

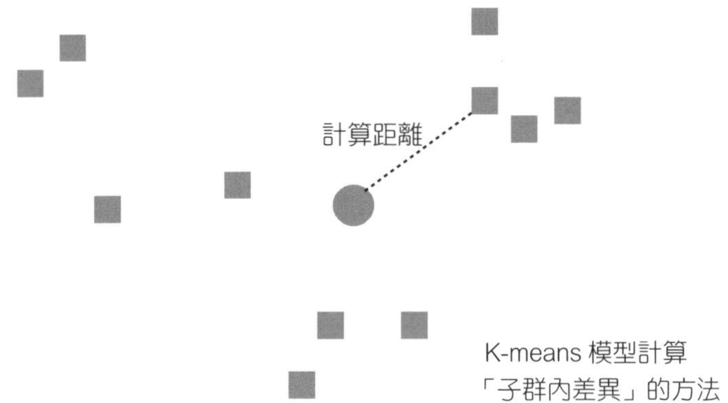

K-means 模型計算「子群內差異」的方法

由於這裡分成了三群，因此會計算出三個「子群內的差異」(分別是灰色、黑色、白色子群)，K-means 分群模型就是要找出子群內差異「最小化」的分群結果，它會不斷的將某一個離中心點最遠的資料，換到另一個子群中，然後重新計算調整後的三個子群內差異，一直不斷重複「移動資料」和「計算子群內差異」的動作，直到三個子群內差異最小(不再改變)，就是最後的分群結果了，理想情況就會如下圖所示。

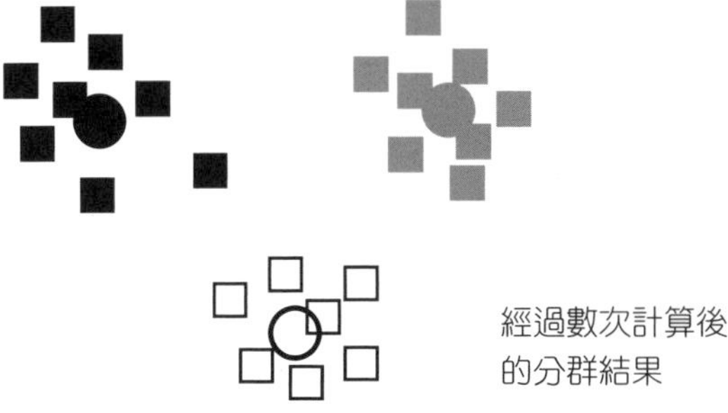
經過數次計算後的分群結果

以上大致帶讀者了解 K-means 分群模型的運作邏輯，由於 K-means 分群模型有許多計算細節較為繁雜，加上這些計算 RapidMiner 都會自動完成，因此書中不會針對計算公式多做說明，有興趣的讀者可以自行搜尋 K-means 來研究。

7-4-1 移除不要使用的變數

7-3 節我們已經建立一個「CustomerClustering」的 Repository，請先在這個 Repository 中新增一個「空白流程」，然後將匯入好的資料拉到流程中，如圖 7-24。接著，前一節探索資料時，察覺到根據定義出的目標我們不需要使用「Channel」和「Region」這兩個變數，所以這個階段要先移除這兩個變數。

別忘了先將流程「另存新檔」，才能避免檔案不小心遺失的情況發生！

圖 7-24 新增空白流程並將 Wholesale customers 資料拉到流程中

使用「**Select Attributes**」工具來移除「Channel」和「Region」變數。這邊提供一個小技巧，之前使用此工具時，會在如圖 7-25 的視窗中將「要保留的」變數移到右邊，但是我們也可以將「不要保留的」變數移到右邊，然後在 Select Attributes 的 Parameters 區塊勾選「**invert selection**」(圖 7-26)，此選項會把選擇的變數左右對調，達成我們要的結果。

圖 7-25 將 Channel 和 Region 移動到右邊區塊

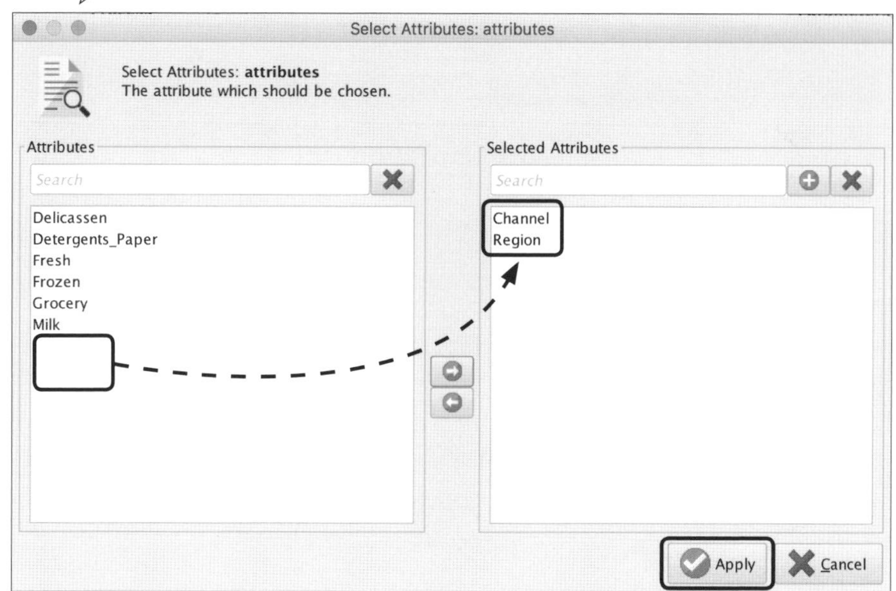

圖 7-26 在 Select Attributes 的 Parameters 區塊勾選「invert selection」

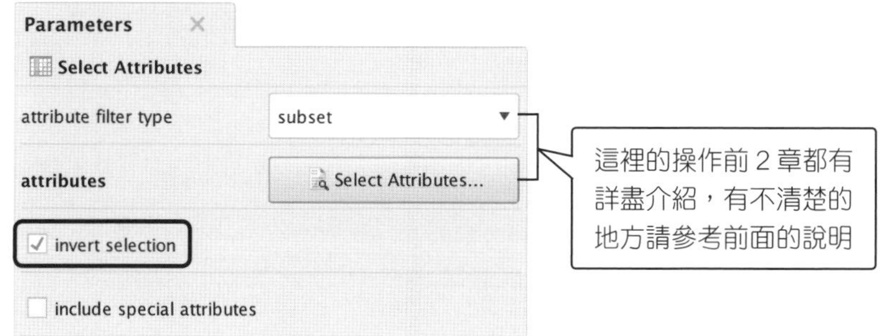

執行看看流程，確認是否確實移除了「Channel」和「Region」變數。

圖 7-27 將 Select Attributes 的 exa 接點連到最後的 res 接點，然後執行流程

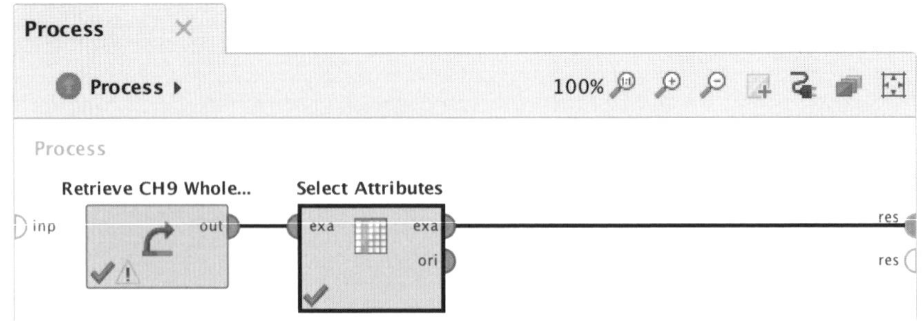

圖 7-28 在 Results 頁面檢視移除兩變數後的資料集

ExampleSet (440 examples, 0 special attributes, 6 regular attributes)

Row No.	Fresh	Milk	Grocery	Frozen	Detergents...	Delicassen
1	12669	9656	7561	214	2674	1338
2	7057	9810	9568	1762	3293	1776
3	6353	8808	7684	2405	3516	7844
4	13265	1196	4221	6404	507	1788
5	22615	5410	7198	3915	1777	5185
6	9413	8259	5126	666	1795	1451
7	12126	3199	6975	480	3140	545
8	7579	4956	9426	1669	3321	2566
9	5963	3648	6192	425	1716	750
10	6006	11093	18881	1159	7425	2098
11	3366	5403	12974	4400	5977	1744

根據前兩章的流程，除了選擇要使用的變數，也要「**設定目標變數**」和「**切割資料**」，但是本章不需要執行這兩個動作。不用設定目標變數的原因是群集分析屬於「非監督式學習」的方法，因此本來就不存在「目標」讓演算法學習。另外群集分析是屬於**探索**性質的模型，一般會使用整個資料集來進行觀察，而不像**預測**性質的模型，需要切割資料來評估預測能力。因此，如圖 7-28 的資料集就可以直接套用分群模型來分析，接著我們就來建立 K-means 分群模型。

7-4-2 決定分群數量 - 使用「Elbow method」

使用 K-means 模型最重要的關鍵在於「**事先決定分群數量**」，7-1-2 節定義資料分析目標時提及可以使用「Elbow method」找出合適的分群數量，因此本小節的目的就是教大家畫出如圖 7-1 的折線圖。這小節篇幅不少，操作中會利用一個新的操作技術 - **建立迴圈**，最好能跟著步驟操作，應該會清楚很多。

由於「Elbow method」的折線圖是由執行多次 K-means 模型，並且每次使用不同的分群數量產生出來的，所以首先教大家怎麼建立 K-means 模型，接著再教如何畫出折線圖。

在 Operators 區塊搜尋「k-means」，我們使用第一個「**k-Means**」工具，並拖曳工具加入流程中，加入後的名稱會顯示 **Clustering**。請將 Select Attributes 的 **exa** 接點與 Clustering 的 **exa** 接點相連。

k-Means 工具：根據使用者設定的分群數量執行 K-means 演算法。左側的 **exa** 接點 (example set input) 用來接收資料集。右側的第一個 **clu** 接點 (cluster model，灰色) 用來輸出「分群模型」，包含子群中資料量、子群中心點位置……等 (可參考圖 7-32、7-33)。第二個 **clu** 接點 (clustered set，紫色) 是輸出擁有分群結果的資料表，可參考圖 7-34。

圖 7-29 在 Operators 區塊搜尋「k-means」，選擇第一個

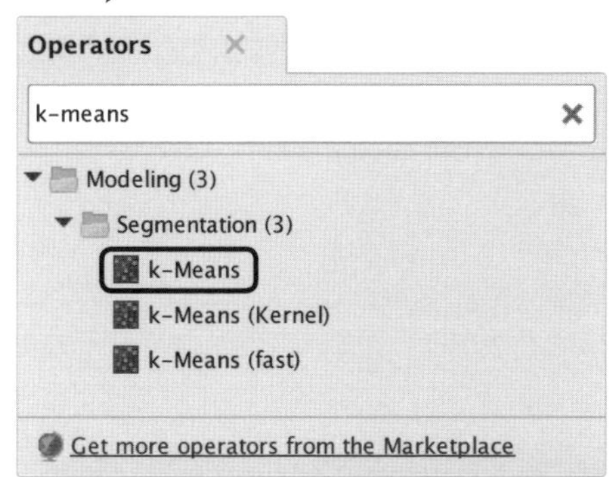

圖 7-30 將 Clustering 工具加入流程

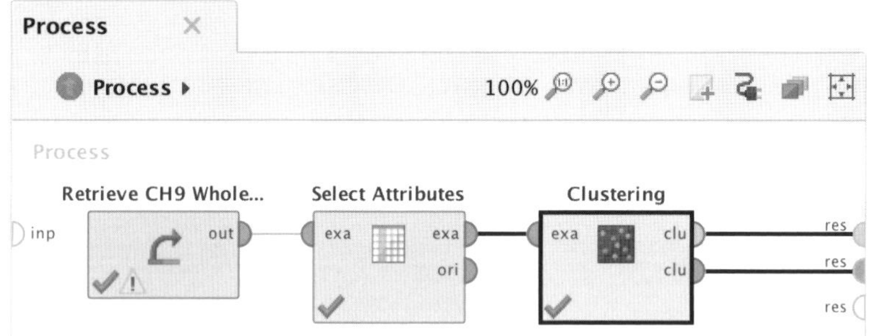

Step 2

看到 Clustering 的 Parameters 區塊，除了「**k**」這個選項，我們不去更動該工具的預設值。「k」選項就是讓使用者決定分群數量的地方，現在的問題是「要分成幾群？」這時就要使用「Elbow method」來協助確認，目前 RapidMiner 還沒有提供跟「Elbow method」有關的工具，不過我們可以自行設計流程來完成這個目標。

圖 7-31 Clustering 工具的 Parameters 區塊

Parameters

Clustering (k-Means)

- [x] add cluster attribute
- [ ] add as label
- [ ] remove unlabeled

k	2
max runs	10

- [ ] determine good start values

measure types	BregmanDivergences
divergence	SquaredEuclideanDista...
max optimization steps	100

Show advanced parameters

先維持預設值，接著會探討該如何決定此選項的數值

在設計「Elbow method」的流程之前，我們先執行目前的流程，了解 Clustering 工具的產生有助於對後續步驟的學習。圖 7-32 和 7-33 是 Clustering 工具第一個 clu 輸出接點（灰）的產出，目前的 k 值為 2，所以就產生 2 個子群，從圖 7-32 可以看出個別子群中的資料量，從圖 7-33 可以看出子群的中心點位置。

圖 7-32 灰色 clu 輸出接點的產出－呈現子群中的資料量

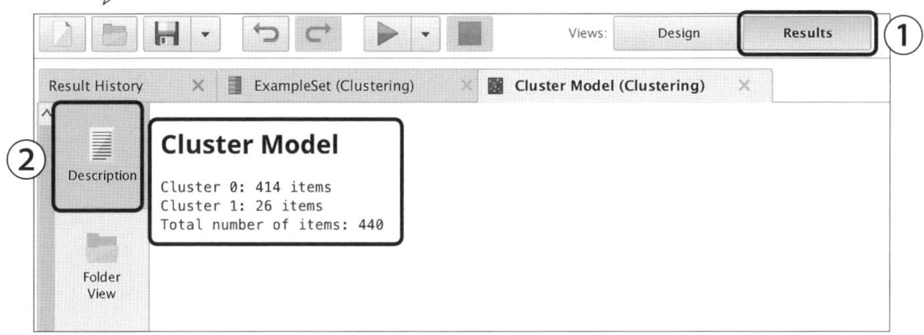

圖 7-33 灰色 clu 輸出接點的產出－呈現子群的中心點位置

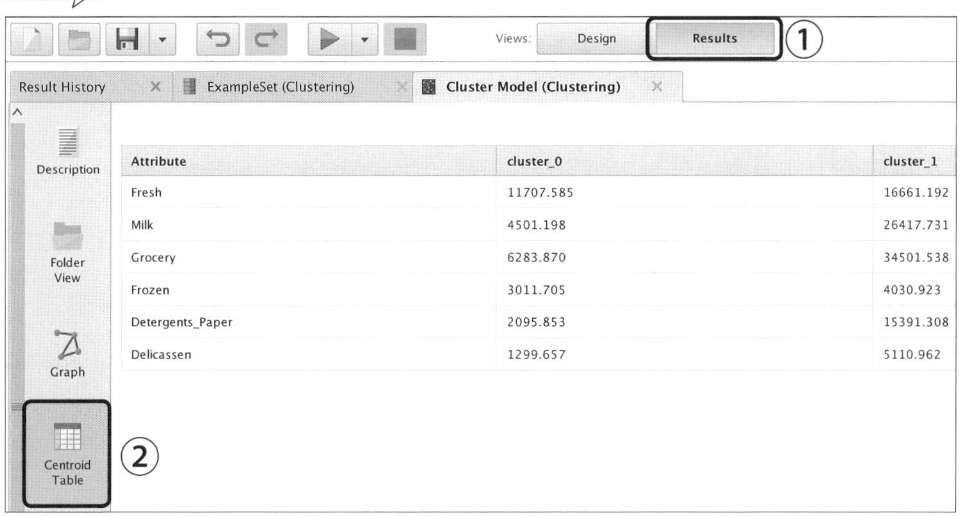

Attribute	cluster_0	cluster_1
Fresh	11707.585	16661.192
Milk	4501.198	26417.731
Grocery	6283.870	34501.538
Frozen	3011.705	4030.923
Detergents_Paper	2095.853	15391.308
Delicassen	1299.657	5110.962

圖 7-34 則是第二個 clu 輸出接點（紫）的產出，這裡呈現的就是資料表，但是我們可以依據「cluster」欄位得知每一筆資料屬於哪一個子群。

圖 7-34 紫色 clu 輸出接點的產出 - 呈現分群結果，cluster 欄位指出該筆資料屬於哪個子群

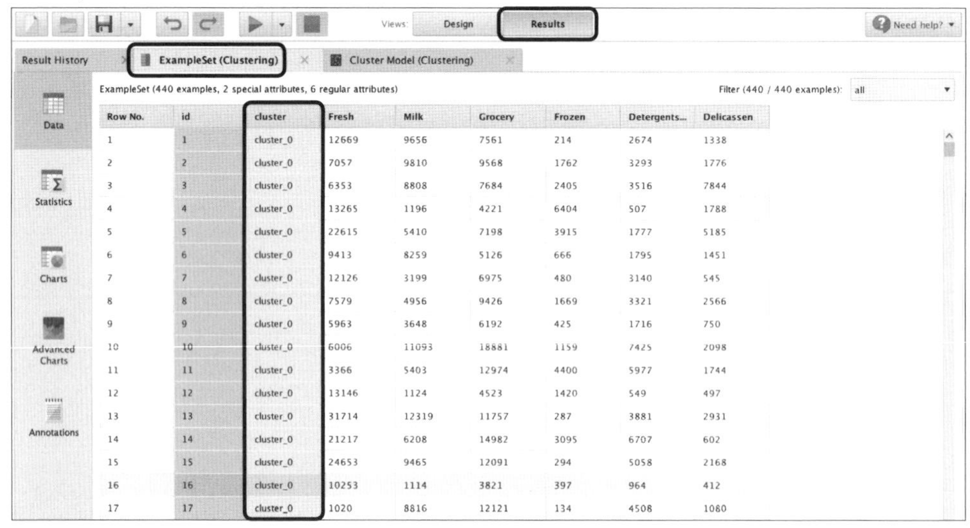
ExampleSet (440 examples, 2 special attributes, 6 regular attributes)

Row No.	id	cluster	Fresh	Milk	Grocery	Frozen	Detergents...	Delicassen
1	1	cluster_0	12669	9656	7561	214	2674	1338
2	2	cluster_0	7057	9810	9568	1762	3293	1776
3	3	cluster_0	6353	8808	7684	2405	3516	7844
4	4	cluster_0	13265	1196	4221	6404	507	1788
5	5	cluster_0	22615	5410	7198	3915	1777	5185
6	6	cluster_0	9413	8259	5126	666	1795	1451
7	7	cluster_0	12126	3199	6975	480	3140	545
8	8	cluster_0	7579	4956	9426	1669	3321	2566
9	9	cluster_0	5963	3648	6192	425	1716	750
10	10	cluster_0	6006	11093	18881	1159	7425	2098
11	11	cluster_0	3366	5403	12974	4400	5977	1744
12	12	cluster_0	13146	1124	4523	1420	549	497
13	13	cluster_0	31714	12319	11757	287	3881	2931
14	14	cluster_0	21217	6208	14982	3095	6707	602
15	15	cluster_0	24653	9465	12091	294	5058	2168
16	16	cluster_0	10253	1114	3821	397	964	412
17	17	cluster_0	1020	8816	12121	134	4508	1080

接著來設計「Elbow method」的流程。要畫出「Elbow method」的折線圖（如圖 7-1），我們需要計算子群內「每個資料點」和「子群中心點」的距離總和，這裡可以透過「**Cluster Distance Performance**」工具來達成。這裡要特別留意，將 Clustering 右上灰色 **clu** 輸出接點連到 Performance 的左側 **clu** 輸入接點、將 Clustering 右下紫色 **clu** 輸出接點連到 Performance 的左側 **exa** 輸入接點。

小檔案

Cluster Distance Performance 工具：計算子群中資料點與中心點的距離，此工具會產生 (1) 資料點與中心點的距離總和的平均值 (2) Davies - Bouldin index 兩種指標。「**左側**」的 **exa** 接點 (example set) 要接收「分群過的資料集」、**clu** 接點 (cluster model) 接收「經過訓練的分群模型」（像是 k-Means 工具的產出）、**per** 接點 (performance vector) 可以接收其他 Performance 工具的產出。「**右側**」的 **per** 接點 (performance vector) 就是產出上述的兩種指標、而右側 **exa** 和 **clu** 接點則會原封不動的輸出左側接收到的資料集和分群模型。

圖 7-35 在 Operators 區塊搜尋「Cluster Distance Performance」工具

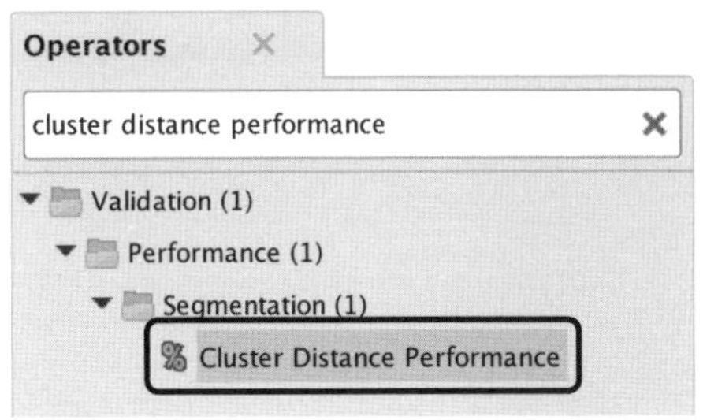

圖 7-36 將 Performance 工具加入流程

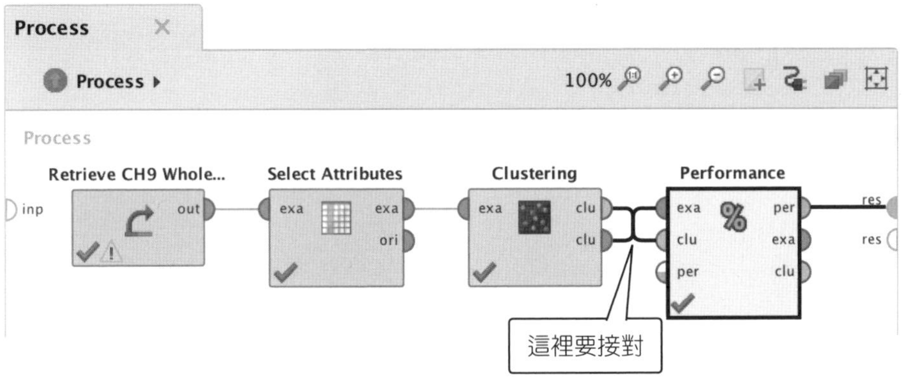

將 Performance 工具的 **per** 輸出接點連到 **res** 接點，接著執行流程。在 Results 頁面選擇左側的 **Description**，這裡顯示的數值 (Avg. within centroid distance_cluster_0、Avg. within centroid distance_cluster_1) 就是兩個子群中，每個資料點與中心點的「距離總和的平均值」。但是如圖 7-1，每一個 k 值都很單純用一個數值表示，因此這裡不應該「分開」看兩個子群內的平均距離，而是看 k=2 這個情況下，產出的模型的「整體」平均距離，此距離就是 Performance 工具產出的 Avg. within centroid distance（下頁的 Tips 說明 -275138181.347 是怎麼計算出來的），這個數值就是「Elbow method」折頁圖的縱 (y) 軸數值。

圖 7-37 Performance 工具的 per 輸出接點的產出

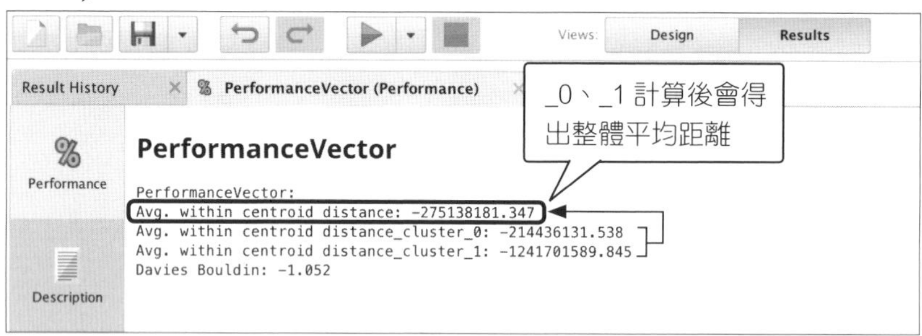

Avg. within centroid distance 如何計算得來：將「個別子群內平均距離」乘上「子群的權重」後，再相加後取平均。以圖 7-37 為例，Avg. within centroid distance = (Avg. within centroid distance_cluster_0 * cluster_0 的 數 量 + Avg. within centroid distance_cluster_1 * cluster_1 的數量）÷（總資料量）= ((-214436131.538 * 414) + (-1241701589.845 * 26)) ÷ 440。「cluster_0 的數量」和「cluster_1 的數量」可以從圖 7-32 取得。

我們以 k=2 的設定得到這樣的數值結果，但還需要 k 為其他數值時的情況，才能找出分成幾個子群會讓分群結果大大改進。有一個直覺的方法是，重複去更改 Clustering 工具的 k 參數（如 k=3、4、5、6……），然後每次都執行一次，再把數值記錄下來，最後也能畫出折線圖。但是有一個更方便的方法，就是採用「**迴圈 (loop)**」的方式。這裡使用的工具是「**Loop Parameters**」。

迴圈的意思是「在符合使用者給予的條件時，不斷重複執行一個動作」，比方說，我們設計一個機器人，告訴他「只要有人經過他的面前，就要揮手說：『您好！』」，「人經過」就是條件，「揮手說：『您好！』」是動作，這就是設計迴圈的概念。

Loop Parameters 工具：專門針對「更改參數 (parameter)」所設計的迴圈工具，擁有子流程的功能，可以在子流程中規劃希望迴圈執行的動作。左側的 **inp** 接點 (input) 和右側的 **out** 接點 (output)，可以依照使用者的需求彈性增減接點數量，並且可以接收或輸出任何東西。

圖 7-38 在 Operators 區塊搜尋「Loop Parameters」工具

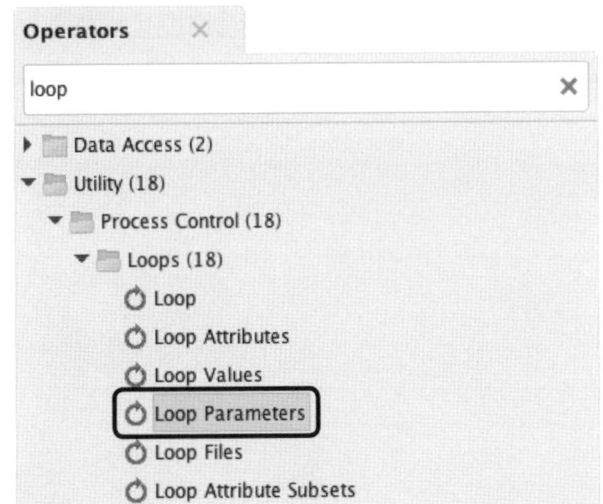

RapidMiner 提供很多迴圈工具讓使用者設計迴圈，這次學習完「Loop Parameters」工具後，之後接觸其他迴圈工具應該會更容易上手。

請將「Loop Parameters」工具拉到流程中，您會看到工具的右下角有三個藍色方塊與黑色線條形成的符號，這個符號表示「此工具中可以建立子流程」，請對著「Loop Parameters」工具按兩下滑鼠左鍵，就會進入子流程的設計畫面 (圖 7-40)。

圖 7-39 將 Loop Parameters 加入流程

圖 7-40 對著 Loop Parameters 工具按兩下滑鼠左鍵後的結果

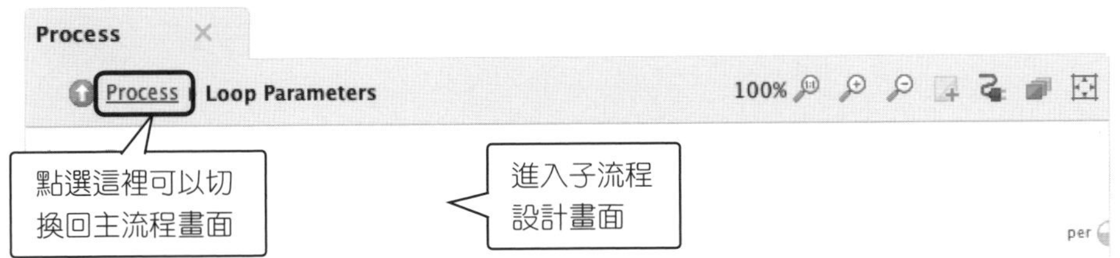

根據 6 時討論的，我們需要執行迴圈的工具是「**Clustering**」和「**Performance**」，因此先將這兩個工具按滑鼠右鍵**剪下** **(Cut)**，接著進入「Loop Parameters」的子流程中，將工具**貼上** **(Paste)**。

圖 7-41　將大流程中的 Clustering 和 Performance 剪下

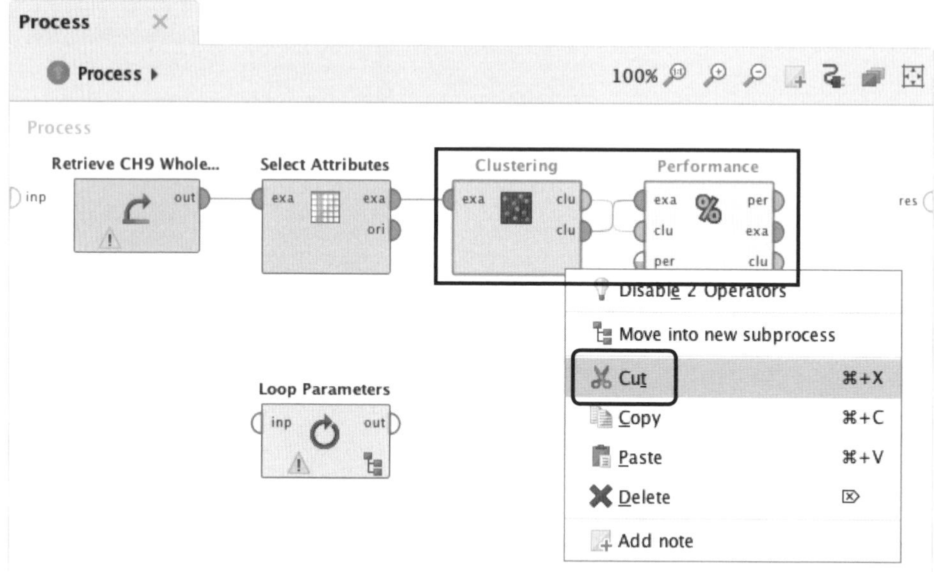

圖 7-42　在 Loop Parameters 子流程中貼上

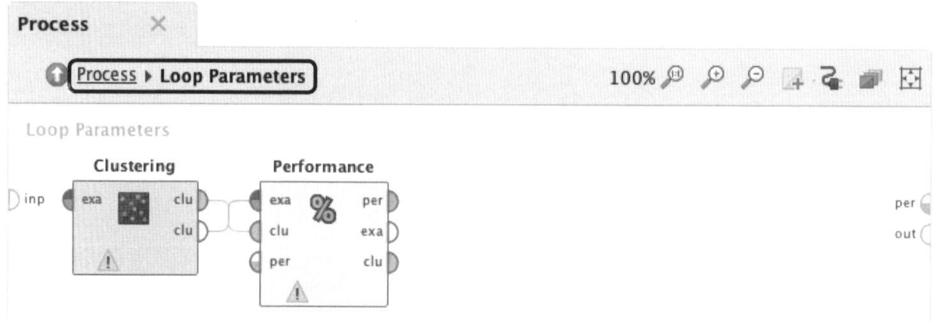

回到大流程，將 Select Attributes 的右側 **exa** 輸出接點連到 Loop Parameters 工具的左側 **inp** 接點，這個動作是讓 Loop Parameters 的子流程可以使用經過處理的資料集。

圖 7-43 將 Select Attributes 的 exa 接點和 Loop parameters 的 inp 接點相連

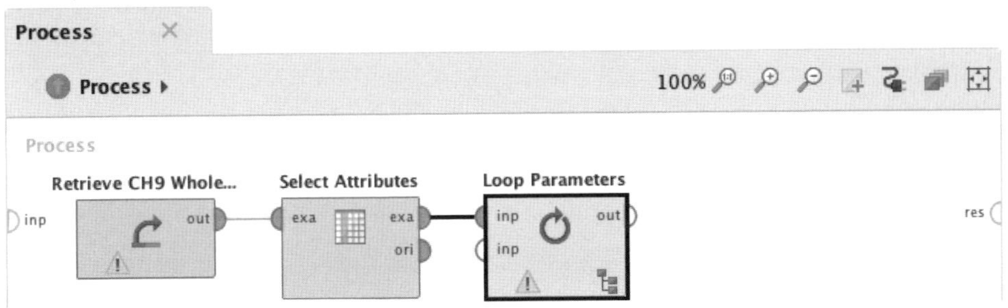

Step 10

進入 Loop Parameters 的子流程中，將左側的 **inp** 接點和 Clustering 工具的 **exa** 接點相連，然後也把 Performance 工具的 **per** 輸出接點連到右側的 **out** 接點，這樣就能把 Performance 工具的產出傳送到原本的大流程。

如下連接

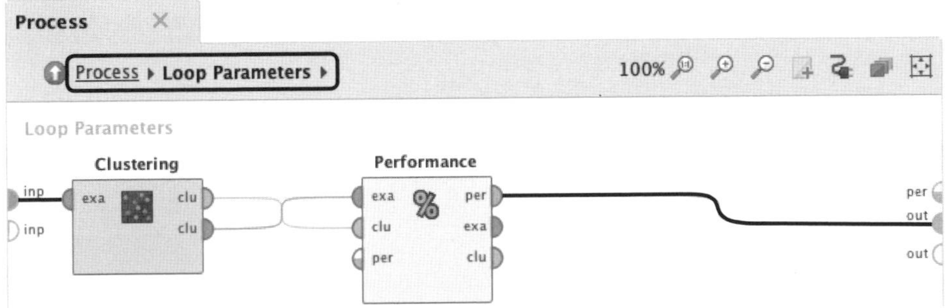

Step 11

回到大流程，這時 Loop Parameters 工具的第一個 **out** 輸出接點，代表的就是圖 7-44 中 Performance 工具的 **per** 輸出接點，所以我們將 Loop Parameters 工具的 **out** 輸出接點連到右側的 **res** 接點，就可以得到如圖 7-37 的產出。

圖 7-45 將 Loop Parameters 工具的 out 輸出接點連到右側的 res 接點

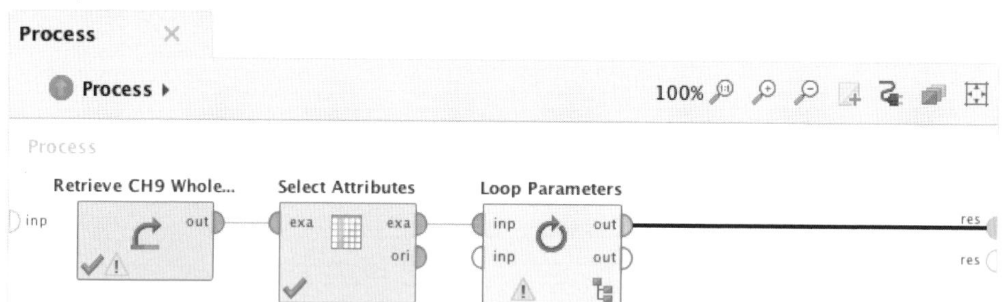

Step 12

到目前為止，我們已經設定好「迴圈要執行的動作」，但是執行的條件還沒有設定。您可以對著目前的流程按下執行，跳出的紅色的警示視窗，就是告訴使用者「還沒有設定執行條件」。

圖 7-46 執行後跑出的紅色視窗，表示「尚未設定迴圈執行條件」

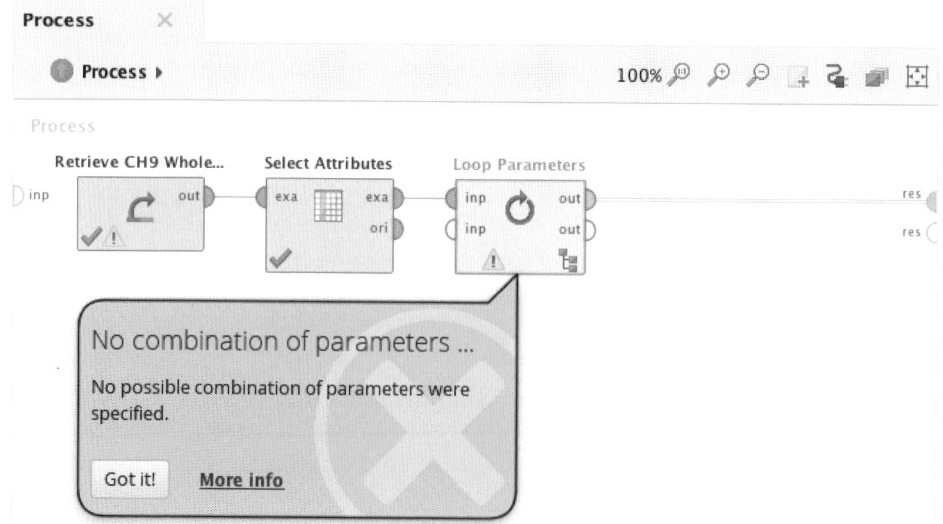

Step 13

先回想一下迴圈設定的條件是什麼，這裡希望「**將 Clustering 工具的 k 參數 (parameter) 輸入不同數值**」，測試哪一個 k 會有合適的結果，測試太少可能會沒發現轉折點、測試太多又會浪費運算資源 (因為我們不會選擇太多的分群數量)，所以就先鎖定 k 從 2 到 12 來進行測試。

「執行條件」是在 Loop Parameters 的 Parameters 區塊中設定。首先看到一個 **error handling** 的選項，有時在設計迴圈時，可能會不小心設定到無法執行的選項，將此項設為「**fail on error**」就可以讓迴圈在發生錯誤時停下來，讓使用者去找錯誤。反之如果希望迴圈遇到錯誤時還繼續執行，就選擇「ignore error」。但在這邊我們選擇「fail on error」。接著再按下「**Edit Parameters Settings…**」。

圖 7-47　選擇「fail on error」接著按下「Edit Parameters Settings…」

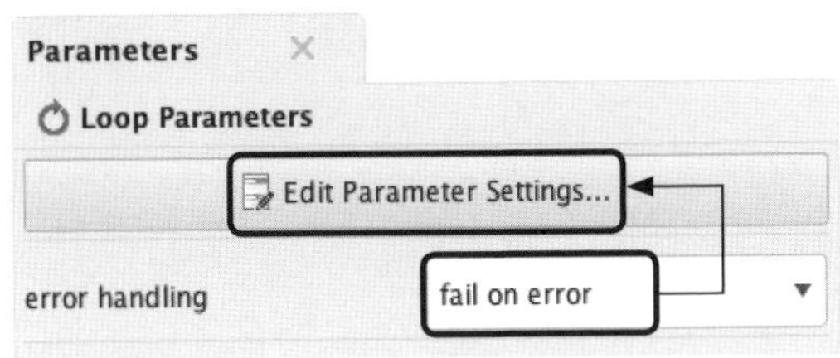

跳出的視窗中，左上方的 Operators 區塊，會列出在此迴圈流程中的所有工具，而我們的目標是改變 Clustering 工具的 k 參數，所以點一下「**Clustering(k-Means)**」。

圖 7-48　在左上方 Operators 區塊點選「Clustering(k-Means)」

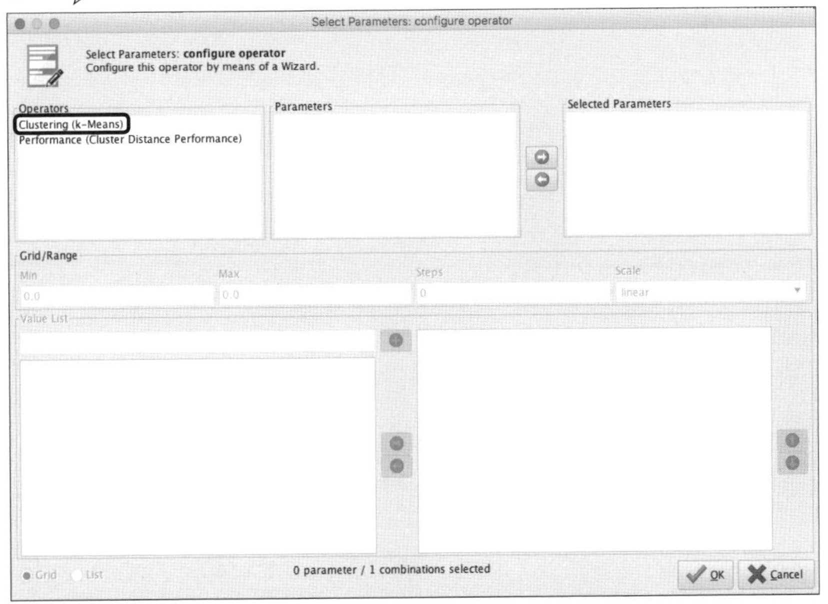

接著中間的 Parameters 區塊就會出現所有 Clustering 工具可以更動的參數，在此我們點選「k」，然後按下 ⊜，移動到 Selected Parameters。

圖 7-49 在中間 Parameters 區塊選擇「k」，然後按下

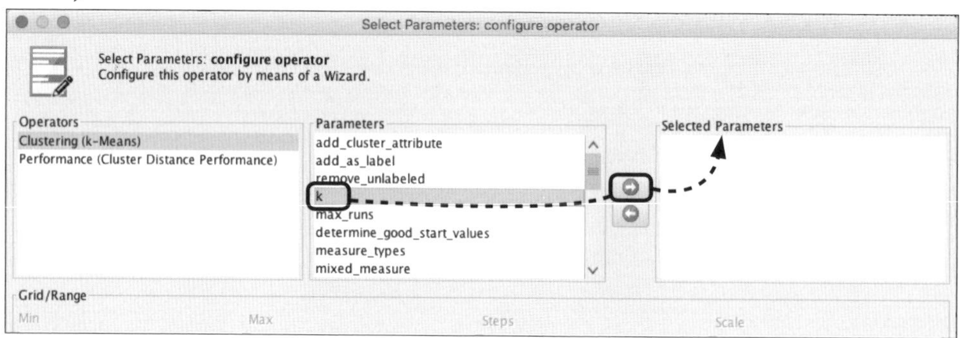

接著就能給予 k 不同的數值，首先在左下角選擇「**List**」，然後在 Value List 的地方依序輸入 2~12，每當輸入完一個數值後，就按下 ⊕ 的按鈕，當您完成如圖 7-51 的結果後，再按下「**OK**」。

圖 7-50 在左下方選擇「List」，依序輸入數值後按下「綠色＋號」按鈕

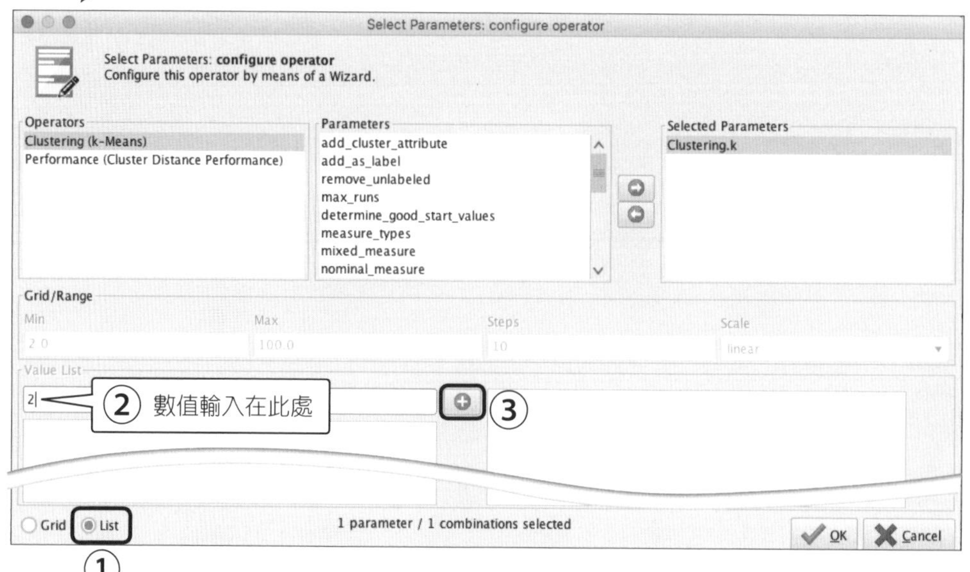

圖 7-51 將 k 輸入 2 至 12 之後，按下 OK

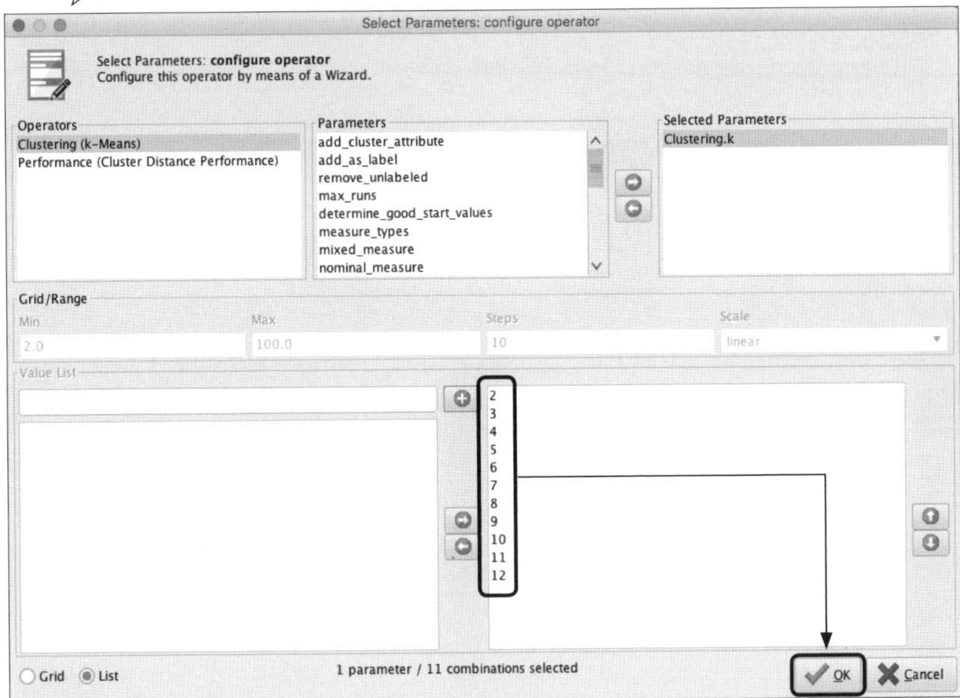

Step 18 接著就可以執行整個流程，在 Results 頁面的左側，可以看到 k 為不同數值時的 Performance 產出。不過這樣還是不太方便畫出折線圖，還可以優化流程。

圖 7-52 利用迴圈，得到 11 個 Performance 工具的產出

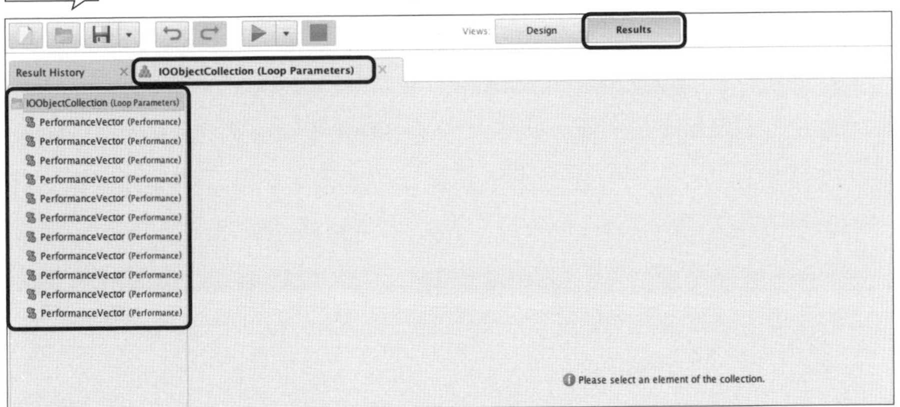

我們要使用一個「Log」工具，如圖 7-53 所示，將「Log」工具放在 Loop Parameters 子流程中，但是**不需要和其他工具連接**。

因為我們要紀錄 k 為不同數值時，平均距離的變化，所以是將「Log」工具放在 Loop Parameters 子流程中，每當子流程被執行時，才會記錄一次，所以不是放在原本的大流程中。

小檔案

Log 工具：產生一個 log 表格，用來記錄任何與執行過程有關的數值，像是執行時間、參數、產生的結果……，此工具的好處在於可將表格轉成圖形來呈現，利於使用者觀察分析過程的變化。**此工具相當特別，只需將它放在流程中，不需要與其他工具相連，就能記錄所在流程在執行過程中產生的任何數值**。如果要連到左側的 thr 接點 (through)，內容將毫無更改的由右側的 thr 接點 (through) 傳送出去。

圖 7-53 在 Loop Parameters 子流程中加入「Log」工具

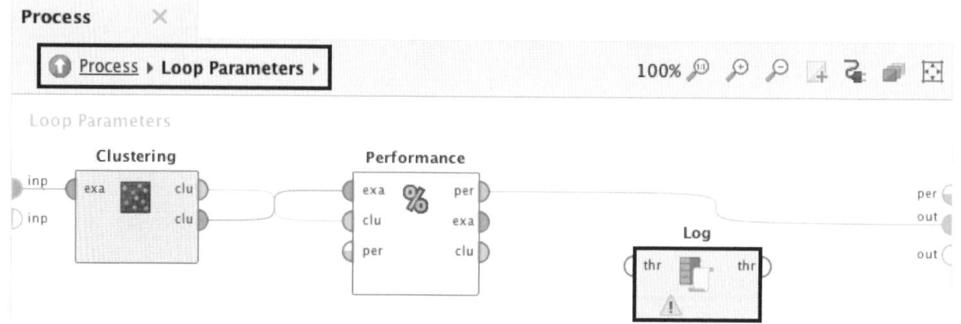

在 Log 工具的 Parameters 區塊，點選「**Edit List…**」。跳出的視窗是讓我們設計 Log 工具產生的表格要長什麼樣子 (見下頁表 7-2)。第一欄就是分群數量 (將欄位名稱命名為 k)，此欄位的值來自於 Clustering 工具中的 k 參數。按下「**Add Entry**」就可以新增第二個欄位，這個欄位是平均距離的總和 (將欄位名稱命名為 D)，此欄位的值來自於 Performance 工具產出的 avg_within_distance。最後按下「**Apply**」。

圖 7-54 在 Log 工具的 Parameters 區塊點選「Edit List…」

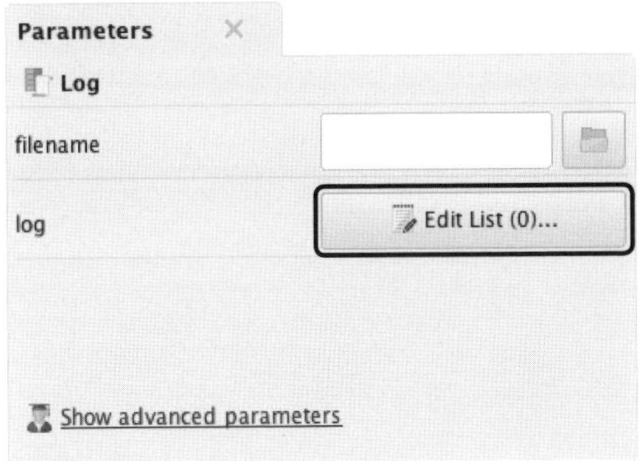

表 7-2 Log 工具產出的示意表格

k	平均距離總和 (D)
2	XXX
3	XXX
4	XXX
…	…

圖 7-55 設定第一個欄位「分群數量」的欄位名稱和數值

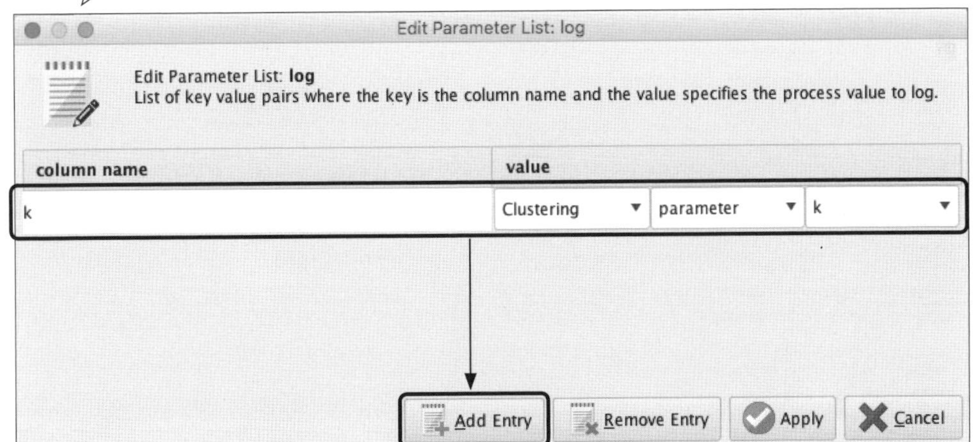

圖 7-56 按下「Add Entry」，設定第二個欄位「平均距離總和」的欄位名稱和數值

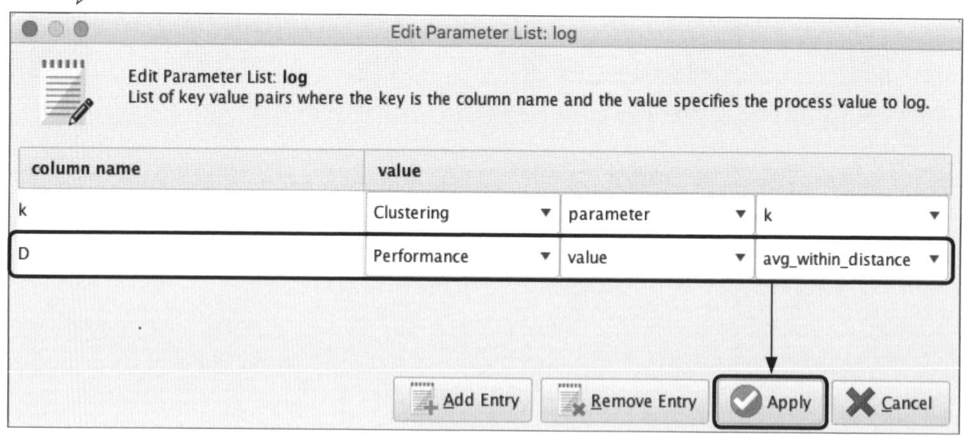

RapidMiner 中每個工具都有 parameter 和 value，**parameter** 代表的是「使用者可以更改的選項」，也就是每個工具的 Parameters 區塊中的選項。**value** 代表的是「工具執行後產生的結果」，一般來説就是會出現在 Results 頁面的東西。

讓我們再次執行一次流程，這時在 Results 頁面就會多出一個 **Log** 的分頁，這邊也呈現了我們想要得到的表格。在左側選擇 **Charts**，使用散佈圖 **(Scatter Plot)**，X 軸和 Y 軸分別選擇 k 和 D，就可以得到「Elbow method」的折線圖了。

圖 7-57 在 Results 頁面檢視 Log 工具的產出

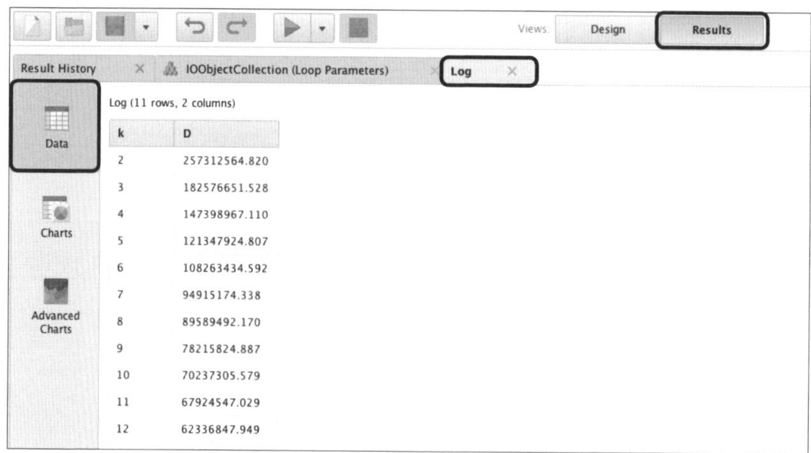

k	D
2	257312564.820
3	182576651.528
4	147398967.110
5	121347924.807
6	108263434.592
7	94915174.338
8	89589492.170
9	78215824.887
10	70237305.579
11	67924547.029
12	62336847.949

圖 7-58 左側選擇 Charts，使用散佈圖呈現 k 和 D 的關係

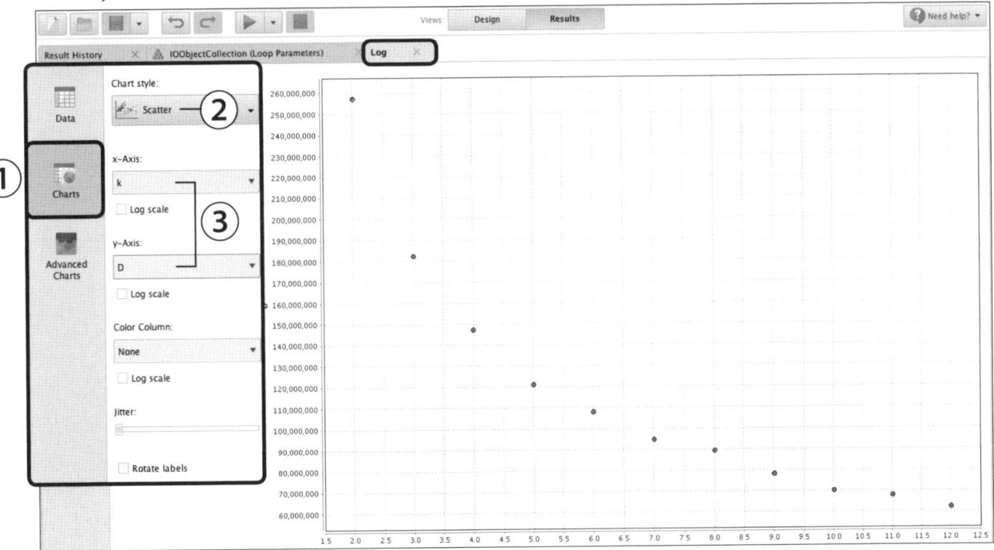

幫折線圖加上線條

如果希望加上線條，可以改選「Scatter Multiple」，同樣的 X 軸和 Y 軸分別選擇 k 和 D，接著點選左下角的「Points and Lines…」，並將 D 的 Lines 打勾 (圖 7-60) 即可。

圖 7-59 採用「Scatter Multiple」並將 X 軸和 Y 軸設為 k 和 D

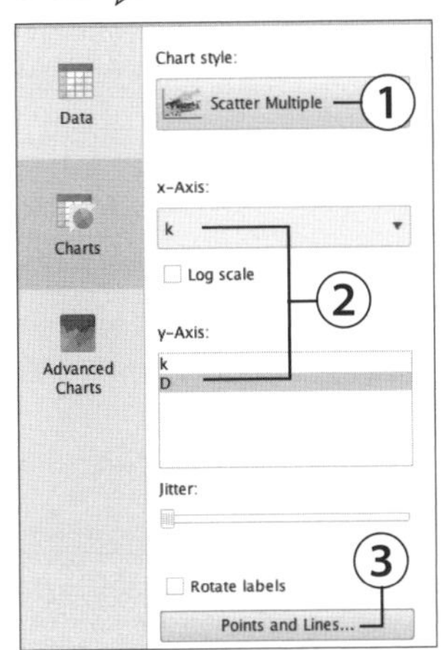

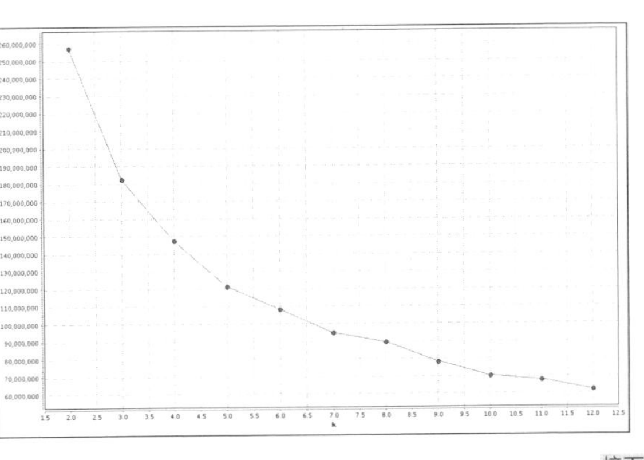

接下頁

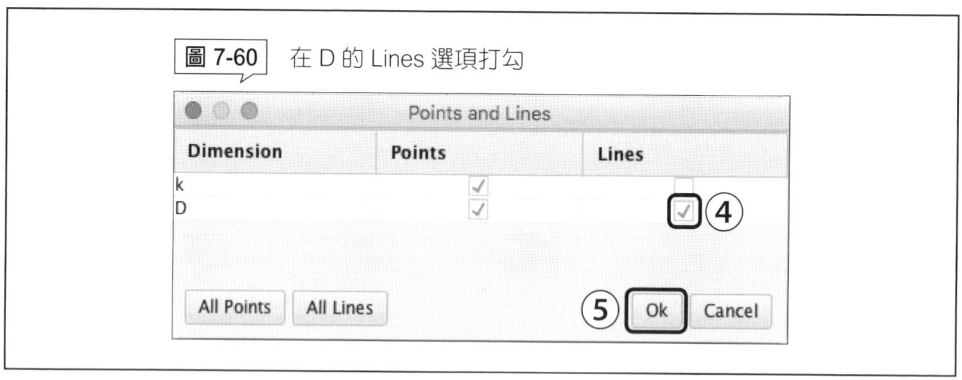

圖 7-60 在 D 的 Lines 選項打勾

執行到這邊，我們已經畫出 Elbow method 的折線圖 (圖 7-59)。先前有提過，Elbow method 就是要找出圖中的轉折點，將該點的 k 值設為「合適的分群數量」，不過從圖中似乎不容易一眼看出明顯的轉折點。思考一下「轉折點」的意義是什麼？其實它是代表「**曲線轉向平緩的一個位置**」，因此當看到圖形沒有明顯的轉折點的時候，應該去觀察「曲線在什麼時候趨於平緩」。大約在 k=5 和 k=6 的地方，曲線「下降的幅度」就比前面少很多，因此，從結果看來選擇 5 或 6 個分群是可以接受的分群數量。接下來就讓我們嘗試做出五個分群和六個分群的 k-means 模型。

群集分析是屬於「探索性質的分析」，所以沒有標準答案。筆者雖然選擇了 5 和 6 個分群，但如果讀者對於圖形的解讀和筆者有不一樣的想法，也鼓勵您去嘗試不一樣的分群數量，試著去建立模型、解讀結果 (下一小節就會介紹)。

7-4-3 建立 K-means 分群模型

這個小節要分別建立「五個分群」和「六個分群」的 k-means 模型，建立的方式其實已經在上一小節接觸過了，這邊筆者會再帶您複習一次。

首先在大流程中加入兩個「k-Means」工具。這邊筆者建議將工具重新命名以易識別，重新命名的方式為**「對著工具按下右鍵，選擇 Rename Operator」**。在此分別命名為「5 clusters」、「6 clusters」，這樣可以避免在操作過程搞混。

圖 7-61 加入兩個「k-Means」工具

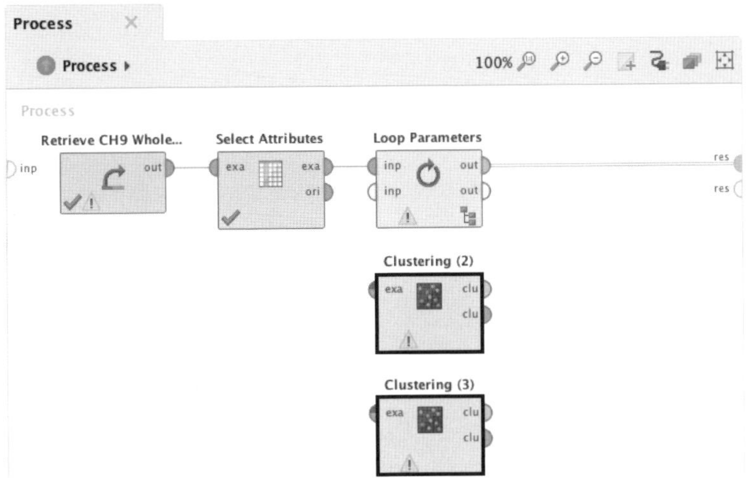

圖 7-62 按下「Rename Operator」將工具重新命名

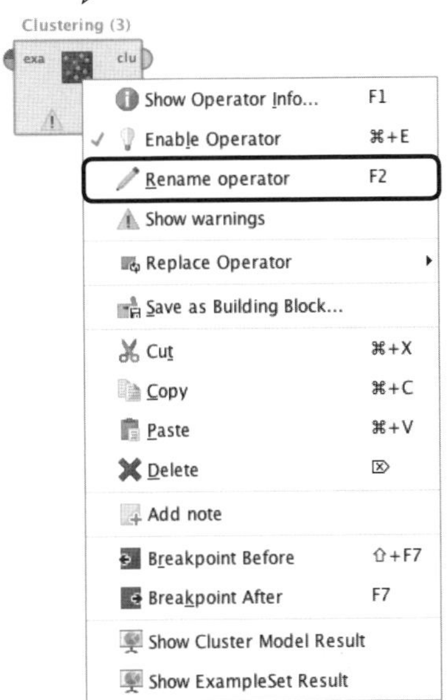

接著我們需要將 Select Attributes 的 **exa** 輸出接點，連到多個工具上，所以使用「**Multiply**」工具，將 Select Attributes 的 **exa** 輸出接點連到 Multiply 的 **inp** 接點，再將 Multiply 的 out 接點分別連到 Loop parameters、5 clusters 和 6 clusters。

圖 7-63 使用 Multiply 工具串連 Select Attributes、Loop parameters、5 clusters 和 6 clusters

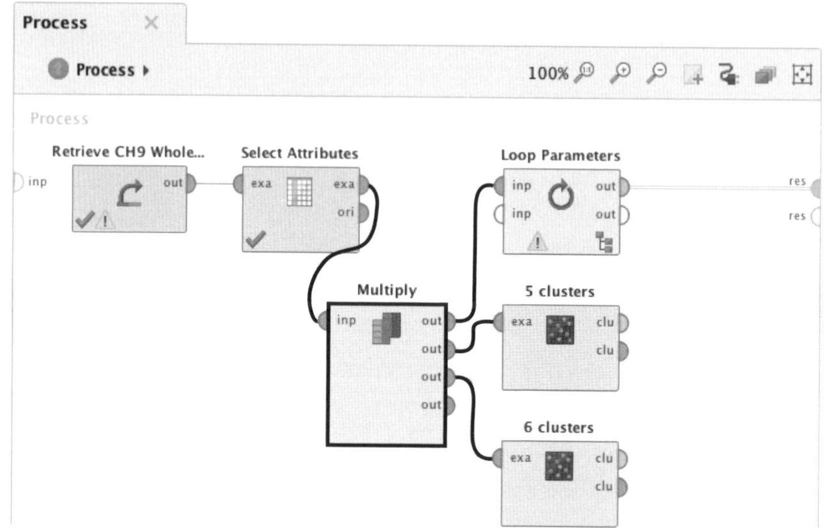

Step 3

分別在 5 clusters 和 6 clusters 的 Parameters 區塊，將 k 參數設為「5」和「6」。

圖 7-64 在 5 clusters 的 Parameters 區塊，將 k 參數設為「5」

Parameters
5 clusters (k-Means)
add cluster attribute
add as label
remove unlabeled
k 5
max runs 10
determine good start values

圖 7-65 在 6 clusters 的 Parameters 區塊，將 k 參數設為「6」

Parameters
6 clusters (k-Means)
add cluster attribute
add as label
remove unlabeled
k 6
max runs 10
determine good start values

最後將 5 clusters 和 6 clusters 的四個 **clu** 輸出接點，連到右側的 **res** 接點。然後執行流程。就可以在 Results 頁面看到使用 K-means 模型區分成「五群」和「六群」的結果了。

圖 7-66 將 5 clusters 和 6 clusters 的四個 clu 接點連到右側的 res 接點，然後執行流程

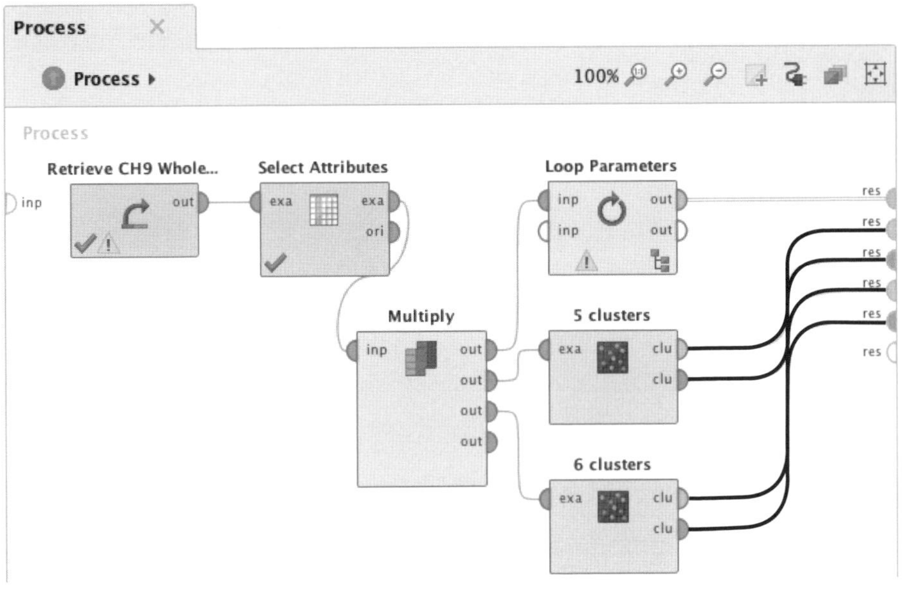

圖 7-67 分成五個子群的 K-means 模型

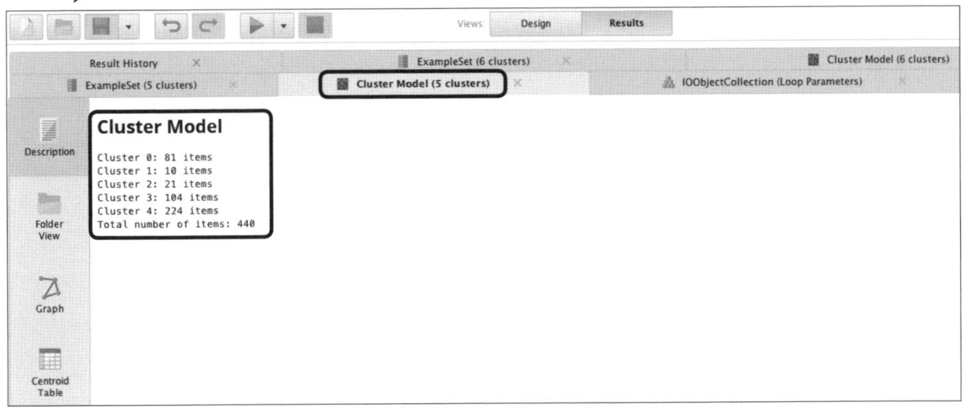

圖 7-68 分成六個子群的 K-means 模型

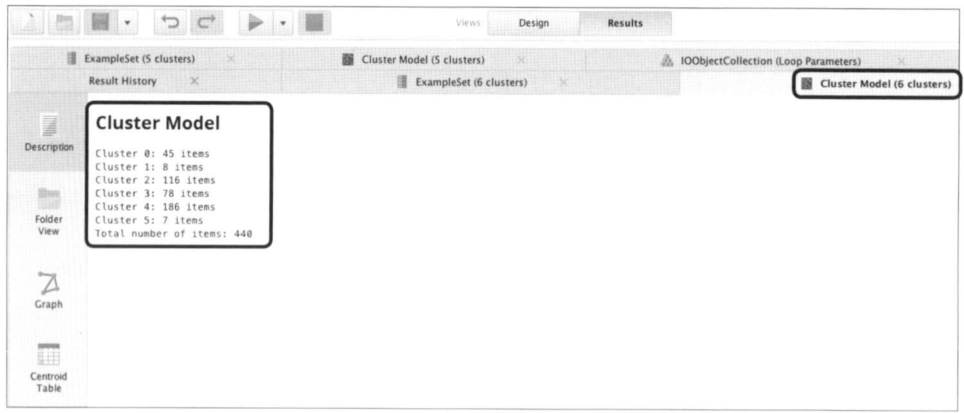

在本節中，我們學習了一個新的操作技巧「**迴圈**」來畫出 Elbow method 所需要的折線圖，依照折線圖的呈現，筆者選擇了「五群」和「六群」作為合適的分群數量，因而分別建立了兩個 K-means 模型，模型的產出分別如圖 7-67 和圖 7-68 所示。在下一節中，我們就會說明該如何解釋模型的產出，並檢驗模型的產出有沒有達到此專案的目標。

7-5 解讀分群結果

經過前面一連串從探索問題、定義目標、蒐集資料、探索資料到建立分群模型，在本節將仔細解讀分群模型的產出。不過在解讀之前，有一點需要您留意：先前 7-4 節開頭的地方有提過，K-means 模型會依照使用者設定的分群數量，先「隨機」分成指定數量的子群，然後再一步一步的根據距離做調整。由於是隨機，因此會發生最終的分群結果不一樣的情形，如果您發現跑出來的結果與書中有些差異，也不需要擔心，可以先了解書中是如何解讀模型的產出，再試著去解讀您跑出來的結果。

以下筆者會提出三個不同的角度，來認識分群模型的產出，這些面向並沒有先後順序之分，而是可以讓分析者了解結果，協助找出洞見。

7-5-1 認識子群集的資料分佈

之前提過，儘管分越多群可以讓群集內的誤差降低，看似不錯但卻不然。先來看看分成五群的結果，圖 7-69 (在 5 clusters 的分頁按下左側 **Description**) 為五個子群中詳細的資料量，其中看到 Cluster 1 和 Cluster 2 含有相對少量的資料，光看數字可能還不夠強烈，再來看看圖 7-70 (在 5 clusters 的分頁按下左側 **Graph**)，透過圓形的大小可以很清楚地看出 Cluster 1 和 Cluster 2 所佔的比例有多小。

讓我們對應到商業目標：「提供不同的群集客製化的服務」，好的服務是要花費許多資源投入的，如果花費 2 個月的時間推出新服務來滿足 224 個顧客 (Cluster 4) 應該是合適的，但同樣花費 2 個月的時間來滿足 10 個或 21 個顧客似乎就有待商確了。這邊並不是要說 10 個和 21 個顧客不重要，而是要點出「**使用群集分析時，分成過多的子群，並不是一件好的事情**」。

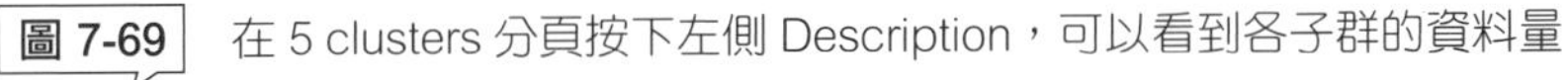
圖 7-69 在 5 clusters 分頁按下左側 Description，可以看到各子群的資料量

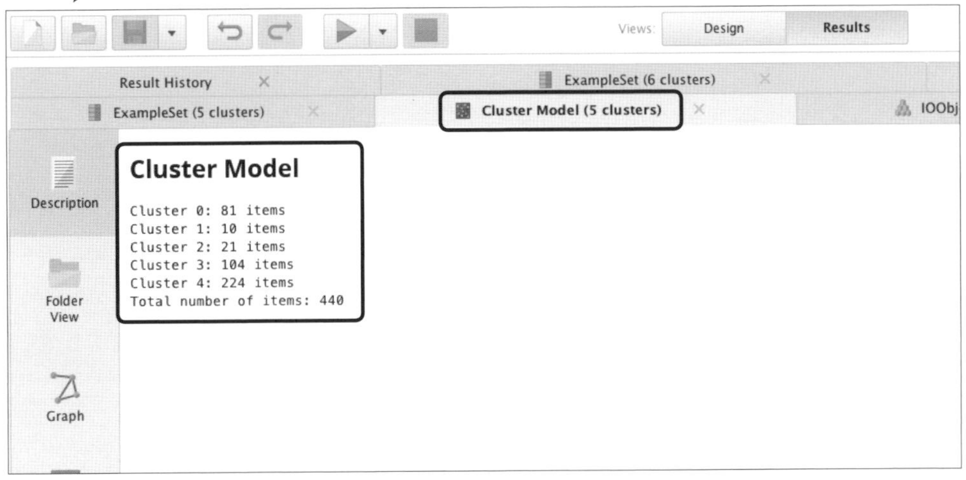

圖 7-70 在 5 clusters 分頁按下左側 Graph，觀察子群佔比大小

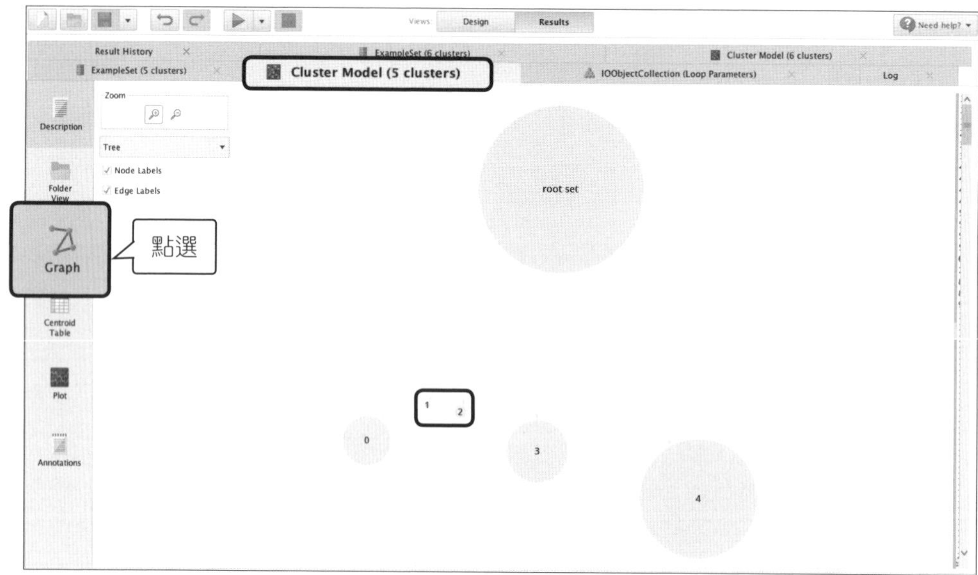

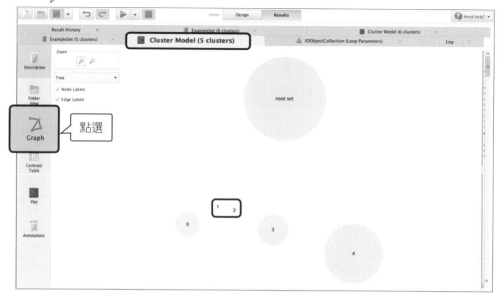

再來看看分成六群的結果，這個趨勢會更加明顯，從圖 7-71 (在 6 clusters 的分頁按下左側 Description) 的子群資料量可以看出，整體的資料量皆下降，在 Cluster 1 和 Cluster 5 更出現只包含 10 個以下的資料。從圖 7-72 更可以看出 Cluster 0、Cluster 1 和 Cluster 5 的資料筆數都很少。同樣的問題：如果要推出客製化服務，是否也要為這兩個 (或三個) 子群投入資源？就很值得討論了。

圖 7-71 在 6 clusters 分頁按下左側 Description，可以看到各子群的資料量

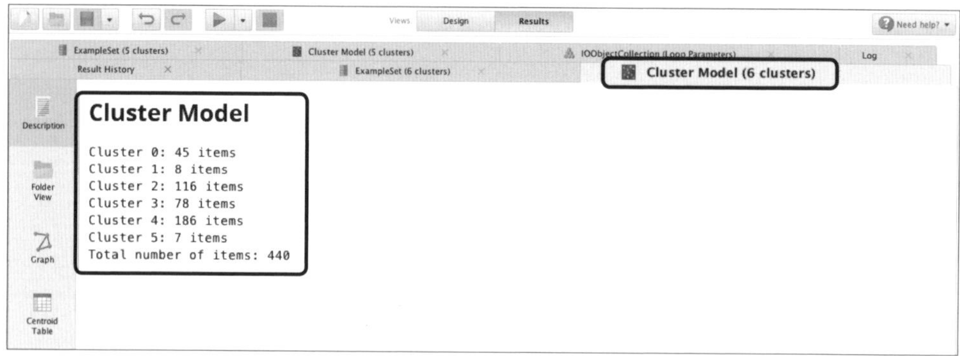

圖 7-72 在 6 clusters 分頁按下左側 Graph，觀察子群佔比大小

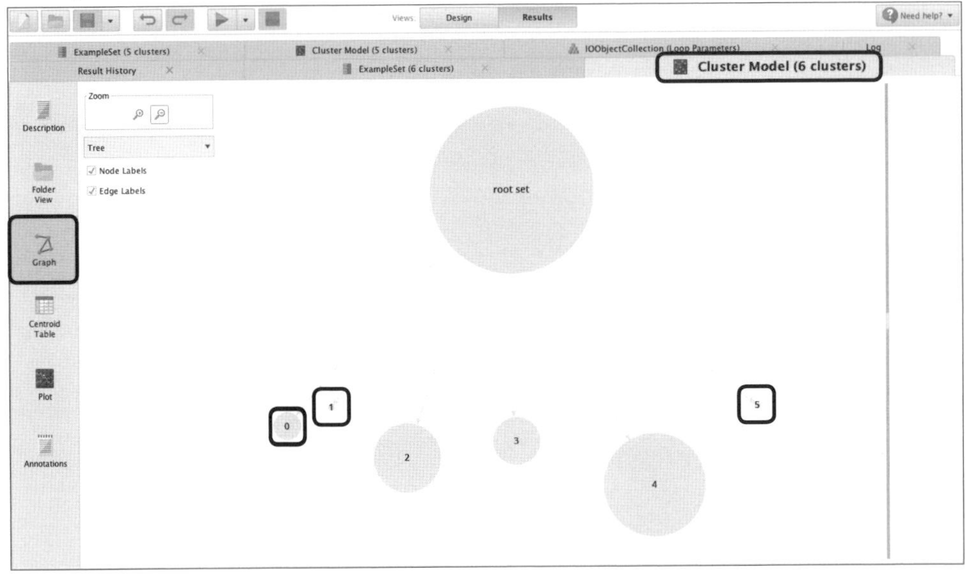

因此，考量到分成六群的結果會產生資料含量更少的子群，且先前定義的商業目標就以「**不超過五群**」為目標，因此後續的講解就以**分成五群**的結果來解說。雖然五個分群的結果中也有兩個子群資料量比較少，但是為了在書中可以清楚的說明如何解釋分群模型，所以會忽略資料量比較少這一點。

7-5-2 以中心點做為子群的代表

群集分析就是將一個大資料集，區分成數個相似的小資料集，每個小資料集中會有很多個資料點，那麼我們該如何描述每個小資料集呢？基本上就是使用「**子群的中心點**」，這個中心點不一定是一個真實資料的位置，而是一個「虛擬的中心點」，由子群中每個資料取平均值產生的。中心點的呈現方式就如圖 7-73(在 5 clusters 的分頁按下左側 **Centroid Table**) 所示，每個直欄就代表一個子群集的中心點，我們可以看到中心點是由輸入的六個變數產生的，可

以想像它就是在六度空間 (因為有六個變數) 中的一個點。從表格中可以看出，每個中心點表現出的特質不同，像 Cluster 0 買最多的是 Grocery、最少的是 Frozen，而 Cluster 3 買最多的是 Fresh、最少的是 Detergents Paper。

圖 7-73 在 5 clusters 分頁按下左側 Centroid Table，顯示子群中心點位置

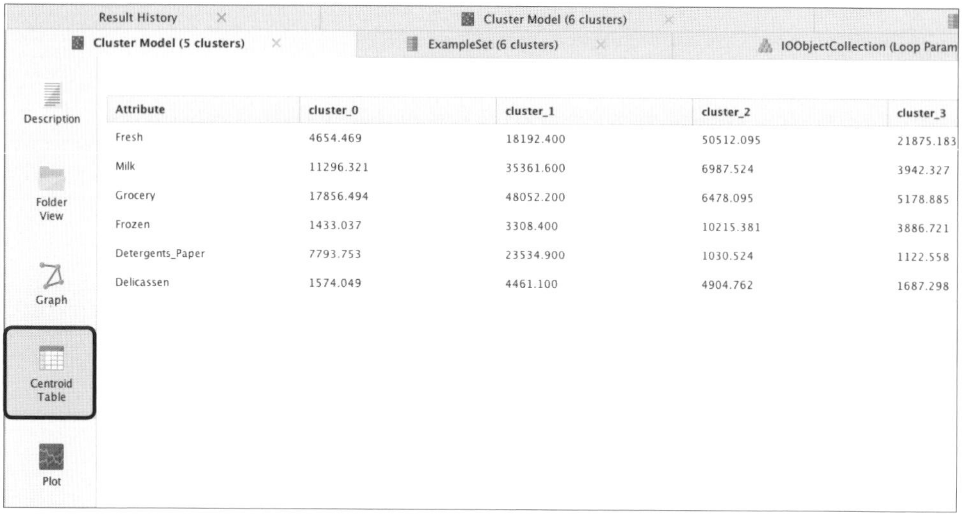

Attribute	cluster_0	cluster_1	cluster_2	cluster_3
Fresh	4654.469	18192.400	50512.095	21875.183
Milk	11296.321	35361.600	6987.524	3942.327
Grocery	17856.494	48052.200	6478.095	5178.885
Frozen	1433.037	3308.400	10215.381	3886.721
Detergents_Paper	7793.753	23534.900	1030.524	1122.558
Delicassen	1574.049	4461.100	4904.762	1687.298

我們還可以從圖 7-74 (在 5 clusters 的分頁按下左側 **Plot**) 來了解不同子群的差異，這個圖稱為「**平行座標圖 (Parallel Coordinate Plot)**」，它的功能是將多維度的資訊轉成平面呈現，圖形的 Y 軸代表「購買金額」、X 軸有六個變數，圖中的五條線代表「五個子群集的中心點」，從線條的走向，我們就能更輕易的分出子群的不同特質。

像是深藍色的 Cluster 0 和淺藍色的 Cluster 1，線條走向就很類似，都是買比較多 Grocery 和 Detergents Paper、但是買比較少 Fresh、Frozen 和 Delicassen，這兩個子群的消費行為就屬於比較類似的，只差在購買程度的差異。我們可以藉由「命名」來展現不同子群的特質，例如稱 Cluster 1 為「**瘋狂購買**」Grocery 和 Detergents Paper 的顧客、Cluster 0 為「**喜愛購買**」Grocery 和 Detergents Paper 的顧客，以命名差異來表現不同的特徵。

再來看到紅色的 Cluster 4，這個子群對於每個產品的購買量皆不超過 7,500 元，整條線的走勢非常平緩，僅有 Fresh 商品稍微高出其他商品。整體來說很難斷定這個群體對哪一個商品有特別的喜好，因此可以給他一個簡單直白的名稱「**無特別喜好且小量購買的顧客**」。

接著看到綠色的 Cluster 2，這個子群最明顯的就是大量購買 Fresh 商品，且該子群也是購買 Frozen 商品的第一名，針對這兩個特點，筆者將 Cluster 2 命名為「**瘋狂購買 Fresh 和 Frozen 的顧客**」。最後黃色的 Cluster 3，對於 Fresh 商品的購買量展現了中等以上的水準，但對於其他的商品就沒有展現特別的喜好，因此稱呼該子群為「**喜愛購買 Fresh 的顧客**」。

圖 7-74 在 5 clusters 分頁按下左側 Plot，查看子群中心點的平行座標圖

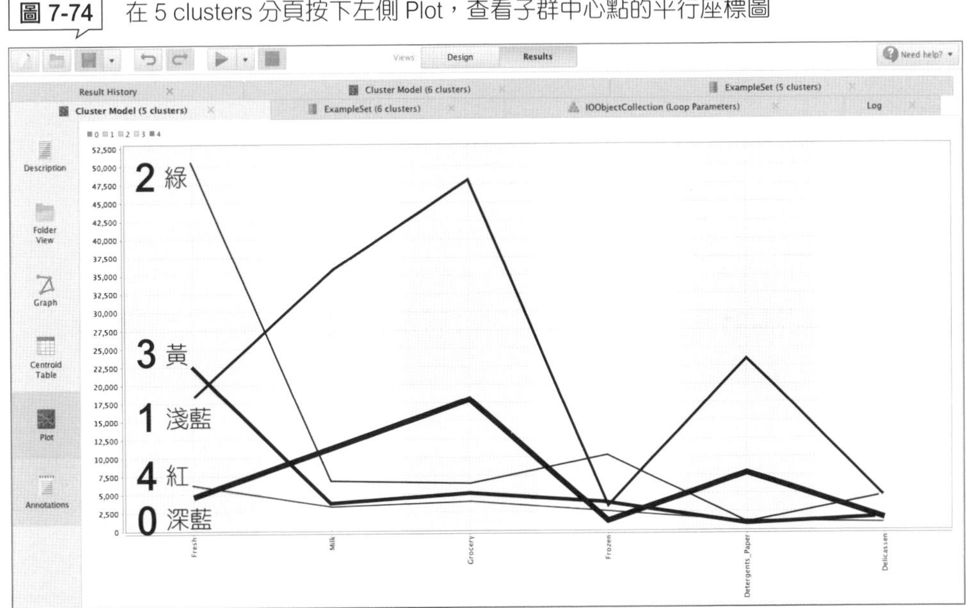

以上將各個子群命名的過程並不是「必須」進行的，我們當然也可以直接根據中心點的座標值或是平行座標圖來探討每個子群的差異，如果是與公司內部能夠理解「數字」代表意義的人討論可能是合適的，但如果現在是要向其他

人分享這個專案的發現，然後說「Cluster 2 對 Fresh 商品的平均購買金額為 50,000 元，但是 Cluster 3 對相同商品的平均購買金額只有 22,000 元」，對於外行人來說，可能只知道 50,000 和 22,000 差不多相差一倍，但是不清楚這之間的差異到底是大還是小 (搞不好一個商品的單價是 20,000 元，50,000 和 22,000 的差距就只有 1~3 個商品)。

因此，有時可以藉由「命名」這個方法，透過文字、稍微誇飾的描述，點出各個子群的特色。而得到的這些資訊也要能達到當初設定的目標 (當初設定的商業目標是「提供客製化服務」)，筆者認為好的服務就是解決顧客需求、滿足喜好，所以在上述命名時，也盡量以「發現子群喜好」為方向，採用「瘋狂購買、喜愛」等字眼，而不是使用「對 XX 商品沒興趣」等描述，目的就是要達成商業目標。

7-5-3 查看子群中各筆資料，執行更進階的研究

以中心點當作每個子群的代表，是一個合理的表達方式，不過如果就只採用這五個中心點的結果，其實是浪費了蒐集資料所花費的心力。以一個點做代表時，經常會忽略了其實它們是個「群體」，其實每個個體間還是存有些微的差異，因此如何將這些個體的資料延伸運用，也是值得去思考的。

筆者在這邊提供一些想法，比如說我們發現了 Cluster 2 會大量購買 Fresh 商品，這是一個事實、一個結果，但是我們不知道為什麼會產生這樣的結果，因此可以去找出原始資料中哪些顧客被分到 Cluster 2，從中選擇幾個顧客再去做第二階段的研究，比如使用問卷或訪談的方式，如此一來，得到的資訊就不光是模型計算出的東西，還能得到更多關於使用情境、情感連結等更有溫度的資訊。

其次，也可以運用先前學到的「分類模型」概念，原本在執行群集分析前，資料集是沒有目標變數的，但是經由群集分析後，每一筆資料就會被分到某一個子群中，這個資訊就可以拿來當作「分類模型的目標變數」，以決策樹模型為例，就能藉由決策樹的結果來瞭解「**哪些變數是影響該子群比較重要的變數**」，補足群集分析沒有告訴我們的資訊。

如何查看子群內各筆資料

RapidMiner 中，我們可以透過兩種方式來查看子群中的各筆資料，第一種方式 (圖 7-75) 是在 Cluster Model 的分頁按下左側的 **Folder View**，將資料夾點開後，就能看到屬於其中的資料編號，這些編號就可以去對應原始資料中的顧客資訊 (雖然在這個資料集中我們沒有獲得顧客資訊)。第二種方式 (圖 7-76) 是直接在 **Example Set** 的分頁，將 cluster 欄位經過排序後，就可以很簡單的找到屬於 Cluster 2 的資料了。

圖 7-75 方式 1：在 Cluster Model 分頁按下左側的 Folder View

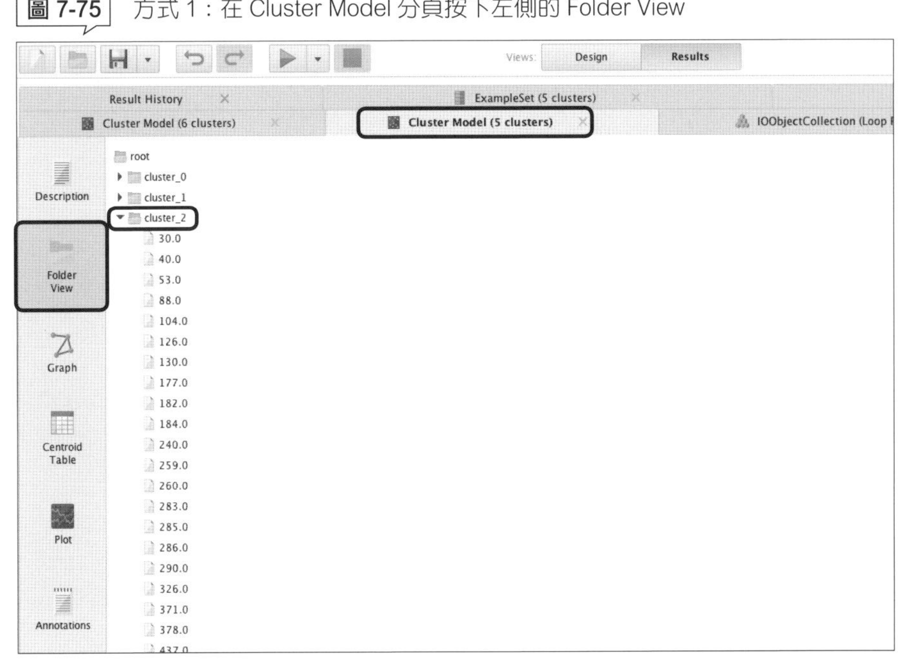

圖 7-76 方式 2：在 Example Set 分頁將 cluster 欄位排序

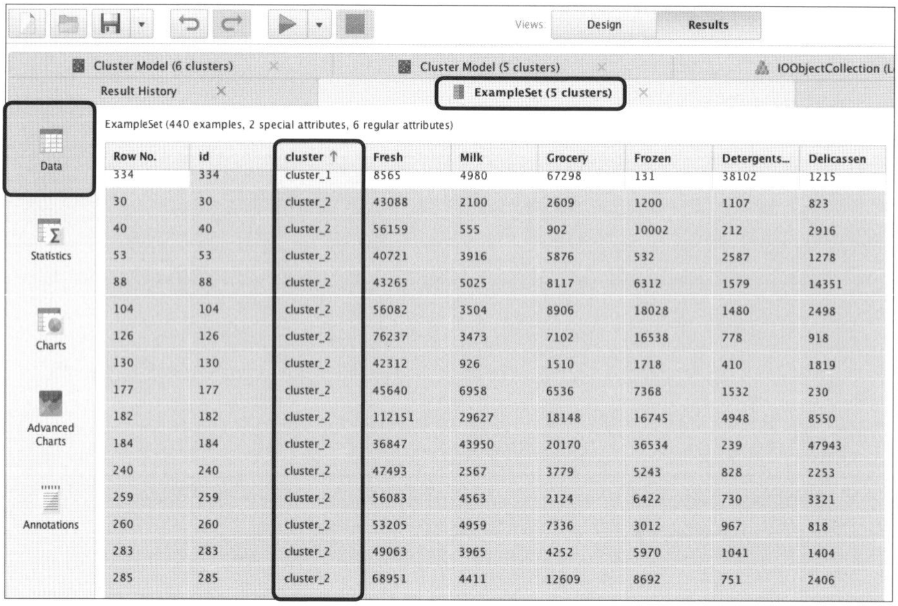

ExampleSet (440 examples, 2 special attributes, 6 regular attributes)

Row No.	id	cluster ↑	Fresh	Milk	Grocery	Frozen	Detergents...	Delicassen
334	334	cluster_1	8565	4980	67298	131	38102	1215
30	30	cluster_2	43088	2100	2609	1200	1107	823
40	40	cluster_2	56159	555	902	10002	212	2916
53	53	cluster_2	40721	3916	5876	532	2587	1278
88	88	cluster_2	43265	5025	8117	6312	1579	14351
104	104	cluster_2	56082	3504	8906	18028	1480	2498
126	126	cluster_2	76237	3473	7102	16538	778	918
130	130	cluster_2	42312	926	1510	1718	410	1819
177	177	cluster_2	45640	6958	6536	7368	1532	230
182	182	cluster_2	112151	29627	18148	16745	4948	8550
184	184	cluster_2	36847	43950	20170	36534	239	47943
240	240	cluster_2	47493	2567	3779	5243	828	2253
259	259	cluster_2	56083	4563	2124	6422	730	3321
260	260	cluster_2	53205	4959	7336	3012	967	818
283	283	cluster_2	49063	3965	4252	5970	1041	1404
285	285	cluster_2	68951	4411	12609	8692	751	2406

小結

以上三個面向就是經常用來解讀分群結果的方法，同時也回答了一開始 (圖 7-4) 定義的問題與目標，透過將子群命名的方式，找出不同消費習慣的顧客。書中我們沒有針對發現的消費習慣做更進一步的服務設計或二階段更深入的研究，這部分留待您去思考。如果將來在真實世界中用到了群集分析，還有哪些策略或方法可以結合起來一起操作，讓這個「探索」的過程更豐富、得到更有價值的資訊。

7-6 案例總結

回顧本章，我們學習了與第五、六章不同的「非監督式學習」的方法，非監督式學習的重點在於**沒有目標變數**，因此這類型的方法大多是以「探索」為目的。非監督式學習可以分成數個不同類型的分析方法，像是：群集分析、維度縮減、關聯法則……等，本章選擇說明「群集分析」，希望能讓讀者們清楚「群集分析」與「分類分析」之間的差異。

群集分析常用來處理市場區隔的問題，本章筆者也選擇了一個含有消費者購物記錄的資料集來操作，希望能帶給您更真實的應用場景。底下這點也請牢記：在整理資料集的過程我們「沒有設定目標變數」，也「沒有將資料切割成訓練集和測試集」，原因就是這個案例是屬於「非監督式學習」專案，加上「不是建立預測模型」，因此不需要切割資料而是使用全部的資料集。這兩個部分是監督式、非監督式模型很大的差異。

我們選用 K-means 模型來執行本章的案例，K-means 模型需要使用者「事先決定分群數量」，因此在 7-4 節建模的過程中使用「迴圈」反覆執行 K-means 模型，並且採用「Elbow method」選出較為合適的分群數量。

最後的 7-5 節，我們透過了三種面向來解讀資料。相信您從圖 7-74 的平行座標圖也能很強烈的感受到，群集分析確實幫助我們從一大群資料集中分出相似的子群，這樣的結果讓我們更清楚顧客的面貌，但是就如先前提過的，得到分群結果千萬不要認為這就是終點，需要的話還是能拿手中的結果再去做更進一步的分析。

本書說明到這邊已經介紹了三大種資料分析的類型：迴歸分析、分類分析和群集分析，這三種分析方法被廣泛地使用，值得初學資料分析的您花時間熟悉。下一章本書最後一個案例將介紹「**時間序列分析 (Time series analysis)**」這個也是生活常見的資料型態及分析模型，可用於股市漲跌分析、氣象預報、網站流量預測、地震預測……等眾多領域，千萬不要錯過了。

MEMO

CHAPTER

8

時間序列分析 - 預測未來一年每月出生率

這一章將介紹**時間序列** (Time series) 分析，如同字面上的意思，是以時間這個特殊維度為主要的變數，分析目標在不同時間的變化。

為什麼時間重要？

提出這樣的問題並不是要從心靈成長雞湯的角度來闡述把握時間有多麼重要，而是希望從資料分析的角度來討論 "時間" 這個特殊維度的存在。

愛因斯坦的狹義相對論認為沒有一個絕對的時間也沒有一個絕對的空間，也就是說時間與空間彼此不是互相獨立，而是相關的，稱之為 " 時空 "。可以想像人們並不是生活在三度空間中，而是加入時間這個維度的四度時空，因此我們分析的任何資料，其實很難真正跟時間脫溝。

時間序列

進一步來說明**時間序列**。時間序列就是基於時間順序而組成的「連續等距離的點」，舉凡股市走勢、國際油價走勢 ... 等資料都是常見的時間序列。而**時間序列分析**就是試著分析、拆解、學習時間序列的學問，分析時可以將時間劃分為不同的頻率 (以小時、日或週為單位 ... 等)，不同時間頻率的資料特性都不盡相同，分析的方式也隨之改變。

圖 8-1 國際油價走勢就是一種時間序列

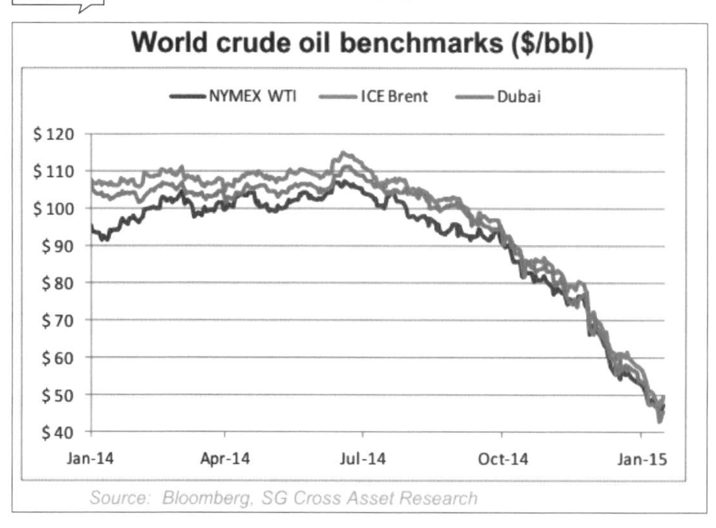

一般來說，在分析時間序列的過程中，會試著將時間序列拆解成四種不同的元素，分別是**趨勢**（Trend）、**循環**（Cycle）、**季節性**（Seasonality）和**不規則變異**（Irregular variation）。

- **趨勢**：長時間的資料走勢，下圖 12 張小圖的黑線就是表達各種時間序列的趨勢。

圖 8-2 趨勢和季節性圖

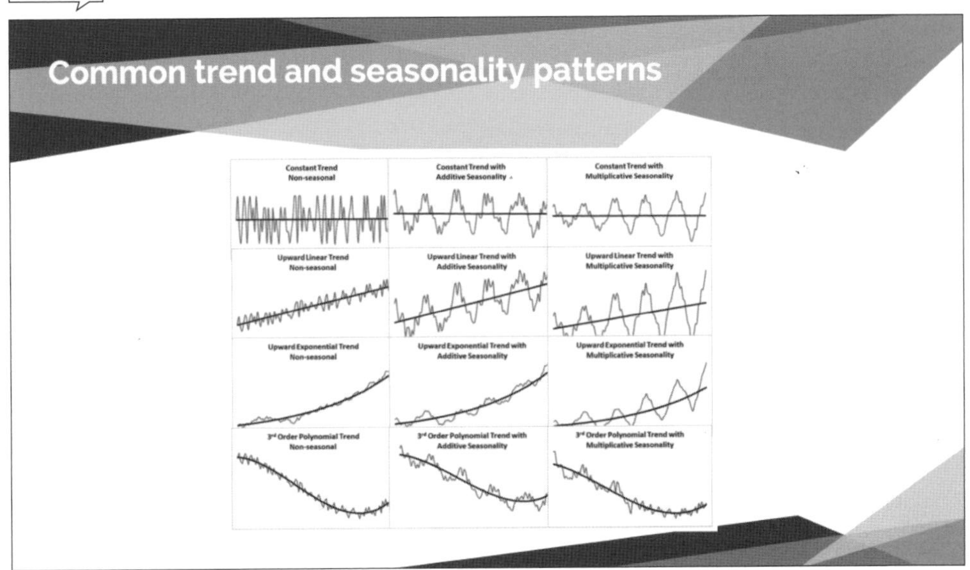

- **循環、季節性**：將這兩項元素放在一起是因為它們的概念很類似，差別在於**循環**通常是大於一年的**長**時間循環變動，**季節性**則是**短**時間的規律變動。這兩項的範例就像「過去十年，每年七八月和一二月份的機票販售量都會相較於其他月份多」、「一週中，六日的機票販售量大於週間」... 等。上圖第一列中間的圖就是一個標準的季節性元素。

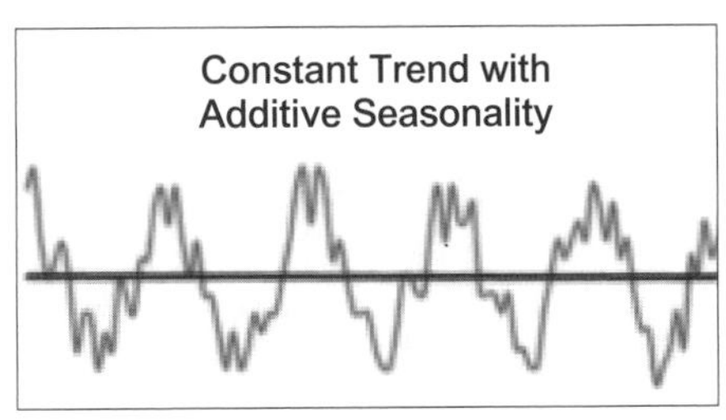

- **不規則變異**：或稱**隨機變異**(Random variation)。不尋常的狀況造成時間序列產生不可預知的改變。這一項往往是造成時間序列沒辦法被準確預測的主要原因，因為模型沒有辦法從中解析出特定的規律。

傳統的時間序列模型就是讓模型學習上述的四種規則來產生預測，了解這四種特性能讓協助在後續過程更加清楚模型是如何分析資料，有利於解釋模型的細節並優化調整。

8-1 探索、定義問題

在本節中，我們將帶領讀者探索時間序列能有什麼樣的分析情境，和先前的章節一樣，會定義出**資料分析目標**和**商業目標**，演練時間序列所能解決的問題。

8-1-1 探索問題

低生育率的消息不時在新聞上報導，不論對於關心時事的人或政府官員來說，如果能**得知國家整體的未來生育率狀況**，對於思考相對應的生育、社福或教育政策就可以有更多依據。政府機關對公立小學與托兒中心的設立、幼教老師的數量配置、生育津貼的預算編列 ... 能有更完善的規劃；嬰幼兒用品業者也可以提早做生產、庫存、銷貨 ... 的規劃。

8-1-2 定義問題

這裡概略得出主要的目標是：「**預估未來生育率**」，接著就試著定義出商業目標和資料分析目標。

商業目標

首先我們必須設定一個特定的對象來聚焦分析目標，在這裡設定目標為**嬰幼兒用品的業者**。接著可以進一步思考，嬰幼兒用品業者在規劃未來生育政策時需要知道什麼樣的資料作為依據？需要得知未來半年、一年或是三年的生育狀況？週期是要以週、月或是季為單位？從協助業者的角度出發，筆者認為預測**未來一年每個月**的生育率是一個適合的作法，因為公司擬定一個新的策略，以一個月為週期評估成效能快速因應市場的變化，又不會過於短暫來不及讓新策略有好的發酵期。

資料分析目標

我們希望解決「預估未來生育率」的問題，而生育率數值是相依於時間所組成的連續等距離的點，所以將資料分析目標定義為**利用時間序列分析預測**。針對時間頻率也呼應剛才提到的，以「年」為單位的預測只會產生明年度的總生育率，並不足以規劃明確的目標，而每「週」的預測結果又過於細微，因此這裡將資料分析目標訂為：「**以 97 年到 107 年十年間的歷史生育率為訓練資料，透過時間序列分析的模型 - ARIMA 預測未來一年每個月的生育率**」。

ARIMA 是時間序列分析常見的模型，是 AR 和 MA 兩個模型的混合，後續會有詳細的介紹。

這裡將訓練資料的時間長度訂為十年，長度選擇並沒有絕對的標準，不過選擇過長可能因為時間太久遠導致資料雜訊過多，若過短，也可能導致模型無法順利學習序列的特性。

圖 8-3 檢驗問題與商業目標、資料分析目標

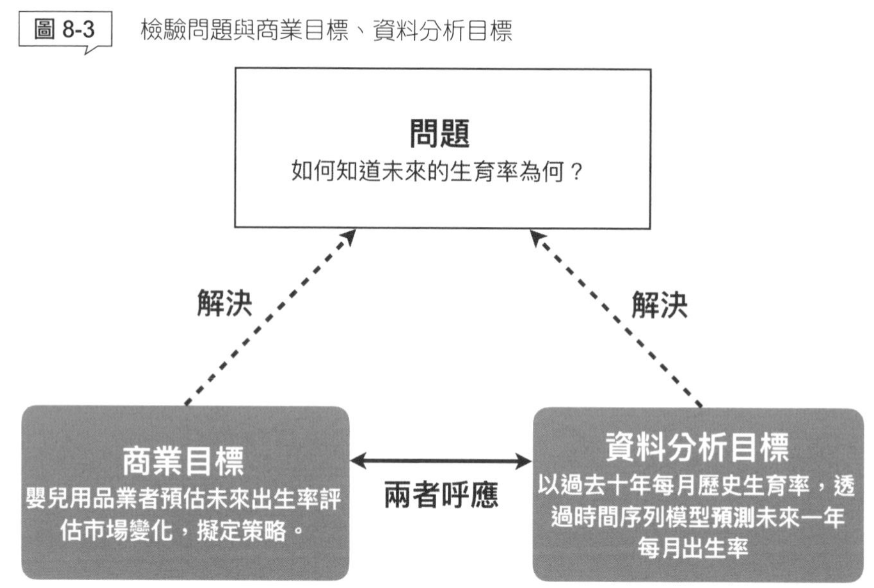

8-2 蒐集資料

生育率資料我們可以到**內政部統計查詢網**（http://statis.moi.gov.tw/micst/stmain.jsp?sys=100）的網站上搜尋。

圖 8-4 內政統計查詢網

內政部統計處 內政統計查詢網

動態查詢 統計名詞 內政統計月報 內政統計年報

類別		細分類
	國籍行政	國籍之歸化取得、國籍之喪失、回復與撤銷喪失
	戶籍行政	戶政受理案件、戶政管理服務案件
民政	宗教	寺廟、教會(堂)、宗教社會服務
	殯葬管理	公墓、骨灰(骸)存放設施、殯儀館、火化場、環保葬
	調解行政	地方調解委員會組織概況、地方辦理調解業務概況
	公共造產	公共造產成果概況
役政	服兵役役男權益	服兵役役男家屬生活扶助、服兵役役男家屬各項補助、軍人公墓
	替代役分發	一般替代役、研發替代役
	兵役行政	妨害兵役案件
	兵員徵集	徵兵及齡男子兵籍調查、役男免役禁役緩徵
合作事業及人民團體	人民團體	中央政府所轄人民團體、地方政府所轄人民團體
	合作事業	合作事業
地政	地籍管理	已登記土地概況、土地登記管理概況、建物登記管理概況、未辦繼承登記土地建物列冊管理
	土地使用編定管制	非都市土地編定、非都市土地使用分區及使用地變更
	土地徵收	一般土地徵收、區段徵收
	其他	市地重劃、外國人地權、公地撥用、都市地價指數、地政士、地政人員、地價統計、不動產實價登錄
警政	警察教育	中央警察大學、警察專科學校
	偵防刑事案件	受(處)理刑事案件、嫌疑犯、被害人
	槍砲彈藥	槍砲彈藥
	易銷贓行業	易銷贓行業
	檢肅毒品	毒品
	違反社會秩序維護法案件	違反社會秩序維護法案件
	集會遊行	集會遊行
	查緝經濟案件	查緝經濟案件
	道路交通安全	道路交通
消防	消防設施	人力、車輛、水源
	災害管理	天然災害、火災、消防人力傷亡

在**戶政 / 出生死亡**的欄位點選**出生**的細分類。

圖 8-5 出生死亡類別

類別		細分類
戶政	人口	土地與人口概況、人口年齡、人口婚姻狀況、15歲以上人口教育程度、原住民
	出生死亡	出生、死亡
	遷移	遷移
	結婚離婚	結婚登記、離婚登記
	國籍行政	國籍之歸化取得、國籍之喪失、回復與撤銷喪失
	戶籍行政	戶政受理案件、戶政管理服務案件

選擇**出生**頁面後會進入選擇資料的頁面，在本範例中，我們設定**統計期**從 97 年 1 月到 107 年 5 月為資料區間，**統計項**中選擇**出生人數**和**粗出生率**，並以**台北市**為分析標的，設定完成後點選右上角的**查詢**按鈕。

圖 8-6 出生選擇表單

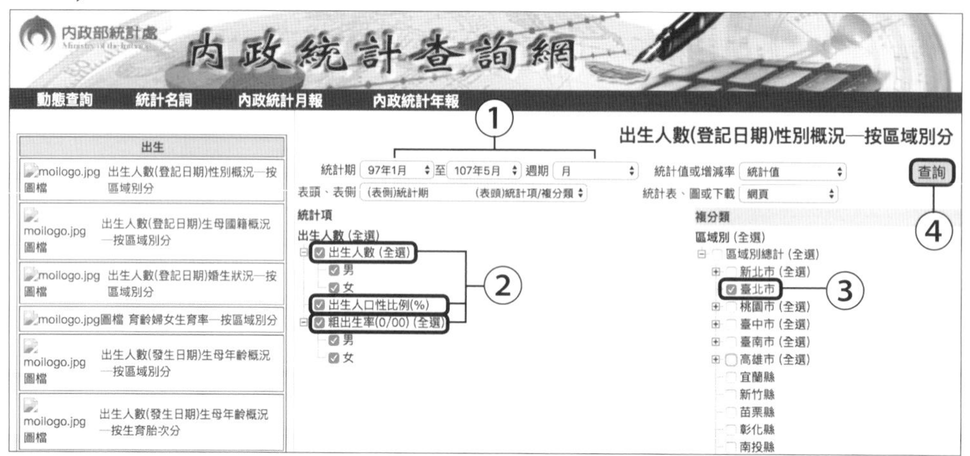

Step 3

完成後會跳轉至資料頁面，接著點選右上角**下載 Excel** 按鈕將資料下載至電腦，也可以直接全選複製儲存至記事本或 Excel 中。在此我們將資料命名為 "fertility.csv"（若下載的是 .xls Excel 檔請另存為 .csv 檔案）。

圖 8-7 資料範例

單位：人、%、0/00　　出生人數、男出生人數、女出生人數、出生人口性比例、粗出生率、男粗出生率、女粗出生率

表格數：1　轉置　列印　下載Excel

	出生人數(人)	男出生人數(人)	女出生人數(人)	出生人口性比例(%)	粗出生率(0/00)	男粗出生率(0/00)	女粗出生率(0/00)
	臺北市	臺北市	臺北市	臺北市	臺北市	臺北市	臺北市
97年 1月	1,866	988	898	110.02	0.72	0.77	0.66
97年 2月	1,750	902	848	106.37	0.67	0.71	0.63
97年 3月	1,800	881	919	95.87	0.68	0.69	0.68
97年 4月	1,643	860	783	109.83	0.62	0.67	0.58
97年 5月	1,612	836	776	107.73	0.61	0.65	0.57
97年 6月	1,558	799	759	105.27	0.59	0.63	0.56
97年 7月	1,644	846	798	106.02	0.63	0.66	0.59
97年 8月	1,496	778	718	108.36	0.57	0.61	0.53
97年 9月	1,620	837	783	106.90	0.62	0.66	0.58
97年 10月	1,882	1,009	873	115.58	0.72	0.79	0.65
97年 11月	2,038	1,061	977	108.60	0.78	0.83	0.72
97年 12月	1,762	918	844	108.77	0.67	0.72	0.62
98年 1月	1,369	740	629	117.65	0.52	0.58	0.47
98年 2月	1,727	849	878	96.70	0.66	0.67	0.65
98年 3月	2,212	1,108	1,104	100.36	0.84	0.87	0.82
98年 4月	1,080	574	506	113.44	0.41	0.45	0.37
98年 5月	1,248	663	585	113.33	0.48	0.52	0.43
98年 6月	1,660	892	768	116.15	0.63	0.70	0.57
98年 7月	1,756	934	822	113.63	0.67	0.74	0.61
98年 8月	1,387	736	651	113.06	0.53	0.58	0.48
98年 9月	1,597	816	781	104.48	0.61	0.65	0.58
98年 10月	1,745	861	884	97.40	0.67	0.68	0.66
98年 11月	1,770	893	877	101.82	0.68	0.71	0.65
98年 12月	1,852	931	921	101.09	0.71	0.74	0.68

8-3 視覺化探索與資料前處理

經過前面幾個章節的練習，相信讀者對於接下來的流程都不會太陌生，本節同樣將針對現有資料運用視覺化的方式進行驗證與探索，以確保正確性，並將資料處理成適合進行後續模型分析的格式。

8-3-1 新增一個 Repository

啟動 RapidMiner，新增一個新流程（參考 4-3 節的說明）。

為了統一儲存本案例所用到的資料集、分析流程，請新增一個獨立的 Repository，並將這個 Repository 命名為「**FertilityRatePrediction**」，並在此 Repository 下新增 **data** 及 **process** 子資料夾。（細節操作在此不重複介紹，請參考前面章節的說明）

圖 8-8 新增 Repository

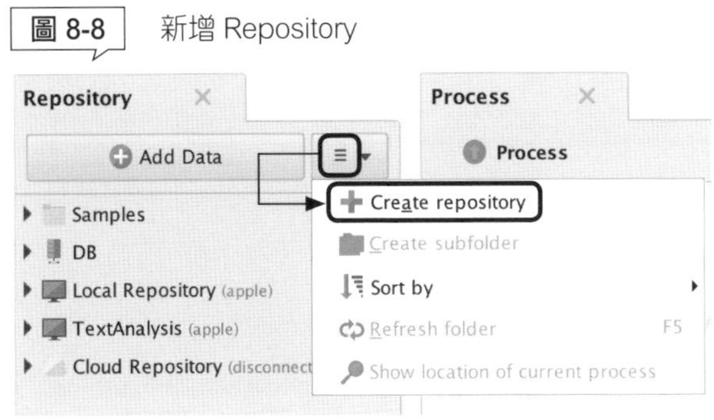

8-3-2 匯入資料到 RapidMiner

接著將資料匯入剛剛新增的 Repository 中，詳細步驟同樣可以參考第 5-3-2 節，進行資料匯入的過程中，確認下載的資料格式和下圖相同。

圖 8-9 設定資料格式

Step 2

初步瀏覽資料格式的過程中，我們可以發現第三列在每個欄位中都秀出 "臺北市"，這並不是分析過程中需要的資料，因此在匯入資料之前我們需要試著移除此列。另外也可以發現第二列雖然是資料欄位的表頭，但是順序似乎需要向右橫移一格；此外也要重新定義第一欄遺漏的時間表頭。

在此我們透過 **Google 試算表** (Google sheet) 來處理發現的問題。不要覺得驚訝，即使是職業的資料科學家 / 資料分析師也一樣花相當長的時間在做這些看似瑣碎的雜事，甚至花費超過七成在時間在思考要如何將資料轉換成適合後續應用的格式。

> 這裡筆者是在 Mac 電腦上操作，若因系統因素導致您下載的資料樣貌與圖 8-9 不一致，接下來的資料前處理步驟不見得都要操作。您只要確認最後處理後的資料樣貌與圖 8-19 相同即可。

8-3-3 資料前處理

開啟 **Google 試算表**點選**檔案** -> **開啟** -> 選擇上傳台北市生育率資料。

圖 8-10 上傳資料至 google sheet

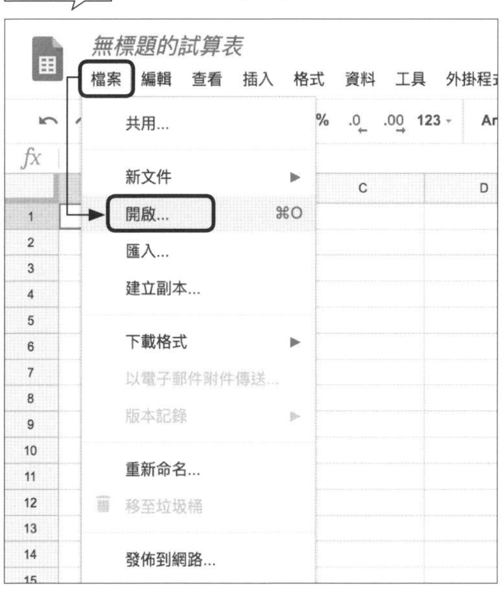

點選左側的列索引和上方的欄索引，接著點右鍵選擇**刪除列**和**刪除欄**，移除不必要的空白列和空白欄，如圖 8-11 和圖 8-12 所示。

圖 8-11 刪除空白列

- 剪下 ⌘X
- 複製 ⌘C
- 貼上 ⌘V
- 選擇性貼上 ▶
- 向上插入 1 列
- 向下插入 1 列
- 刪除列
- 清除列
- 隱藏列
- 重新調整列高...
- 將列分組
- 將列取消分組

	C	D	E	F	G	H
1						
2	土人數(人)	女出生人數(人)	出生人口性比例('	粗出生率(0/00)	男粗出生率(0/00)	女粗出生率(0/0(
3	市	臺北市	臺北市	臺北市	臺北市	臺北市
4	1,886	988	898	110.02	0.72	0.77
5	1,750	902	848	106.37	0.67	0.71
6	1,800	881	919	95.87	0.68	0.69
7	1,643	860	783	109.83	0.62	0.67
8	1,612	836	776	107.73	0.61	0.65
9	1,558	799	759	105.27	0.59	0.63
10	1,644	846	798	106.02	0.63	0.66
11	1,496	778	718	108.36	0.57	0.61
12	1,620	837	783	106.9	0.62	0.66
13	1,882	1,009	873	115.58	0.72	0.79
14	2,038	1,061	977	108.6	0.78	0.83
15	1,762	918	844	108.77	0.67	0.72
16	1,369	740	629	117.65	0.52	0.58
17	1,727	849	878	96.7	0.66	0.67
18	2,212	1,108	1,104	100.36	0.84	0.87
19	1,080	574	506	113.44	0.41	0.45
20	1,248	663	585	113.33	0.48	0.52
21	1,660	892	768	116.15	0.63	0.7

圖 8-12 刪除空白欄

- 剪下 ⌘X
- 複製 ⌘C
- 貼上 ⌘V
- 選擇性貼上 ▶
- 向左插入 1 欄
- 向右插入 1 欄
- 刪除欄
- 清除欄
- 隱藏欄
- 重新調整欄寬...
- 將欄分組
- 將欄取消分組
- 排序工作表 (A → Z)

	D	E	F	G	H
1	出生人數(人)	女出生人數(人)	出生人口性比例('	粗出生率(0/00)	男粗出生率(0/0(
2	988	898	110.02	0.72	0.77
3	902	848	106.37	0.67	0.71
4	881	919	95.87	0.68	0.69
5	860	783	109.83	0.62	0.67
6	836	776	107.73	0.61	0.65
7	799	759	105.27	0.59	0.63
8	846	798	106.02	0.63	0.66
9	778	718	108.36	0.57	0.61
10	837	783	106.9	0.62	0.66
11	1,009	873	115.58	0.72	0.79
12	1,061	977	108.6	0.78	0.83
13	918	844	108.77	0.67	0.72
14	740	629	117.65	0.52	0.58
15	849	878	96.7	0.66	0.67
16	1,108	1,104	100.36	0.84	0.87
17	574	506	113.44	0.41	0.45
18	663	585	113.33	0.48	0.52
19	892	768	116.15	0.63	0.7
20	934	822	113.63	0.67	0.74
21	736	651	113.06	0.53	0.58

接著刪除 " 臺北市 " 這個對後續分析沒有需要的列。

圖 8-13 刪除 " 臺北市 " 列

	A	B	C	D	E	F	G	H
1		出生人數(人)	男出生人數(人)	女出生人數(人)	出生人口性比例(	粗出生率(0/00)	男粗出生率(0/00)	女粗出生率(0/00
2				臺北市	臺北市	臺北市	臺北市	臺北市
3			1,886	988	898	110.02	0.72	0.77
4			1,750	902	848	106.37	0.67	0.71
5			1,800	881	919	95.87	0.68	0.69
6			1,643	860	783	109.83	0.62	0.67
7			1,612	836	776	107.73	0.61	0.65
8			1,558	799	759	105.27	0.59	0.63
9			1,644	846	798	106.02	0.63	0.66
10			1,496	778	718	108.36	0.57	0.61
11			1,620	837	783	106.9	0.62	0.66
12			1,882	1,009	873	115.58	0.72	0.79
13			2,038	1,061	977	108.6	0.78	0.83
14			1,762	918	844	108.77	0.67	0.72
15			1,369	740	629	117.65	0.52	0.58

剪下 ⌘X
複製 ⌘C
貼上 ⌘V
選擇性貼上
向上插入 1 列
向下插入 1 列
刪除列
清除列
隱藏列

我們需要將欄位標頭的部分向右平移一格，框選所有的欄位標頭，右鍵剪下後再右鍵貼上至右邊一格。

圖 8-14 剪下欄位標頭

fx 出生人數(人)

	A	B	C	D	E	F	G	H
1		出生人數(人)	男出生人數(人)	女出生人數(人)	出生人口性比例(	粗出生率(0/00)	男粗出生率(0/00)	女粗出生率(0/00)
2		97年 1月	1,886	988	898	110.02	0.72	
3		97年 2月	1,750	902	848	106.37	0.67	
4		97年 3月	1,800	881	919	95.87	0.68	
5		97年 4月	1,643	860	783	109.83	0.62	
6		97年 5月	1,612	836	776	107.73	0.61	
7		97年 6月	1,558	799	759	105.27	0.59	
8		97年 7月	1,644	846	798	106.02	0.63	
9		97年 8月	1,496	778	718	108.36	0.57	
10		97年 9月	1,620	837	783	106.9	0.62	
11		97年 10月	1,882	1,009	873	115.58	0.72	
12		97年 11月	2,038	1,061	977	108.6	0.78	
13		97年 12月	1,762	918	844	108.77	0.67	
14		98年 1月	1,369	740	629	117.65	0.52	
15		98年 2月	1,727	849	878	96.7	0.66	
16		98年 3月	2,212	1,108	1,104	100.36	0.84	
17		98年 4月	1,080	574	506	113.44	0.41	
18		98年 5月	1,248	663	585	113.33	0.48	
19		98年 6月	1,660	892	768	116.15	0.63	
20		98年 7月	1,756	934	822	113.63	0.67	

剪下
複製
貼上
選擇性貼上
插入 1 列
插入 7 欄
插入儲存格
刪除列
刪除第 B - H 欄
刪除儲存格
插入連結
取得這個範圍的連結

圖 8-15 平移並貼上一格欄位標頭

fx 男出生人數(人)

	A	B	C	D	E	F	G	H
1		出生人數(人)	男出生人數			率(0/00)	男粗出生率(0/00	女粗出生率(0/00
2		97年 1月				110.02	0.72	0.77
3		97年 2月				106.37	0.67	0.71
4		97年 3月				95.87	0.68	0.69
5		97年 4月				109.83	0.62	0.67
6		97年 5月				107.73	0.61	0.65
7		97年 6月				105.27	0.59	0.63
8		97年 7月				106.02	0.63	0.66
9		97年 8月				108.36	0.57	0.61
10		97年 9月				106.9	0.62	0.66
11		97年 10月				115.58	0.72	0.79
12		97年 11月				108.6	0.78	0.83
13		97年 12月				108.77	0.67	0.72
14		98年 1月				117.65	0.52	0.58
15		98年 2月				96.7	0.66	0.67
16		98年 3月				100.36	0.84	0.87
17		98年 4月				113.44	0.41	0.45

剪下 ⌘X
複製 ⌘C
貼上 ⌘V
選擇性貼上
插入 1 列
插入 1 欄
插入儲存格
刪除列
刪除欄
刪除儲存格

為了方便後續 RapidMiner 軟體操作，我們在此將時間欄位的中文格式進行調整，避免軟體操作的過程中出現不必要的狀況。首先點選**編輯** -> **尋找與取代** -> 在**尋找**欄位輸入 " 年 "(**請留意年後面要空一格**)，並在**取代為**欄位輸入 "/"-> 點選**全部取代**。完成後也請搜尋 " 月 " ，取代為空白。

圖 8-16 尋找與取代

fertility

檔案 編輯 查看 插入 格式 資料 工具 外掛程式 說明 所有變更都已儲存到雲端硬碟

Arial 10

fx 97年 8月

	A	D	E	F	G	H
1		生人數(人)	出生人口性比例(	粗出生率(0/00)	男粗出生率(0/00)	女粗出生率(0/00)
2	97年 1月	898	110.02	0.72	0.77	0.66
3	97年 2月	848	106.37	0.67	0.71	0.63
4	97年 3月	919	95.87	0.68	0.69	0.68
5	97年 4月	783	109.83	0.62	0.67	0.58
6	97年 5月	776	107.73	0.61	0.65	0.57
7	97年 6月	759	105.27	0.59	0.63	0.56
8	97年 7月	798	106.02	0.63	0.66	0.59
9	97年 8月	718	108.36	0.57	0.61	0.53
10	97年 9月	783	106.9	0.62	0.66	0.58
11	97年 10月	873	115.58	0.72	0.79	0.65
12	97年 11月	977	108.6	0.78	0.83	0.72

復原 ⌘Z
取消復原 ⌘Y
剪下 ⌘X
複製 ⌘C
貼上 ⌘V
選擇性貼上
尋找與取代... ⌘+Shift+H
刪除值
刪除第 9 列
刪除 A 欄

圖 8-17 尋找 " 年 " 並取代

fx 97年 8月

	A	B	C	D	E	F	G	H	I
1		出生人數(人)	男出生人數(人)	女出生人數(人)	出生人口性比例(	粗出生率(0/00)	男粗出生率(0/00)	女粗出生率(0/00)	
2	97年 1月	1,886	988	898	110.02	0.72	0.77	0.66	
3	97年 2月	1,750	902	848	106.37	0.67	0.71	0.63	
4	97年 3月	1,800	881	919	95.87	0.68	0.69	0.68	
5	97年 4月	1,643	860	783	109.83	0.62	0.67	0.58	
6	97年 5月	1,612	836	776	107.73	0.61	0.65	0.57	
7	97年 6月	1,558	799	759					
8	97年 7月	1,644	846	798					
9	97年 8月	1,496	778	718					
10	97年 9月	1,620	837	783					
11	97年 10月	1,882	1,009	873					
12	97年 11月	2,038	1,061	977					
13	97年 12月	1,762	918	844					
14	98年 1月	1,369	740	629					
15	98年 2月	1,727	849	878					
16	98年 3月	2,212	1,108	1,104					
17	98年 4月	1,080	574	506					
18	98年 5月	1,248	663	585					
19	98年 6月	1,660	892	768					
20	98年 7月	1,756	934	822					
21	98年 8月	1,387	736	651					
22	98年 9月	1,597	816	781	104.48	0.61	0.65	0.58	
23	98年 10月	1,745	861	884	97.4	0.67	0.68	0.66	

尋找與取代
尋找 年
取代為 /
搜尋 所有工作表
大小寫需相符
整個儲存格內容需相符
使用規則運算式進行搜尋 說明
同時在公式中搜尋
尋找 取代 全部取代 完成

圖 8-18 尋找 " 月 " 並取代

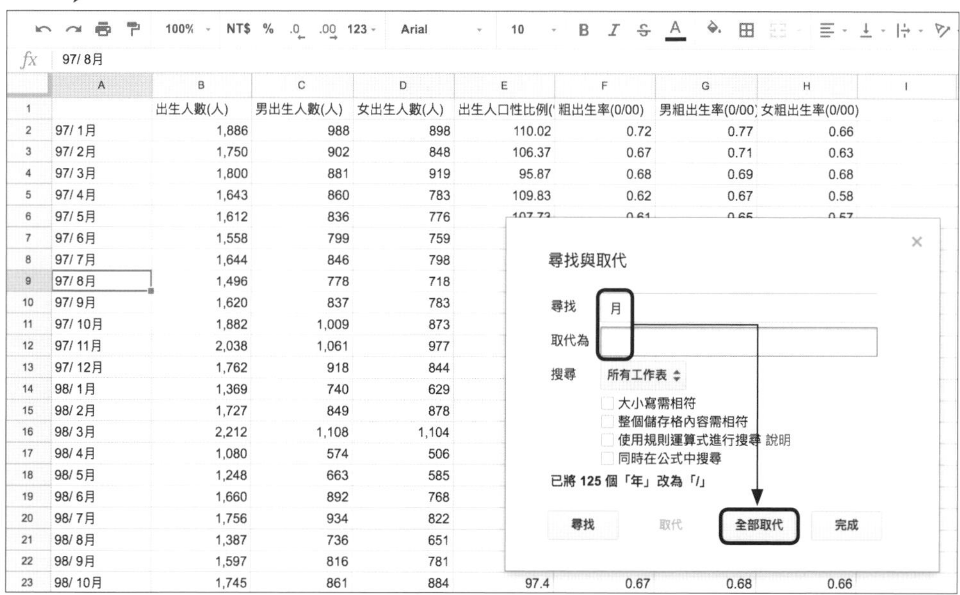
fx 97/ 8月

	A	B	C	D	E	F	G	H	I
1		出生人數(人)	男出生人數(人)	女出生人數(人)	出生人口性比例(	粗出生率(0/00)	男粗出生率(0/00)	女粗出生率(0/00)	
2	97/ 1月	1,886	988	898	110.02	0.72	0.77	0.66	
3	97/ 2月	1,750	902	848	106.37	0.67	0.71	0.63	
4	97/ 3月	1,800	881	919	95.87	0.68	0.69	0.68	
5	97/ 4月	1,643	860	783	109.83	0.62	0.67	0.58	
6	97/ 5月	1,612	836	776	107.73	0.61	0.65	0.57	
7	97/ 6月	1,558	799	759					
8	97/ 7月	1,644	846	798					
9	97/ 8月	1,496	778	718					
10	97/ 9月	1,620	837	783					
11	97/ 10月	1,882	1,009	873					
12	97/ 11月	2,038	1,061	977					
13	97/ 12月	1,762	918	844					
14	98/ 1月	1,369	740	629					
15	98/ 2月	1,727	849	878					
16	98/ 3月	2,212	1,108	1,104					
17	98/ 4月	1,080	574	506					
18	98/ 5月	1,248	663	585					
19	98/ 6月	1,660	892	768					
20	98/ 7月	1,756	934	822					
21	98/ 8月	1,387	736	651					
22	98/ 9月	1,597	816	781					
23	98/ 10月	1,745	861	884	97.4	0.67	0.68	0.66	

更改完時間格式，最後一步將資料欄位中遺漏的資料欄位標頭補齊，並將**中文標頭修改為英文標頭**，這麼做的原因同樣是為了避免 RapidMiner 在讀取資料的過程中發生不必要的狀況。作法相當簡單，就是直接選擇各標頭並直接更改即可。在此我們統一將欄位標頭的命名依照 " 時間 "、" 出生人數（人）"、" 男出生人數（人）"、" 女出生人數（人）"、" 出生人口性比例 "、" 粗出生率 "、" 男粗出生率 " 和 " 女粗出生率 " 分別命名為 "Time"、"Born_population"、"Boy_born_population"、"Girl_born_population"、"Sex_ratio"、"Birth_rate"、"Boy_birth_rate" 和 "Girl_birth_rate"。

圖 8-19 設定英文標頭欄位

fx Time

	A	B	C	D	E	F	G	H
1	Time	Born_population	Boy_born_popul	Girl_born_popula	Sex_ratio	Birth_rate	Boy_birth_rate	Girl_birth_rate
2	97/1	1,886	988	898	110.02	0.72	0.77	0.66
3	97/2	1,750	902	848	106.37	0.67	0.71	0.63
4	97/3	1,800	881	919	95.87	0.68	0.69	0.68
5	97/4	1,643	860	783	109.83	0.62	0.67	0.58
6	97/5	1,612	836	776	107.73	0.61	0.65	0.57
7	97/6	1,558	799	759	105.27	0.59	0.63	0.56
8	97/7	1,644	846	798	106.02	0.63	0.66	0.59
9	97/8	1,496	778	718	108.36	0.57	0.61	0.53
10	97/9	1,620	837	783	106.9	0.62	0.66	0.58
11	97/10	1,882	1,009	873	115.58	0.72	0.79	0.65
12	97/11	2,038	1,061	977	108.6	0.78	0.83	0.72
13	97/12	1,762	918	844	108.77	0.67	0.72	0.62
14	98/1	1,369	740	629	117.65	0.52	0.58	0.47
15	98/2	1,727	849	878	96.7	0.66	0.67	0.65
16	98/3	2,212	1,108	1,104	100.36	0.84	0.87	0.82
17	98/4	1,080	574	506	113.44	0.41	0.45	0.37
18	98/5	1,248	663	585	113.33	0.48	0.52	0.43
19	98/6	1,660	892	768	116.15	0.63	0.7	0.57
20	98/7	1,756	934	822	113.63	0.67	0.74	0.61
21	98/8	1,387	736	651	113.06	0.53	0.58	0.48
22	98/9	1,597	816	781	104.48	0.61	0.65	0.58
23	98/10	1,745	861	884	97.4	0.67	0.68	0.66
24	98/11	1,770	893	877	101.82	0.68	0.71	0.65
25	98/12	1,852	931	921	101.09	0.71	0.74	0.68
26	99/1	1,673	855	818	104.52	0.64	0.68	0.61
27	99/2	1,266	650	616	105.52	0.49	0.52	0.46
28	99/3	1,700	892	808	110.4	0.65	0.71	0.6
29	99/4	1,395	742	653	113.63	0.54	0.59	0.49
30	99/5	1,426	753	673	111.89	0.55	0.6	0.5
31	99/6	1,409	707	702	100.71	0.54	0.56	0.52
32	99/7	1,382	732	650	112.62	0.53	0.58	0.48
33	99/8	1,464	746	718	103.9	0.56	0.59	0.53

fertility

完成後就可以將資料重新下載為 CSV 檔至本機端並重新匯入 RapidMiner。點選**檔案** -> **下載格式** -> 選擇 **CSV 檔**並儲存。

圖 8-20 下載並另存修改完成的資料

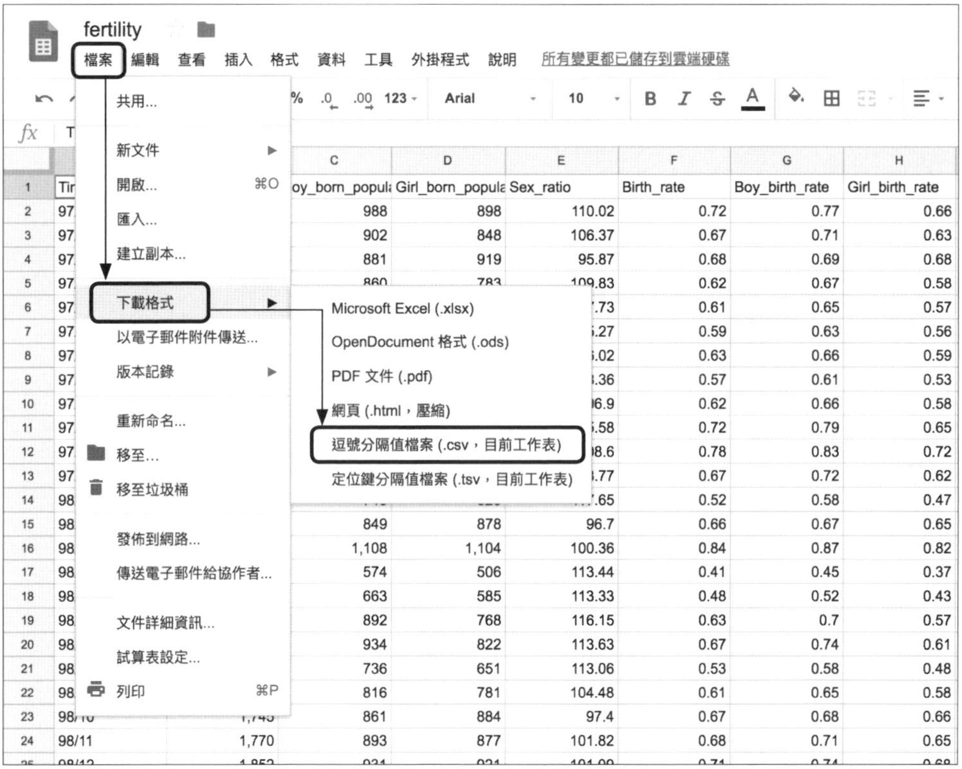

重新操作一次前一節匯入資料的動作，將資料匯入 RapidMiner。

> **註**：本書撰稿時曾經遇到資料經 Excel 處理後，後續建模過程產生錯誤的狀況，猜測是資料格式的問題。無論如何，底下網址提供了本章實際操作的 csv 檔，供讀者使用：http://www.flag.com.tw/DL.asp?F9364

圖 8-21 重新匯入資料

Import Data - Specify your data format

Specify your data format

✓ Header Row	1	File Encoding	UTF-8	✓ Use Quotes	"
Start Row	1	Escape Character	\	Trim Lines	
Column Separator	Comma ","	Decimal Character	.	✓ Skip Comments	#

1	Time	Born_populati...	Boy_born_pop...	Girl_born_pop...	Sex_ratio	Birth_rate	Boy_birth_rate	Girl_birth_rate
2	97/1	1,886	988	898	110.02	0.72	0.77	0.66
3	97/2	1,750	902	848	106.37	0.67	0.71	0.63
4	97/3	1,800	881	919	95.87	0.68	0.69	0.68
5	97/4	1,643	1,800	783	109.83	0.62	0.67	0.58
6	97/5	1,612	836	776	107.73	0.61	0.65	0.57
7	97/6	1,558	799	759	105.27	0.59	0.63	0.56
8	97/7	1,644	846	798	106.02	0.63	0.66	0.59
9	97/8	1,496	778	718	108.36	0.57	0.61	0.53
10	97/9	1,620	837	783	106.9	0.62	0.66	0.58
11	97/10	1,882	1,009	873	115.58	0.72	0.79	0.65
12	97/11	2,038	1,061	977	108.6	0.78	0.83	0.72

在上圖按下 **Next** 後，來到此畫面定義第一欄 "Time" 的時間格式，因為 RapidMiner 的預設時間格式「**Date Format**」中並沒有符合資料源的資料，因此我們手動輸入自定義的格式「**yyyy/MM**」。至此就完成資料前處理的工作，一直按 **Next** 匯入資料即可。

圖 8-22 時間格式調整

Import Data - Format your columns.

Format your columns.

Date format: yyyy/MM　　Replace errors with missing values

	Time *date*	Born_popu... *polynominal*	Boy_born_... *polynominal*	Girl_born_... *polynominal*	Sex_ratio *real*	Birth_rate *real*	Boy_birth_... *real*	Girl_birth_... *real*
1	Jan 1, 0097	1,886	988	898	110.020	0.720	0.770	0.660
2	Feb 1, 0097	1,750	902	848	106.370	0.670	0.710	0.630
3	Mar 1, 0097	1,800	881	919	95.870	0.680	0.690	0.680
4	Apr 1, 0097	1,643	860	783	109.830	0.620	0.670	0.580
5	May 1, 0097	1,612	836	776	107.730	0.610	0.650	0.570
6	Jun 1, 0097	1,558	799	759	105.270	0.590	0.630	0.560
7	Jul 1, 0097	1,644	846	798	106.020	0.630	0.660	0.590
8	Aug 1, 0097	1,496	778	718	108.360	0.570	0.610	0.530
9	Sep 1, 0097	1,620	837	783	106.900	0.620	0.660	0.580
10	Oct 1, 0097	1,882	1,009	873	115.580	0.720	0.790	0.650
11	Nov 1, 0097	2,038	1,061	977	108.600	0.780	0.830	0.720
12	Dec 1, 0097	1,762	918	844	108.770	0.670	0.720	0.620

8-3-4 資料探索與視覺化

完成後就可以開始進行資料探索和視覺化。首先在 **Results** 畫面點選 **Statistics** 確認有沒有遺失值，此例沒有遺失值後因此繼續後續動作。

圖 8-23 敘述性統計畫面

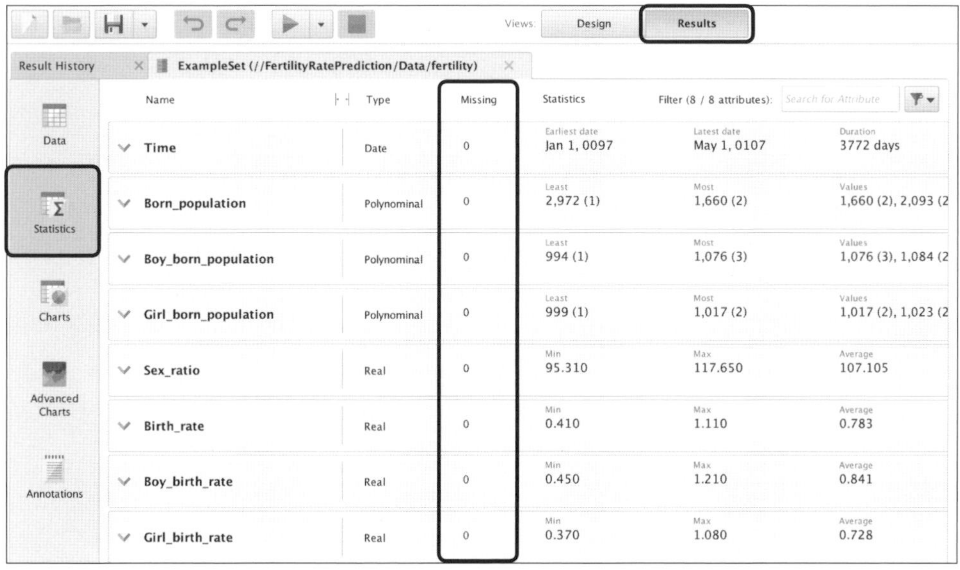

在左側點選 **Charts** 更進一步探索資料，左下角的 **Rotate labels** 可以展示出時間的月份。在時間序列的探索中，**折線圖 (Series)** 是最常見也最實用的圖表類型。從圖 8-24 我們可以發現約莫從 96 年到 99 年的生育率 (Birth Rate) 逐步下降，從 99 年 1 月開始到 102 年 1 月這四年間的生育率逐步提升，之後的生育率開始趨於平滑。

8

圖 8-24 折線圖視覺化探索

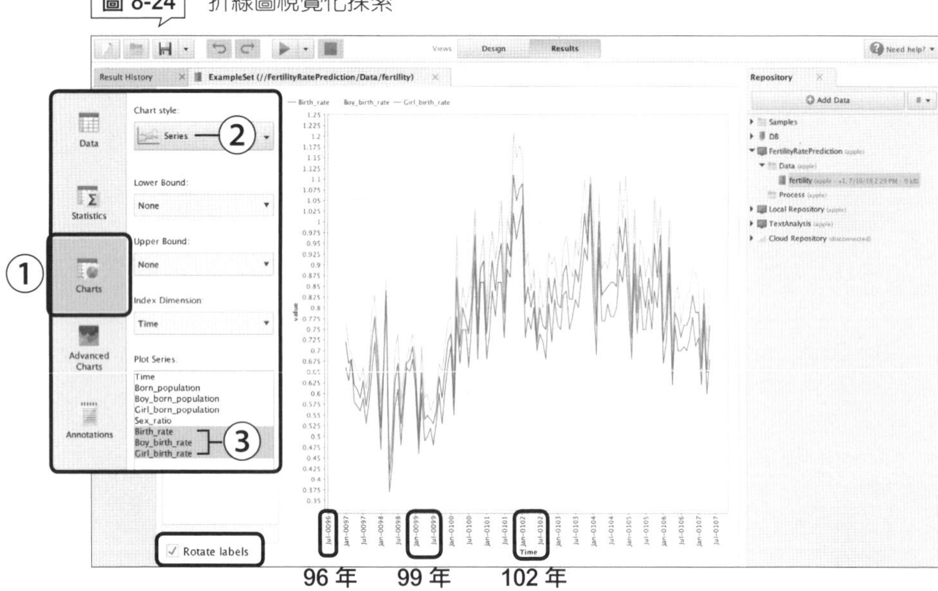

由於生育率是我們主要預測的目標，因此也可以透過點選左邊「**Plot Series**」選單中的「**Birth Rate**」來單獨檢視過去幾年的生育率。資料探索的說明先到這裡，您可參考試著切換多種圖表，看看自己能否查覺什麼資訊。

圖 8-25 生育率折線圖

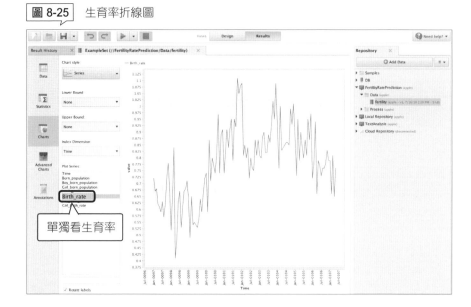

8-4 建立時間序列模型

本案例將用常見的時間序列分析模型 - **差分整合移動平均自迴歸模型**（ARIMA）產生預測結果（請留意此模型在 RapidMiner 9.0 以上版本才有支援）。ARIMA **模型**是在金融時序分析領域中通用的模型，也是本章選擇此模型的原因。後續篇幅建構模型時會逐步介紹 ARIMA 的細節。

8-4-1 匯入資料

回顧一下圖 8-25 的生育率折線圖，模型在學習時間序列時，是藉由拆解這些時間序列的特性找出序列自身的規則，然後產生結果，因此第一步就是要匯入資料。和前面章節一樣，首先新增「**Retrieve**」工具到 Process 中，並記得在 Parameters 區塊指定好資料集。

圖 8-26　新增 Retrieve 工具，並匯入 fertility 資料

8-4-2 切割資料

在時間序列預測的過程中也同樣可以切割資料，區分出**訓練**和**測試**資料。首先在 Operator 區塊找到「Time Series」中的「**Forecast Validation**」小工具，並加入流程，接著將「Forecast Validation」左側的 **exa** 接點與「Retrieve」右側的 **out** 接點連接。

圖 8-27 用「Forecast Validation」來切割資料

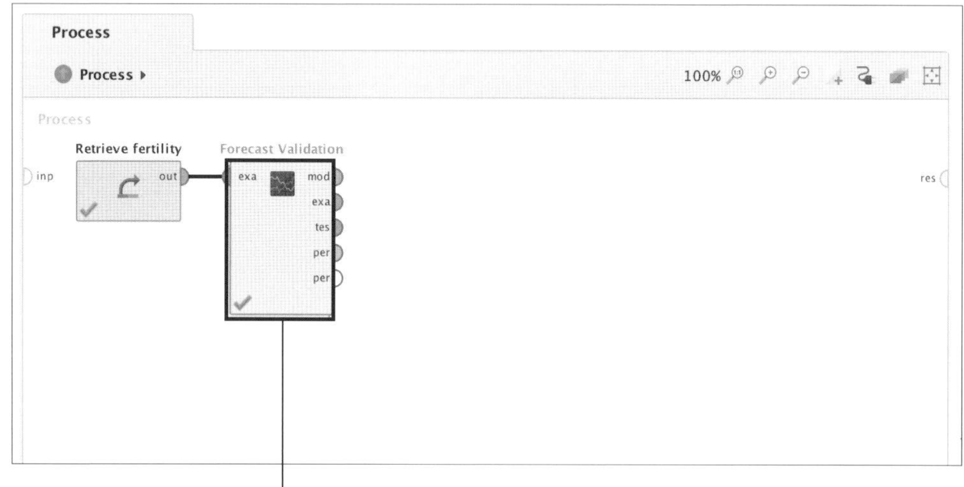

若搜尋不到此工具，請升級到 9.0 以上版本。或者也可以在 Operators 區域點選 Get more operators from the Marketplace，自行手動搜尋安裝

接著請看到 Forecast Validation 工具的 Parameters 區塊，在 **time series attribute** 的欄位選擇這次主要分析的變數「**Birth Rate**」。接著勾選 **has indices** 欄位，並在 **indice attribute** 欄位選擇「**Time**」作為模型的索引。

圖 8-28 在 Forecast Validation 的 Parameter 區塊中設定變數

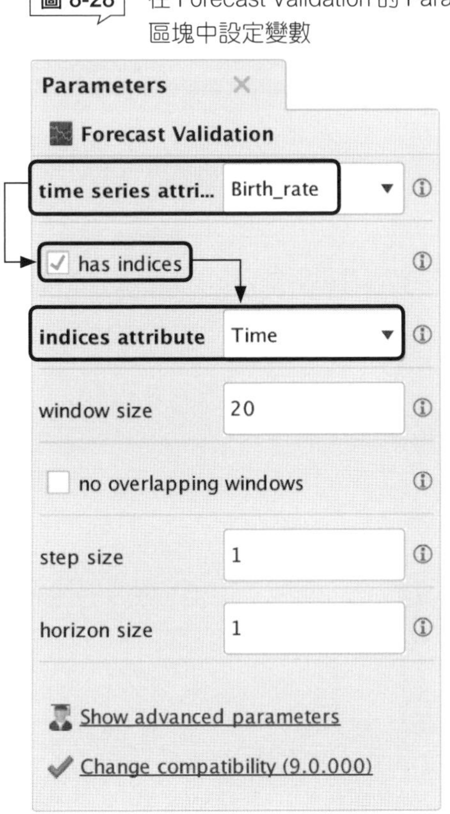

因應時間序列是由很多連續等距離的點所組成，前述章節中的「Split Data」將資料一分為二的方式，可能造成模型在學習序列的過程中無法完整考量序列中的**連續特徵**（稱為**自我相關（Autocorrelation）**，例如明年春節的生育率可以透過去年春節的生育率找到線索，或是這個月的生育率和上個月的生育率有某種程度的關聯等），因此改採稱為**移動視窗法（Moving Windows）**的驗證方法，此方法能解決時間序列中若將資料一分為二導致模型無法考量自我相關的問題。上圖中的「**window size**」、「**step size**」和「**horizon size**」分別代表移動視窗法中不同意涵的參數，在此我們均使用軟體預設值。

移動視窗法欄位的意義

請見下圖,「window size」表示移動視窗法的視窗大小,也就是訓練模型時資料的長度,「step size」則代表下一次訓練時要移動的距離,而「horizon size」則代表預測值的長度。例如「window size」為 2、「step size」為 1、「horizon size」為 1 時,就代表用四月和五月 (size=2 個月) 的原始資料預測六月的值,再接著往右位移一步,用五月的原始值和六月的預測值預測七月的值,依此類推。

圖 8-29 移動視窗法圖解

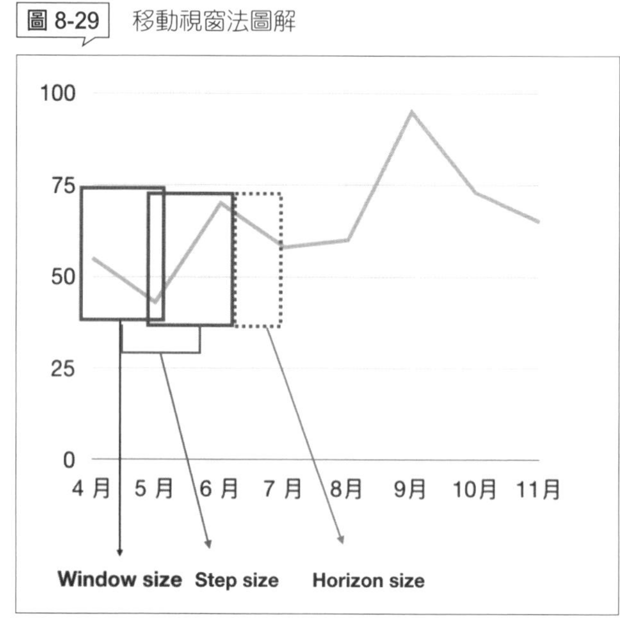

挑戰:讀者之後可以嘗試設定移動視窗法的參數,探索不同參數對預測結果帶來的改變。

8-4-3 建立時間序列 ARIMA 模型

Step 1

首先雙擊「Forecast Validation」可開啟細部設定畫面，可看到分為 **Training** 和 **Testing** 左右兩區域。請在左側的「Operators」搜尋此章節使用的模型「**ARIMA**」，拉曳到 Training 區域中，並連接 **exa** 至 **tra**、**for** 至 **mod**，如下圖。

圖 8-30 拖拉 ARIMA 模型至 training 中

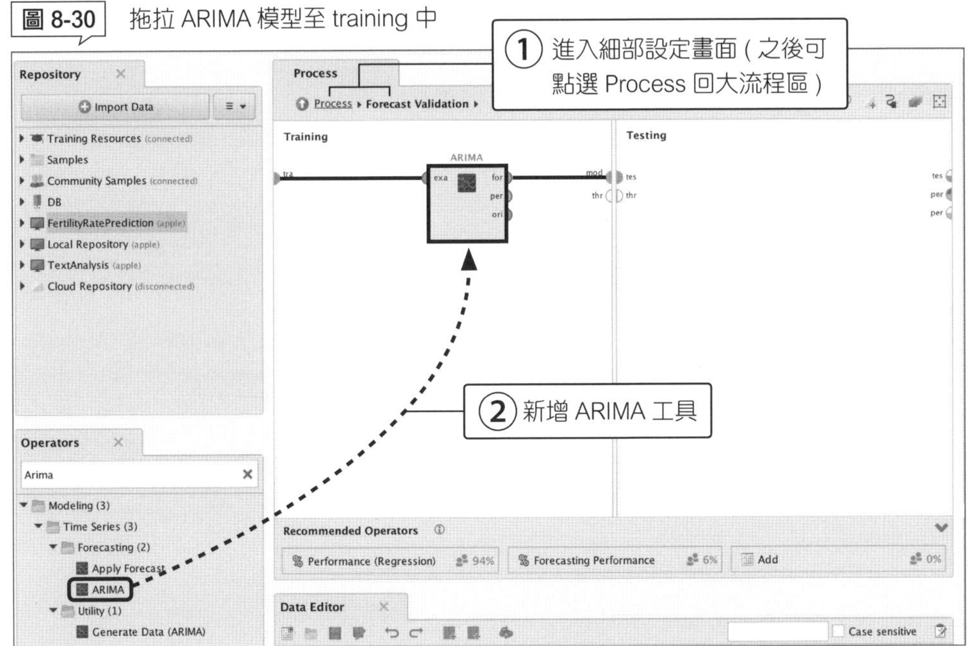

Step 2

「ARIMA」模型的 Parameter 工具中，將 **time series attribute** 欄位設為我們要預測的變數 - 生育率「**Birth_rate**」。接著勾選 **has indices**，設定 **indices attribute** 為 **Time**。接著需要設定 p、d、q、「estimate constant」和「Main criterion」等參數，其意義將在 8-5 節中進一步解讀，在此先依序設為 **2**、**0**、**1**、勾選 **estimate constant** 和 **aic**，如圖 8-31。

圖 8-31 設定 ARIMA 的 Parameter 工具

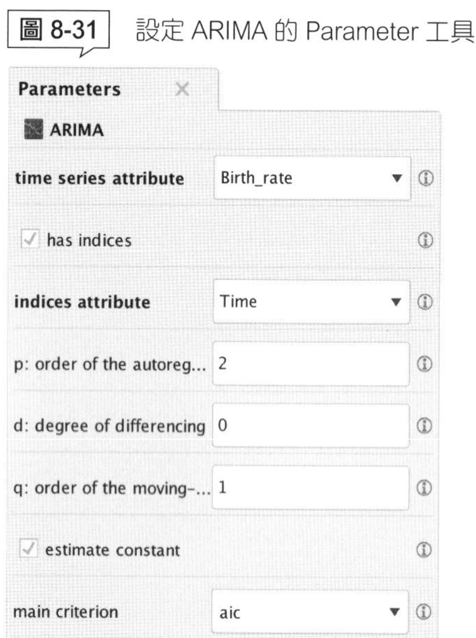

在「Operators」中搜尋 **Performance Regression**，將「**Performance_(Regression)**」拉至右側的 **Testing** 中，並分別連接 **tes** 至 **lab**、**per** 至 **per** 和 **exa** 至 **tes**，讓我們在後續的流程可以驗證結果。

圖 8-32 拉選 Performance(Regression) 到 Testing 區塊中

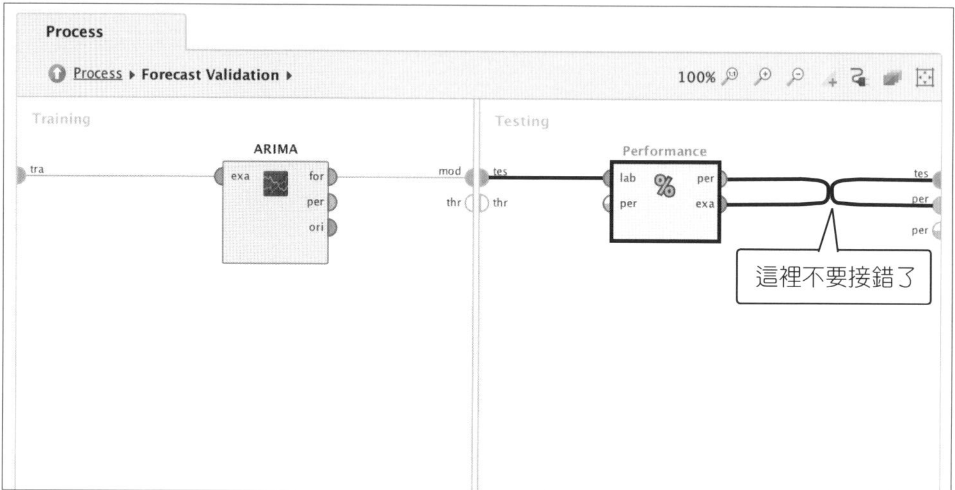

點選上方 **Process** 回到主流程畫面，並在「Operators」中搜尋「**Apply Forecast**」，此工具會從 Forecast Validation 中訓練的模型結果來預測未來的生育率。請將「Forecast Validation」左側的 **mod** 接點連結「Apply Forecast」的 **for** 接點，並將「Apply Forecast」的 **exa**、「Forecast Validation」的 **tes**、**per** 這三個接點都連至最右側的 **res**，如圖 8-33。

圖 8-33 連接 Forecast Validation 與 Apply Forecast

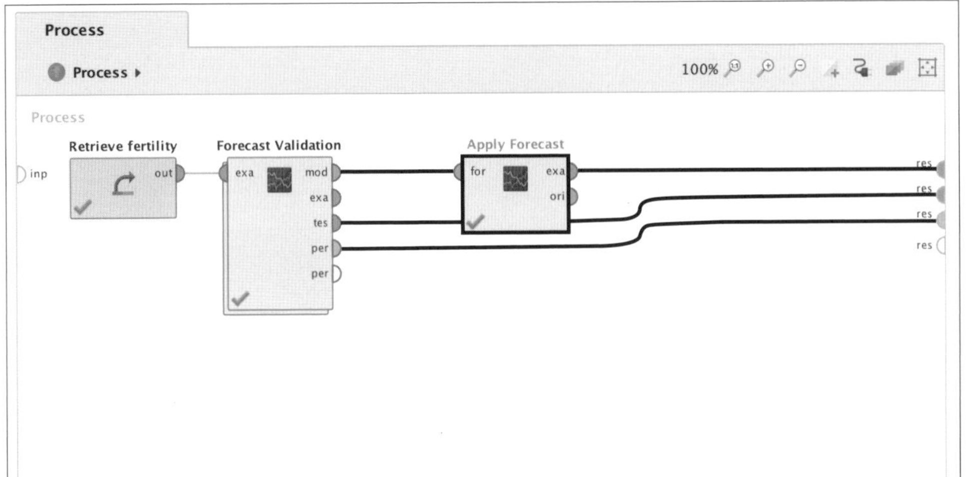

在「Apply Forecast」的 Parameters 工具中，設定「**forecast horizon**」為 **12**，也就是在 8-1-2 節中定義**預測未來一年 (12 個月) 的生育率**。

圖 8-34 Apply Forecast 的 Parameters 中設定預測長度參數

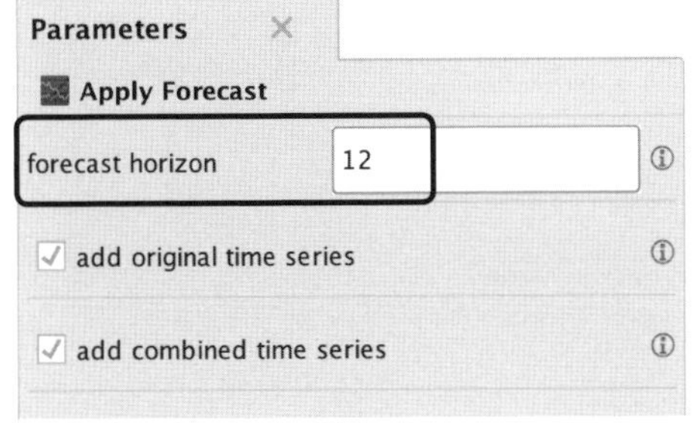

接著就可以執行流程，之後在 **Results** 畫面即可看到本流程的執行結果，分別是 Forecast Validation 的測試資料預測結果 (圖 8-35)、模型評估值 RMSE 的分頁 (圖 8-36)，以及 Apply Forecast 的未來一年生育率預測結果 (圖 8-37)。

圖 8-35 Forecast Validation 測試資料預測結果

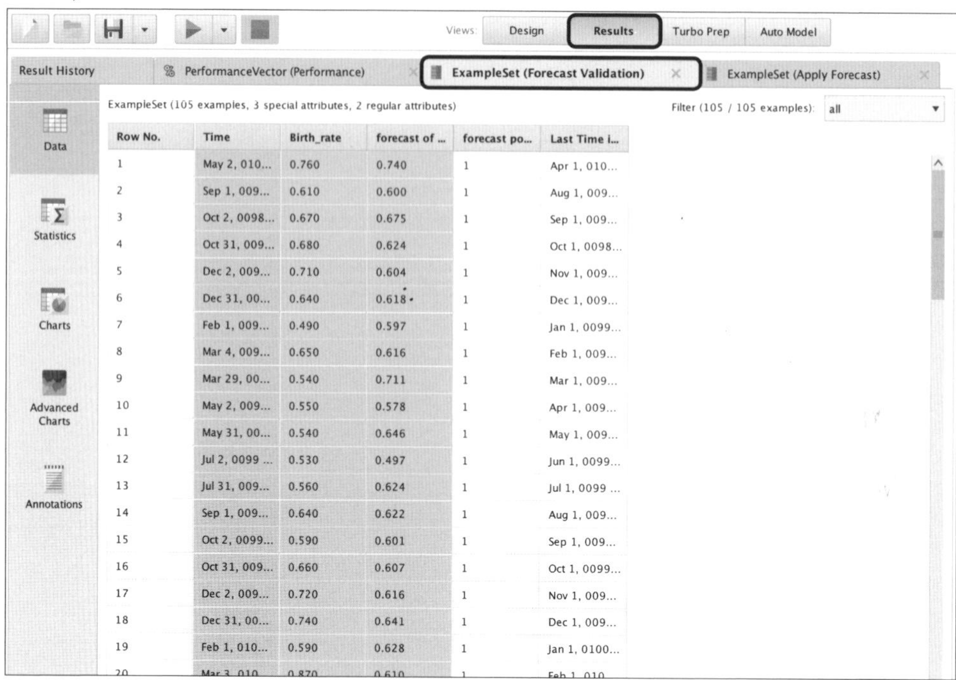

Row No.	Time	Birth_rate	forecast of ...	forecast po...	Last Time i...
1	May 2, 010...	0.760	0.740	1	Apr 1, 010...
2	Sep 1, 009...	0.610	0.600	1	Aug 1, 009...
3	Oct 2, 0098...	0.670	0.675	1	Sep 1, 009...
4	Oct 31, 009...	0.680	0.624	1	Oct 1, 0098...
5	Dec 2, 009...	0.710	0.604	1	Nov 1, 009...
6	Dec 31, 00...	0.640	0.618	1	Dec 1, 009...
7	Feb 1, 009...	0.490	0.597	1	Jan 1, 0099...
8	Mar 4, 009...	0.650	0.616	1	Feb 1, 009...
9	Mar 29, 00...	0.540	0.711	1	Mar 1, 009...
10	May 2, 009...	0.550	0.578	1	Apr 1, 009...
11	May 31, 00...	0.540	0.646	1	May 1, 009...
12	Jul 2, 0099 ...	0.530	0.497	1	Jun 1, 0099...
13	Jul 31, 009...	0.560	0.624	1	Jul 1, 0099 ...
14	Sep 1, 009...	0.640	0.622	1	Aug 1, 009...
15	Oct 2, 0099...	0.590	0.601	1	Sep 1, 009...
16	Oct 31, 009...	0.660	0.607	1	Oct 1, 0099...
17	Dec 2, 009...	0.720	0.616	1	Nov 1, 009...
18	Dec 31, 00...	0.740	0.641	1	Dec 1, 009...
19	Feb 1, 010...	0.590	0.628	1	Jan 1, 0100...

圖 8-36 Forecast validation 模型評估結果

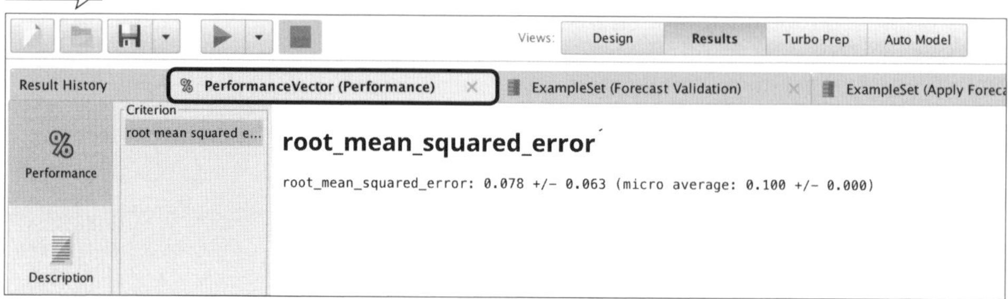

> **挑戰**：嘗試不同的 ARIMA 參數並比較 RMSE 的結果。

圖 8-37 Apply forecast 預測未來一年生育率結果

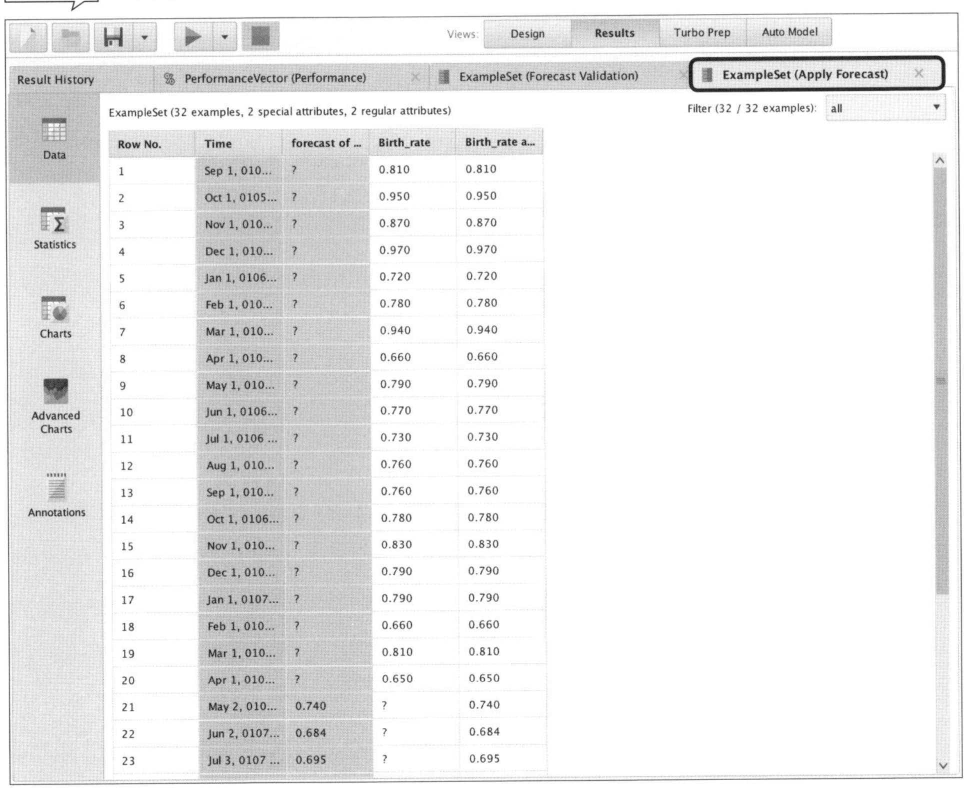

以上就完成了時間序列 ARIMA 模型的建立。在下一節，我們要針對 ARIMA 模型進行評估。

8-5 模型評估

差分整合移動平均自迴歸模型(ARIMA)是由**自迴歸模型**(Auto-Regressive Model, AR)和**移動平均模型**(Moing Average Model, MA)先混合構成 **ARMA 模型**,再經過一**階差分**(First Difference)成為最後的 ARIMA 模型。聽起來很深奧,但其實可以想像類似樂高積木的方式,將不同模型的特性組合,產生最後的模型。接下來我們會針對這些拆解的模型逐步介紹,並配合本章的範例來解讀,一起看下去吧!

8-5-1 自迴歸模型 (AR)

大家還記得第五章介紹的線性迴歸模型吧?自迴歸模型也同樣是學習資料的線性組合,只是是時間序列「p 個時期前」自身的線性組合,也就是描述時間序列本身的當前值和歷史值之間的關係,更簡單的說,就是用時間序列本身的歷史值來對自己進行預測。舉個例子:假設要預測下個月的生育率時,自迴歸模型的 p 設為 1,就是將上個月前的數值當成模型的自變量(熟悉的輸入變數 X),也稱為增加一個**一期的落後項(Lag-1)**,p 設為 2 就是將 2 個月前和上個月的數值當成模型的自變量。這裡解釋的 p 就代表圖 8-31 Parameter 工具中的參數 p。

表 8-1 和表 8-2 隨機模擬一組數值來解釋了 p=2 的自迴歸模型,其中 Time 代表從 1 月到 4 月這 4 筆資料的順序,Y 代表時間序列的實際值。在此我們希望用序列自己本身過去的值來預測 Y,而 X_1 是實際值往前推移一個月的值、X_2 則是實際直往前推移兩個月的值,因為 p=2 的緣故,這裡會有 X_1 與 X_2,聰明的你應該不難猜出如果 p=3 的話,就會多出一個 X_3

來表示往前推移三個月的值。而自回歸模型就是基於這樣的概念產出數個 X 作變數來預測 Y。

表 8-1 原時間序列

Time	Y
1 月	0.6
2 月	0.9
3 月	0.8
4 月	0.5

表 8-2 p=2 的自迴歸

Time	Y	X_1	X_2
1 月	0.6	\	\
2 月	0.9	0.6	\
3 月	0.8	0.9	0.6
4 月	0.5	0.8	0.9

8-5-2 差分 (I)

差分代表 ARIMA 裡面的「I」，是 Integrated 的縮寫。建立一個 ARIMA 模型時，有一項要求是時間序列必須是平穩的序列，而差分就是將時間序列平穩化調整的手段。圖 8-31 的「d」就代表這裡的**差分階數**。也就是說，當 d=1 時，就需要將 t 時間的值減去 t-1 時間的值，稱之為一階差分。承接表 8-2，表 8-3 示範了一階差分的資料表。

表 8-3 一階差分

Time	Y	X_1	X_2
1 月	0.6	\	\
2 月	0.9-0.6 = 0.3	0.6	\
3 月	0.8-0.9 = -0.1	0.9-0.6 = 0.3	0.6
4 月	0.5-0.8 = -0.3	0.8-0.9 = -0.1	0.9-0.6 = 0.3

時間序列的平穩與否有一套嚴格的定義，其中又分為強平穩與弱平穩。一般而言，一個平穩的時間序列的統計特性不會隨著時間變化，而透過差分這樣的線性組合方式可以使非平穩的時間序列趨於平穩。

8-5-3 移動平均模型 (MA)

移動平均模型（Moving Average, MA）是 ARIMA 模型中比較難理解的部分，簡單來說，移動平均模型是透過過去 q 個時期的隨機干擾或是預測誤差並給予不同權重來解釋。隨機干擾可以想像是資料中隨機出現的雜訊，而預測誤差 = 模型預測值 - 真實值，如果序列依賴最近 q 個歷史預測誤差值，就稱為 MA(q) 模型。

> 我們要如何找出 ARIMA 模型中最合適的 p, d, q 參數？**自我相關函數**（Autocorrelation Function, ACF）和**偏自我相關函數**（Partial Coorelation Function, PACF）就是檢定模型參數的方式，在本書中不再多做說明，有興趣可以搜尋相關的關鍵字。

8-5-4 截距項與資訊評選準則

沒有經過差分的模型，就稱之為 ARMA 模型。而非平穩的序列先經過差分轉換為平穩的序列，再透過 AR 與 MA 進行預測，就稱之為 ARIMA 模型。

對 ARIMA 有了初步的概念後，最後簡單理解一下圖 8-31 中「estimate constant」和「main criterion」欄位的意思。「estimate constant」是設定是否要在 ARIMA 模型中加入一個「**截距項（常數項）**」，截距項代表的意義是：除了變數 X 以外，其他會影響預測值 Y 的因素（通常是無法觀察到的因素），也可以解釋為「用變數 X 來解釋 Y 時，所產生的誤差」。

至於「main critertion」選項中的 AIC, BIC, AICC 都是衡量模型擬合優良性的標準，稱為**資訊評選準則**（Information Criteria），而這些準則的值通常**越小越好**。我們要透過這些標準尋找可以最好地解釋數據但包含最少參數的模型。假設有模型有五個變數，將會產生二的五次方種組合，但哪個模型更加好呢？不同的資訊評選準則就是幫助找尋適合模型的方式。

建置這些統計量所遵循的思想是一致的，就是為了避免模型過度配適（Overfitting），依自變量個數施加"懲罰"。AIC 和 BIC 的差別就在於懲罰項，即 BIC 對於多增加一個變數落後期作為解釋變數的懲罰較 AIC 大，因此 BIC 傾向選擇一個變數落後期數較少的模型。

8-5-5 評估模型預測能力

圖 8-38 展示了 Performance(Regression) 工具的輸出，我們同樣可以參考章節 6-5-3 加入不同的模型衡量指標，就交給讀者查閱前面章節自由練習。

挑戰：可以自行設定 ARIMA 模型不同的 p, d, q 參數並用 RMSE 來衡量模型的結果。

圖 8-38 ARIMA 模型的 Performance (Regression) 的結果呈現

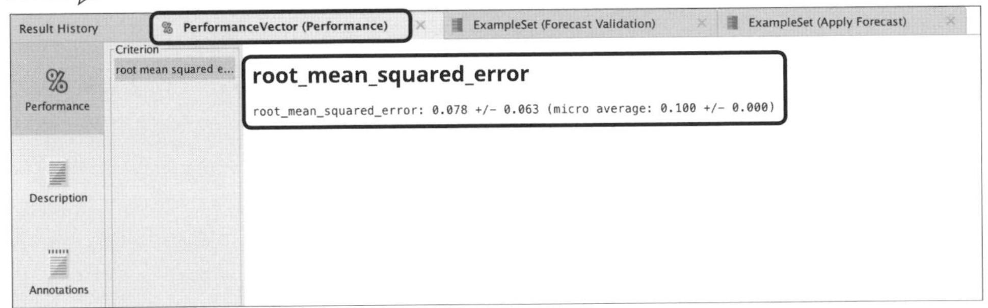

來看看模型的預測如何？選擇「Results」中的「**ExampleSet(Forecast Validation)**」並在左側使用 **Series(折線圖)**，並同時選擇「Birth_rate」和「forecast of Birth_rate」，這樣可對比實際值(紅線)和模型的預測值(藍線、即下圖的粗線)。可以觀察到預測值在某些月分出現了接近相反方向的結果，代表模型其實還有很大的的進步空間。

圖 8-39 Forecast Validation 的預測結果視覺化

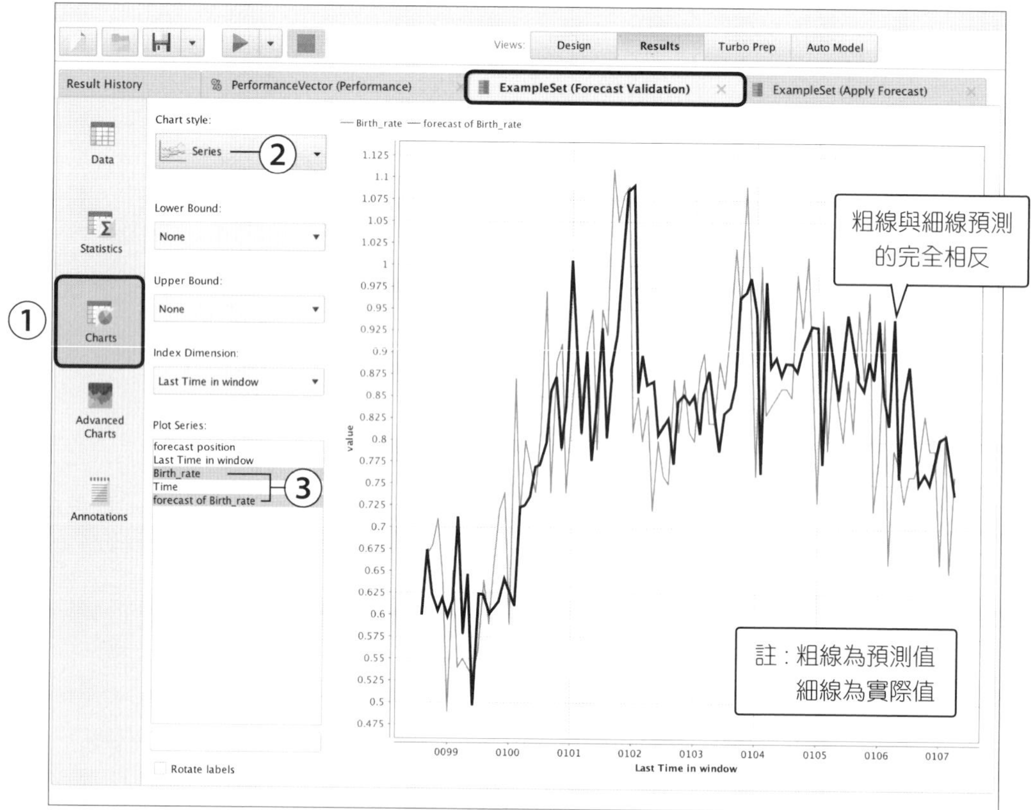

> **挑戰**：嘗試調整不同 p, d, q 與 constant 並觀察模型預測結果的變化。提示：觀察（p, d, q）=（0, 2, 1）並省略截距項的結果。

在 Results 畫面切換到「Apply Forecast」(圖 8-40)，就可看到模型的預測結果，也就是本章設定的「**預測未來 12 個月的生育率**」。

圖 8-40 Apply Forecast 的預測結果

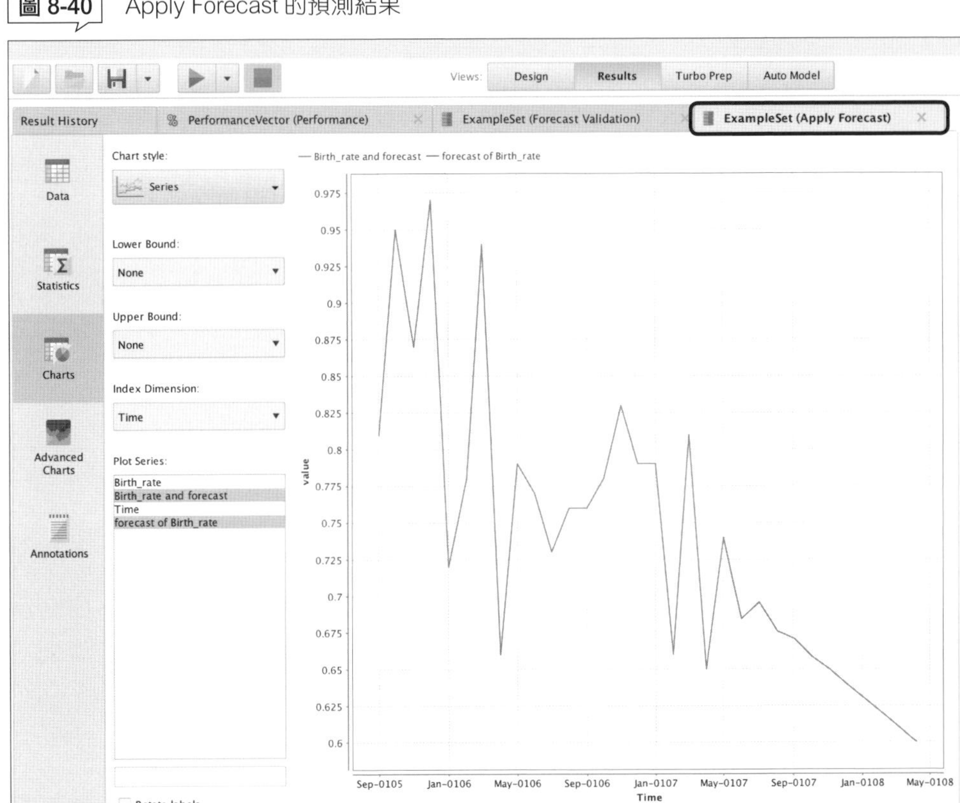

8-6 案例總結

回顧這一章，我們建立了時間序列中最常見的 ARIMA 模型，透過一開始的問題定義，定義出預測未來 12 個月的生育率（8-1 節），從內政部統計查詢網蒐集了近十年的生育資料（8-2 節），並進行資料前處理與探索（第 8-3 節）。接著正式搭建時間序列模型，並理解了時間序列的資料切割方式 - **移動視窗法**（Moving Windows），訓練 ARIMA 模型與預測符合問題定義的結果（8-4 節），最後評估了 ARIMA 模型，並進一步理解模型的意涵（8-5 節）。

當然，時間序列的模型同樣相當多元，而且因為資料是連續的特性，也不斷有新的研究產生。相信藉由本章初步理解什麼是時間序列之後，在往後的學習歷程能更清楚如何設計一個時間序列的資料分析流程。

CHAPTER

9

結語：不是資料專家也該有的大數據思維

回顧本書的內容，從一開始解析在報章雜誌上常見的關鍵字，帶您對資料相關領域建立初步的認識，接著我們引用了體驗設計領域中常見的**雙鑽石模型**為基礎，貫穿本書的資料分析流程。將分析過程中不同時期的思考脈絡究竟需要發散或收斂建立一個清楚的程序：「**發現期**」盡可能天馬行空發想各種可能，「**定義期**」針對發想的問題從資料面與分析的目標進行收斂，「**發展期**」廣泛的探索資料源，針對明確定義的目標設計各種可能的解決方式，「**實現期**」從各種可能的解決方案中收斂為最終結果產出。

圖 9-1 本書的資料分析雙鑽石流程

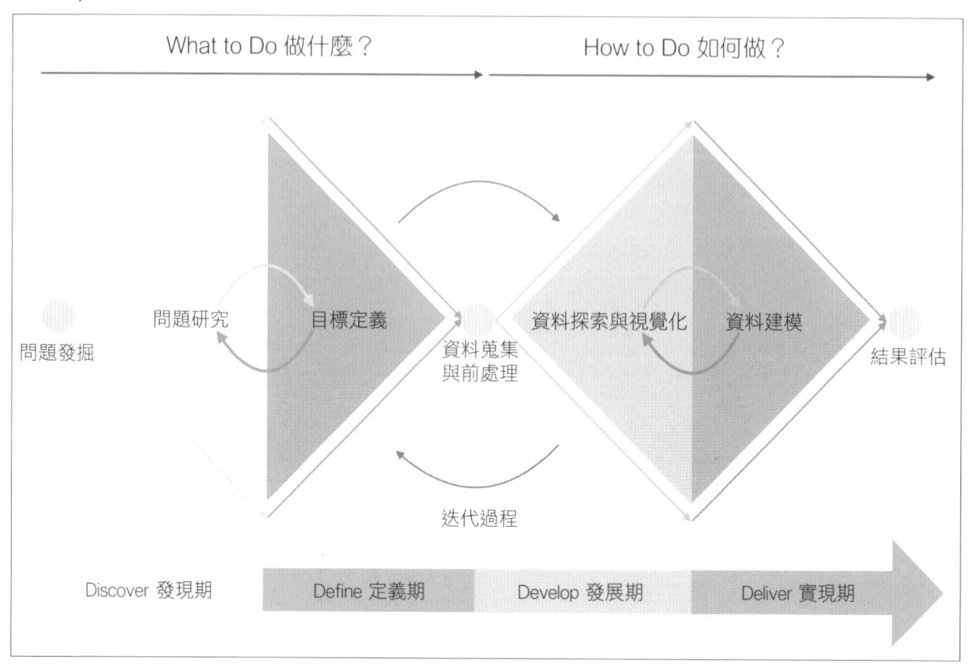

接著我們嘗試帶領讀者從找尋各種開源資料與免費資料分析軟體 RapidMiner 開始，一步步從資料清理、資料探索與視覺化、再到資料分析的常見領域：**分類問題**、**迴歸問題**、**非監督問題 - 群集分析**與**時間序列問題**，讓讀者實際體驗一個資料科學 / 資料分析專案的執行方式，並解決不同問題所遭遇的挑戰。當然，這分析領域還有各式各樣難以計數的問題，新的模型演算法

也不斷推陳出新，如何在不斷快速更迭的大數據時代下掌握關鍵的思維方式就顯得相當重要。因為只要抓準了核心原則，即便新的模型、新的程式設計方式發展，也都不會背離這些核心。對於絕大多數並非與資料科學直接相關的職業來說，能培養數據的思維方式，就更能清楚在當今數據充斥的環境下，做出合適的選擇與決策。

大數據思維

大數據思維並不需要懂一堆數學演算法，也不需要懂得怎麼開發程式寫出模型。唯一需要的，**是懂得從自己的專業領域中建立「以數據為導向」的思考模式，試著用數據找尋機會，最終了解數據要如何產生價值**。

吳軍在 < 智能時代 > 一書中提到 :「大數據思維不要求你找到事件中的因果關係，有時候你甚至不需要知道為什麼，你只需要找到**強相關（高度相關）**就可以了。」也就是說，當我們擁有足夠多元且大量的資料後，可以在思考上「抄捷徑」，當事情的複雜程度超越思考能掌控的範圍時，找出事情的因果關係不一定能輕鬆做到，反而找出事情的「關聯性就非常珍貴（即便不知道為什麼會有關聯性）。舉例來說，第 6 章預測二手車價的案例中，發現車價和汽車是否為自排車有高度的關聯，我們並不是汽車專家，也不知道二手車市場的銷售狀況，但是卻可以從數據中發現這些高度關聯性。一旦我們廣泛地接受這種用數據解決問題的想法，就已經踏出數據思維的一大步了。

透過資料看出擁有關聯後，可以進行更進一步的預測。就如同第 5 ～ 8 章所介紹的，資料分析的關鍵從來就不單單只是把資料餵進模型這麼簡單而已，定義一個明確且滿足應用場景的問題、再接著思考資料分析要如何解決問題、在解決問題的過程中有什麼挑戰是需要被克服的 ?...... 有了這些思維模式，無論用什麼工具完成什麼樣的模型解決問題，都不會脫離這些核心思想。

資料分析的質化與量化

很多人在培養數據思維的過程中將資料分析理解成絕對的**量化分析**其實並不正確，一切都以數據為主的思考模式反而容易進入思考的誤區，數據雖然是解決問題很有用的方法，但也絕對不是唯一的神主牌。有時我們經由現有數據輔助解決問題、有時我們從定義完的問題想辦法製造數據、有時候我們將過多的數據進行歸納，用**質化**的方式收斂數據的複雜度。也就是說，質化分析與量化分析的相互結合仍然是必要的，質化分析能幫助我們有系統性的探索、歸納和洞察數據，而一個數據分析的過程也確實需要發揮兩者一加一大於二的綜效。

> 「量化分析」，顧名思義便是透過資料分析，用數據和數字取得對現象的解釋，藉由大量的樣本數來找出趨勢；至於「質化研究」，則是奠基在研究者的親身經歷，通常是藉由深度訪談（in-depth interview）、焦點團體法（Focus group）、田野調查（Field work）等方式取得，像是感受、體驗等等就是難以用量化分析得到答案的現象。

數據標籤化就是一個量化與質化分析結合的例子，Google 的個人化廣告設定將每個人的網路搜尋瀏覽習慣歸納成一個個的標籤，後續的數位化廣告行銷就可以透過這些標籤作為推薦系統的模型變數，讓沒有資料分析能力的廣告商直接經由這些標籤產生行銷名單。例如一家販賣運動用品的企業若在某一季想主打針對 40 歲以上壯年的戶外商品行銷活動，就可以經由選擇不同的標籤來產生符合需求的行銷名單。定義標籤的過程更多時候需要對商業場景的理解，不全然只依賴數據或模型，因此筆者認為將數據標籤化就是量化與質化相結合的一個實際應用。

圖 9-2 Google 個人化廣告運作機制

當我們在蒐集資料時，若懂得運用這樣的方式將資料標籤化，就可以縮減資料的複雜度，大幅降低管理資料的成本。例如定期閱讀的網路專欄、部落格等等，當累積一定的數量時，將內容分門別類進行管理，就是一種數據標籤化的體現。雖然將內容分門別類做妥善管理早就不是新的議題，但在資料超載的大數據時代下，將手上的資源依照本身特性定義合適的標籤，就是一連串整理資源、深度了解資源、定義資源，接著協助發現問題與解決問題的重要思維。

用數據說故事

坊間有許多書籍介紹簡報製作與報告技巧，其中一定會提到的一項關鍵就是**將想要表達的訴求與痛點用實際的數字呈現**。這當然是簡報力中不可或缺的技巧之一，但筆者認為應該是用數據「佐證」故事，而不是真正的讓數據「說故事」。真正應用數據說故事應該需要的是「洞見」，而不單單是只把自己想表達的概念從文字改變成數字而已。

也就是說，讓數據說故事的重點在「Why」，而不是「What」。數據是表達事情真相的媒介，讓我們跳脫經驗法則的迷思，透過數據忠實呈現發生的現象。羅斯林（Hans Rosling）這位臨床醫師、數據學家、全球公衛教授及世界級公共教育家曾說：「我的興趣不是資料，而是世界。部分的世界發展可以透過數字來解讀，但其他像人權、女性主義等等則非常難以用數字衡量。」數據可以揭露事件與事件之間未知的關係，但在大多數的商業場景之下，我們仍然需要知道「Why」，這才是讓數據說故事的終極目標。

著名的作家西蒙 ‧ 斯涅克（Simon Sinek）提出的**黃金圈理論**中的「Why」、「How」、「What」就認為由外而內分別代表了一家企業或一位領導者行動的**成果**、**做法**與**價值觀**。所有企業都知道自己在「做什麼」、有些公司知道自己該「怎麼做」，但只有少數企業能夠完整闡釋自己「為什麼」而做。用數據說故事的道理也是一樣的，當我們掌握了本書的資料分析流程後，可以想到一個分析的問題，然後用一套流程把想法實現，但是「為什麼」非得要用數據做這件事？以及從數據中的發現「為什麼」會發生？如果能探究出這些為什麼，就能真正的用數據說故事，而這能幫助我們不論是在會議中做出一份引人入勝的報告，或是凝聚專案團隊的共識。

圖 9-3 黃金圈理論

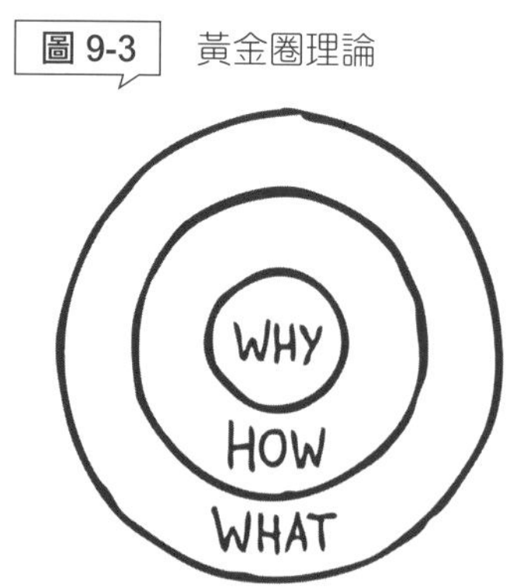

建立屬於你的大數據思維

本書除了帶領讀者對資料分析的流程有一定程度的瞭解外，也闡述**數據（資料）思維**才是街頭巷尾一直在談論的「大數據」時代下真正關鍵所在。但大數據思維是否真的有一套標準可以依循？其實筆者認為不然，隨著讀者們熟悉的領域不同、工作職位與工作內容不同，甚至是生活方式的不同，對於數據的解讀也會不全然相同。我們能不能在各自熟悉的崗位上養成屬於自己的數據思維，其實需要的還是不斷練習。不論是企業的主管，或是一間咖啡廳的店長，其實每天在生活周遭都有難以計數的數據產生，企業主管能不能綜合公司內部和外部的資料制定企業未來的策略分針？咖啡廳店長如何蒐集來店客人的資料、不同產季咖啡價格、咖啡品種的品質來擬定一套屬於自己咖啡廳的經營方式？這些其實才是真正考驗讀者的挑戰。

閱讀至此，雖然離真正的資料專家還有很長的距離（即使筆者也還在努力的路上），但如果能開始理解生活或工作周遭的數據要怎麼來，用什麼樣的方式發揮應用數據的創意，找到問題、定義問題，我想就已經學習到本書想要傳達的真諦。

9

MEMO